高职高专“十二五”规划教材

制药设备及技术

蔡　凤　解彦刚　主编

化学工业出版社

·北京·

全书分五个模块共十三章，主要包括制药设备及技术的基本知识、原料药反应过程设备、药物的分离提取设备、药物制剂生产设备以及制药过程辅助设备等，涵盖了制药技术工业化生产的全部关键单元操作和设备。本书的特点是以制药工业生产工艺流程为主线，重点介绍所用设备的结构、工作原理、优缺点及适用范围。部分章节根据需要，特设了知识链接内容，帮助学生更好地理解所学知识。

本书根据制药类高职高专教育的特点编写，力求理论联系实际，突出实用性。为了便于教学和提高学生学习兴趣，书中配有大量图表并备有 PowerPoint 课件。

本书可作为制药类高职高专学生教材，也可作为制药类专业本、专科学生课外自学参考用书。

图书在版编目（CIP）数据

制药设备及技术/蔡凤，解彦刚主编．—北京：化学工业出版社，2011.8（2023.5重印）
高职高专“十二五”规划教材
ISBN 978-7-122-11888-2

Ⅰ.制… Ⅱ.①蔡…②解… Ⅲ.制药工业-化工设备-高等职业教育-教材 Ⅳ.TQ460.3

中国版本图书馆 CIP 数据核字（2011）第 143905 号

责任编辑：窦　臻　　　　文字编辑：李　瑾
责任校对：吴　静　　　　装帧设计：张　辉

出版发行：化学工业出版社（北京市东城区青年湖南街 13 号　邮政编码 100011）
印　　装：天津盛通数码科技有限公司
787mm×1092mm　1/16　印张 15　字数 373 千字　　2023 年 5 月北京第 1 版第 9 次印刷

购书咨询：010-64518888　　　　售后服务：010-64518899
网　　址：http://www.cip.com.cn
凡购买本书，如有缺损质量问题，本社销售中心负责调换。

定　　价：39.00 元

《制药设备及技术》编审人员名单

主　　编：蔡　凤　解彦刚

副 主 编：刘修树　刘　婷　王　磊

主　　审：何晓春

编写人员（按姓名汉语拼音排序）

蔡　凤　南通职业大学

黄家利　中国药科大学高职学院

金　玉　上海海虹实业（集团）巢湖今辰药业有限公司

刘　婷　宜春职业技术学院

刘修树　巢湖职业技术学院

王　磊　南通职业大学

解彦刚　南通职业大学

前　言

高等职业教育既有职业技术的属性，又具有高等教育的属性，它所强调的是能力的综合性、实用性，结合制药类专业的特点，需要培育的是医药行业生产第一线的管理型、技能型人才。因此，教材应适应教学的特点，在“科学性”的基础上，体现“实用性”原则。

基于以上原则，本书编者除了长期从事制药设备教学工作的教师，还特邀制药企业生产一线的技术人员参与教材的教学大纲制定和编写工作。全书分五个模块共十三章，主要包括制药设备及技术的基本知识、原料药反应过程设备（主要介绍了化学制药和生物制药设备）、药物的分离提取设备、药物制剂生产设备以及制药过程辅助设备等，涵盖了制药技术工业化生产的全部关键单元操作和设备。本书的特点是以制药工业生产工艺流程为主线，重点介绍所用设备的结构、工作原理、优缺点及适用范围。部分章节根据需要，特设了知识链接内容，帮助学生更好地理解所学知识。

《制药设备及技术》教材编写分工如下：第一章由中国药科大学高职学院黄家利编写；第二、第三、第十章由南通职业大学蔡凤编写；第四章由南通职业大学王磊编写；第六、第八、第九章由巢湖职业技术学院刘修树编写；第五、第七、第十一章由宜春职业技术学院刘婷编写；第十二章由南通职业大学解彦刚编写；第十三章由上海海虹实业（集团）巢湖今辰药业有限公司金玉编写。全书由南通职业大学蔡凤、解彦刚统稿，南通职业大学何晓春教授担任本书的主审。

为了便于教师教学和提高学生学习兴趣，书中配有大量图表并备有 PowerPoint 课件，选用本教材的学校可以与化学工业出版社联系（cipedu@163.com），免费索取。由于《制药设备及技术》教材涉及知识面广，实践操作性强，加之时间仓促，作者水平有限，书中疏漏之处在所难免，敬请使用本教材的师生提出批评和修改意见，以便今后进一步修订提高。

编　者

2011 年 6 月

目　录

模块一　制药设备及技术的基本知识

模块二　原料药反应过程设备

模块三　药物的分离提取设备

模块四　药物制剂生产设备

模块五　制药过程其他相关设备

模块一
制药设备及技术的基本知识

第一章　绪　论

第一节　药物生产与制药设备

一、药物生产的一般流程

在日常生活中，人们会接触到各种各样的药品。药品是指用于预防、治疗、诊断人的疾病，有目的地调节人的生理机能并规定有适应证或者功能主治、用法和用量的物质，包括中药材、中药饮片、中成药、化学原料药及其制剂、抗生素、生化药品、疫苗、血液制品和诊断药品等。由此可见药品种类繁多，药品生产是从传统医药开始的，后来演变到从天然物质中分离提取天然药物，进而逐步开发和建立了化学药物的工业生产体系。其生产过程如图1-1所示。

各种原料{化学合成 / 生物反应 / 植物提取} ⟶ 含药物成分的粗产物 —分离/提取⟶ 原料药 —加工⟶ 药物制剂

图1-1　药物生产的一般流程

化学合成药物是利用化工原料合成的物品；植物提取是利用中药材作原料，提取其中的有效成分；生物药物是指从微生物、动物、植物等生物体中制取的以及运用现代生物技术产生的各种天然活性物质。通过以上方法得到的产物经过分离纯化及精制后称为原料药，是医药成品中的有效成分、但病人无法直接服用的物质，需加工成为药物制剂，才能成为可供临床应用的药品。

二、制药设备的分类

1. 国家、行业标准按制药设备产品基本属性分8大类（GB/T 15692）

（1）原料药机械及设备　实现生物、化学物质转化，利用动物、植物、矿物制取医药原料的工艺设备及机械。

（2）制剂机械　将药物制成各种剂型的机械与设备。

（3）药用粉碎机械　用于药物粉碎（含研磨）并符合药品生产要求的机械。

（4）饮片机械　对天然药用动物、植物、矿物进行选、洗、润、切、烘、炒、锻等方法制取中药饮片的机械。

（5）制药用水设备　采用各种方法制取制药用水的设备。

（6）药品包装机械　完成药品包装过程以及与包装过程相关的机械与设备。

（7）药用检测设备　检测各种药物制品或半制品质量的仪器与设备。

（8）其他制药机械及设备　执行非主要制药工序的有关机械与设备。

2. 药物制剂机械按剂型分 14 类

（1）片剂机械　将原料药与辅料经混合、造粒、压片、包衣等工序制成各种形状片剂的机械与设备。

（2）水针剂机械　将药液制作成安瓿针剂的机械与设备。

（3）抗生素粉、水针剂机械　将粉末药物或药液制作成玻璃瓶装抗生素粉、水针剂的机械与设备。

（4）输液剂机械　将药液制作成大剂量注射剂的机械与设备。

（5）硬胶囊剂机械　将药物充填于空心胶囊内制作成硬胶囊剂的机械与设备。

（6）软胶囊（丸）剂机械　将药液先裹于明胶膜内的制剂机械与设备。

（7）丸剂机械　将药物细粉或浸膏与赋形剂混合，制成丸剂的机械与设备。

（8）软膏剂机械　将药物与基质混匀，配制成软膏，定量灌装于软管内的制剂机械与设备。

（9）栓剂机械　将药物与基质混合，制成栓剂的机械与设备。

（10）口服液剂机械　将药液制成口服液剂的机械与设备。

（11）药膜剂机械　将药物浸透或分散于多聚物薄膜内的制剂机械与设备。

（12）气雾剂机械　将药液和抛射剂灌注于耐压容器中，制作成药物以雾状喷出的制剂机械与设备。

（13）滴眼剂机械　将药液制作成滴眼药剂的机械与设备。

（14）酊水、糖浆剂机械　将药液制作成酊水、糖浆剂的机械与设备。

三、制药设备业发展概况

近年来，随着我国经济的持续高速发展，人民生活水平不断提高，人们对医疗健康的重视程度也越来越高，对药品质量和数量的要求也有明显提高。这带动了医药行业的快速发展，促进了制药装备工业的繁荣。但由于种种原因，我国制药装备技术的发展水平在很大程度上仍停留于仿制、改进及组合阶段，同世界先进水平差距不小。

1. 我国医药行业现状

我国医药行业发展很快，尤其是改革开放以来，药厂发展更为迅速，到目前为止已有药厂 6000 多家，进入到世界药品生产大国行列。我国可以生产化学原料药达 1500 余种 24 大类，总产量达 43 万吨，化学原料药产量仅次于美国，居世界第二位。医药制剂生产发展迅速，规格品种繁多，能生产 34 个剂型 4000 余个品种。医药品出口势头良好，将近一半的化学原料药供应出口，已成为国际上化学原料药的主要出口国。医药行业对于保护和增进人民健康、提高生活质量，以及促进经济发展和社会进步均具有十分重要的作用，同时也是我国国民经济的重要组成部分。

虽然我国是药品生产大国，但并非制药强国。医药生产企业存在“一小、二多、三低”现象。“一小”是大多数企业生产规模小（90%是小厂），强企业大企业又甚少，这样就不能形成规模经济和专业化协作优势。“二多”是企业数量多，产品重复多。一方面低水平品种重复严重，总产量严重供大于求；另一方面核心技术药、新药短缺，满足不了市场新药的需求。此外，无序化竞争又导致生产设备闲置严重。据了解，目前全国固体制剂、针剂两大制剂类药品的总生产能力有一半左右没有使用，更有些制药企业生产设备处于闲置或半闲置状态。从总体上来看，低水平重复最终导致资源浪费。“三低”是大部分生产企业科技含量低、生产技术水平不高、生产装备陈旧、劳动生产率低，使得产品质量和成本缺乏国际市场竞争力。这就导致我国药厂主要生产品种是以普药、仿制品药为主，高新药、生物制药少的局面，并延缓了我国制药产业从大国向强国迈进的步伐。

2. 我国制药设备行业现状

在国家未颁布药厂实施GMP标准以前，全国制药机械厂家为数不多，只有几家大的国营制药机械厂及一些小型的地方制药机械厂，总数不到200余家，主要生产传统的制药设备及一些备品备件的供应。

前些年由于药品生产企业的GMP认证使大量设备需要更新换代，为制药机械行业提供了发展的机遇，制药机械从20世纪90年代开始迅速发展，制药机械厂每年以20%比例迅速递增，到2004年全国制药机械厂已有近千家，能生产3000多个品种规格的药机产品，可为中西制药厂、保健品企业的基本建设、技术改造、设备更新等提供装备，而且还出口到美国、俄罗斯、泰国、印度尼西亚等数十个国家和地区，我国制药机械行业的生产企业数量、产品品种规格、产量均已位居世界首位，成为名副其实的制药装备大国。

我国制药装备行业虽然取得了很大的成绩，但在质量和技术上，与国际先进国家和地区相比差距还很大。不少企业在技术水平上基本上仍处于仿制、改进及组合阶段，没有达到创新或超过世界同类产品的水平。现阶段我国的制药装备同国外制药装备水平相比，整体上要差10年以上。随着我国药品生产企业GMP认证告一段落，国内制药企业对制药机械的需求量已急剧减少，在千余家制药机械企业中，除了少数骨干企业外，大多数是中偏小企业，企业实力不强，生产的产品档次不高，形成了供大于求的现状，主要存在以下一些问题。

（1）我国缺乏制药装备业的复合人才　制药装备是一个特殊的专业，融制药工艺、生物技术、化工机械、机械及制造工艺、声学、光学、自动化控制、计算机运用等专业于一体。制药装备研发的思路是要把这些相关专业贯穿于整个设计过程，而现在从事制药装备研发的人员中能熟练兼顾其中两三个专业的人寥寥无几，而单一专业人才难以在研发构思中注入这些专业元素。

（2）部分制药装备企业竞相压价，影响行业发展　现在部分制药装备企业步入竞相压价销售的误区，出现了零首付、使用后再付、低于成本价销售等情况，产品利润低导致企业资金周转困难，更无力投入技术开发与创新，对企业、行业的技术进步健康发展不利，一些企业为了降低成本，偷工减料、低档配置，出现了不能确保整机质量和售后服务差等弊端，降低了我国制药装备的信誉。

（3）由于资金、人才的制约　大多数企业无开发制药机械新产品的能力，只有靠传统品种翻来覆去，而且加工不理想，存在如内外壁抛光粗糙、机面与机面连接处死角多，漏洞多、选用的配置不合理导致严重的匹配误差等问题。随着进口制药机械的增多，许多企业走仿制捷径，但在加工工艺、有的在材料或配置上存在问题。现今高水准的制药机械的研发过程，不能再停留在仿制国外同类产品的阶段，而是要立足于继承创新。

3. 制药设备的发展趋势

国际上先进制药企业都把制药工程与装备技术放在极其重要的位置，力求装备大型化、品种多样化、规格系列化、操作密闭化、机电一体化，以达到省能耗、省原料、省劳动力、高产品收率、高产品质量、高劳动生产率的要求。我国现有制药企业的生产装备大部分是国外淘汰或即将换代的产品，而医药是国际化的高技术产业，再不能允许低效率、高能耗、高污染、易燃、易爆与易散毒的制药装备与工程技术长期存在，应限制与淘汰这些装备与技术。在大规模反应器、原料药分离精制设备、药物制剂生产设备及关键的生物技术通用设备等方面取得突破。

(1) 大型化高速化　指设备的运转速度、运行速度、运算速度大大加快，从而显著提高生产效率；设备的容量、规模、能力越来越大，例如压片机原有设备产量由 3 万～5 万片/h 发展到 20 万片/h，粉碎设备产量由 30～50kg/h 发展到 100kg/h。

(2) 精密化　指设备的工作精度越来越高，如高速压片机每片偏差控制由机械控制改为每片电子测试自动微调，保证每片精度。

(3) 电子化　由于微电子科学、自动控制与计算机科学的高度发展，以使得机械设备发生了巨大的变革，出现了以机电一体化为特色的新一代设备，如触摸屏控制，一键操作完成原有机械、电气、液压控制并能自动跟踪。

(4) 自动化　自动化不仅可以实现各生产工序的自动顺序进行，还能实现对产品的自动控制、清理、包装、设备工作状态的实时监测、报警、反馈、处理。现在片剂瓶装生产线能够实现片剂数粒、灌装、封口、旋盖、中包装、封箱等一系列操作，并能跟踪控制设备运行情况及故障处理方式。

第二节　GMP 与制药设备

一、GMP 简介

《药品生产质量管理规范》(Good Manufacturing Practice，简称 GMP) 是药品生产企业进行药品生产质量管理必须遵循的基本准则。药品是关系人民生命安危的特殊商品，具有一般商品所没有的特性，质量好的药品，可以治病救人，劣质的药品，轻则贻误病情，重则危及生命。

1. GMP 的发展进程

GMP 起源于国外，这是由 20 世纪 50 年代后期的一起重大药物灾难作为催生剂而诞生的。该次药物灾难的严重后果在美国引起了不安，激起公众对药品监督和药品法规的普遍关注，最终美国国会对《联邦食品、药品和化妆品法》(FDA) 进行了重大修改，明显加强了药品法的作用，于 1963 年由美国国会首次发布了 GMP，在实施过程中，经过数次修订，可以说是至今较为完善、内容较详细、标准最高的 GMP。

1969 年世界卫生组织 (WHO) 也颁发了自己的 GMP，并向各成员国家推荐，受到许多国家和组织的重视，经过三次的修改，也是一部较全面的 GMP。

1971年，英国制订了《GMP》（第一版），1977年又修订了第二版；1983年公布了第三版，现已由欧盟GMP替代。

1972年，欧共体公布了《GMP总则》指导欧共体国家药品生产，1983年进行了较大的修订，1989年又公布了新的GMP，并编制了一本《补充指南》。1992年又公布了欧洲共同体药品生产管理规范新版本。

1974年，日本以WHO的GMP为蓝本，颁布了自己的GMP，现已作为一个法规来执行。

1988年，东南亚国家联盟也制订了自己的GMP，作为东南亚联盟各国实施GMP的文本。

许多国家的政府、制药企业和专家一致公认为GMP是制药企业进行药品生产管理行之有效的制度，在世界各国制药企业中得到广泛的推广。到目前为止，世界上已有100多个国家、地区实施了GMP。

知识链接

20世纪50年代后期，原联邦德国格仑南苏制药厂生产了一种声称治疗妊娠反应的镇定药Thalidomide（又称反应停、沙利度胺）。而实际上这是一种100%的致畸胎药。该药上市后的6年间，先后在原联邦德国、澳大利亚、加拿大、日本以及拉丁美洲、非洲的28个国家，发现畸形胎儿12000余例（其中西欧8000余例）。患儿患有无肢或短肢、肢间有蹼、心脏畸形等先天异常。这种畸婴儿的死亡率约50%，目前尚有数千人存活。造成这次灾难性事故的原因，一是受当时主客观条件所限，未能进行完善的多种动物的致畸实验；二是该药厂虽已收到有关该药物毒性反应报告100多例，但都被他们隐瞒下来。日本到1963年才停用此药，造成了1000多例畸婴，电影《典子》便是一个受害者的写照。

2. 我国GMP推行过程

我国提出在制药企业中推行GMP是在20世纪80年代初，比最早提出GMP的美国迟了20年。1982年，中国医药工业公司参照一些先进国家的GMP制订了《药品生产管理规范》（试行稿），并开始在一些制药企业试行。

1984年，中国医药工业公司对1982年的《药品生产管理规范》（试行稿）进行修改，变成《药品生产管理规范》（修订稿），经原国家医药管理局审查后，正式颁布在全国推行。

1988年，根据《药品管理法》，国家卫生部颁布了我国第一部《药品生产质量管理规范》（1988年版），作为正式法规执行。

1992年，国家卫生部又对《药品生产质量管理规范》（1988年版）进行修订，变成《药品生产质量管理规范》（1992年修订）。

1993年，原国家医药管理局制订了我国实施GMP的八年规划（1993年至2000年）。提出“总体规划，分步实施”的原则，按剂型的先后，在规划的年限内，达到GMP的要求。

1995年，我国开始GMP认证工作。

1998年，国家药品监督管理局对1992年的GMP进行修订，于1999年6月颁布了《药品生产质量管理规范》（1998年修订），于1999年7月1日起施行，使我国的GMP更加完善，更加切合国情、更加严谨，便于药品生产企业执行。

2001年新修订的《中华人民共和国药品管理法》明确了GMP的法律地位，规定药品生产企业必须按照国务院药品监督管理部门依法制定的《药品生产质量管理规范》组织生产，企业必须按GMP要求组织生产并申请认证纳入法制要求。目前，我国2010年版GMP已颁布实施。

二、GMP对设备的相关规定

制药设备直接与药品、半成品和原辅料接触，是造成药品生产差错和污染的重要因素。制药设备是否符合GMP要求，直接关系到生产企业实施GMP的质量。我国2010年版GMP中第五章对制药设备做了原则性指令，相关的内容主要如下。

（一）GMP对设备的要求

① 设备的设计与安装应符合药品生产及工艺的要求，安全、稳定、可靠，易于清洗、消毒或灭菌，便于生产操作和维修保养，并能防止差错和交叉污染。

② 设备的材质选择应严格控制。与药品直接接触的零部件均应选用无毒、耐腐蚀，不与药品发生化学变化或吸附药品的材质。

③ 与药品直接接触的设备内表面及工作零件表面，尽可能不设计有台、沟及外露的螺栓连接。表面应平整、光滑、无死角，易清洗与消毒。

④ 设备应不对装置之外环境构成污染，鉴于每类设备所产生污染的情况不同，应采取防尘、防漏、隔热、防噪声等措施。

⑤ 在易燃易爆环境中的设备，应采用防爆电器并设有消除静电及安全保险装置。

⑥ 对注射药物剂的灌装设备除应处于相应的洁净室内运行外，要按GMP要求，局部采用100级层流洁净空气保护下完成各个工序。

⑦ 药液、注射用水及净化压缩空气管道的设计应避免死角、盲管。材料应无毒，耐腐蚀。内表面应经电化抛光，易清洗。管道应标明管内物料流向。其制备、贮存和分配设备结构上应防止微生物的滋生和污染。管路的连接应采用快卸式连接，终端设过滤器。

⑧ 当驱动磨擦而产生的微量异物及润滑无法避免时，应对其机件部位实施封闭并与工作室隔离，所用的润滑剂不得对药品、包装容器等造成污染。对于必须进入工作室的机件也应采取隔离保护措施。

⑨ 设备清洗除采用一般方法外，最好配备就地清洗（CIP）、就地灭菌（SIP）的洁净、灭菌系统。

知识链接 CIP清洗系统

CIP（clean in place）指原位清洗，不用拆开或移动装置，将一定温度的清洁液通过密闭管道对设备装置进行自动清洗。一般厂家可根据清洗对象污染性质和程度、构成材质、水质、所选清洗方法、成本和安全性等方面来选用洗涤剂。常用的洗涤剂有酸、碱洗涤剂和灭菌洗涤剂。

CIP清洗系统具有保证一定的清洗效果，提高产品的安全性；节约操作时间，提高效率；节约劳动力，保障操作安全；节约水、蒸汽等能源，减少洗涤剂用量；生产设备可实现大型化，自动化水平高；延长生产设备的使用寿命等优点，是我国GMP推荐制药设备使用的清洗系统。

⑩ 设备设计应标准化、通用化、系列化和机电一体化。实现生产过程的连续密闭、自动检测，是全面实施设备 GMP 要求的保证。

⑪ 涉及压力容器，除符合本通则外，还应符合 GB 150—1998“钢制压力容器”有关规定。

⑫ 凡与药物直接接触的设备部位应采用不与药物反应、不释放微粒、不吸附药物、消毒或灭菌后不变形、不变质的材料制作；凡与药物直接接触的容器、工具、器具应表面整洁，易清洗消毒，不易产生脱落物，不得使用竹、木、藤等材料。

⑬ 生产中发尘量大的设备如粉碎、过筛、混合、制粒、干燥、压片、包衣等设备，应设计或选用自身除尘能力强、密封性好的设备，必要时局部加设防尘、捕尘装置设施。

⑭ 与药物直接接触、与内包装容器接触的压缩空气和洗瓶、分装、过滤用的压缩空气均应经除油、除水、过滤等净化处理；灌装中填充的惰性气体应经净化；流化态制粒、干燥、气流输送、起模、泛丸、包衣等工艺设备所用空气均应净化，尾气应除尘后排空，出风口应有防止空气倒灌装置。

⑮ 用于制剂生产的配料罐、混合槽、灭菌设备及其他机械和用于原料精制、干燥、包装的设备，其容量尽可能与批量相适应，以尽可能减少批次、换批号、清场、清洗设备等。

⑯ 凡生产、加工、包装下列特殊药品的设备必须专用：a. 青霉素类等高致敏性药品；b. 避孕药品；c. β-内酰胺结构类药品；d. 放射性药品；e. 卡介苗和结核菌素；f. 激素类、抗肿瘤类化学药品应避免与其他药品使用同一设备，不可避免时，应采用有效的防护措施和必要的验证；g. 生物制品生产过程中，使用某些特定活生物体阶段，要求设备专用；h. 芽孢菌操作直至灭活过程完成之前必须使用专用设备；i. 以人血、人血浆或动物脏器、组织为原料生产的制品；j. 毒性药材和重金属矿物药材。

⑰ 制药设备应定期进行清洗、消毒、灭菌，清洗、消毒、灭菌过程及检查应有记录并予以保存。无菌设备的清洗，尤其是直接接触药品的部位必须灭菌，并标明灭菌日期，必要时要进行微生物学检验。经灭菌的设备应在三天内使用。某些可移动的设备可移到清洗区进行清洗、灭菌。同一设备连续加工同一无菌产品时，每批之间要清洗灭菌；同一设备加工同一非灭菌产品时，至少每周或每生产三批后要按清洗规程全面清洗一次。

（二）GMP 对设备管理的规定

药品生产企业必须配备专职或兼职设备管理人员，负责设备的基础管理工作，建立健全相应的设备管理制度。

① 所有设备、仪器仪表、衡器必须登记造册，内容包括生产厂家、型号、规格、生产能力、技术资料（说明书，设备图纸，装配图，易损件，备品清单）。

② 应建立动力管理制度，对所有管线、隐蔽工程绘制动力系统图，并有专人负责管理。

③ 设备、仪器的使用，应指定专人制定标准操作规程（SOP）及安全注意事项，操作人员需经培训、考核，考核合格后方可操作设备。

④ 要制定设备保养、检修规程（包括维修保养职责、检查内容、保养方法、计划、记录等），检查设备润滑情况，确保设备经常处于完好状态，做到无跑、冒、滴、漏。

⑤ 保养、检修的记录应建立档案并由专人管理，设备安装、维护、检修的操作不得影响产品的质量。

⑥ 不合格的设备如有可能应搬出生产区，未搬出前应有明显标志。

⑦ 生产的设施与设备应定期进行验证，以确保生产设施与设备始终能生产出符合预定质量要求的产品。

目标检测题

1. 制药设备产品按国家、行业标准分为哪几类?
2. 讲述我国制药设备行业发展概况。
3. GMP 对设备设计、安装、管理有哪些要求?

第二章 制药设备材料与管路

第一节 制药设备常用材料

一、材料的常用性能

制药设备所用的材料各有其性能特点。材料的性能包括工艺性能和使用性能。

工艺性能也称制造性能，即材料在加工制造过程中所表现出来的特性，材料制造性能的好坏直接影响制造成本、加工方法和产品质量。

使用性能反映材料在使用过程中所表现出来的特性，包括物理性能、化学性能和力学性能。①物理性能是材料所固有的属性，包括密度、熔点、导电性、导热性、热膨胀性和磁性等。例如，熔点低的金属工艺性能好，便于加工；熔点高的金属可用于制造耐高温零件。②化学性能是指材料抵抗各种化学介质作用的能力，包括高温抗氧化性、耐腐蚀性等。对制药设备而言，材料的化学性能，特别是耐腐蚀性，不仅影响设备本身的寿命，而且会影响药品质量。③力学性能指材料在外力作用下所表现出来的性能。

制药设备是由各种零、部件所组成，而零、部件在使用时都要承受外力的作用，因此，材料在外力作用下所表现出来的性能就显得十分重要。材料的力学性能直接影响制药设备零部件的承载能力，从而影响设备使用的可靠性。力学性能包括强度、硬度、塑性、韧性、疲劳极限等。

(1) 强度　强度反映材料抵抗外力作用不失效、不被破坏的能力。这里的破坏对应两种情况：一是发生较大的塑性变形，在外力去除后不能恢复到原来的形状和尺寸；另一种情况是发生断裂。若将断裂看成变形的极限，则强度简称为变形的抵抗能力。不论哪一种情况发生，都将导致零部件不能正常工作。

(2) 硬度　硬度是反映材料软硬程度的一种性能指标，是材料表面抵抗比它更硬的物体压入时所引起的塑性变形的能力。常用的硬度试验指标有布氏硬度、洛氏硬度和维氏硬度三种，分别以符号 HB、HR、HV 表示。一般情况下，硬度高的材料强度高，耐磨性好，但塑性、切削加工性较差。

(3) 塑性　塑性是指材料在外力作用下产生塑性变形而不被破坏的能力，如果材料能发生较大的塑性变形而不断裂，则称材料的塑性好。材料塑性的好坏，对零件的加工和使用都具有十分重要的意义。例如，低碳钢的塑性较好，可进行锻造加工；普通铸铁的塑性很差，不能进行锻造加工，但能进行铸造。同时，由于材料具有一定的塑性，不致因稍有超载而突然断裂，这就增加了材料使用的安全可靠性。

(4) 韧性　是指材料在塑性变形和断裂的全过程中吸收能量的能力，是材料强度和塑性的综合表现。评定材料韧性的指标一般用冲击韧性，冲击韧性值越大，则材料的冲击韧性越好。材料的冲击韧性随温度的降低而减小，当低于某一温度时冲击韧性会发生剧降，材料呈现脆性，该温度称为脆性转变温度。对于低温工作的设备来说，其选材应注意韧性是否足够。

(5) 疲劳极限　在制药机械常用零部件中，如各种轴、齿轮、弹簧、压片机的冲头等，都是在大小、方向随时发生周期性变化的交变载荷作用下工作的。这种交变载荷常常会使材料在应力小于其强度极限，甚至小于其弹性极限的情况下，经一定循环次数后，在无显著的外观变形的情况下，突然发生断裂，这种现象叫做材料的疲劳。

疲劳极限是反映材料抵抗疲劳能力的主要指标。当金属材料承受交变载荷，且交变应力小于疲劳极限时，应力循环到无数次也不会发生疲劳断裂；大于疲劳极限时，材料在经过一定循环次数后，将发生疲劳断裂。疲劳断裂与静载荷下断裂不同，无论在静载荷下显示脆性或塑性的材料，在疲劳断裂时，事先都不产生明显的塑性变形，断裂往往是突然发生的，因此具有很大的危险性，常常造成严重事故。

(6) 刚度　是指金属材料在受外力时抵抗弹性变形的能力。绝大多数机械零件在工作时基本上都处于弹性变形阶段，均会发生一定量的弹性变形，但若弹性变形量过大，则工件就不能正常工作。要说明的是，金属材料可通过热处理改变其组织，使材料的强度、硬度发生很大的变化，但其刚度却不会因热处理而发生明显的变化。

二、常用金属材料

由金属元素或以金属元素为主形成的材料称为金属材料，在制药设备中，金属材料应用最为广泛，它包括：铁和以铁为基础的合金（黑色金属），如钢、铸铁和铁合金等；非铁合金（有色金属），如铜及其合金、铝及其合金、铅及其合金等。其中，钢铁材料应用最广，钢主要是铁和碳元素组成的合金，可分为非合金钢（碳钢）、低合金钢和合金钢三类。

（一）碳钢

碳钢是含碳量小于 2.11%的铁碳合金。碳钢的品种有铸钢、锻钢、钢板、型钢和钢管等。

① 铸钢和锻钢。铸钢用 ZG 表示，牌号有 ZG25、ZG35 等，用于制造各种承受重载荷的复杂零件，如制药机械中的泵壳、阀门、泵叶轮等。锻钢有 08、10、15…50 等牌号。用以制造法兰、管板等。

② 钢板。钢板分薄钢板和厚钢板两大类。薄钢板厚度有 0.2～4mm 的冷轧与热轧两种；厚钢板为热轧。制药设备中的低压容器主要用冷轧薄钢板制造。

③ 型钢。型钢主要有圆钢、方钢、扁钢、角钢、工字钢和槽钢。各种型钢的尺寸和技术参数可参阅有关标准。圆钢与方钢主要用来制造各类轴件；扁钢常用作各种桨叶；角钢、工字钢及槽钢可用作各种设备的支架、塔盘支撑及各种加强结构。

④ 钢管。钢管有无缝钢管和有缝钢管两类。无缝钢管有冷轧和热轧，冷轧无缝钢管外径和壁厚的尺寸精度均较热轧的高。普通无缝钢管常用材料有 10、15、20 等。另外，还有专门用途的无缝钢管，如热交换器用钢管、锅炉用无缝钢管等。有缝管、水煤气管分镀锌（白铁管）和不镀锌（黑铁管）两种。

按照用途，碳钢可分为建筑钢、结构钢、弹簧钢、轴承钢、工具钢等；按冶炼质量等级可分为碳素结构钢、优质碳素结构钢等。碳素结构钢含少量硫、磷等有害杂质，优质碳素结构钢含硫、磷等有害杂质较少。

(1) 碳素结构钢　普通碳素结构钢碳含量较低，一般为0.06%～0.38%，对性能要求及硫、磷和其他残余元素含量的限制较宽。大多用作工程结构钢（如建筑、桥梁、船舶等）和机械产品中要求不高的结构零件。

碳素结构钢是以屈服极限的数值区分的，其牌号由代表屈服极限的字母“Q”（“屈”的汉语拼音字首）、屈服极限的数值（单位MPa）、质量等级符号、脱氧方法符号四个部分顺序组成。其中，质量等级按由低到高分为A、B、C、D四级，含硫、磷量依次降低，质量依次提高；脱氧方法符号F、b、Z、TZ分别表示沸腾钢、半镇静钢、镇静钢、特殊镇静钢，表示镇静钢的Z一般省略不标。

例如，Q235—A表示碳素结构钢，屈服极限为235MPa，A级质量，镇静钢。

碳素结构钢有Q195、Q215、Q235、Q255、Q275五个钢种，其中Q235A钢由于价格低廉，又具有良好的强度、塑性、焊接性、切削加工性等，在制药设备制造中应用广泛。

(2) 优质碳素结构钢　优质碳素结构钢主要用于机械制造，是以其含碳量的多少来区分的。其牌号以钢中平均含碳量的万分数（两位数字）表示。如45表示优质碳素结构钢平均含碳量为万分之四十五，即0.45%。

优质碳素结构钢有10、15、20、25、30、35、40、45、55、65、70等，常按含碳量不同分为三类。

含碳量C≤0.25%的优质碳素结构钢为低碳钢，常用钢号有10、15、20、25等。低碳钢强度较低但塑性较好，冷冲压及焊接性能良好，在制药设备中广泛应用。

含碳量0.25%<C≤0.60%的优质碳素结构钢为中碳钢，中碳钢的强度与塑性适中，焊接性能较差，不适于制造设备壳体，多用于制造各种机械零件如轴、齿轮、连杆等。常用牌号有30、35、40、45、50、55、60等，在制药机械中以45号钢应用最广泛。

含碳量C>0.60%的优质碳素结构钢为高碳钢，钢的强度和硬度均较高，塑性差，常用来制造弹簧。常用的牌号有60、65、70号钢。

（二）铸铁

铸铁含碳量（质量分数）一般在2.11%以上，并含有S、P、Si、Mn等杂质。铸铁分为两大类：①白口铸铁，当铸铁中的碳主要以Fe_3C形式存在时，铸铁断口呈银白色，故称白口铸铁，在冲击载荷不大的情况下作为耐磨材料使用，除此用途不大；②灰口铸铁，当碳主要以石墨形式存在时，铸铁断口呈灰暗色而命名，根据石墨的形态又可分为灰铸铁（石墨呈片状）、球墨铸铁（石墨呈球状）、可锻铸铁（石墨呈团絮状）等。

铸铁在强度、塑性、韧性上比钢差，不能进行锻造。但具有良好的铸造性、耐磨性、减振性、耐腐蚀性能及切削加工性。铸铁生产成本低廉，因此在制药机械中得到普遍应用。

1. 灰铸铁

灰铸铁是价格便宜、应用广泛的材料。其化学成分一般为：含碳量2.5%～4.0%；含硅量1.0%～3.0%；锰含量0.5%～1.2%，锰低则强度和硬度低，锰过高则不利于石墨化；含硫量使铸铁产生热脆，磷使铸铁产生冷脆。一般控制硫含量为0.05%～0.5%，含磷量为0.02%～0.2%。

灰铸铁的抗压强度较大，抗拉强度很低，冲击韧性差，不适于制造承受弯曲、拉伸、剪切和冲击载荷的零件，但由于石墨的润滑作用，具有良好的切削性和耐磨性。在制药机械中，可制造承受压应力及耐磨的零件，如支架、阀体、泵体（机座、管路附件等）。

灰铸铁的牌号用名称 HT（灰铁二字的汉语拼音第一个字母）和抗拉强度值（单位 MPa）表示，灰铸铁有六种，其性能和用途见表 2-1 所示。

表 2-1 灰铸铁的牌号、性能和用途

牌号	抗拉强度/(N/mm²)	适用范围及应用举例
HT100	≥100	低负荷和不重要的零件，如盖、外罩、手轮、支架、重锤等
HT150	≥150	承受中等负荷的零件，如支柱、阀体、轴承座、管路附件等
HT200	≥200	承受较大负荷的零件，如汽缸、齿轮、油缸、阀壳、飞轮、床身、活塞、刹车轮、联轴器、轴承座等
HT250	≥250	
HT300	≥300	承受高负荷的重要零件，如齿轮、凸轮、车床卡盘、剪床和压力机的机身、床身、高压液压筒、滑阀壳体等
HT350	≥350	

2. 球墨铸铁

球墨铸铁是 20 世纪 50 年代发展起来的一种高强度铸铁材料，在浇注前，往铁水中加入少量球化剂（如镁、钙等）、石墨化剂（如硅铁、硅钙合金），使碳以球状石墨结晶存在。其化学成分一般是：含碳量 C 为 3.6%～3.9%；含硅量 2.0%～2.8%；锰含量 0.6%～0.8%；S 含量小于 0.07%，含磷量小于 0.1%。

球墨铸铁在强度、塑性和韧性方面大大超过灰铸铁，综合性能甚至接近钢材。在酸性介质中，球墨铸铁耐蚀性较差，但在其他介质中耐腐蚀性比灰铸铁好。它的价格低于钢。由于它兼有普通铸铁与钢的优点，从而成为一种新型结构材料。过去用碳钢和合金钢制造的重要零件（如曲轴、连杆、主轴、中压阀门等），目前不少已改用球墨铸铁。

球墨铸铁的牌号用 QT 加上两组数字组成。QT 表示“球铁”二字的汉语拼音字首，其后两组数字分别表示最低抗拉强度、最低断后伸长率，如 QT400-18 表示抗拉强度为 400MPa，伸长率为 15%。

（三）合金钢

合金钢是指在碳钢基础上有目的地加入某些元素所形成的钢种。合金钢按其含合金元素量的多少可分为低合金钢（含合金元素总量小于 2.5%）、中合金钢（含合金元素总量 5%～10%）和高合金钢（含合金元素总量大于 10%）。按用途分为合金结构钢、合金工具钢和特殊性能钢。特殊性能钢分为不锈钢和耐热钢等。

目前在合金钢中常用的合金元素有铬（Cr）、锰（Mn）、镍（Ni）、硅（Si）、硼（B）、钨（W）、钼（Mo）、钒（V）、钛（Ti）和稀土元素（Re）等。

① 铬。提高耐腐蚀性能和抗氧化性能，含量达到 13%时，能使钢的耐腐蚀能力显著提高，并增加钢的热强性。提高钢的淬透性，显著提高钢的强度、硬度和耐磨性，但使塑性和韧性降低。

② 锰。提高强度和提高低温冲击韧性。

③ 镍。提高淬透性，有很高的强度，而又保持良好的塑性和韧性。提高耐腐蚀性和低温冲击韧性。镍基合金具有更高的热强性能。镍被广泛应用于不锈耐酸钢和耐热钢中。

④ 硅。提高强度、高温疲劳强度、耐热性及耐 H_2S 等介质的腐蚀性。硅含量增高会降低钢的塑性和冲击韧性。

⑤ 铝。强脱氧剂，显著细化晶粒，提高冲击韧性，降低冷脆性。提高抗氧化性和耐热

性，对抵抗 H_2S 介质腐蚀有良好作用。价格便宜，在耐热钢中常以它来代替铬。

⑥ 钛。强脱氧剂，可提高强度、细化晶粒，提高韧性，减小铸锭缩孔和焊缝裂纹等倾向。在不锈钢中稳定碳，防止晶间腐蚀，提高耐热性。

⑦ 稀土元素。提高强度，改善塑性、低温脆性、耐腐蚀性及焊接性能。

合金钢的牌号通常是由含碳量数字、合金元素符号、合金元素含量数字顺序组成。含碳量数字为两位数时表示平均含碳量的万分数，为一位数时表示平均含碳量的千分数；合金元素含量数字位于合金元素符号之后，通常表示合金元素平均含量的百分数，当合金元素平均含量＜1.5%时不标数字。

例如，40Cr 钢平均含碳量为万分之 40，即 0.4%，平均含 Cr＜1.5%；1Cr18Ni9Ti 钢平均含碳量为千分之一，即 0.1%，平均含 Cr 18%、Ni 9%、Ti＜1.5%。

1. 合金结构钢

合金结构钢主要用于制造各种机械零件，大多须经热处理后才能使用。品种较多，有合金调质钢、合金渗碳钢、滚动轴承钢等。

（1）合金调质钢　调质钢通常经调质后使用，具有优良的综合机械性能，广泛用于制造轴、齿轮、连杆、螺栓、螺母等。它是制药机械零件用钢的主体。调质钢分为碳素调质钢和合金调质钢两类。40、45、50 是常用而廉价的碳素调质钢。合金调质钢的常用牌号有 40Cr、35SiMn、35CrMo、40MnB 等，最典型的钢种是 40Cr，用于制造一般尺寸的重要零件。

（2）合金渗碳钢　渗碳钢通常经渗碳并淬火、低温回火后使用，具有外硬内韧的性能，主要用于制造承受强烈冲击载荷和摩擦磨损的机械零件，如变速齿轮、凸轮轴等。渗碳钢分为碳素渗碳钢和合金渗碳钢两类。碳素渗碳钢为低碳钢，常用牌号有 15、20 等；合金渗碳钢的常用牌号有 20Cr、20CrMnTi、20MnVB 等，其中 20CrMnTi 应用最为广泛。

（3）滚动轴承钢　滚动轴承钢主要用于制造滚动轴承。滚动轴承钢的牌号以字母“G”后附铬元素符号 Cr 及 Cr 含量的千分数表示，碳的含量不标出。例如 GCr15 表示含 Cr1.5% 的滚动轴承钢。滚动轴承钢的常用牌号有 GCr9、GCr15、GCr15SiMn 等，最有代表性的是 GCr15。

2. 合金工具钢

用于制造刃、模、量具等工具，要求高硬度和耐磨性，并有一定韧性和较小的变形。分为刃具钢、模具钢和量具钢三类。

3. 特殊性能钢

指对某些特殊的物理、化学性能和力学性能具有较高指标的钢，主要有不锈钢、耐热钢和高温合金及低温用钢，下面主要介绍不锈钢。

一般把能够抵抗空气、蒸汽和水等弱腐蚀性介质腐蚀的钢称为不锈钢。能够抵抗酸、碱、盐等强腐蚀性介质腐蚀的钢称为耐酸钢。在日常习惯上把不锈钢和耐酸钢统称为不锈钢。不锈钢主要用来制造在各种腐蚀介质中工作的零件或构件，如制药设备中的各种机械设备、容器、管道、阀门和泵等。不锈钢按化学成分可分为铬不锈钢和铬镍不锈钢两大类。

（1）Cr 不锈钢　Cr 是不锈钢获得耐蚀性的基本合金元素。在铬不锈钢中，铬在氧化性介质中能生成一层稳定而致密的氧化膜，对钢材起到保护作用而具有耐腐蚀性。铬不锈钢耐蚀性的强弱取决于钢中的含碳量和含铬量。当含铬量大于 12%时，钢的耐蚀性会有显著提高，而且含铬量愈多耐蚀性愈好。但是由于钢中碳元素的存在，使其与铬形成铬的碳化物而消耗了铬，致使钢中的有效铬含量减少，降低了钢的耐蚀性，故不锈钢含 C 量越低，则耐蚀性越高，但强度、硬度越低。大多数不锈钢的含碳量较低，为0.1%～0.2%。为了确保不锈钢具有耐腐蚀性能，使其含铬量大于12%，实际应用的不锈钢中的平均含铬量都在13%以上。最常用的铬不锈钢是Cr13型不锈钢。

(2) 铬镍不锈钢　铬镍不锈钢除像铬不锈钢一样具有氧化铬薄膜的保护作用外，还因镍能使钢组织强化，使得铬镍钢在很多介质中比铬不锈钢更具耐蚀性。这类不锈钢的含碳量较低，具有良好的耐腐蚀性、塑性和可焊性，如制药工业中的贮槽、管道和容器等，是制造制剂设备、工艺管道的主要不锈钢材料。

（四）有色金属

一般把铁及其合金称为黑色金属，而将其他金属及其合金称为有色金属。在制药工业中经常遇到腐蚀、低温等特殊生产条件，有色金属具有耐腐蚀性好、低温时塑性好和韧性高等特殊性能，因而在制药设备中经常采用有色金属及其合金，主要是铝、铜及其合金。

1. 铝及铝合金

纯铝具有银白色金属光泽，密度2720kg/cm^3，熔点660℃，具有良好的导电性和导热性，其导电性仅次于银和铜。纯铝在空气中易氧化，表面能形成一层阻止内层金属继续被氧化的致密的氧化膜，因而具有良好的抗大气腐蚀性能。纯铝具有易于铸造、切削、良好的焊接性能。

铝的强度和硬度较低，不适宜作为结构工程材料使用。向铝中加入适量的铜、镁、锌、锰等元素组成铝合金，可提高其强度和硬度等性能。铝合金分为形变铝合金和铸造铝合金两类，形变铝合金塑性优良，适于压力加工，铸造铝合金用于铸造。

铝及其合金具有许多优良的性能，因而获得了广泛的应用。铝不污染物品和不改变物品颜色，在制药设备中广泛应用，并可代替不锈钢制造有关设备；如铝的耐腐蚀性好，纯铝的纯度越高则耐腐蚀性越好，可用来做耐蚀设备；铝的导热性能好，适于做换热设备；铝不会产生火花，可做贮存易挥发性介质的容器；熔焊的铝材在0～196℃之间韧性不下降，适于做低温设备。

2. 铜及铜合金

纯铜外观呈紫色，故称紫铜，密度为8960kg/cm^3，熔点1083℃，具有优良的导电导热性能。纯铜强度较低，硬度不高，有良好的焊接性能，在大气、淡水中具有较强的耐腐蚀性。纯铜一般不直接用作结构材料，主要用途是配制铜合金，以用于制作导电、导热及耐蚀器材等。

向铜中加入适量锌、锡、铝、锰等元素组成铜合金。铜合金按主要合金元素的种类分为黄铜、青铜等，黄铜是以锌为主要合金元素的铜合金；青铜是以锌以外的其他元素为主要合金元素的铜合金。以锡为主要合金元素的青铜称为锡青铜，以锡以外的其他元素为主要合金元素的青铜称为无锡青铜。

工业纯铜和黄铜具有极好的导热性、优越的低温力学性能和耐腐蚀性能，因而在制药行业中获得了广泛的应用，可用来制造GMP车间净化空调系统中的换热器等。青铜具有良好的耐腐蚀性和耐磨性，主要用来制造轴瓦、涡轮等机械零件和泵壳、阀门等制药设备。

三、非金属材料

由非金属元素或以非金属元素为主形成的材料称为非金属材料；非金属材料主要有各类高分子材料（简称高聚物，如塑料、橡胶、合成纤维及部分胶黏剂等）、陶瓷材料（各种陶器、耐火材料、玻璃、水泥及近代无机非金属材料等）和各种复合材料（玻璃钢、不透性石墨等）。

目前，制药机械材料仍将以金属材料为主，但随着高科技的发展，高分子材料及陶瓷材料将会越来越多地为制药机械所应用。

（一）常用工程塑料

高分子材料主要是合成树脂、合成橡胶及合成纤维三大类，其中合成树脂类材料是目前最主要的工程结构材料。

工程塑料有热塑性塑料及热固性塑料两类。

热塑性材料是由可以经受反复受热软化（或熔化）和冷却凝固的树脂为基本成分制成的塑料，它的特点是遇热软化或熔融，冷却后又变硬，这一过程可反复多次。热固性塑料是由经加热转化（或熔化）和冷却凝固后变成不熔状态的树脂为基本成分制成的，它的特点是在一定温度下，经过一定时间的加热或加入固化剂即可固化，质地坚硬，既不溶于溶剂，也不能用加热的方法使之再软化。

1. 热塑性塑料

这类塑料的特点是加热时软化，可塑造成型，冷却后则变硬；此过程具有可逆性，可反复进行。它的优点是加工成型简便，具有较高的机械性能；缺点是耐热性和刚性较差。热塑性塑料的典型品种有聚氯乙烯（PVC）、聚乙烯（PE）、聚丙烯、聚苯乙烯等。近年来研制开发的氟塑料、聚酰亚胺等品牌更具有突出的特殊性能，如具有优良的耐蚀性、耐热性、耐磨性及绝缘性等，是性能优良的高级工程材料。

2. 热固性塑料

这类塑料的特点是加入添加剂后在一定条件下发生化学反应而固化，但固化后再加热将不再软化，也不溶于溶剂。这类塑料的优点是耐热性高，受压不易变形；缺点是机械性能不好。热固性塑料的典型品种有酚醛塑料、环氧树脂、氨基塑料以及近年来新研制开发的聚苯二甲酸二丙烯树脂制成的热固性塑料。

（二）工业陶瓷

常用的工业陶瓷主要有传统工业陶瓷、特种陶瓷及金属陶瓷3大类。

传统的工业陶瓷主要是指绝缘瓷、化工瓷和多孔过滤陶瓷。多孔过滤陶瓷是制作制药设备填料的主要材料；绝缘瓷主要用来制作隔离电源与机械支撑及连接用的绝缘器件；化工瓷是用于化工制药、食品等工业和实验室中的重要器件、耐蚀容器、管道、设备等的常用材料。

特种陶瓷也叫新型陶瓷，具有极强的耐高温而又不被氧化的优点，是很好的高温耐火结构材料。主要用来制作高速切削工具、量具、拉丝模具、耐火坩埚等器具以及用来制作砂轮、耐高湿涂层涂料。

金属陶瓷是指由金属与陶瓷组成的非均质复合材料。金属陶瓷兼具金属和陶瓷的优点，因而它既具有金属所具有的高强度、高韧性，又具备陶瓷的高硬度、高耐火度、高耐蚀性能的综合优点，是制作高速工具、模具、刃具以及航空航天中某些耐热高强度的优良工程材料。

（三）复合材料

复合材料种类繁多，在制药机械中应用广泛的复合材料主要有玻璃钢、涂料、不透性石墨。

1. 玻璃钢

玻璃钢又叫玻璃纤维增强塑料。玻璃钢按其成型性能不同，可分为热塑性玻璃钢与热固性玻璃钢两大类。

热塑性玻璃钢是以玻璃纤维为增强剂并以热塑性树脂为黏结剂制成的复合材料，它的机械性能达到甚至超过了某些金属，可代替某些有色金属制造轴承、齿轮、轴承架等精密机件。

热固性玻璃钢是以玻璃纤维为增强剂并以热固性树脂为黏结剂制成的复合材料，它具有质量轻、比旋度高、耐蚀性能好、介电性能优越及可成型性优良等优点，它的缺点是刚度较差，耐热性亦不高，易老化及蠕变。主要用来制作形状复杂的机器构件、护罩及车辆配件等。

2. 涂料

涂料是一种高分子胶体的混合物溶液，涂在物体表面，然后固化形成薄涂层，用来保护物体免遭大气腐蚀及酸、碱等介质的腐蚀。大多数情况下用于涂刷设备、管道的外表面，也可用于设备内壁的防腐涂层。

采用防腐涂层的特点是品种多、选择范围广、适应性强、使用方便、价格低、适于现场施工等。但是，由于涂层较薄，在有冲击及强腐蚀介质的情况下，涂层容易脱落，使得涂料在设备内壁的应用受到了限制。常用的防腐涂料有防锈漆、底漆、大漆、酚醛树脂漆、环氧树脂漆以及某些塑料涂料，如聚乙烯涂料、聚氯乙烯涂料等。

3. 不透性石墨

不透性石墨是由各种树脂浸渍石墨消除孔隙后制成。它具有较高的化学稳定性和良好的导热性，热膨胀系数小，耐温度急变性好；不污染介质，能保证产品纯度；加工性能良好，相对密度小。它的缺点是机械强度较低，韧性较差。

不透性石墨的耐腐蚀性主要决定于浸渍树脂的耐腐蚀性。由于其耐腐蚀性强和导热性好，常被用作腐蚀性介质的换热器，也可以制作泵、管道和机械密封中的密封环及压力容器用的安全爆破片等。

第二节 制药工业管道

一、制药工业中常用管子的种类

（一）金属管

1. 钢管

钢管的优点是耐高压、韧性好，管段长而接口少；缺点是价格高、易腐蚀，故使用寿命较短。钢管按制造方式分为有缝钢管和无缝钢管。

(1) 有缝钢管　又称焊接钢管或水煤气管，是指用钢带或钢板弯曲变形为圆形、方形等形状后再焊接成的、表面有接缝的钢管，分为低压流体输送钢管与卷焊接钢管。低压流体输送钢管分不镀锌钢管（黑铁管）和镀锌钢管（白铁管），应用于小直径的低压管道上，如给水管道、煤气管道、蒸汽管道、碱液及废气管道、压缩空气管道。卷焊接钢管由钢板卷制，采用直缝或螺旋缝焊制而成，主要用于大直径低压管道，如热力管网或煤气管网。

水、煤气管在规格写法中只表示内径，不表示壁厚，有普通钢管和加厚钢管之分，其规格见表 2-2。

（2）无缝钢管　分为普通无缝钢管和不锈钢无缝钢管。普通无缝钢管使用普通碳素钢、优质碳素钢、低合金钢或合金结构钢轧制而成，品种规格多，强度高，广泛应用于压力较高的管道，如蒸汽、压缩空气、高压水等管道。不锈钢无缝钢管价格昂贵，在制药工艺管路中的应用十分广泛，它除了具有普通无缝钢管的优点外，还具有防腐性能好、表面光洁、易清洗等优点，符合 GMP 要求。不锈钢无缝钢管常用规格见表 2-3。

表 2-2　水、煤气钢管的规格

公称直径		外径/mm	钢管种类					
mm	英寸①		普通钢管			加厚钢管		
			壁厚/mm	内径/mm	理论重/(kg/m)	壁厚/mm	内径/mm	理论重/(kg/m)
6	1/8	10	2.00	6.00	0.39	2.50	5.00	0.46
8	1/4	13.5	2.25	9.00	0.62	2.75	8.00	0.73
10	3/8	17	2.25	12.50	0.82	2.75	11.50	0.97
15	1/2	21.25	2.75	15.75	1.25	3.25	14.75	1.44
20	3/4	26.75	2.75	21.25	1.63	3.50	19.75	2.01
25	1	33.5	3.25	27.00	2.42	4.00	25.50	2.91
32	$1\frac{1}{4}$	42.25	3.25	35.75	3.13	4.00	34.25	3.77
40	$1\frac{1}{2}$	48	3.50	41.00	3.84	4.25	39.50	4.58
50	2	60	3.50	53.00	4.88	4.50	51.00	6.16
65	$2\frac{1}{2}$	75.5	3.75	38.00	6.64	4.50	66.50	7.88
80	3	88.5	4.00	80.50	8.34	4.75	79.00	9.81
100	4	114	4.00	106.00	10.85	5.00	140.00	13.44
125	5	140	4.50	131.00	15.04	5.50	129.00	18.24
150	6	165	4.50	156.00	17.81	5.50	154.00	21.63

① 1 英寸＝0.0254m。

表 2-3　不锈钢无缝钢管常用规格

标准号	常 用 规 格	材　料	使用温度/℃
GB 2270—80	6×1,10×1.5,18×2,22×1.5	0Cr13,1Cr13	0～400
	22×3,25×2,29×2.5,32×2,38×2.5	1Cr18Ni9Ti	－196～700
	45×2.5,50×2.5,57×3,65×3,76×4	0Cr18Ni12Mo2Ti	－196～700
	89×4,108×4.5,133×5,159×5	0Cr18Ni12Mo3Ti	－196～700

2. 有色金属管

生产中常用的有色金属管有铅管、铝管、铜管等。

铅管具有良好的可焊性和耐腐蚀性，在 10%以下的盐酸及海水中都很稳定，但不能作浓盐酸、硝酸和醋酸等的输送管路。由于铅管的强度和熔点较低，因此铅管的使用温度一般不能超过 140℃。又因为铅管硬度较低、不耐磨，所以不宜输送有固体颗粒悬浮液的介质，主要在化工生产中输送浓硫酸及浓度 10%以下的盐酸等腐蚀介质。

铝具有良好的导电性和导热性，虽然是活泼金属，但在许多介质中表面会形成一层致密的氧化膜，因此有较高的化学稳定性，是良好的耐腐蚀材料，且纯度越高，耐酸腐蚀性能越好。铝管通常用于输送浓硝酸、醋酸等物料；由于其良好的导热性，常用来制造换热设备；铝管不耐碱，不能用于输送碱性液体。

铜具有良好的导热、导电性能，但可焊性较差。氧化性酸（如硝酸、铬酸等）对铜有强烈腐蚀作用，不能用于输送此类物料。铜管常用于制造热交换设备，适用于低温管路和化工管路，也常用于仪表测压管线和液压传输管线。

（二）非金属管

1. 塑料管

塑料管的主要优点是耐蚀性能好、质量轻、成型方便、加工容易；缺点是强度较低，耐热性差。塑料管种类繁多，常用的有如下种类。

（1）硬聚氯乙烯管（UPVC） UPVC管化学稳定性好，耐腐蚀，安全方便；但强度较低，耐久性差，其最高耐受温度为60℃。目前硬聚氯乙烯管在化工、冶金、制药等工业管路中得到广泛应用，以代替铅、铜、铝、不锈钢等金属管材。

（2）聚丙烯管（PP） 聚丙烯无色、无味、无毒，PP管的熔点为170～176℃，在没有外力的作用下，PP管在150℃左右能保持形状不变，但其低温性能较差，0℃以下时呈现低温脆性，抗冲击力也显著降低。PP管使用场合较广，可输送低负荷、温度达110～120℃的介质。

（3）酚醛塑料管（PF） 酚醛塑料是以酚醛树脂为基础而制得的，酚醛树脂通常由酚类化合物和醛类化合物缩聚而成。酚醛塑料与一般热塑性塑料相比，刚性好，变形小，耐热耐磨，能在150～200℃的温度范围内长期使用，其电绝缘性能优良。缺点是质脆，冲击强度差。工业上，石棉酚醛塑料管主要用于输送酸性介质，最高工作温度为120℃；夹布酚醛塑料用于压力低于0.3MPa及温度低于80℃时使用。

2. 玻璃钢管

玻璃钢管又称玻璃纤维增强塑料管，是以玻璃纤维及其制品为增强材料，以合成树脂为黏结剂，经过一定的成型工艺制作而成。玻璃钢管具有质量轻、强度高、耐腐蚀的优点，以及良好的电绝缘性能和隔温绝热性能。缺点是易老化、易变形、耐磨性差，主要用于酸碱腐蚀性介质的管路。

3. 陶瓷管

陶瓷管的耐腐蚀性能很好，结构致密，表面光滑平整，硬度较高。陶瓷管除氢氟酸和高温碱、磷酸外，几乎对所有的酸类、氯化物、有机溶剂均具有抗腐蚀作用。陶瓷管的缺点是耐压能力低，性脆易碎，耐热性能差，一般用于输送温度小于120℃、压力为常压或一定真空度的强腐蚀介质。

4. 橡胶管

橡胶管是用天然橡胶或合成橡胶制成。按性能和用途不同有纯胶管、夹布胶管、棉线纺织胶管、高压胶管等。橡胶管质量轻、挠性好，安装拆卸方便，可任意弯曲，常用于实验室或其他临时管路，如制药工艺管路的挠性连接件、加水管道等。

二、管件和阀门

（一）管件

管件是用来连接管子、改变管路方向或直径、接出支路和封闭管道的管道附件总称。一种管件可以起到一个或多个作用，管件主要有弯头、三通、四通和异径管等，已经标准化。

1. 弯头

弯头形状有多种，如图 2-1 所示。弯头既是连接管路的管件，又是改变管道方向的管件。

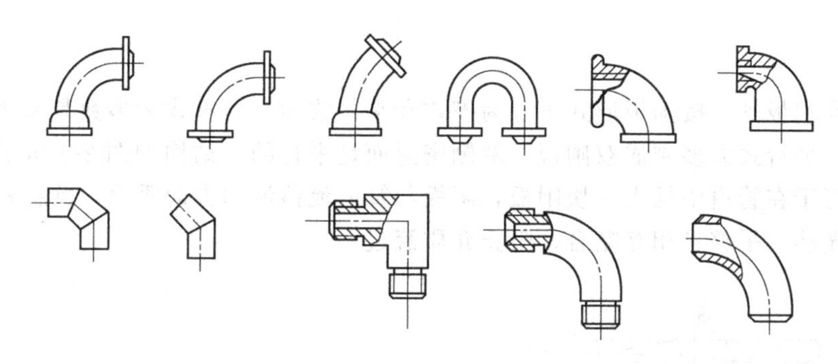

图 2-1 各种形状的弯头

2. 三通、四通及异径管

三通、四通及异径管结构如图 2-2 所示。三通可以由管中接出支路，起着改变管路方向和连接管路的作用。四通可分为等径四通和异径四通，用于连接四段直径相同或四段具有两种相同直径的管道。异径管俗称“大小头”，用于连接两段直径不同的管道。

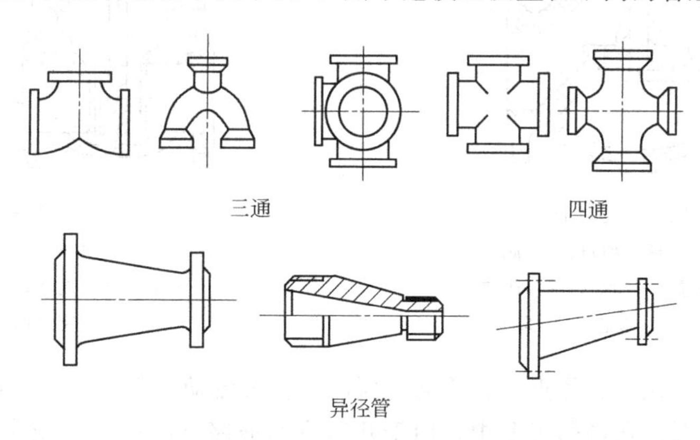

图 2-2 三通、四通及异径管

（二）阀门

阀门是制药工业中常见的设备，在流体输送系统中起着截断、调节、导流、分流、防止逆流等功能。阀门用途广泛，种类繁多，分类方法也较多，总的可分为两大类，即自动阀门和驱动阀门。自动阀门是依靠介质自生的能力自动完成阀门的启闭，如减压阀、止回阀、安全阀、疏水阀等；驱动阀门是依靠手动、电动、气动等外力来操纵的阀门，如闸阀、蝶阀、球阀、截止阀、旋塞阀等。以下介绍制药工业中常见阀门的原理、结构及用途。

1. 截止阀

截止阀又叫球心阀，是制药生产中使用极广的一种截断类阀门，如图 2-3 所示。截止阀的密封零件是阀芯和阀座，其工作原理是通过转动手轮，带动阀杆和阀芯做轴线方向的升降，改变阀芯与阀座之间距离，从而改变流体通道面积的大小，使得流体的流量改变或截断通道。为了使截止阀关闭严密，阀芯与阀座配合面应经过研磨或使用垫片，也可在密封面镶青铜、不锈钢等耐蚀、耐磨材料。阀芯与阀杆采用活动连接，以利阀芯与阀杆严密贴合。

截止阀结构简单，高度尺寸小，密封面间相对摩擦小，密封性能好。但它的流体阻力大，启闭扭矩也大，因此公称直径一般限制在200mm以内。制药工业中，常用作各物料总管和支管的控制阀、蒸汽控制阀、夹套和蛇形管冷水阀等，安装时应注意流体流向与阀门标志流向相符。

2. 闸阀

闸阀又称闸板阀，按闸板形式可分为楔式和平行式两类。楔式大多数是单闸板，两侧密封面成楔形；平行式大多制成双闸板，两侧密封面是平行的，结构如图2-4所示。闸阀的工作原理是相当于在管道中插入一块闸板，闸板与管内流体流动方向垂直，闸板密封面与阀座密封面高度光洁、平整且相互贴合，阻止介质流过。

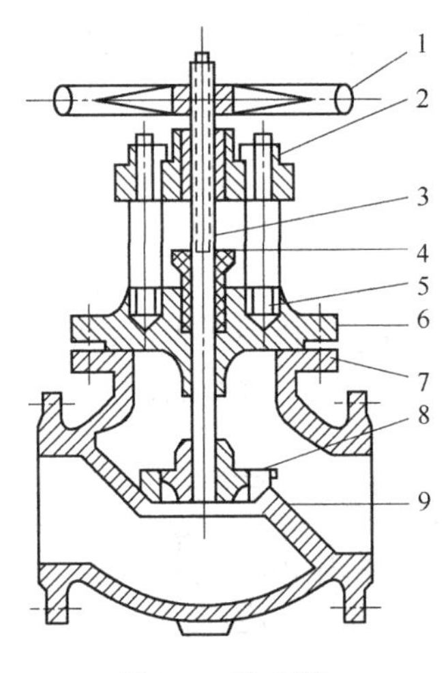

图2-3 截止阀

1—手轮；2—阀杆螺母；3—阀杆；4—填料压盖；5—填料；6—阀盖；7—阀体；8—阀芯；9—阀座

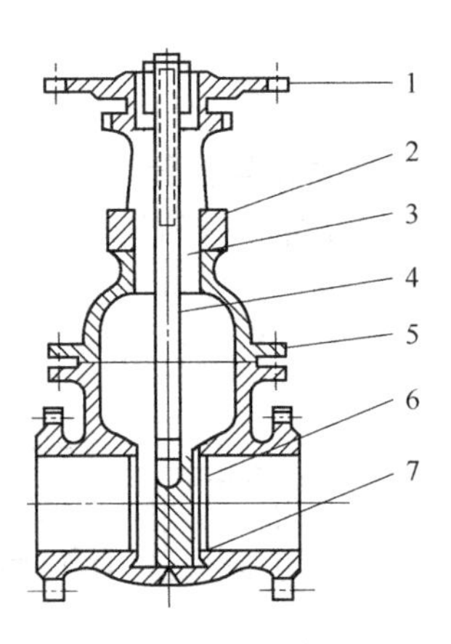

图2-4 闸阀

1—手轮；2—填料压盖；3—填料；4—阀杆；5—阀体；6—闸板；7—密封面

闸阀与截止阀相比，其优点是介质通过阀门为直线流动，阻力小；缺点是启闭时密封面易磨损而使阀门泄漏。在制药工业中，用于开启汽水通路（阀门全开或全闭），不宜用作调节流量（阀门部分开启），否则容易使闸板下半部（未提起部分）长期受介质磨损与腐蚀，以致在关闭后接触面不严密而泄漏。

3. 蝶阀

蝶阀也叫蝴蝶阀，结构如图2-5所示。蝶阀工作时，是利用一可绕轴旋转的圆盘来控制管路的启闭，转角大小反映阀门的开启程度。蝶阀具有结构简单、开闭较迅速、流体阻力小、维修方便等优点，但不能精确调节流量，常用作截断阀，不能用于高温高压场合，适用于大口径水、蒸汽、空气等管路。

4. 旋塞阀

旋塞阀俗称考克，见图2-6。其阀芯是一带孔的锥形塞绕中心线旋转来控制阀门的启闭、分配和改向。旋塞阀具有结构简单、启闭迅速、操作方便、流动阻力小等优点，在医药、化工和食品工业的液体、气体、蒸汽、浆液和高黏度介质管道上都有较多的应用。但缺点是密封面易磨损，修理较困难，对大直径旋塞阀启闭阻力较大。

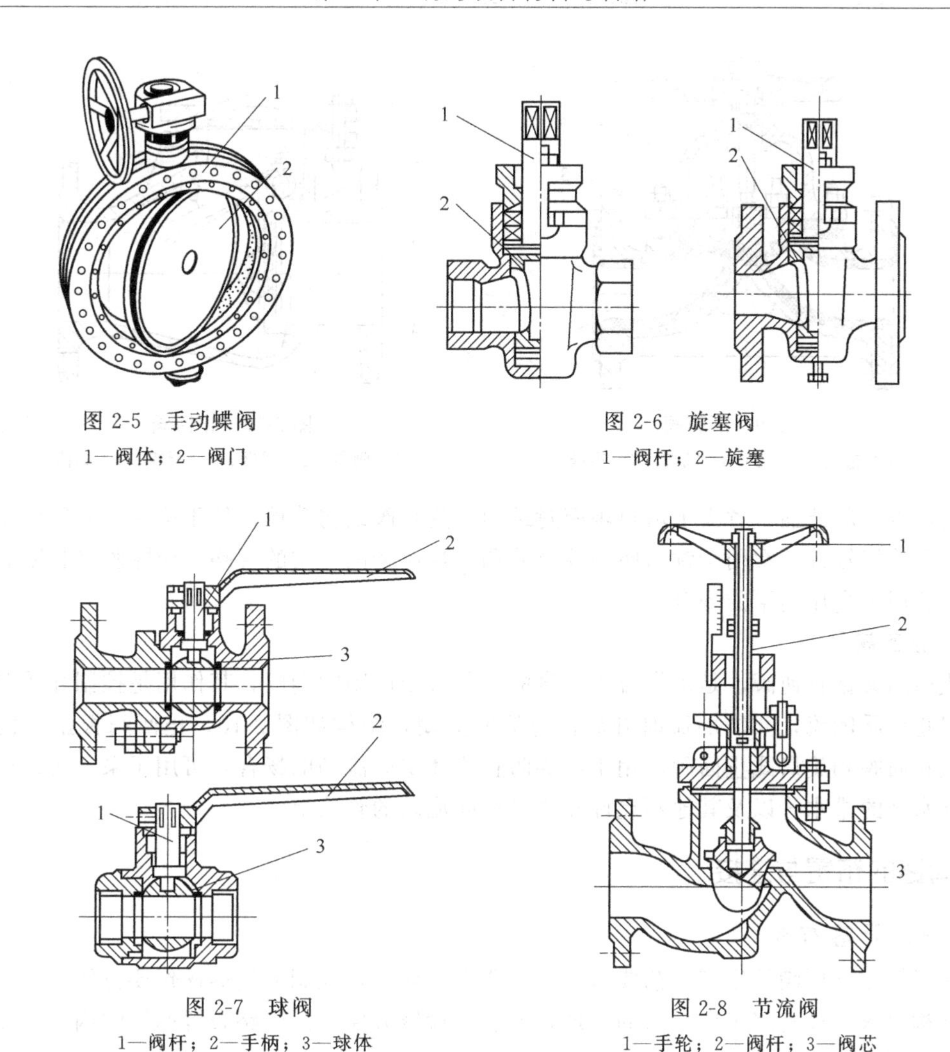

图 2-5　手动蝶阀
1—阀体；2—阀门

图 2-6　旋塞阀
1—阀杆；2—旋塞

图 2-7　球阀
1—阀杆；2—手柄；3—球体

图 2-8　节流阀
1—手轮；2—阀杆；3—阀芯

5. 球阀

球阀由旋塞阀演变而来，都是靠旋转阀芯使阀门畅通或闭塞。不同之处是以一个中间开孔的球体作为阀芯，通过旋转球体实现阀门的启闭，球阀结构如图 2-7 所示。球阀具有操作方便、启闭迅速、流体阻力小、密封性好等优点，一般用于需要快速启闭或要求阻力小的场合。如用于水、汽油等介质，适用于含悬浮和结晶颗粒的介质，也适用于浆液和黏性液体的管道。球阀还可用于高压管道和低压力降的管道。

6. 节流阀

节流阀又称针形阀，结构如图 2-8 所示。它与截止阀相似，仅启闭件形状不同，截止阀的启闭件为盘状，节流阀的启闭件为锥状或抛物线状。节流阀的特点是体积小、重量轻、密封好，可做精细调节。适应需较准确调节流量或压力的水、蒸汽和其他液体的管路，但流体通过阀芯和阀座时，流速较大，易冲蚀密封面；密封性较差，不宜作截断阀使用。

7. 隔膜阀

隔膜阀结构如图 2-9 所示。隔膜阀是在阀杆下面固定一个特别橡胶膜片构成隔膜，隔膜将下部阀体内腔与上部阀盖内腔隔开，使位于隔膜上方的阀杆、阀瓣等零件不受介质腐蚀，

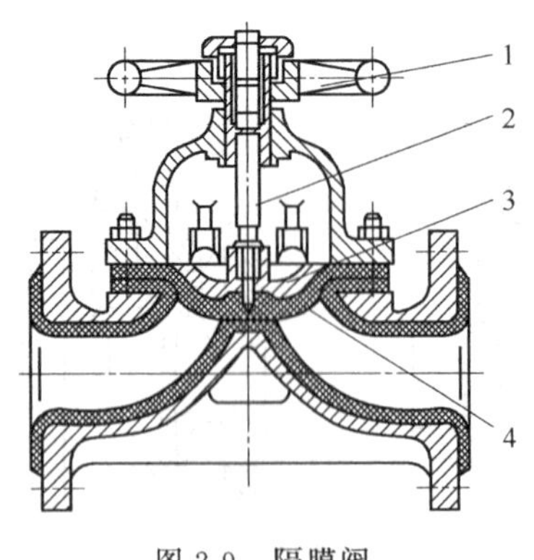

图 2-9　隔膜阀

1—手轮；2—阀杆；3—阀瓣；4—阀膜

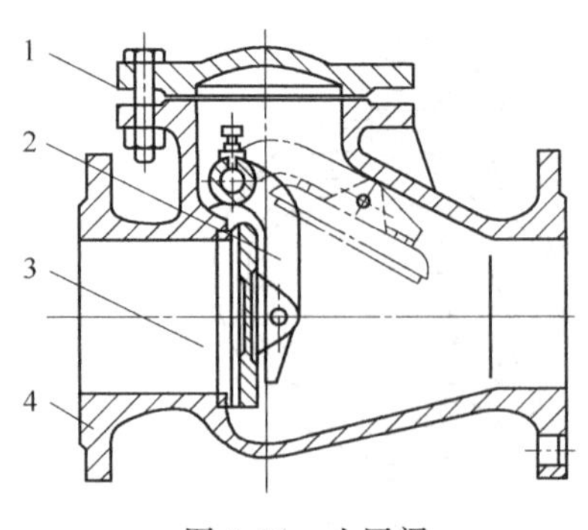

图 2-10　止回阀

1—阀盖；2—摇臂；3—阀瓣；4—阀体

且不会产生介质外漏，省去了填料函密封结构。隔膜阀结构简单，便于检修，介质流动阻力小，调节性能较好，常用于输送腐蚀性介质和带悬浮物的介质的管路。受隔膜材料限制，隔膜阀不适用于高压高温的场合。

8. 止回阀

止回阀又称止逆阀，是依靠流体本身的力量自动启闭的阀门，其作用是控制介质单向流动、阻止介质倒流，介质顺流时开启，逆流时关闭，结构如图 2-10。止回阀根据结构分为升降式止回阀和旋启式止回阀，用于需要防止流体逆向流动的场合，可用于泵和压缩机的管路、疏水器的排水管以及其他不允许介质做反向流动的管路上。

三、管路的布置与连接

（一）管路布置

布置管路既要满足生产工艺要求，如管路阻力要小，控制流量等操作要方便；又要符合管路结构要求，如管路走向，布局合理，安装、检修方便等。管路布置的影响因素很多，一般原则如下。

① 布置管路时，要对工厂所有管路，包括生产系统管路、辅助系统管路、照明、仪表管路和采暖通风管路等进行全面规划。

② 除上、下水和煤气管路外，各种管路一般要走明线。各种管线应当沿空间的三坐标轴方向布置，尽量安排在设备后面，管线力求减少长度，以减少流体阻力，力求整齐美观。

③ 在车间内，管路尽量沿墙壁安装。管架可固定在墙上，或沿天花板及平台安装。管与管、墙与管之间要有一定的距离。管路穿出建筑物，需通过墙壁的预留孔，并在管外加套管。

④ 管路在建筑物外部时，要安装柱架或吊架支撑，两支撑之间的跨距要符合设计规范。

⑤ 露天明线管路的高度以方便检修为准，但通过人行通道时，最低离地点不得小于 2m；通过公路时，管子要高于地面 4.5m。在北方，露天埋地管路要注意埋在冻土深度以下。

⑥ 输送易燃易爆物料（如醇类、醚类等），为了防止静电集聚，必须将管路可靠接地。

⑦ 蒸汽管道上，每隔一定距离，应安装冷凝水排出装置。

⑧ 注意管内介质的影响。在多管垂直排列时，无腐蚀介质管路在上，有腐蚀介质管路

在下；热介质管路在上，冷介质管路在下；高压管路在上，低压管路在下。需经常检修的在外，不常检修的在内；多管水平排列时，低压管路在外，高压管路在内；重量大的要靠管架支柱或墙。

⑨ 管路的阀门、管件应尽量采用标准件，以利于检修和安装。

⑩ 为了便于区别各种类型的管路，通常应在管路的保护层或保温层表面涂以颜色。其具体颜色及涂色方法可查阅有关资料的规定。

⑪ 阀门、仪表需操作控制的部位要相对集中，安装高度适当，以方便工作人员的操作。

⑫ 管路安装完毕，应按规定进行强度和严密度试验，未经检验合格，焊缝及连接处不能涂漆及保温。管道在开工前须用压缩空气或惰性气体置换。

（二）管路连接

管路连接包括管子与管子、管子与阀门、管子与管件之间的连接，常用的连接方法如下。

1. 法兰连接

法兰连接由一对法兰、一个垫片及若干个螺栓螺母组成，见图 2-11。垫片放在两法兰密封面之间，拧紧螺母后，垫片表面上的比压达到一定数值后产生变形，并填满密封面上凹凸不平处，使联接严密不漏。法兰连接是一种可拆连接，按结构型式分为整体法兰、活套法兰和螺纹法兰。法兰连接是制药工艺管路中应用最广的可拆式连接，具有连接强度高、拆卸方便、适应范围广等优点。

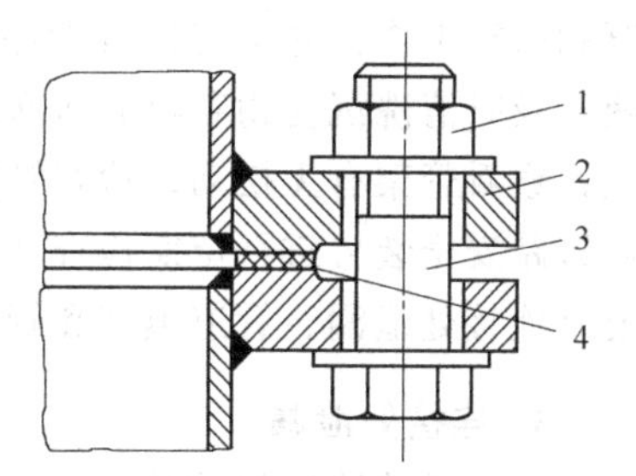

图 2-11　法兰连接的组成

1—螺母；2—法兰；3—垫片；4—螺栓

2. 螺纹连接

螺纹连接是一种广泛使用的可拆卸的固定连接，具有结构简单、连接可靠、装拆方便等优点，是通过内外管螺纹拧紧而实现的。螺纹连接的管子两端都加工有外螺纹，通过加工有内螺纹的连接件与管件或阀门相连接，各种螺纹连接件见图 2-12 所示。

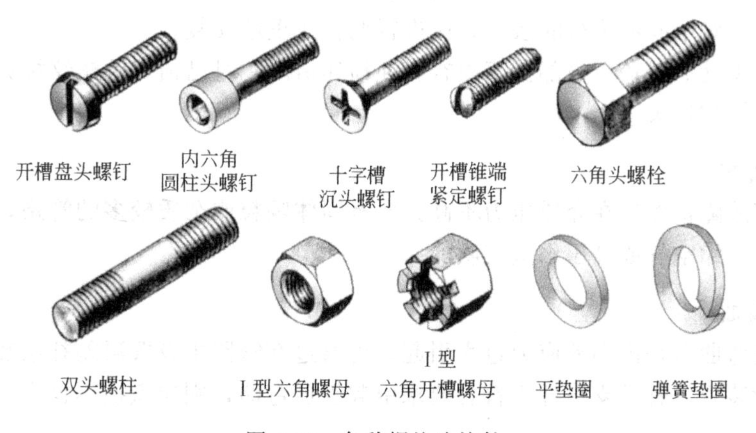

图 2-12　各种螺纹连接件

螺纹连接一般用于水煤气、小直径水管、压缩空气管及低压蒸汽管路。为了保证密封性能，防止泄漏，连接时需要在螺纹上涂以胶合剂，对蒸汽管路可用厚白漆或涂上铅丹的石棉线，对于冷水和空气管路，可用白漆加麻丝或者聚四氟乙烯胶带（俗称生料带）。连接前，应先在管端的外螺纹上涂缠填料，方向与螺纹一致，线头要压紧以防止在拧上内螺纹管接头时填料被推脱。

3. 焊接连接

焊接连接密封性能好、连接强度高，可适用于承受各种压力和温度、无须经常拆卸的管路上，故在制药生产中得到广泛应用。

4. 承插式连接

承插式连接是将管子的小端插在另一根管子大端的插套内，然后在连接处的环隙内填入麻绳、水泥或沥青等起密封作用的物质。承插式连接适用于压力不大、密封性要求不高的场合，安装比较方便，允许两个管段的中心线有少许偏差，但承插式连接密封可靠性差，且拆卸比较困难，主要用于埋在地下的给、排水管道中。

四、管路常见故障及排除方法

管路的故障排除是在认真做好管路维护工作的前提下进行的。在日常维护工作中，应认真做好日常巡回检查，准确判断管内介质的流动情况和管件的工作状态；适时做好管路的防腐和防护工作，并定期检查管路的保温设施是否完好；及时排放管路的油污、积水和冷凝液，及时清洗沉淀物和疏通堵塞部位；定期检查管路的腐蚀和磨损情况；检查管路的振动情况；察看管架有无松动；检查管路各接口处是否有泄漏现象；检查各活动部件的润滑情况；对管路安全装置进行定期检查和校验调整等。一旦发现故障，及时排除。管路的常见故障主要有连接处泄漏、管道填塞和管道弯曲。

1. 连接处泄漏

泄漏是管路中的常见故障，常发生在管接头处。轻则浪费资源、影响正常生产的进行，重则跑、冒、滴、漏污染环境，甚至引起爆炸。若阀门、管件等连接处填料密封失效而泄漏，可以对称拧紧填料压盖螺栓，或更换新填料。

若法兰密封面泄漏，首先应检查垫片是否失效。对失效的垫片应及时更换；其次是检查法兰密封面是否完好，对遭受腐蚀破坏或已有径向沟槽的密封面应进行修复或更换法兰；对于两个法兰面不对中或不平行的法兰，应进行调整或重新安装。

若螺纹接头处泄漏，应局部拆下检查腐蚀损坏情况。对已损坏的螺纹接头，应更换一段管子，重新配螺纹接头。

2. 管道堵塞

管道堵塞故障常发生在介质压力不高且含有固体颗粒或杂质较多的管路，可采取手工或机械清理或用压缩空气或高压水蒸气吹除。

3. 管道弯曲

产生管道弯曲若是由温差应力过大引起，可通过在管路中设置温差补偿装置或更换已失效的温差补偿装置；管道支撑件不符合要求引起管道弯曲，则应撤换不良支撑件或增设有效支撑件。

4. 阀门故障及排除

阀门是管路中最容易损坏的管件之一。阀门种类繁多，发生故障的原因多种多样。常见的故障及排除方法见表 2-4。

表 2-4　阀门常见故障及排除方法

故障	产生故障原因	排除故障方法
填料函泄露	①填料与工作介质的腐蚀性、温度、压力不相适应 ②填料的填装方法不对 ③阀杆磨损或老化 ④填料内有杂质或油，在高温时收缩	①正确选择填料 ②按正确的方法加装填料 ③修理或更换阀杆 ④更换填料
关闭件泄露	①密封面不严 ②密封面与阀座、阀瓣配合不严密 ③阀瓣与阀杆连接不牢 ④阀杆变形，上下关闭件不对中 ⑤关闭过快，密封面接触不好	①安装前试压、试漏、修理密封面 ②采用螺纹连接时，可用聚四氟乙烯生料带作填料，使其配合严密 ③事先检查阀门各部件是否完好，不能使用阀杆弯扭或阀瓣与阀杆连接不可靠的阀门 ④矫正阀杆或更新 ⑤关闭阀门不要用力过猛，发现密封面之间接触不好或有障碍时，应立即开启稍许，然后杂质随介质流出后再小心关紧
阀杆转动不灵	①冷态时关得太紧受热后胀死或全开后太紧 ②填料压得过紧 ③阀杆间隙太小而胀死 ④阀杆与丝母配合过紧，或配合丝扣损坏 ⑤露天阀门缺乏保护，锈蚀严重 ⑥阀杆弯曲或螺纹损坏	①对阀体加热后用力缓慢试开或开足变紧时再稍关 ②稍松填料压盖后试开 ③适当增大阀杆间隙 ④更换阀杆与丝母 ⑤应设置阀杆保护套 ⑥调直阀杆或更换阀杆
垫圈泄漏	①垫圈材质不耐腐蚀，或者不适应介质的工作压力及温度 ②高温阀门内所通过的介质温度变化	①采用与工作条件相适应的垫圈 ②使用时再适当紧一遍螺栓
填料压盖断裂	压紧填料时用力不均或压盖有缺陷	压紧填料时要对称地旋转螺帽
安全阀灵敏度不高	①安全阀弹簧疲劳 ②安全阀弹簧级别不正确 ③阀体内水垢结疤严重	①更换新弹簧 ②按照正确的压力等级选用新弹簧 ③彻底清理阀体内污垢

目标检测题

一、名词解释

强度；硬度；塑性；韧性；疲劳极限；有缝钢管；无缝钢管；管件。

二、简答题

1. 材料的力学性能包括哪些方面？有什么意义？
2. 制药设备中，常用金属材料分为哪几类？
3. 合金钢如何分类？各类型之间的区别是什么？
4. 什么是有色金属？制药设备中常用有色金属有哪些？
5. 制药工业常用管道有哪些材质？
6. 制药工业中常用阀门有哪些？简述截止阀的工作原理。
7. 管路连接方法有哪些？

模块二

原料药反应过程设备

第三章　生物制药反应过程设备

生物制药就是把生物工程技术应用到药物制造领域，生产生物药物的过程。生物药物是运用微生物学、生物化学、生物技术、药学等科学的原理和方法，以天然的生物材料如微生物、人体、动物、植物、海洋生物等为原料，制造的一类用于预防、治疗和诊断疾病的制品。包括抗生素、疫苗、血液制品、细胞因子、单克隆抗体及基因工程产品（DNA 重组产品、体外诊断试剂）等。

生物制药基本过程如图 3-1 所示，主要生产设备包括培养基配制及灭菌设备、空气预处理及灭菌设备、生物反应器和分离提取设备，其中分离提取设备将在模块三中讲解。

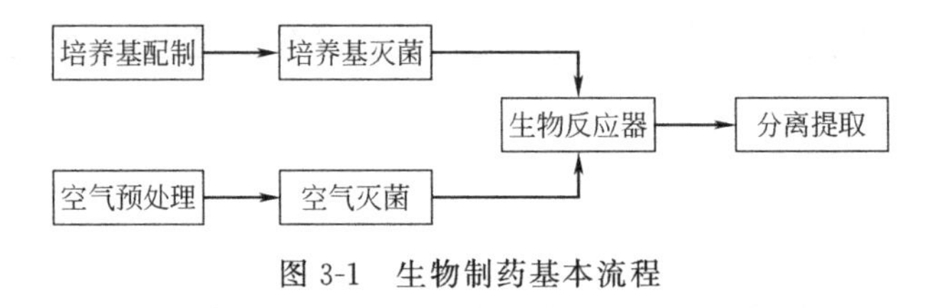

图 3-1　生物制药基本流程

第一节　培养基配制及灭菌设备

在生物制药过程中，当人们利用微生物、动物细胞、植物细胞、细胞组织等生物进行生长、繁殖、代谢和合成时，生物细胞都要不断地同外界进行物质和能量交换进行新陈代谢，才能表现出生命活动，因此需要提供营养物质。

根据不同的细胞生长需要所配制的营养物质即培养基，培养基需要满足以下条件：①含有合适的营养物质；②合适的 pH；③经灭菌后才能使用。由于大规模的微生物、动植物细胞培养都是纯种培养过程，不允许有杂菌污染，所以要对培养基设备进行灭菌。

在发酵工业中，广泛采用的培养基灭菌方法是湿热灭菌，即直接用高压蒸汽将物料升温至 115～140℃后，保持一段时间以杀死所有的微生物。在工厂，蒸汽比较容易获得，具有控制操作条件方便、无毒、无有害残留物而又价廉的优点。培养基的灭菌方法有实罐灭菌和连续灭菌两种。

一、培养基实罐灭菌方法及设备

将培养基置于发酵罐中用饱和蒸汽加热，达到预定灭菌温度后，维持一定时间（30min左右），再冷却到发酵温度，然后接种发酵，这种灭菌过程叫做实罐灭菌，又称分批灭菌（工厂里称实消）。

这种方法不需要其他的辅助设备，操作简单易行，故获得较普遍采用。其缺点是加热和冷却所需时间较长，增加了发酵前的准备时间，也就相应地延长了发酵周期，使发酵罐的利用率降低。所以大型发酵罐采用这种方法在经济上是不合理的。同时，分批灭菌无法采用高温短时间灭菌，因而不可避免地使培养基中营养成分遭到一定程度的破坏。但是对于极易发泡或黏度很大难以连续灭菌的培养基，即使对于大型发酵罐也不得不仍然采用分批灭菌的方法。

1. 实罐灭菌前的准备

为了保证灭菌的成功，在实罐灭菌前，检查发酵罐是否严密非常重要，发酵罐及附属设备必须全面进行严密度检查，尤其是与发酵罐直接相通的阀门的严密性，在确实无渗漏情况下才开始灭菌。在大型发酵企业里通常每一批发酵结束后都要更换与发酵罐直接相连的橡胶夹膜阀的橡胶密封垫，以及不锈钢壳或铜壳塑王芯截止阀上的聚四氟乙烯密封垫，以保证发酵周期中发酵罐的严密性，防止微生物污染。

2. 实罐灭菌的操作

实罐灭菌操作就是用表压0.3～0.4MPa的饱和蒸汽将培养基灭菌的过程，见图3-2。

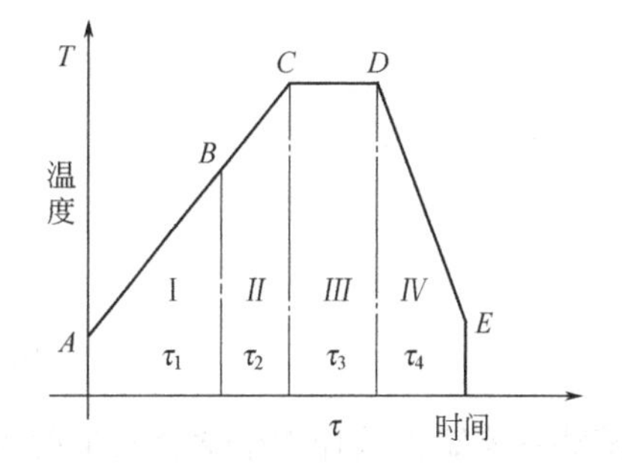

图3-2　实罐灭菌时间与温度的关系

图中，Ⅰ～Ⅳ阶段温度与时间的关系如下：

Ⅰ——夹套预热阶段，培养基由室温加热至80～90℃，夹套预热是为了防止进入罐内的水蒸气冷凝成水后改变培养基浓度；

Ⅱ——直接蒸汽加热阶段，培养基由80～90℃加热至121℃；

Ⅲ——保温阶段，121℃；

Ⅳ——冷却阶段，121℃冷却至培养温度。

合理的操作方法是保证实罐灭菌成功的前提，培养基实罐灭菌的操作过程如下（图3-3）。

① 将配制好的培养基泵入发酵罐内，密闭发酵罐后，开动搅拌。

② 将各排气阀打开，检查夹套排水阀是否打开，夹套水是否排尽。从夹套进蒸汽预热培养基至80～90℃后，关夹套蒸汽并停止搅拌，将排气阀逐渐关小。

③ 三路进汽。接着将蒸汽从进气口、排料口、取样口直接通入罐中，使罐温上升到121℃，罐压维持在0.09～0.1MPa（表压），并保持30min左右。

④ 完成保温时间后，关一路蒸汽，再关一路进气（次序不能颠倒），最后三路进汽与三路排汽全部关闭。

⑤ 从进气口通入无菌空气，从冷却水进口通冷凝水引入夹套进行冷却，开搅拌，将培养基冷却到发酵工艺要求的温度。特别应注意的是，在无菌空气未被引入发酵罐之前，不能开夹套冷却水冷却培养基，否则易发生发酵罐的罐压跌零，罐体被吸瘪，这是不锈钢夹套发

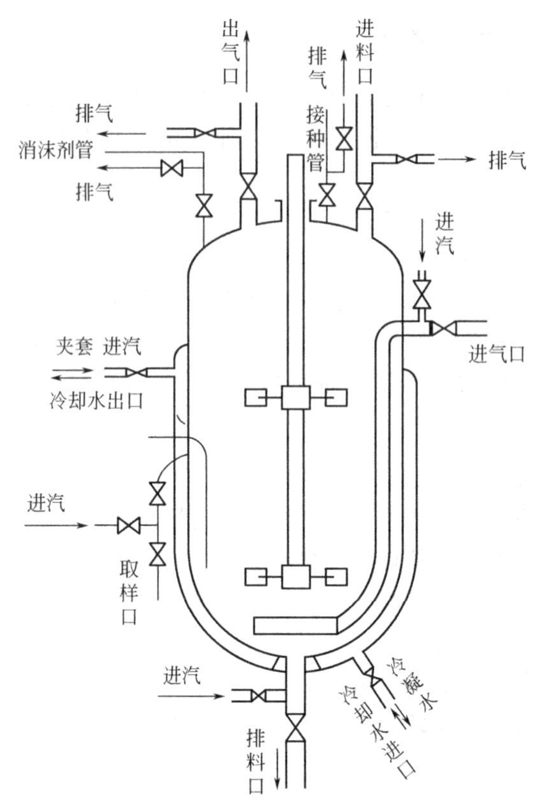

图 3-3 实罐灭菌过程示意图

酵罐在实罐灭菌操作中常会发生的事故。

在灭菌过程中，注意保证各路进气畅通，防止短路逆流；各路排汽也要畅通，但排汽量不宜过大，以节约用气量。无论与罐连通的管路如何配制，在实消时均应遵循“不进则出”的原则，即凡是与培养基接触的管道都要进蒸汽（若罐上装有冲视镜管道也要进蒸汽）；凡是不与培养基接触的管路都要排汽，这样才能保证灭菌彻底，不留死角。

以上介绍的是夹套发酵罐，不带夹套的发酵罐，除了采用蛇管来预热培养基与带夹套的发酵罐用夹套预热培养基不同外，其他实罐灭菌的操作过程与以上步骤相同。

3. 实罐灭菌时间的计算

根据对数残留公式，实罐灭菌所需的理论时间可以用下式计算：

$$\tau=\frac{2.303}{K}\lg\frac{N_0}{N_S} \tag{3-1}$$

式中 τ——灭菌时间，s；

K——灭菌速率常数，s^{-1}，与灭菌温度和灭菌对象的菌种类别有关；

N_0——开始灭菌时原有菌的个数，个；

N_S——结束灭菌时残留菌的个数，个，若要求培养基灭菌后绝对无菌，即 $N_S=0$。

从上面公式可以看出，灭菌时间将等于无穷大，这当然是不可能的。根据实际情况，培养基灭菌后，以培养液中还残留一定的活菌数来计算。工程上通常以 $N_S=10^{-3}$个/罐，即杂菌污染降低到被处理的每 1000 罐中，只残留一个活菌，指发酵失败的概率为千分之一。

又由于灭菌速率常数 K 与温度和被杀灭菌的种类有下列关系：

$$K=A\mathrm{e}^{-E/(RT)} \tag{3-2}$$

式中　A——系数，s^{-1}；

E——灭菌时所需活化能，J/mol；

R——气体常数，8.314J/(mol·K)；

T——热力学温度，K。

在一般计算中都以培养基中最难杀灭的一种耐热杆菌的芽孢作为杀灭对象。此时，通常取 $A=1.34\times10^{36}s^{-1}$，$E=284219.12$J/mol。代入式(3-2) 得：

$$\lg K=\frac{-14845}{T}+36.127 \tag{3-3}$$

在工业化发酵生产中通常不考虑培养基由室温升温至121℃和由121℃冷却到发酵培养温度这两个阶段的灭菌效应，只把保温维持阶段看做是培养基实罐灭菌的时间，这样可以简便地利用式(3-1) 和式(3-3) 来计算灭菌所需要的时间。

【例 3-1】 有一个发酵罐，内装培养基 $50m^3$，现采用实罐灭菌，灭菌温度 121℃，问灭菌需要多长时间?

解：在微生物发酵行业中一般设灭菌前每毫升培养基中含耐热菌的芽孢为 2×10^7 个，由题意可知：

$$N_0=50\times10^6\times2\times10^7=1\times10^{15}\ (\text{个})$$

$$N_S=0.001\ (\text{个})$$

$$\begin{aligned}\lg K&=-14845/T+36.127\\&=-14845/(273+121)+36.127\\&=-1.55\end{aligned}$$

$$K=0.0281\ (s^{-1})$$

$$\begin{aligned}\tau&=\frac{2.303}{K}\lg\frac{N_0}{N_S}=\frac{2.303}{0.0281}\lg\frac{1\times10^{15}}{0.001}\\&=1475.2(s)=24.6\ (\min)\end{aligned}$$

如果考虑培养基加热升温阶段的灭菌效应，保温时间会缩短，具体计算在此不作介绍。目前发酵工业采用培养基实罐灭菌的发酵罐体积越来越大（$60\sim100m^3$），这样培养基的加热升温阶段时间就很长，为了不使培养基受热时间过长导致营养成分破坏，应该考虑加热升温阶段的灭菌效应；一般体积在 $40m^3$ 以下的发酵罐，可以不考虑加热升温阶段的灭菌效应，以避免复杂的变温灭菌过程的计算。

在实际生产中，培养基加热过程有灭菌效应，培养基达到灭菌保温时间后，由灭菌温度冷却到发酵培养温度的过程也有灭菌作用，所以在灭菌操作时不要人为地再延长灭菌时间作为安全系数，避免培养基营养成分破坏太多，导致发酵单位下降。

二、培养基连续灭菌方法及设备

培养基的连续灭菌方法就是将发酵罐预先进行灭菌，将配好的培养基在向发酵罐输送的同时进行加热、保温和冷却，然后连续进入已灭好菌的发酵罐中。这种培养基灭菌方法称为连续灭菌，工厂里又叫连消。

培养基的灭菌如果是采用连续灭菌法，则发酵罐应在加入灭菌的培养基前先行单独灭菌，又称空罐灭菌（空消），即发酵罐罐体的灭菌。通常是用蒸汽加热发酵罐的夹套或蛇管并从空气分布管中通入蒸汽，充满整个容器后，再从排气管中缓缓排出。空消时一般维持罐压 0.15～0.2MPa，罐温 125～130℃，保温 30min 左右。在保温结束后，关键是随即要通入无菌空气，使容器保持正压，防止形成真空而吸入带菌的空气。

连续灭菌具有如下的优点：

① 提高产量，与实罐灭菌相比，培养液受热时间短，可缩短发酵周期，同时培养基成分破坏较少；

② 产品质量较易控制；

③ 蒸汽负荷均衡，锅炉利用率高，操作方便；

④ 适宜采用自动控制；

⑤ 降低了劳动强度。

缺点是设备比较复杂，投资较大。

（一）培养基连续灭菌流程

培养基连续灭菌流程如图 3-4。原材料在配料罐内配制成液体培养基，直接通入蒸汽预热至 80～90℃，然后用泵打至加热器内与 0.5～0.8MPa（表压）蒸汽混合，在 10～20s 内迅速加热至 135℃左右，进入维持罐保温 5～10min，经冷却器冷却至 40～50℃，进入发酵罐继续冷却至接种温度。

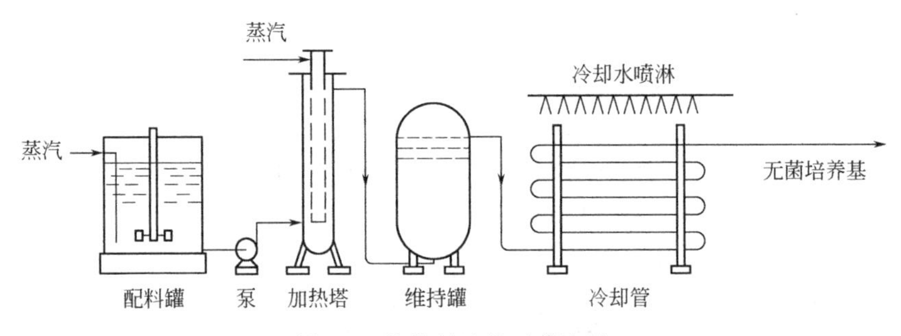

图 3-4 培养基连续灭菌流程

（二）连续灭菌的基本设备

连续灭菌的基本设备一般包括：①配料预热罐，将配好的料液预热到 60～70℃，以避免灭菌时由于料液与蒸汽温度相差过大而产生水汽撞击声；②加热器，加热器的作用主要是使高温蒸汽与料液迅速接触混合，并使料液的温度很快升高到灭菌温度（135℃左右）；③维持罐，加热器加热的时间很短，通过维持管达到彻底灭菌的效果；④冷却管，从维持罐出来的料液要经过冷却管进行冷却后，输送到预先已经灭菌过的罐内。

下面主要介绍加热器、维持罐和冷却设备。

1. 加热器

目前，使用最广泛的加热器有塔式加热器和喷射式加热器。

（1）塔式加热器　塔式加热器结构如图 3-5，其有效高度为 2～3m，用内外两根管子套合组成，内管是蒸汽导入管，在其管壁上开有 45°向下倾斜的小孔，孔径一般为 5～8mm，小孔在导入管上的分布是上稀下密，这样有利于蒸汽能均匀地从各孔中喷出。培养基从塔底由连消泵打入，打料速度控制在使物料在蒸汽导入管与设备外壳的空隙间流速为 0.1m/s 左右。料液与小孔中喷出的蒸汽连续混合，在塔内停留 20～30s 后，从塔的上部流出。

塔式加热器的加工关键是蒸汽导入管上小孔的加工和小孔的分布，如小孔加工不适宜，设备操作时的噪声和震动较大。

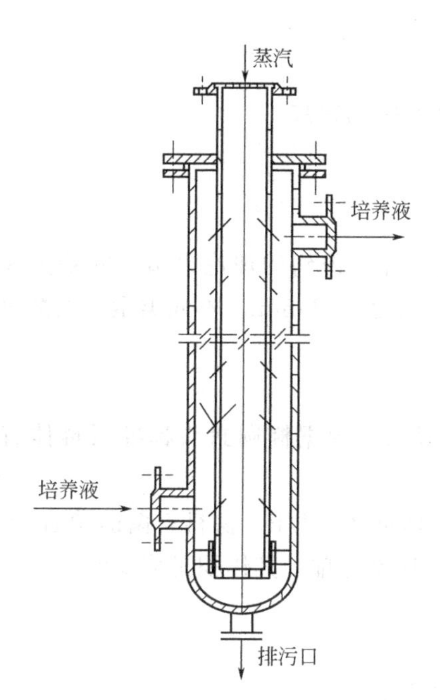

图 3-5　塔式加热器结构图

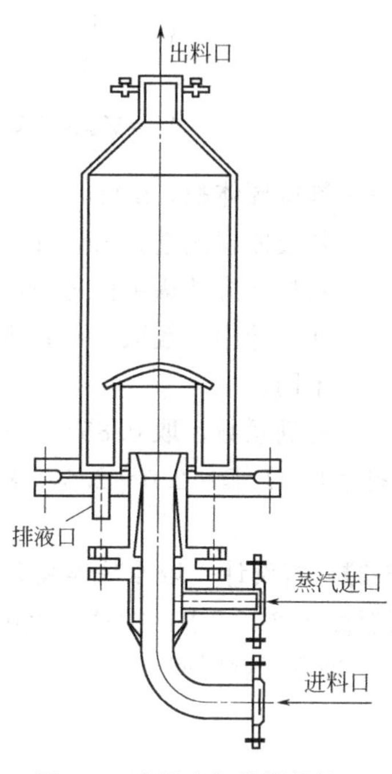

图 3-6　喷射式加热器结构图

(2) 喷射式加热器　喷射式加热器的特点是蒸汽和料液迅速接触，充分混合，加热是在瞬时内完成的。蒸汽由喷嘴喷出，料液从侧面进入器内而被蒸汽加热。图 3-6 所示为工厂中较常见的一种喷射式加热器：料液在中间进入，蒸汽则在周围环隙中进入，同时在喷嘴出口处有一个扩大端，扩大端顶端上方设置了一块弧形挡板，增强了蒸汽与料液的混合加热效果。料液在进入加热器时的流速约为 1.2m/s 左右，蒸汽喷口的环隙面积约为喷嘴外径的一倍，扩大管高度一般为 1m 左右。此种加热器结构简单，噪声少，无震动。

2. 维持罐

维持罐的作用是使加热后的培养基在维持设备中保温一段时间，以达到灭菌的目的，也可称保温设备。维持罐的外壁要用绝热材料进行保温，以免培养基冷却。维持罐是一个圆柱形立式容器，上下封头为球形，如图 3-7 所示。

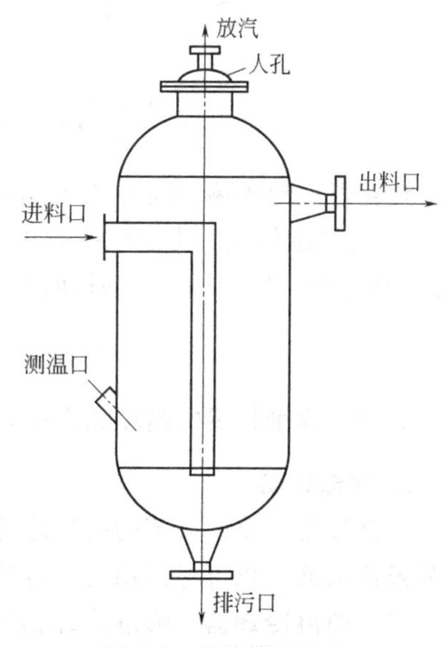

图 3-7　维持罐的结构

高温培养基由进料口管道进入容器底部，因进料管由圆筒上部侧面伸入罐内通至下部，使料液自下向上流动，缓缓上升至出料口流出，如无返混，培养基在维持罐中的停留时间就是连续灭菌工艺所要求的保温时间或灭菌时间。

由于容器直径较大，培养基在容器内的流速较小，这样在维持罐中物料的返混现象是不可避免的。因此，在维持罐设计时，取高径比为 2.0～2.5 较合适，且外壁要有保温层。设计培养基在维持罐中实际停留时间一般将理论灭菌保温时间乘上 3～5 倍。

维持罐体积的计算：

$$V=\frac{\nu\tau}{60\phi}$$

$$V=V_{封底}+V_{圆筒}=0.13D^3+\frac{\pi}{4}D^2H \tag{3-4}$$

式中 V——维持罐体积，m^3；

ν——料液体积流量，m^3/h；

τ——物料在维持罐中停留时间，min，根据计算得到的理论灭菌时间乘上3～5倍，在设计中一般取3倍；也可取经验数据为8～25min，不同类型的发酵维持时间不同；

ϕ——充满系数，取0.85～0.9。

取维持管的$H/D=2.0$～2.5，求出直径D以后，根据椭圆封头标准对罐体直径进行圆整。

【例 3-2】 若设计一培养基连续灭菌系统，处理量$20m^3/h$，物料灭菌前菌含量10^7个/ml，灭菌温度132℃，求：①理论灭菌时间；②采用维持罐，其体积是多少？

解： ① 理论灭菌时间

$$\tau=\frac{2.303}{K}\lg\frac{N_0}{N_S}$$

$$N_0=10^7 个/ml, N_S=\frac{0.001}{20\times10^6}个/ml$$

$$\lg K=\frac{-14845}{T}+36.127=\frac{-14845}{273+132}+36.127=-0.5243$$

$$K=0.299s^{-1}$$

$$\tau=\frac{2.303}{0.299}\lg\frac{10^7\times20\times10^6}{0.001}=133.26(s)=2.22(min)$$

计算得理论灭菌时间为2.22min。

② 维持罐体积。由于维持罐中存在物料返混现象，为了保证彻底灭菌，一般物料在维持罐中停留时间取理论灭菌时间的3～5倍，此处取3倍，ϕ取0.9。

$$V=\nu\tau=\frac{20}{60\times0.9}\times2.22\times3=2.47(m^3)$$

如要计算维持罐的高度和直径，可根据式(3-4) 求得。

3. 冷却设备

冷却设备是将已灭菌的高温培养基加以冷却，要求严密性好、冷却效率高。通常采用的是喷淋冷却器，也可考虑用真空冷却器。

(1) 喷淋冷却器 喷淋冷却器的最上端有一个淋水槽（图3-8），将水通过喷淋装置均匀地淋在水平的排管上，以冷却管内的培养基。喷淋冷却器冷却效果的优劣与淋水装置的安装是否合理关系极大。为了增加传热推动力，高温培养基应由底端进、上端出，物料在管道里的流速为0.6～0.7m/s。为了强化喷淋冷却器的冷却效果，该设备应放在通风的场所。

喷淋冷却器具有结构简单、清洗方便的优点，且由于部分淋下的水滴在管表面被高温的管壁所汽化，其传热系数较大$K=250$～$290W/(m^2\cdot℃)$，被广泛地用于连续灭菌过程中。

(2) 真空冷却器 真空冷却器的结构见图3-9，其工作原理是高温培养基从维持罐进入真空冷却器内，在真空下，水分立即汽化使培养基温度下降。

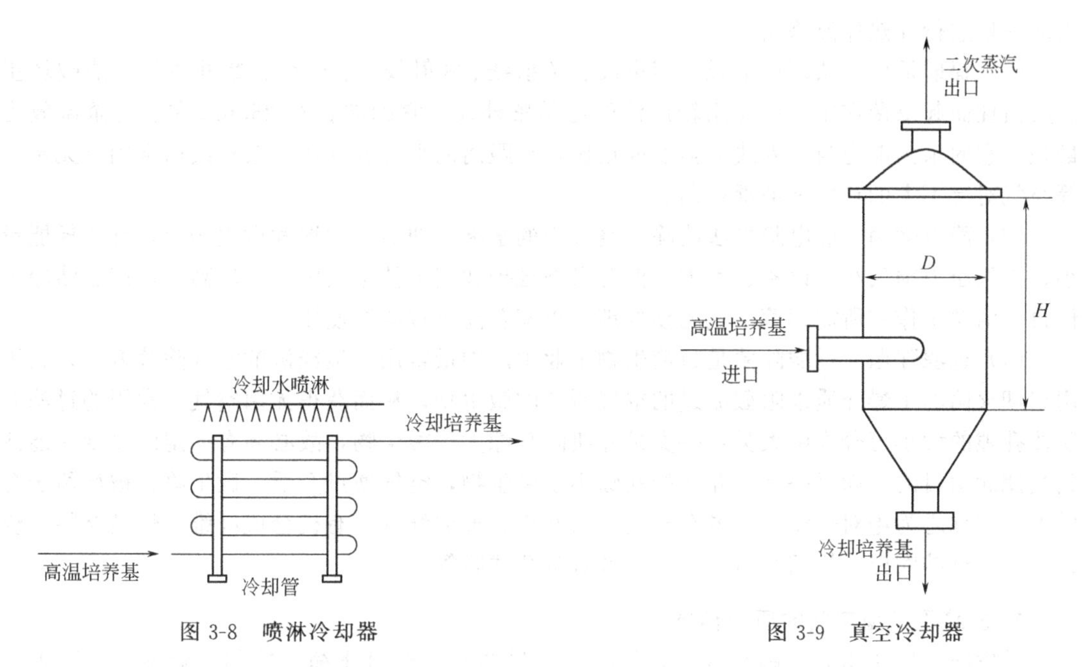

图 3-8　喷淋冷却器

图 3-9　真空冷却器

真空冷却器的设计参数如下：

① 二次蒸汽在真空冷却器内上升速度一般可取 $\omega_s=0.8\text{m/s}$；

② 二次蒸汽在出口管内流速 $\omega\leqslant 10\text{m/s}$；

③ 冷却培养基在出口管内流速 $\omega=0.2\sim0.3\text{m/s}$；

④ 高温培养基在进口管内流速 $\omega=40\sim60\text{m/s}$；

⑤ 冷却器 $H/D=1.5$。

第二节　发酵用压缩空气预处理及除菌设备

微生物在繁殖和好氧性发酵过程中都需要氧，而用纯氧是没有必要的。一般是以空气作为氧源通入发酵系统。但空气中含有多种微生物，这些微生物一旦随着空气进入发酵系统，就会大量繁殖，不仅消耗大量的营养成分，还可能产生各种各样的代谢产物，影响和破坏发酵的正常进行，危害极大。因此，空气必须经过除菌后才能通入发酵液，称为无菌空气。发酵工业应用的“无菌空气”是指通过除菌处理使空气中含菌量降低在一个极低的百分数，从而能控制发酵污染至极小机会，据统计，发酵过程中接近20%的发酵污染是由于空气系统带菌而引起的，因此合理可靠的空气预处理和除菌设备、科学正确的操作工艺是需氧发酵过程十分重要的环节。

一、空气除菌方法及发酵用无菌空气的质量标准

1. 空气除菌方法

空气主要由氮气和氧气、二氧化碳、惰性气体、水蒸气以及悬浮在空气中的尘埃等组成的混合物。空气中还有细菌、酵母、真菌和病毒等微生物，不同场所空气中的微生物数量不同，与人口密度、植物数量、气温、湿度及风力等因素有关。一般而言，靠近地面的空气污染严重，随高度的上升，空气中微生物的数量逐渐减少。空气除菌的方法有如下几种。

（1）热杀菌　热杀菌是一种有效的、可靠的杀菌方法。工业生产上常利用空气压缩时放

出的热量进行加热保温杀菌。

(2) 辐射杀菌　从理论上说，超声波、X射线、β射线、γ射线、紫外线等都能破坏蛋白质活性而起杀菌作用。但应用较广泛的还是紫外线，它的波长在260nm左右时杀菌效力最强，它的杀菌能力与紫外线的强度成正比，与距离的平方成反比。紫外线通常用于无菌室等空气对流不大的环境下消毒杀菌。

(3) 静电除菌　静电除尘法能除去空气中的水雾、油雾、尘埃和微生物等，且消耗能量小，空气压力损失小，设备也不大。但对设备维护和安全技术措施要求较高。常用于洁净工作台、洁净工作室所需无菌空气的预处理，再配合高效过滤器使用。

(4) 过滤除菌　过滤除菌是目前生物工业生产中最常用、最经济的空气除菌方法，它采用定期灭菌的干燥介质来阻截流过的空气所含的微生物，从而获得无菌空气。常用的过滤介质按孔隙的大小可分成两大类：一类是介质间孔隙大于微生物，故必须有一定的厚度才能达到过滤除菌目的；而另一类是介质的孔隙小于微生物，空气通过介质，微生物就被截留于介质上，这称之为绝对过滤。前者有棉花、活性炭、玻璃纤维、有机合成纤维、烧结材料（烧结金属、烧结陶瓷、烧结塑料）等，后者有微孔滤膜等。

2. 发酵用无菌空气的质量标准

供发酵工厂使用的无菌空气，就是将自然界的空气经过压缩、冷却、减湿、过滤等过程，达到以下标准。

(1) 空气的压强　一般要求空气压缩机出口空气的压强控制在0.2～0.35MPa（表压）。压强过低不利于克服发酵罐中的下游阻力，压强过高则不必要。

(2) 空气流量　根据总体发酵容积，确定应连续提供一定流量的压缩空气。发酵用无菌空气的设计和操作中常以通气比或VVM来计算空气的用量。VVM的意义是单位时间(min)单位体积（m^3）培养基中通入标准状况下的空气的体积（m^3），一般为0.1～2.0。

(3) 空气的温度　为了降低空气的相对湿度，经常采用适当加热压缩空气的方法，一般控制进入发酵罐的空气温度比培养温度高10℃左右。虽然对于发酵而言，空气的温度低较好，但太低的温度需要消耗过多的能量。

(4) 空气的相对湿度　由于目前发酵工厂空气总过滤器的介质采用的是棉花、纤维素纸等，为了防止这些过滤介质受潮，将进入总过滤器的压缩空气的相对湿度控制在60%～70%左右。

(5) 压缩空气的洁净度　在设计空气过滤器时，一般按染菌概率为10^{-3}来计算，即1000次发酵周期所用的无菌空气只允许1次染菌。也可以把100级作为无菌空气的洁净指标。100级指每立方米空气中，尘埃粒子数最大允许值≥0.5μm的为3500，≥5μm的为0；微生物最大允许数为5个浮游菌/m^3，1个沉降菌/m^3。

二、压缩空气过滤除菌工艺流程

空气除菌流程是根据生物工业生产中对无菌空气的要求（无菌程度、空气压力、温度和湿度）和空气的性质，并结合采气环境的空气条件和所用除菌设备的特性而制定的。空气过滤除菌有多种流程，下面是几个较为典型的设备流程。

1. 两级冷却、加热空气除菌流程（图3-10）

这是一个比较完善的空气除菌流程，可适应各种气候条件，能充分地分离油水，使空气在较低的相对湿度下进入过滤器，以提高过滤效率。该流程的特点是两次冷却、两次分离、

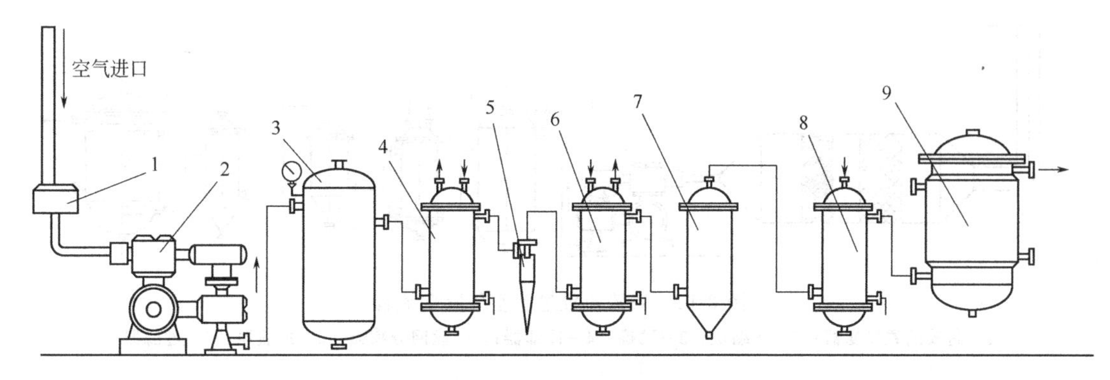

图 3-10 两级冷却、加热的空气除菌流程

1—粗过滤器；2—空气压缩机；3—空气贮罐；4—第一冷却器；5—旋风分离器；6—第二冷却器；7—丝网除沫器；8—空气加热器；9—总过滤器

适当加热。两次加热、两次分离油水的好处是能提高传热系数，节约冷却水，油水分离得比较完全。经第一冷却器冷却后温度在 30～35℃，大部分的水、油都已结成较大的颗粒，且雾粒浓度较大，故适宜用旋风分离器分离。第二冷却器使空气冷却到 20～25℃，经进一步冷却后析出一部分较小雾粒，宜采用丝网分离器分离，发挥丝网能够分离较小直径的雾粒和分离效率高的作用。压缩空气经两次冷却、两次分离后，相对湿度仍较高，须用加热器加热空气，使其相对湿度降低至 50%～60%后进入空气总过滤器，以保证过滤器的正常运行。

两级冷却、加热除菌流程尤其适用于潮湿的地区，其他地区可根据当地的情况，对流程中的设备做适当的增减。一些对无菌程度要求比较高的微生物工程产品，均使用此流程。

2. 冷热空气直接混合式空气除菌流程

该流程适用于中等含湿地区，但不适合于空气含湿量高的地区，其特点是可省去第二次冷却后的分离设备和空气加热设备，流程比较简单，如图 3-11 所示。从流程图可以看出，压缩空气经粗过滤器过滤后经空气压缩机压缩，然后进入到空气贮罐。空气从贮罐出来后分成两部分，一部分进入冷却器，冷却到较低温度，经分离器分离水、油雾后与另一部分未处理过的高温压缩空气混合，此时混合空气已达到温度为 30～35℃、相对湿度为 50%～60%的要求，再进入过滤器过滤。由于外界空气随季节而变化，冷热空气的混合流程需要较高的操作技术。

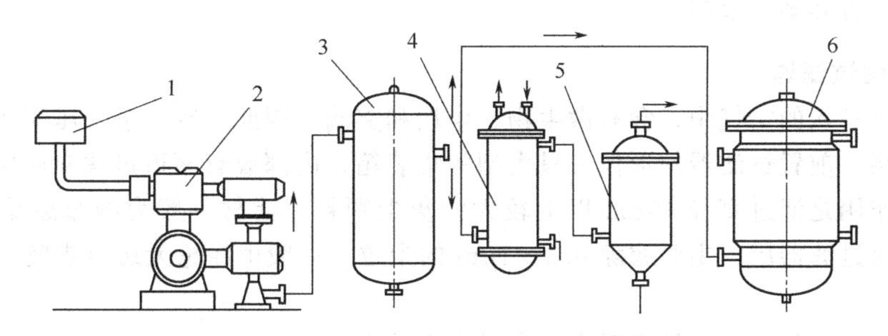

图 3-11 冷热空气直接混合式空气除菌流程

1—粗过滤器；2—压缩机；3—贮罐；4—冷却器；5—丝网分离器；6—空气过滤器

3. 高效前置过滤空气除菌流程

图 3-12 为高效前置过滤除菌的流程示意图。它采用了高效率的前置过滤设备，利用压缩机的抽吸作用，使空气先经中、高效过滤后，再进入空气压缩机，这样就降低了主过滤器

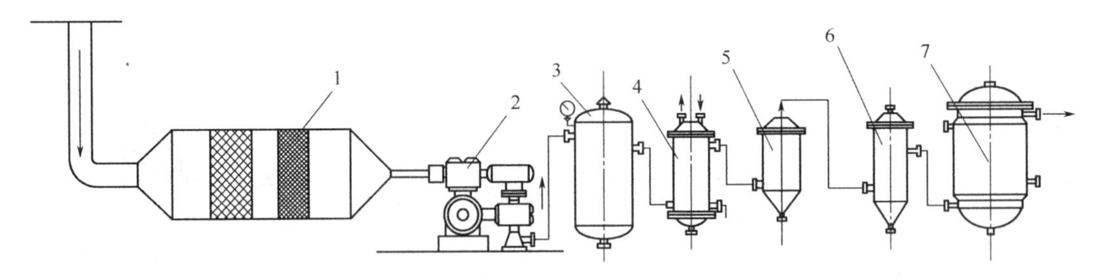

图 3-12 高效前置过滤空气除菌流程

1—高效前置过滤器；2—压缩机；3—贮罐；4—冷却器；5—丝网分离器；6—加热器；7—过滤器

的负荷。经高效前置过滤后，空气的无菌程度已相当高，再经冷却、分离，进入主过滤器过滤，就可获得无菌程度很高的空气。此流程的特点是采用了高效率的前置过滤设备，使空气经过多次过滤，因而所得的空气无菌程度比较高。

三、压缩空气预处理设备

一般我们将上述空气除菌流程中，空气过滤器以前的部分称为压缩空气预处理阶段。从大气中吸入的空气常带有灰尘、沙土、细菌等；在压缩过程中，又会污染润滑油或管道中的铁锈等杂质。因此压缩空气在进入空气过滤器前一定要将其夹带的水滴、油滴去除，水滴是由于空气经压缩和冷却后，空气中的水汽发生相变而析出；油滴是来自空气压缩机活塞环的润滑油被空气带出来的。压缩空气预处理的目的：①提高压缩空气的洁净度，降低空气过滤器的负荷；②去除压缩后空气中所带的油水，以合适的空气湿度和温度进入空气总过滤器。

下面以常用的两级冷却、加热空气除菌流程为例，介绍空气预处理设备。

1. 吸风塔

吸风塔除应建在工厂的上风处外，要求越高越好，至少 10m 以上，提高空气吸气口的高度可以减少吸入空气的微生物含量。据报道，吸气口每提高 3.05m，微生物数量减少一个数量级。在吸气口处需要设置防止颗粒及杂物吸入的筛网（也可以装在粗过滤器上），以免损坏空气压缩机。如果将粗过滤器提高到相当于吸气口的高度，则不需另设吸气口。

吸风塔可采用铁皮或混凝土建造，设计的气体流速不能太快，否则噪声过大，一般空气在吸风塔内的截面流速设计在≤8m/s。有时可把吸风塔建成采风室，直接建在空压机房上面，以节省地方和利用空间。

2. 前置粗过滤器

从吸风塔进入的空气中，含有微生物、尘埃和雾滴，因此，空气进入压缩机前应尽量除去尘埃和雾滴。前置过滤器外形像一只大型的集装箱，内部设有两道过滤介质层：①粗过滤层，其主要作用是滤过直径 10μm 以上较大的灰尘颗粒。滤材一般为绒布或聚氨酯泡沫塑料。②亚高效过滤器层，主要滤除 0.3～1μm 的尘粒。一般由涤纶无纺布或玻璃纤维滤纸作为过滤介质。

空气经过前置粗过滤器处理后尘埃含量大大减少。

3. 空气压缩机

为了克服输送过程中过滤介质等阻力，吸入的空气必须经空压机压缩，空气压缩机的作用是提供动力，以克服随后的各个设备的阻力。目前国内常用的空压机有往复式空压机、螺杆式和涡轮式空压机。空压机的选用应根据空气用量、结合本地实际及空压机的特点合理使用。

(1) 往复式空气压缩机 往复式空气压缩机是靠活塞在气缸内的往复运动将空气抽吸和压出的，因此出口压力不够稳定，产生空气脉动。另外，为了降低活塞在气缸内往复运动产生的热量，需用油润滑气缸与降温，从而使空气中带入油雾，导致传热系数降低，增加后续的空气净化处理难度。目前，空气压缩机制造厂为克服其夹带较多油量的缺陷，采用添加了二硫化钼的聚四氟乙烯活塞环以取代原钢制活塞环，使压缩空气中夹带的油滴大为减少。

(2) 涡轮式空气压缩机 此类空气压缩机是由电动机带动或用蒸汽涡轮机带动，靠涡轮高速旋转时所产生的“空穴”现象，吸入空气并使其获得较高的离心力，再通过固定的导轮和涡轮形成机壳，使部分动能转变为静压后输出。离心式空气压缩机具有体积和重量小而流量很大、出气均匀、不夹带油雾等特点，是理想的生物加工过程供气设备。

(3) 螺杆式空气压缩机 利用高速旋转的螺杆在气缸里瞬间组成空腔并因螺杆的运动将腔内空气压缩后输出。优点是整机安装，占地面积小，压缩空气中不含油雾且排气平稳；缺点是维护保养技术要求高，适合于大中型发酵企业。

空气经过压缩机的压缩后，接受了机械功，温度会显著上升。空气被压缩后压强越高，温度上升得越高。空气压缩过程，压强与温度之间的关系可用下式表示：

$$\frac{T_2}{T_1}=\left(\frac{p_2}{p_1}\right)^{\frac{K-1}{K}} \tag{3-5}$$

式中 T_1、T_2——分别为空气压缩前后的绝对温度，K；

p_1、p_2——分别为压缩前后空气的绝对压强，Pa；

K——绝热过程，K 可取 1.4，多变过程可取 1.3，一般在发酵工厂净化系统设计时取 $K=1.3$。

【例 3-3】 25℃的大气经空气压缩机压缩，空压机空气出口压强为表压 0.2MPa，经压缩后的空气温度是多少？

解： $T_1=273+25=298\text{K}$

$p_1=0.101\text{MPa}$，$p_2=0.3\text{MPa}$，K 取 1.3

$$T_2=T_1\left(\frac{p_2}{p_1}\right)^{\frac{K-1}{K}}=298\times\left(\frac{0.3}{0.1}\right)^{\frac{1.3-1}{1.3}}=380.1\ (\text{K})$$

$$\tau_2=380.1-273=107.1\ (℃)$$

由计算可知，经压缩后的空气温度较高，需要进行冷却后再进入到空气过滤器除菌。

4. 压缩空气贮罐（图 3-13）

空气经压缩后一般进入压缩空气贮罐，不仅可以消除从空气压缩机特别是往复式空气压缩机出来的空气的脉动，维持罐压的稳定，还使高温的空气在贮气罐里停留一段时间，起到一定的空气杀菌作用。

贮罐的设计 $H/D=2.2\sim2.5$，若空压机采用双气缸一级压缩，贮罐容积可用下式计算：

$$V\geqslant 400\frac{V_p}{n} \tag{3-6}$$

式中 V——贮罐容积，m^3；

V_p——气缸的容积，m^3；

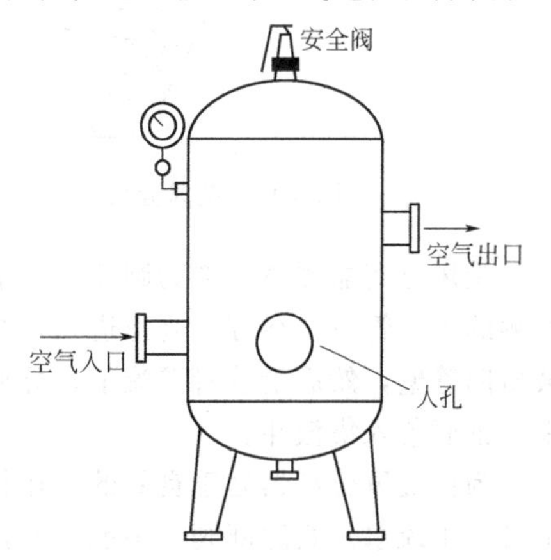

图 3-13 压缩空气贮罐

n——压缩比。

或根据经验估算，贮罐容积可取 V=10%～15%的空压机每分钟的吸气量（m^3/min）。

空气贮罐是一个钢制圆柱容器，罐顶上装有安全阀、压力表；罐底安装排污阀；罐壁设有人孔，便于检修。压缩空气进罐时应切向进入以降低空气贮罐的噪声。

5. 空气冷却器

压缩空气由管道经沿程冷却输送到空气冷却器（图 3-10 中第一、第二冷却器），此时空气的温度已大大低于空气压缩机出口的温度，空气冷却器的作用是使压缩空气除水减湿。

冷却设备通常采用双程或多程立列管式换热器，冷却水走管程，压缩空气走壳程。由于空气的给热系数很低，一般只有 420kJ/(m^2·h·℃)，设计时应采用恰当的措施来提高它的传热系数，否则将需要很大的传热面积。为提高换热器的传热系数应在壳程安装圆缺型折流板。

6. 气液分离器

空气压缩后经过冷却会有水滴和油滴析出，为了防止空气夹带水滴进入总过滤器，使过滤介质受潮失效，因此需用气液分离器将这些水滴除去。一般空气预处理系统采用以下装置：初级水滴分离设备采用旋风分离器，它对直径 10μm 的水滴去除效率在 60%～70%；要去除直径 2～5μm 大小的水滴或油滴需要采用金属丝网除沫器。目前工厂都采用旋风分离器作为粗除水器，其后安装金属丝网除沫器作为精细除水器。

（1）旋风分离器　旋风分离器是一种结构简单、阻力小、分离效果较高的气-固或气-液分离设备，如图 3-14 所示。

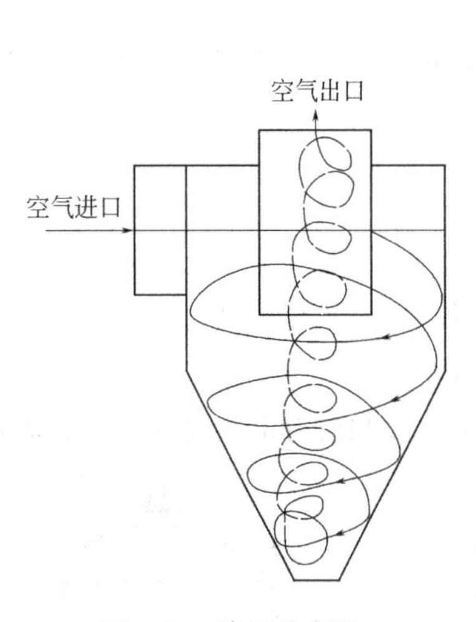

图 3-14　旋风分离器

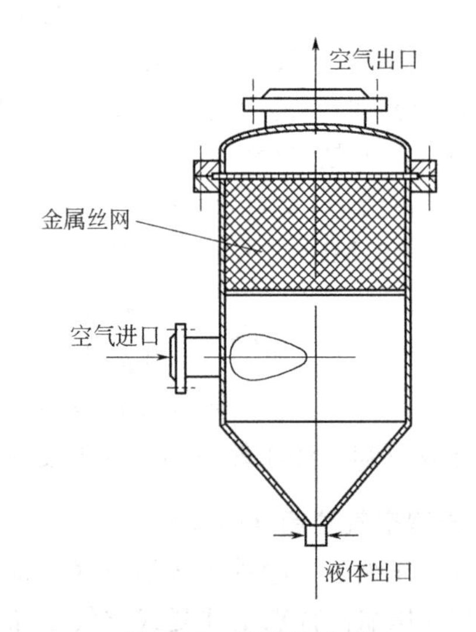

图 3-15　丝网除沫器

旋风分离器器体上部为圆筒形，下部为圆锥形。它的工作原理是将含雾沫的空气从圆筒上侧的进气管以切线方向高速进入，并在环隙中高速旋转，在离心力的作用下，水滴或油滴被抛向管壁，然后沿着管壁流下。分离出雾沫后空气从圆筒顶的排气管排出，油水滴沉降下来自锥底落入集液斗。

为使旋风分离器处于良好的工作状态，在其底部安装浮杯式疏水器或定时自动疏水器或定时人工疏水。其底部阀门不能常开，否则会降低旋风分离器的除水效果。旋风分离器的分离效率不是很高，即使在良好的工作状态，对直径 10μm 的大小粒子除去效率在 60%～

70%，除去 30～40μm 大小粒子的效率在 90%左右。

(2) 丝网除沫器（图 3-15）　丝网除沫器具有较高的分离效率，它对于直径大于 5μm 颗粒的分离效果可达 99%。它的工作原理是当夹带水滴或油滴的气体穿过金属丝网层时，水滴或油滴被拦截在金属丝网上，液滴慢慢变大，当重力大于金属网的吸附力时就自然滴下来。

7. 空气加热器

分离油、水以后空气的相对湿度仍然为 100%，当温度稍微下降时（例如冬天或过滤器阻力下降很大时）就会析出水来，使过滤介质受潮。所以除水后的压缩空气进入总空气过滤器之前要把相对湿度降到 60%～70%，常用的方法是采用换热器来加热达到降湿的要求。一般采用列管式换热器，空气走管程，蒸汽走壳程。

经预处理后的空气进入到空气过滤器。

四、空气除菌设备

空气除菌方法很多，介质过滤是发酵工业上常使用的方法。它采用定期灭菌的干燥介质来阻截流过的空气中所含的微生物，从而制得无菌空气。

随着科技的发展，发酵企业常用的过滤介质逐渐由天然材料棉花过渡到玻璃纤维、超细玻璃纤维和石棉板、烧结材料（烧结金属、烧结陶瓷、烧结塑料）、微孔超滤膜等。而且过滤器的形式也在不断发生变化，出现了一些新的形式和新的结构，把发酵工业中的染菌控制在极小的范围。

目前工业化微生物发酵企业一般都采用二级空气过滤除菌，即总过滤器粗滤除菌和每个发酵罐单独配备分过滤器相结合的方法以达到无菌，以下介绍几种常用空气除菌设备。

1. 棉花活性炭过滤器

棉花是常用的过滤介质，最好选用纤维细长疏松的未脱脂新鲜产品，因为脱脂棉花易吸水而使体积变小；贮藏过久的棉花纤维变脆，易发脆甚至断裂，造成过滤阻力增大。

活性炭的表面积大，通过表面的吸附作用而吸附微生物。常用的活性炭是小圆柱体，要求活性炭质地坚硬、不易压碎、颗粒均匀，填装时要筛去粉末。活性炭的过滤效率比棉花低，但具有阻力小、吸附力强（可吸附空气中有害物质，如油、水）的特点，通常与棉花介质一起使用，以减少过滤层的阻力。

棉花活性炭过滤器是立式圆筒形（图 3-16），内部填充过滤介质。通常总的高度 L 中，上下棉花层厚度为总过滤层的 1/4～1/3，中间活性炭层为 1/2～1/3，在铺棉花层之前先在下孔板铺上一层 30～40 目的金属丝网和织物（如麻布等），使空气均匀进入棉花滤层。填充物按下面的顺序安装：

孔板→铁丝网→麻布→棉花→麻布→活性炭→麻布→棉花→麻布→铁丝网→孔板

安装介质时要求紧密均匀，压紧要一致。压紧装置有多种形式，可以在周边固定螺栓

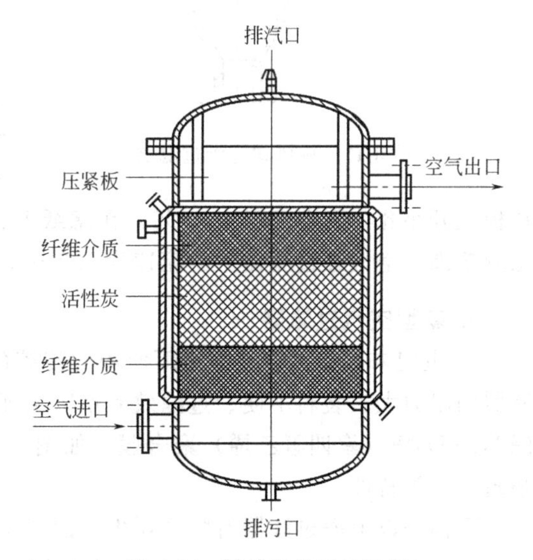

图 3-16　棉花活性炭过滤器

压紧，也可以用中央螺栓压紧，还可以利用顶盖的密封螺栓压紧，其中顶盖压紧比较简便。在填充介质区间的过滤器圆筒外部通常装设夹套，其作用是在消毒时对过滤介质间接加热，但要小心控制，若温度过高，则容易使棉花局部焦化而丧失过滤效能，甚至有烧焦着火的危险。

通常空气从圆筒下部切线方向进入，从上部排出，出口不宜安装在罐顶，以免检修时拆装管道困难。过滤器上方应装有安全阀、压力表，罐底装有排污孔。要经常检查空气冷却是否安全，过滤介质是否潮湿等情况。过滤器进行加热灭菌时，一般是自上而下通入 0.2～0.4MPa（表压）的干燥蒸汽，维持 45min，然后用压缩空气吹干备用。

从我国的抗生素工业生产开始至 20 世纪 80 年代中期，一直沿用棉花-活性炭为主要空气过滤介质的发酵无菌空气制备工艺，具有过滤介质材料易得、价格便宜，设备台数少，便于集中布置和管理等优点。但是，棉花-活性炭作为过滤介质，其自身的特性具有不可克服的严重的缺点：体积大，操作困难，填装介质费时费力；压力损失大，增加了发酵生产的能耗和动力成本；过滤的可靠性程度不够，通过两级过滤后，分过滤器出口的空气洁净（以尘埃粒子计数器测量大于 0.3μm 尘埃数量）通常难以达到百级要求。

2. 滤纸类过滤器

这类过滤器的过滤介质主要是玻璃纤维纸，图 3-17 所示的为旋风式滤纸过滤器的结构。超细玻璃纤维纸是用上好的无碱玻璃喷吹成丝状纤维，再以造纸法做成，纤维间的孔隙约为 1～1.5μm，厚度约为 0.25～0.4mm，填充率为 14.8%，一般应用时需将 3～6 张滤纸叠在一起使用，与上述棉花活性炭过滤一样，都属于深层过滤技术。这类过滤介质的过滤效率相当高，对于大于 0.3μm 的颗粒的去除率为 99.99%以上，同时阻力也比较小，压力降较小；其缺点是强度不大，特别是受潮后强度更差。

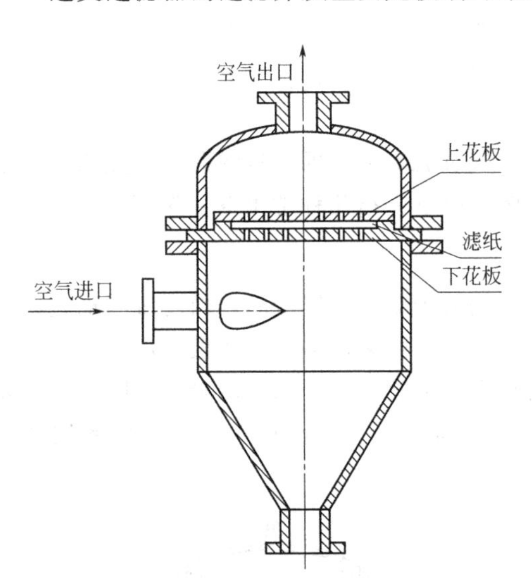

图 3-17 旋风式滤纸过滤器

该过滤为高气速过滤，气流速度越高，效率越高。但超细玻璃纤维纸强度小易断，多用于分过滤器。为了增加强度，常用酚醛树脂、甲基丙烯酸树脂或含氢硅油等增韧剂或疏水剂处理。安装时将滤纸夹在多孔法兰花板中间，花板上开小孔，开孔面积占 40%，在滤纸上、下分别铺上铜丝网和细麻布，外面各有一个橡胶垫圈。空气在过滤器中的流速为 0.2～1.5m/s。

3. 新型空气过滤器

20 世纪末，微生物发酵工厂使用的传统的棉花活性炭、玻璃纤维棉为过滤介质的总过滤器因阻力大、装料不便、过滤效率难以保证逐渐被新型的微孔膜空气过滤器取代，常用的滤芯是 DMF（聚四氟乙烯）聚合膜，如图 3-18 所示，具有耐高温消毒、孔径小、流量大、强疏水性等特性。

下面是以上海过滤器有限公司生产的 GS-B 型空气过滤器为例，对新老过滤器参数的比较。如表 3-1 所示，从数据可看出，和传统的棉花活性炭总过滤器相比，新型过滤器的过滤面积大、压力损耗小，并且在过滤效率的可靠性和安全使用寿命等方面也大大优于传统总过滤器。

表 3-1　总过滤器直径、可装滤芯个数及新老总过滤器参数对比

总过滤器直径/mm	新型总过滤器			传统棉花活性炭总过滤器	
	装滤芯数量/只	过滤面积/m^2	初始压力降/MPa	过滤面积/m^2	初始压力降/MPa
400	1	20	0.005	0.13	0.035
1000	3	60	0.005	0.79	0.035
1200	4	80	0.005	1.13	0.035
1400	5	100	0.005	1.54	0.035
1600	7	140	0.005	2.00	0.04
2000	12	240	0.005	3.14	0.04
2200	19	380	0.005	4.52	0.04
2600	22	440	0.005	5.24	0.04

4. 空气分过滤系统

目前工业化生产中，发酵罐的容积趋于大型化，一般中小型企业的发酵罐体积都在60～100m^3 左右，如果染菌造成发酵罐倒罐将导致重大经济损失，因而保证无菌空气的质量是非常重要的。常规的生产工艺是经总过滤除菌的压缩空气在进入发酵罐之前再经过分过滤器除菌处理。国内采用的空气分过滤器的过滤介质有两大类。

图 3-18　新型空气过滤器

(1) 耐高温高分子膜材　如聚偏氟乙烯微孔膜、聚四氟乙烯微孔膜等，由这些滤材做成的滤芯，可耐蒸汽 125℃左右灭菌 30min、反复灭菌达 160 次，滤芯过滤精度 0.01μm，效率为 99.9999%。

(2) 金属烧结膜材　如镍制微孔膜、不锈钢微孔膜等。该类膜材的滤芯机械强度大，可重复高温蒸汽灭菌和多次再生，使用寿命长。滤芯过滤精度 0.2μm，效率为 99.9999%。

目前我国的微孔滤膜过滤器已是定型产品，以前采用的棉花活性炭过滤器、超细玻璃纤维纸过滤器等基本淘汰。例如以我国生产的 DJ-K 系列空气过滤器为例，过滤系统如图 3-19 所示，它由 DJ-K_Z 蒸汽过滤器、DJ-K_Y 预过滤器和 DJ-K_F 精过滤器三部分组成。蒸汽过滤器介质为超细不锈钢纤维；预过滤器介质为聚丙烯滤膜；精过滤器介质为聚四氟乙烯滤膜，外壳用 304 不锈钢制成。DJ-K 系列过滤器的空气流量范围为 0.5～200m^3/min。

因为国内发酵车间的压缩空气管道、蒸汽管道都采用无缝钢管，为了防止管道中的铁锈和蒸汽冷凝水夹带的铁锈水对微孔膜滤芯的损坏，运行时，由空气总过滤器出来的压缩空气先经过 DJ-K_y 型空气预过滤器，除去空气管道中的铁锈微粒，再经 DJ-K_F 空气精过滤器后进入发酵罐。定期灭菌时，蒸汽先经过 DJ-K_Z 蒸汽过滤器，除去蒸汽中夹带的铁锈水，以防止精过滤器的微孔滤膜堵塞。

DJ-K 系列空气过滤器具有以下性能特点。

① 采用耐蒸汽灭菌的聚四氟乙烯（PTFE）微孔滤膜作为过滤介质。可在 121～125℃之间蒸汽消毒 30min、反复 160 次。

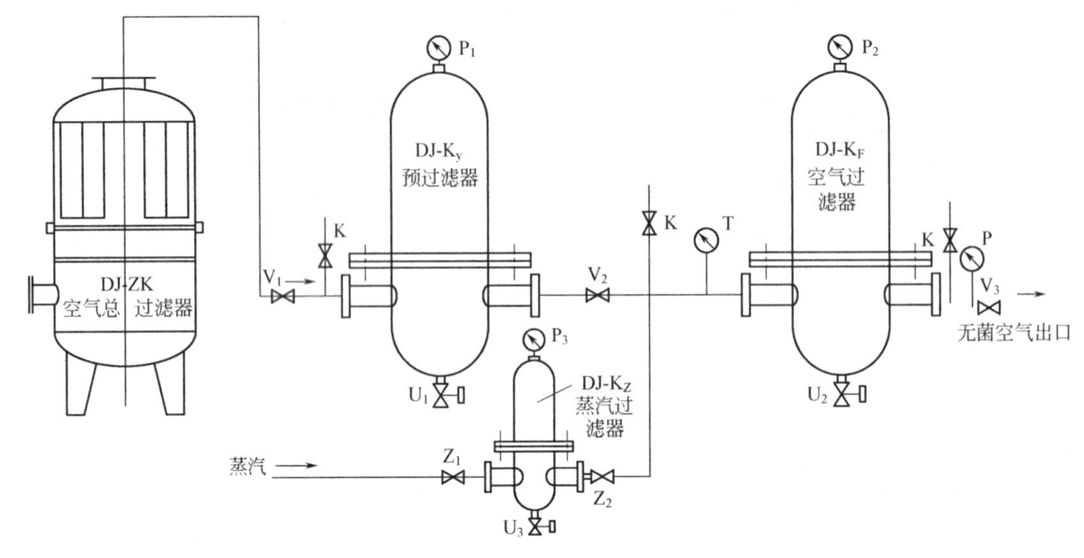

图 3-19 DJ-K 系列空气过滤器分过滤系统示意图

P—压力表；T—温度表；V—空气阀；U—排污阀；K—取污阀；Z—蒸汽阀

② 采用的 PTFE 膜是带支撑的微孔滤膜，并带强正电荷，具有较强的静电吸附作用，故较之一般的膜过滤器具有更高的过滤精度和强度。

③ PTFE 膜过滤器是一种强疏水性的膜材料，因此对过滤高湿性的空气极为有利。

5. 空气过滤器的操作要点

为了使空气过滤器始终保持干燥状态，当过滤器用蒸汽灭菌时，应事先将蒸汽管和过滤器内部的冷凝水放掉，灭菌蒸汽的压力应保持在 0.17～0.2MPa（表压）。开始时先将夹套预热（有的空气过滤器无夹套则不需预热），然后将蒸汽直接冲入介质层中：小型过滤器的灭菌时间约为 0.5h，蒸汽从上向下冲；大型过滤器的灭菌时间约为 1h，蒸汽一般先从下向上冲 0.5h，再从上向下冲 0.5h。过滤器灭菌后应立即引入空气，以便将介质层内部的水分吹出，但温度不宜过高，以免介质被烤焦或焚化。蒸汽压力和排气速度不宜过大，以避免过滤介质被冲翻而造成短路。

在使用过滤器时，如果发酵罐的压力大于过滤器的压力（这种情况主要发生在突然停止进空气或空气压力忽然下降），则发酵液会倒流到过滤器中来。因此，在过滤器通往发酵罐的管道上应安装单向阀门，操作时必须予以注意。

第三节 生物反应器

生物反应器是指利用生物体（如微生物、动植物细胞）或酶所具有的特殊功能，在体外进行生物化学反应以获得其代谢产物或生物体的设备，它的作用是为细胞代谢提供一个适宜的物理和化学环境，使细胞能更快更好的生长以得到更多需要的生物量或代谢产物。

生物反应器与我们前面介绍的化学反应器不同，化学反应器从原料进入到产物生成，常常需要加压和加热，是一个高能耗过程。而生物反应器则不同，在酶和微生物的参与下，在常温和常压下就可以进行反应，因此，生物反应器内反应条件较温和。一个优良的生物反应装置应具有：①严密的结构，能承受一定的压力和温度且便于维修；②良好的传质、传热和混合的性能；③严密的结构且易于清洗和维修；④灵敏的检测和控制仪表，适用于自动化控制；⑤动力消耗小，能获得最大的生产效率和经济效益。

在制药工业中，生物反应器主要包括：微生物反应器，几乎所有抗生素生产都是利用发酵罐进行微生物培养；另一类是指动、植物细胞生物培养反应器，用来生产疫苗、单克隆抗体、多肽和蛋白质类、植物皂苷等药物。

一、微生物培养反应器

进行微生物培养发酵的设备统称发酵罐，大多数工业微生物生长都需要氧，通常通过通气和搅拌增加氧的溶解，以满足好氧微生物新陈代谢的需要。常用的好氧发酵罐按照能量输入方式可分为机械搅拌式、气升式和外部液体循环式三种，下面介绍制药工业中常用发酵罐。

（一）通用式发酵罐

通用式发酵罐属于机械搅拌式发酵罐，是指既具有机械搅拌又有压缩空气分布装置的发酵罐。由于这种形式的发酵罐是目前大多数发酵工厂最常用的，所以称为“通用式”。

1. 发酵罐的结构

主要由罐体、搅拌器、挡板、轴封、空气分布器、传动装置、传热装置、冷却管、消泡器、人孔、视镜等组成，大型通用式发酵罐的结构如图 3-20 所示。

（1）罐体　为整个发酵过程提供一个密封的环境，防止杂菌污染；同时为了能在一定压力下进行高温灭菌，要求罐体能承受 130℃和 0.25MPa（绝压）。罐体由罐身、罐顶和罐底组成。直径小于 1m 的小型发酵罐，罐顶用设备法兰与罐身相连，为了便于清洗，罐顶设有清洗用的手孔；直径大于 1m 的发酵罐，罐顶可直接通过焊接与罐身相连，并在顶上开有人孔，人孔的大小不但要考虑操作人员能方便进出，还要考虑安装和检修时，罐内最大部件能顺利放入或取出；罐顶上的接管有进料管、补料管、排气管、接种管和压力表接管等（图 3-21），其中排气口位置应靠近罐中心，这样不仅防止或减少气泡的逃逸，而且由于抽吸作用，也减少了泡沫的产生；罐身上的接管有冷却水进出管、空气进管、温度计管和检测仪表接管。

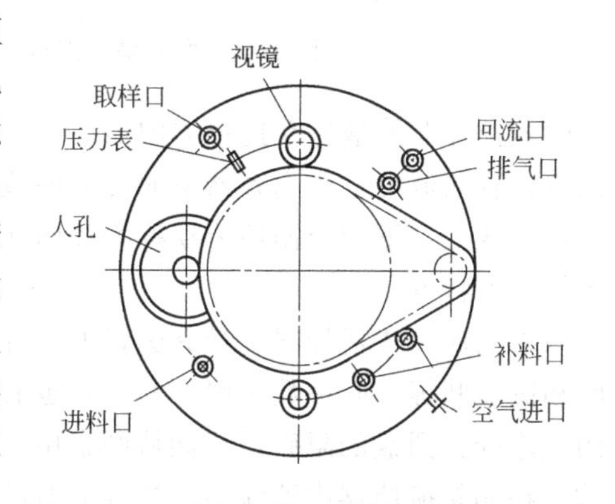

图 3-20　一般大中型发酵罐罐顶部件布置图

罐体上的接管应越少越好，能合并的尽量合并，如进料管、补料口和接种管可合为一个接口管。罐体材料多采用不锈钢，罐体内要求双面焊接，焊接面要光滑无砂眼和死角。

（2）搅拌装置　搅拌装置主要由搅拌叶、搅拌轴和搅拌电机组成。搅拌的作用是传质和传热，即通过搅拌使液体均匀分布于容器各处，使气体更易溶于液体，使气泡破碎增大气-液接触界面，获得所需要的氧传递速率，并使生物细胞悬浮分散于发酵体系中，以维持适当的气-液-固（细胞）三相的混合与质量传递。为实现这些目的，搅拌器的设计应使发酵液有足够的径向流动和适度的轴向运动，发酵罐常用搅拌器的形式有涡轮搅拌器和螺旋桨式搅拌器。

① 涡轮搅拌器。为了使罐内有较高的溶解氧，通用式发酵罐广泛采用涡轮式搅拌器。

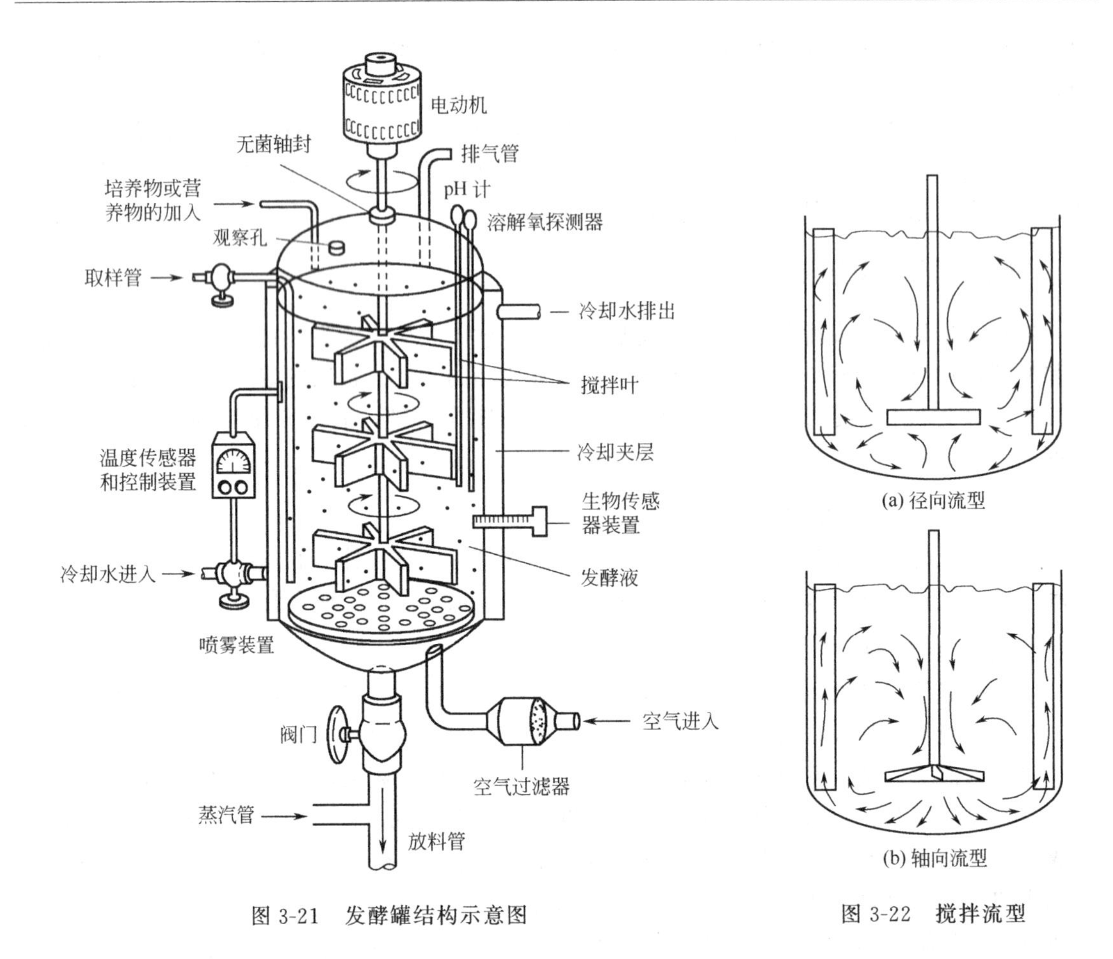

图 3-21 发酵罐结构示意图

图 3-22 搅拌流型

涡轮式搅拌器使液体在搅拌器内做径向和切线运动。流体的流动方向垂直于搅拌轴，沿轴向流入，径向流出，碰到容器壁面分成两股流体分别向上、向下流动，再回到叶端，不穿过叶片，形成上、下两个循环流动称为径向流型，见图 3-22(a)，涡轮搅拌器具有流量较小、压头较高的特点。

常用涡轮式搅拌器是带有圆盘的搅拌器，叶片的形状有平叶式、弯叶式、箭叶式、半管叶和圆弧叶等，叶片数一般为六个，也有四个或八个，如图 3-23(a)～(e) 所示。搅拌时大的气泡受到圆盘的阻碍，只能从圆盘中央流至其边缘，从而被圆盘周边的搅拌桨叶打碎、分散。在涡轮搅拌器中液体离开搅拌器时的速度很大，桨叶外缘附近造成激烈的漩涡运动和很大的剪切力，可将气泡分散得更细，并可提高溶氧传质系数。

涡轮式搅拌器具有结构简单、传递能量高、溶氧速率高等优点，但存在的缺点是轴向混合差，搅拌强度随着与搅拌轴距增大而减弱，故当培养液较黏稠时，混合效果就下降。

② 螺旋桨式搅拌器。螺旋桨式搅拌器在罐内将液体向上或向下推进，使液体做切向和轴向流动。流体的流动方向平行于搅拌轴，流体由桨叶推动，沿轴向流入，轴向流出，遇到容器底部再向上，形成上下循环流动，称为轴向流型，如图 3-22(b) 所示。此种搅拌器也是通用式发酵罐广泛采用的，具有循环量大、压头低的特点。

螺旋桨式搅拌器如图 3-23(f) 所示，由三个叶片组成，搅拌器使液体离开旋桨后做螺旋线运动，轴向分速度使液体沿轴向下流动，流至罐底再沿壁折回，返入螺旋桨入口，形成循环总体流动，其混合效果较好，但重量较大，价格贵。

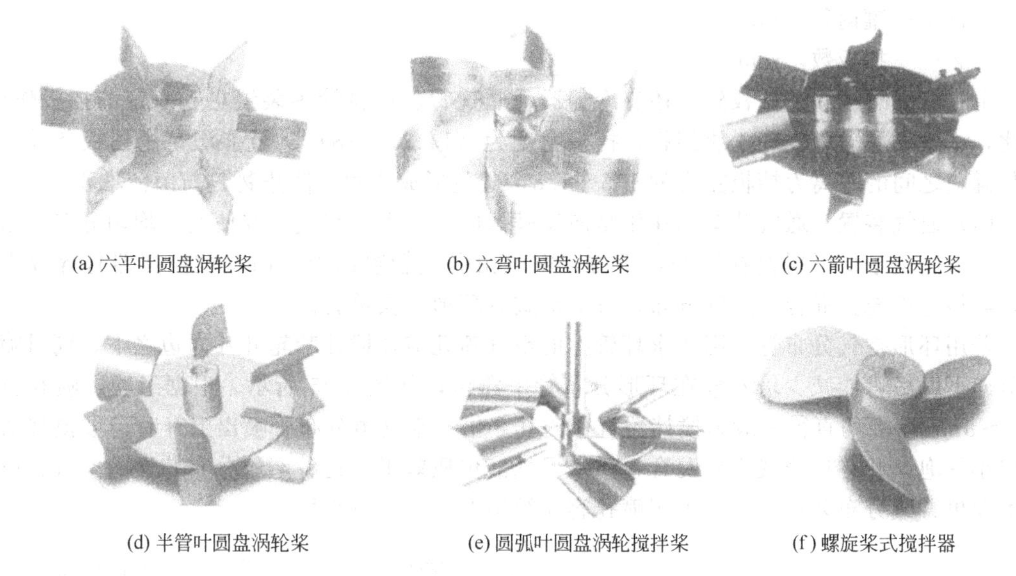

(a) 六平叶圆盘涡轮桨　(b) 六弯叶圆盘涡轮桨　(c) 六箭叶圆盘涡轮桨

(d) 半管叶圆盘涡轮桨　(e) 圆弧叶圆盘涡轮搅拌桨　(f) 螺旋桨式搅拌器

图 3-23　发酵罐各种搅拌桨结构类

③ 搅拌器的选用。涡轮搅拌器产生径向流型，气体分散能力强，但是功率消耗大，作用范围小；螺旋桨式搅拌器产生轴向流型，混合性能好，功率消耗低，作用范围大，但对气体的控制能力弱，对气泡的分散效果差。所以在生物反应器中可以将涡轮式搅拌器和螺旋桨式搅拌器组合使用，即在同一搅拌轴上安装不同叶形的搅拌器。根据发酵罐下部通气的特点，下层选用涡轮式搅拌器，上层选用螺旋桨式搅拌器，以利于粉碎气泡、强化氧的传递、加强液体混合，达到最佳效果。

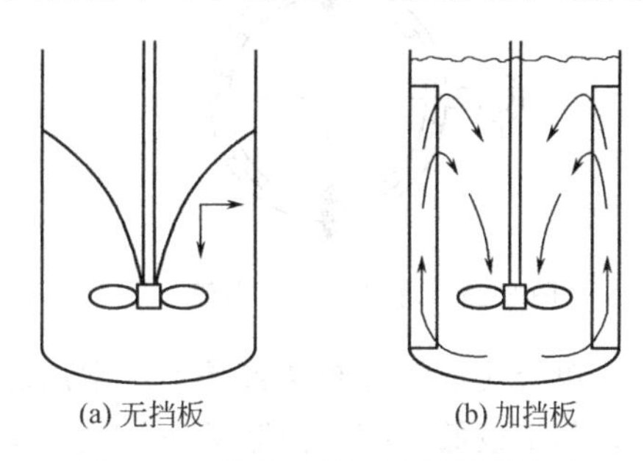

(a) 无挡板　(b) 加挡板

图 3-24　无挡板及加挡板搅拌流型

(3) 挡板　图 3-24 是发酵罐内未设挡板和设有挡板时搅拌所产生流型的对比。图 3-24(a) 可以看出不带挡板的情况下，发酵液中间的液面下陷，形成一个很深的漩涡。因为在搅拌过程中会产生切向流，由于切向分速度的作用，液体在罐内做圆周运动，产生的离心力使罐内液体在径向分布成抛物线型，中心形成下凹现象。当搅拌转速增大时，这个现象会更严重，甚至可能使搅拌器不能完全浸没在发酵液中，导致搅拌功率下降。

图 3-24(b) 是加了挡板的搅拌流型。液体从搅拌器径向甩出，遇到挡板后形成向上、向下两部分垂直方向运动，向上部分经过液面后，流经轴中心而转下。由于挡板的存在，有效地阻止了罐内液体的圆周运动，下凹现象消失。因此，挡板的作用主要是改变液流的方向，促使液体激烈翻动，增加溶解氧；防止搅拌过程中液面中央形成旋涡而导致搅拌器露在料液以上，起不到搅拌作用。

搅拌罐内设置的挡板以达到全挡板条件为宜。全挡板条件是指罐内加了挡板使旋涡基本消失，或指达到消除液面旋涡的最低挡板条件。全挡板条件下，挡板数 Z、挡板宽度 W 与罐径 D 之间满足如下关系：

$$\frac{W}{D}\times Z=0.4 \tag{3-7}$$

式中　W——挡板宽度，mm；

D——罐内径，mm；

Z——挡板数，mm。

由于发酵罐中除了挡板外，还有冷却器、通气管、排料管等装置也起一定的挡板作用。因此，一般发酵罐中安装4块挡板，挡板宽度为（1/12～1/8）D就能满足全挡板条件。挡板与罐壁之间的距离为挡板宽度的1/5～1/8，避免形成死角，防止物料与菌体堆积。

（4）通气装置　通气装置的作用是向发酵罐内吹入无菌空气，并使空气均匀分布。通气管的出口应位于最下层搅拌器的正下方，空气由通气管喷出上升时，被搅拌器打碎成小气泡，与培养液充分混合。空气分布装置的形式有环形管及单管。

若用环形空气分布管，则要求环管上的空气喷孔应在搅拌叶轮叶片内边之下，同时喷气孔应向下以尽可能减少培养液在环形分布管上滞留，如图3-25所示。根据经验，喷孔直径取5～8mm，环的直径一般为搅拌器直径的0.8倍。空气由分布管喷出上升时，被搅拌器打碎成小气泡，并与培养液充分混合，增加了气液传质效果。这种空气分布装置的空气分散效果不及单管式分布装置。同时由于喷孔容易被堵塞，已很少采用。

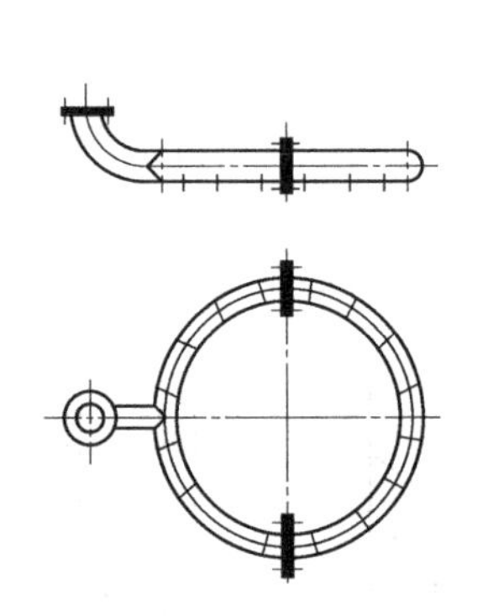

图3-25　环形空气分布管

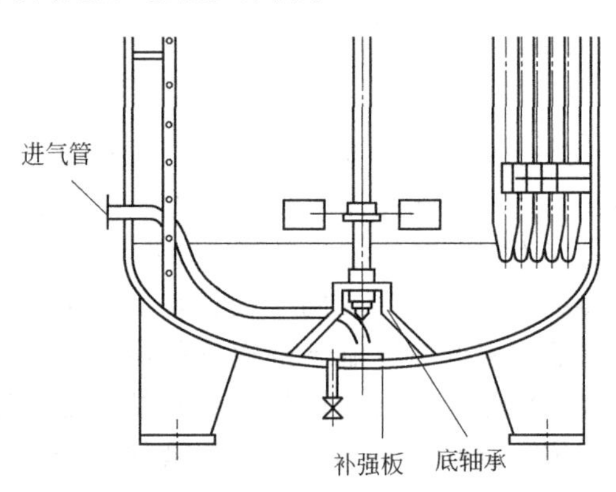

图3-26　单管式空气分布装置

单管式空气分布装置是工厂常用的，结构简单实用（图3-26）。单管式管口正对罐底中央，装于最低一挡搅拌器下面，喷口朝下，管口与罐底的距离约40mm，该距离可根据溶氧情况适当调整，通常通风管的空气流速取20m/s。为了防止吹管吹入的空气直接喷击罐底，加速罐底腐蚀，可在罐底中央焊上直径为100～300mm的不锈钢保护板，叫补强板，可延长罐底寿命。

（5）轴封　发酵罐的搅拌轴与不运动的罐体之间的密封很重要，它是确保不泄漏和不污染杂菌的关键部件之一。运动部件与静止部件之间的密封叫做轴封，轴封的作用是使罐顶或罐底与搅拌轴之间的缝隙加以密封，防止泄漏和污染杂菌。常用的轴封有填料函轴封和端面轴封两种。

① 填料函轴封。填料函轴封是由填料箱体、填料底衬套（铜环）、填料压盖和压紧螺栓等零件构成，使旋转轴达到密封的效果，见图3-27，常用的水龙头阀杆与阀腔之间的密封就是填料函轴封。填料箱体固定在发酵罐顶盖的开口法兰上，将转轴通过填料函，然后放置有弹性的密封填料，然后放上填料压盖，拧紧压紧螺栓，填料受压后，产生弹性变形堵塞了填料和轴之间的间隙，转轴周围产生一定的径向压紧力，从而起到密封介质压力的作用。

填料函密封具有结构简单、填料拆装方便的特点，但同时具有以下缺点：死角多，很难彻底灭菌，容易渗漏及染菌；轴的磨损较严重；增加由于摩擦所损耗的功率，产生大量的摩擦热；寿命较短，需经常更换填料。由于上述原因，现在好气性发酵罐中已经很少使用。

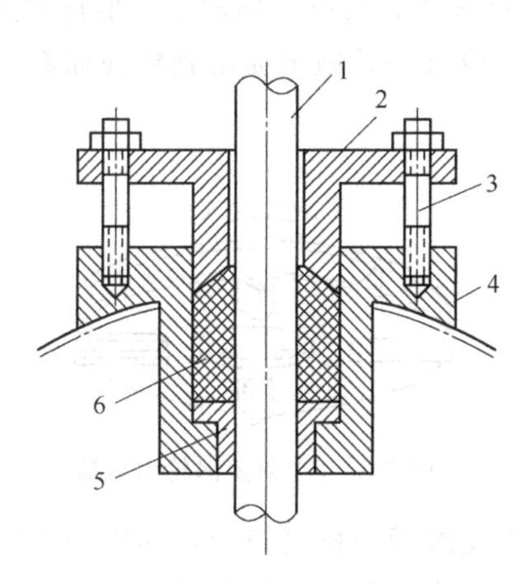

图 3-27　填料函轴封

1—转轴；2—填料压盖；3—压紧螺旋；4—填料箱体；5—铜环；6—填料

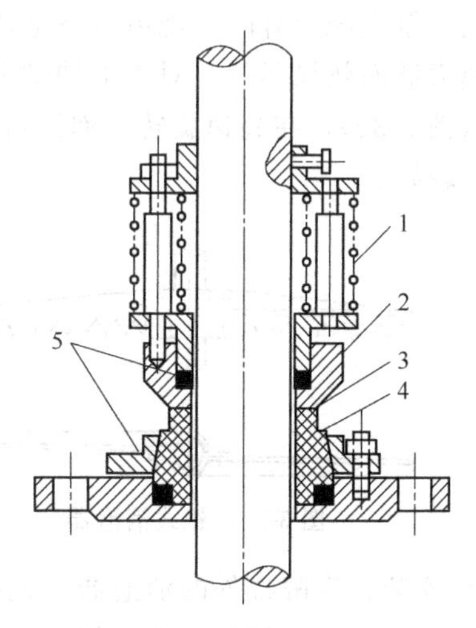

图 3-28　单端面机械轴封

1—弹簧；2—动环；3—硬质合金；4—静环；5—O 形密封圈

② 端面轴封。端面轴封又称机械轴封，机械密封是指两块密封元件垂直于轴线光洁而平直的表面上相互贴合，并做相对转动而构成密封的装置。端面轴封具有清洁、密封性能好、无死角、摩擦损失小以及轴无磨损现象等优点，是一种适用于密封要求高的发酵罐搅拌轴的密封方法。端面轴封由弹性元件（弹簧、波纹等)、动环和静环组成，如图 3-28 所示。

端面密封原理：密封作用是靠弹性元件（弹簧、波纹管等）的压力使垂直于轴线的动环和静环光滑表面紧密的相互贴合，并做相对转动而达到密封，机械轴封有三个密封点。

a. 静环与罐体之间的密封。通常用各种形状有弹性的辅助密封圈来防止液体从静环与罐体之间泄漏，这是一静密封。

b. 动环与轴之间的密封。也是用各种形状有弹性的辅助密封圈来防止液体从动环与轴之间泄漏，这是一个相对静止的密封。但当端面磨损时，允许其做补偿磨损的轴向移动，这个补偿移动是靠弹簧或波纹板来实现的。

c. 动环与静环之间的密封。是靠弹性元件（弹簧、波纹管等）和密封液体压力在相对运动的动环和静环的接触面（端面）上产生一适当的压紧力使两个光洁、平直的端面紧密贴合，端面间维持一层极薄的液体膜而达到密封的作用。

机械轴封的优点是密封可靠，在一个较长的使用期中不会泄漏或很少泄漏；清洁，无死角，可以防止杂菌污染；使用寿命较长，质量好的可使用 2～5 年；维修周期长，在正常工作的情况下，不需要维修；摩擦功率耗损少，一般约为填料函密封的 10%～50%；适用范围广，能用于低温、高温、高真空、高压、各种转速以及各种腐蚀性、磨蚀性、易燃、易爆、有毒介质的密封。其缺点是结构复杂，需要一定的加工精度和安装技术。

(6) 机械消沫装置　由于发酵液中含有大量的蛋白质，故在强烈的通气搅拌下将产生大量的泡沫，严重的泡沫将导致发酵液外溢和增加染菌机会。减少发酵液泡沫较实用有效的方法是加入消沫剂或使用机械消泡装置将泡沫打碎，通常生产上是将这两种方法联合使用。消泡装置就是安装在发酵罐内转动轴的上部或安装在发酵罐排气系统上、可将泡沫打破或将泡沫破碎分离成液态和气态两相的装置。

① 安装在发酵罐内的消泡器　最简单实用的消泡装置为耙式消泡器（图 3-29)，可直接安装在上搅拌的轴上，消泡耙齿底部应比发酵液面高出适当高度。因为泡沫的机械强度较

小，当少量泡沫上升时，耙齿可将泡沫打碎。由于这一类消泡器安装在搅拌轴上，往往因搅拌转速太低而效果不佳。对于下伸轴发酵罐，罐顶空间较大，可以在顶部安装半封闭涡轮消沫器（图 3-30），在高速旋转下泡沫可直接被涡轮打碎或被涡轮抛出撞击到壁面而粉碎；消沫效果较好。

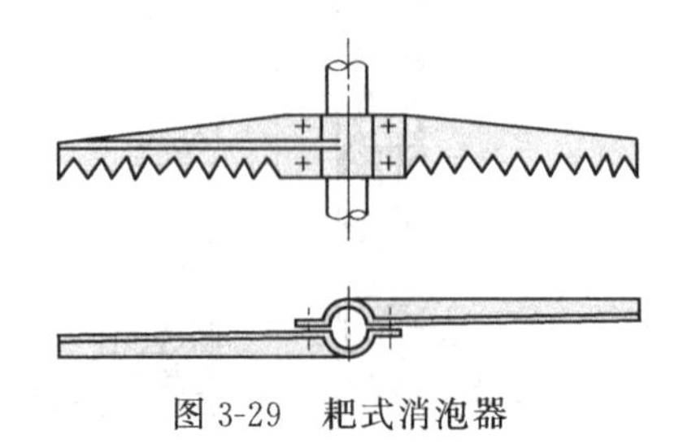

图 3-29 耙式消泡器

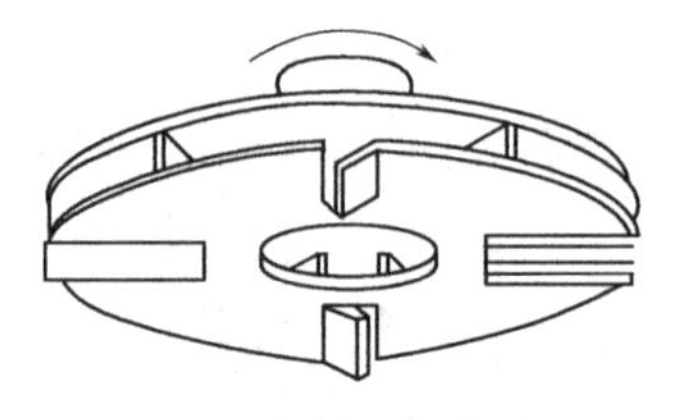

图 3-30 半封闭涡轮消沫器

② 安装在发酵罐外的消泡器。这类消泡器安装于发酵罐的排气口上，如离心式消泡器（图 3-31 所示），一种最简单的旋风离心式消泡器，其工作原理与旋风分离器相同，当夹带泡沫的气流以切线方向进入分离器中，由于离心力的作用，液滴被甩向器壁，经回流管返回发酵罐，气体则从中间管排出，这种分离器只能分离含有少量液滴的气体，且对小泡沫不能全部破碎分离。图 3-32 为改进的旋风离心式消泡器，它可以和消泡剂盒配合使用，并根据发酵罐内的泡沫情况自动添加消泡剂。

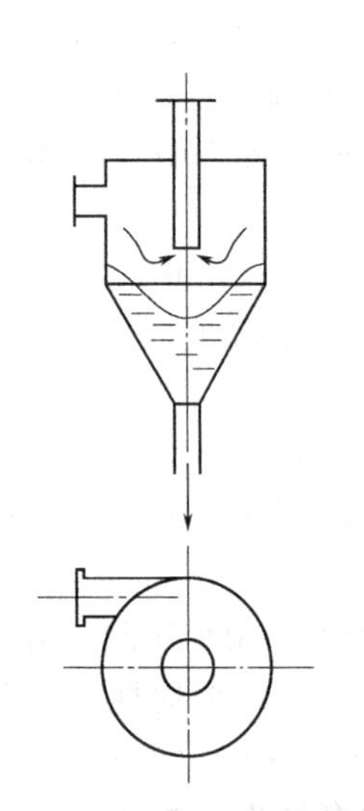

图 3-31 旋风离心式消泡器

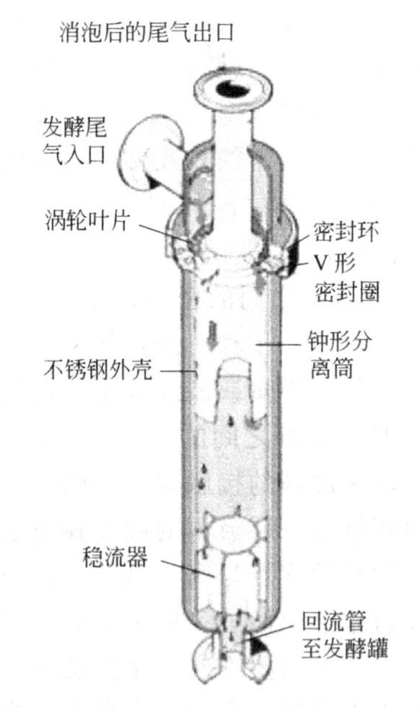

图 3-32 改进的旋风离心式消泡器

碟片式消泡器装在发酵罐的顶部，如图 3-33 所示，当泡沫溢上与碟片式消泡器接触时，泡沫受高速旋转离心碟的离心力作用，将泡沫破碎分离成液态及气态两相，气相沿碟片向上，通过通气孔沿空心轴向上排出，液体则被甩回发酵罐中从而达到消泡目的。该设备除沫效果好，但投资较大。

(7) 传热装置 在发酵过程中，生物代谢以及机械搅拌均产生热量，这些热量必须及时移走才能保证发酵在恒定的温度下进行。发酵罐的传热装置有夹套式、立式蛇管和外盘管。

夹套式传热装置多用于容积较小的发酵罐或种子罐（5m^3 以下），夹套高度比静止液面稍高。优点是结构简单，加工容易，罐内死角少，容易清洗灭菌；缺点是传热壁较厚，冷却水流速低，降温效果差，传热系数一般为 630～1000kJ/(m^2·h·℃)。

竖式蛇管传热装置的蛇管分组安装在发酵罐内，有四组、六组或八组不等。优点是冷却水在罐内的流速大，传热系数高，约为 1200～1800kJ/(m^2·h·℃)，适用于冷却水温度较低的地区，水的用量较少。立式蛇管虽具有传热系数高的优点，但占据了发酵罐容积，据计算罐内立式蛇管体积约占发酵罐容积的 1.5 %。此外，罐内蛇管也给罐体清洗带来了不便，弯曲位置容易被蚀穿。

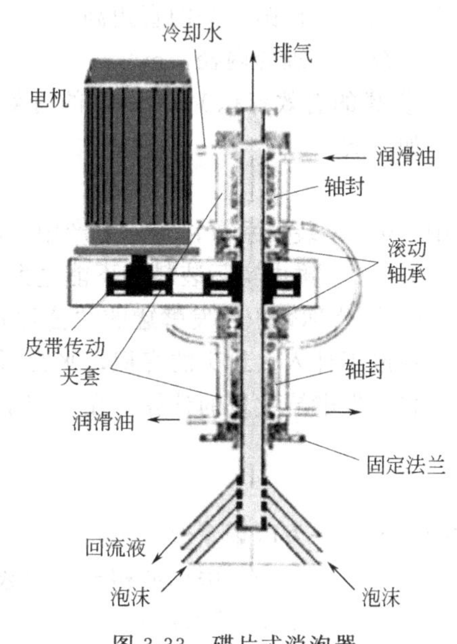

图 3-33　碟片式消泡器

目前新型发酵罐的冷却面移至罐外，采用外盘管作为传热装置。该蛇管是将半圆形的型钢、角钢制成螺旋形，或将条形钢板冲压成半圆弧形焊接在发酵罐的外壁，同时提高冷却剂的流速和流量，以提高传热系数。该装置提高了发酵罐的容积，且罐体容易清洗，增强了罐体强度，因而可降低罐体壁厚，使整个发酵罐造价降低。

2. 通用式发酵罐的计算

(1) 发酵罐的几何尺寸　通用式发酵罐的有关几何尺寸、符号如图 3-34。

$$H_0/D=1.7\sim3$$
$$d/D=1/2\sim1/3$$
$$W/D=1/8\sim1/12$$
$$B/D=0.8\sim1.0$$
$$s/d=1.5\sim2.5$$

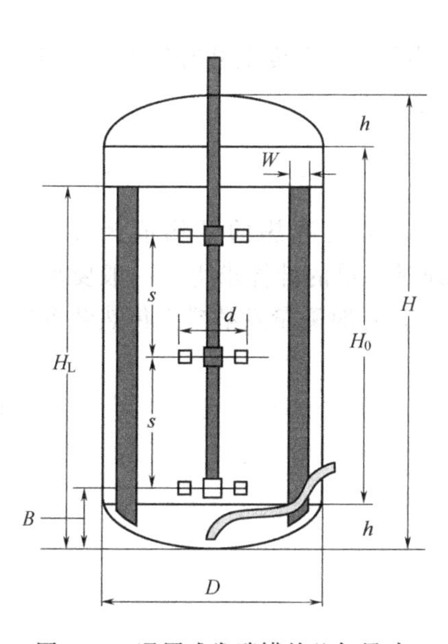

图 3-34　通用式发酵罐的几何尺寸
H—发酵罐高度；H_0—筒身高度；D—罐径；W—挡板宽度；B—下搅拌器距底间距；s—两搅拌器间距；d—搅拌器直径；h—封头高度；H_L—液位高度

其中 H_0/D 称高径比，指罐筒身高与罐径之比，是通用式发酵罐的特性尺寸参数，高径比的合理取值既要保证传质效果好、空气利用率高，又要保证综合经济指标合理和使用方便。在抗生素工业中，一般种子罐采用 $H_0/D=1.7\sim2.0$，发酵罐 $H_0/D=2.0\sim2.5$。

(2) 发酵罐的容积计算

① 罐的总容积 $V_{总}$

$$V_{总}=V_0+2V_{封头} \tag{3-8}$$

式中　V_0——罐圆柱部分的体积，m^3；

$V_{封头}$——上封头或下封头体积，m^3，取决于封头的形状。

如果是椭圆形封头，则有：

$$V_{总}=\frac{\pi}{4}D^2H_0+\frac{\pi}{4}D^2\left(h_b+\frac{\pi}{6}\right)\times2 \tag{3-9}$$
$$=\frac{\pi}{4}D^2\left[H_0+2\left(h_b+\frac{\pi}{6}\right)\right]$$

式中 h_b——椭圆封头的直边高度，m；

D——罐的内径，m。

② 罐的有效容积$V_{有效}$。罐的有效容积是指罐的实际装料体积与罐的总容积之间的关系。如下式：

$$V_{有效}=V_{总}\eta \tag{3-10}$$

式中 η——装料系数，实际生产中，因通气和搅拌会导致发酵液面上升和产生泡沫，因此罐中实际装料量不能过大，一般η取0.6～0.75。

③ 罐公称容积。发酵罐的“公称容积”指罐的筒身容积加底封头容积之和，其值为整数，一般不计入上封头的容积，平常所说的多少体积的发酵罐是指罐的“公称容积”。

(3) 发酵罐数量的计算 在一定生产能力下，发酵罐个数N

$$N=\frac{nq_{vd}}{\eta V_{总}}+1 \tag{3-11}$$

式中 N——发酵罐个数，个；

n——每个发酵周期相当的天数，天，如发酵周期72h，则$n=72/24=3$天；

$V_{总}$——每个发酵罐的总容积，m^3；

q_{vd}——每天需要生产的发酵液量，m^3/天。

(4) 发酵罐冷却面积计算

①“发酵热”的计算。通常称发酵过程中产生的净热量为“发酵热”，其热平衡方程式表示如下：

$$Q_{发酵}=Q_{生物}+Q_{搅拌}-Q_{空气}-Q_{辐射}$$

式中 $Q_{生物}$——生物体生命活动过程中产生的热量；

$Q_{搅拌}$——机械搅拌放出的热量；

$Q_{空气}$——发酵过程通气带出的水蒸气所需的汽化热及空气温度上升所带走的热量；

$Q_{辐射}$——发酵罐外壁和大气间的温差而散失的热量。

可近似计算：

$$Q_{空气}+Q_{辐射}=20\%Q_{生物}$$

一般发酵热的大小因品种或发酵时间不同而异，通常发酵热的平均值为10500～33500kJ/(m^3·h)。由于生物氧化作用产生的热量不能通过简单的计算求得，一般要靠实测求得。在实验测量中，维持培养液温度恒定不变的情况下，定时测量发酵罐中传热装置冷却水进、出口的温度和冷却水用量就可由下式求得：

$$Q_{发酵}=Wc(t_2-t_1) \tag{3-12}$$

式中 $Q_{发酵}$——发酵液每小时放出的最大热量，kJ/h；

W——冷却水流量，kg/h；

c——冷却水比热容，kJ/(kg·℃)；

t_1、t_2——分别为冷却水进出口温度,℃。

② 传热面积的计算。可按传热方程式来确定：

$$F=\frac{Q_{发酵}}{K\Delta t_m} \tag{3-13}$$

式中 F——发酵罐的传热面积，m^2；

K——换热装置的传热系数，kJ/(m^2·h·℃)；

Δt_m——发酵液与冷却水间的平均温度差,℃。

Δt_m 可通过下式计算：

$$\Delta t_m=\frac{(t-t_1)-(t-t_2)}{2.303\lg\frac{(t-t_1)}{(t-t_2)}} \tag{3-14}$$

式中　t——发酵液温度，℃；

t_1，t_2——分别为冷却水进、出口温度，℃。

【例 3-4】 某抗生素厂需新建 $30m^3$ 种子罐。已计算出主发酵期生物合成热 $Q_1=4.4\times10^5$ kJ/h，搅拌热 $Q_2=7.2\times10^4$ kJ/h，查有关资料可知汽化热 $Q_3=1\times10^4$ kJ/h，发酵温度为 32℃，冷却水进口温度为 16℃，出水温度为 25℃，冷却水的平均比热容 $c=4.186$ kJ/(kg·℃)，罐内采用竖式蛇管冷却，其传热系数 K 为 1930kJ/(m^2·h·℃)，试求发酵罐传热面积和冷却水耗量。

解： a. 总的热量

$$Q=Q_1+Q_2-Q_3=4.4\times10^5+7.2\times10^4-1\times10^4=5.02\times10^5\ (kJ/h)$$

b. 冷却水耗量

$$W=\frac{Q}{c(t_2-t_1)}=\frac{5.02\times10^5}{4.186\times(25-16)}=1.33\times10^4\ (kg/h)$$

c. 对数平均温度差

$$\Delta t_m=\frac{(t-t_1)-(t-t_2)}{2.303\lg\frac{(t-t_1)}{(t-t_2)}}=\frac{(32-16)-(32-25)}{2.303\lg\frac{(32-16)}{(32-25)}}=10.9\ (℃)$$

d. 发酵罐传热面积 F

$$F=\frac{Q}{K\cdot\Delta t_m}=\frac{5.02\times10^5}{1930\times10.9}=23.85\ (m^2)$$

根据生产实际情况取整，传热面积为 $25m^2$。

（二）机械搅拌自吸式发酵罐

机械搅拌自吸式发酵罐是一种不需要空气压缩机提供加压空气，而依靠特设的机械搅拌吸气装置吸入无菌空气并同时实现混合搅拌与溶氧传质的发酵罐。自 20 世纪 60 年代开始欧洲和美国展开研究开发，目前在酵母及单细胞蛋白生产、醋酸发酵及维生素等的生产中获得应用。

1. 机械搅拌自吸式发酵罐的特点

与传统的机械搅拌通风发酵罐相比，自吸式发酵罐具有如下的优点与不足。

① 不必配备空气压缩机及其附属设备，节约设备投资约 30%左右，减少厂房占地面积。

② 气泡小，气液均匀接触，因而溶氧系数高、能耗较低。

③ 设备便于自动化、连续化，减少劳动力，生产效率高、经济效益高。

但因自吸式发酵罐是负压吸入空气的，故发酵系统不能保持一定的正压，较易产生杂菌污染，同时，必须配备低阻力损失的高效空气过滤系统。由于结构上的特点，大型自吸式充气发酵罐的搅拌充气叶轮的线速度在 30m/s 左右，在叶轮周围形成强烈的剪切区域。因此该反应器只适用于酵母和杆菌等耐受剪切应力能力较强的微生物发酵生产。

2. 机械搅拌自吸式发酵罐的工作原理

机械搅拌自吸式发酵罐的结构如图 3-35 所示，自吸式发酵罐的主要构件是自吸搅拌器

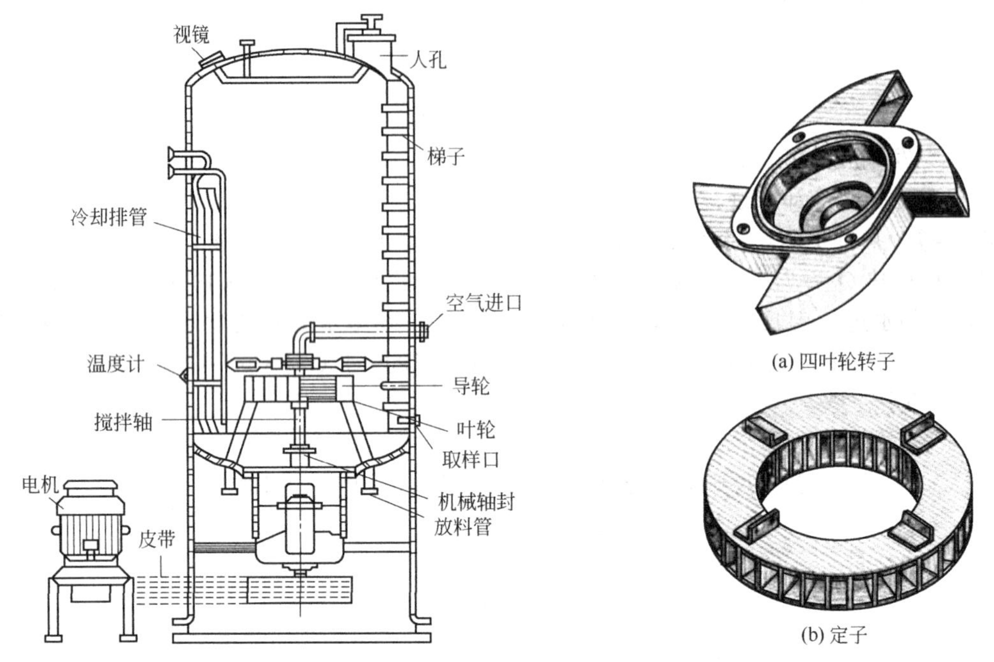

图 3-35 机械搅拌自吸式发酵罐

图 3-36 自吸式发酵罐叶轮转子、定子模型

和导轮，又称转子及定子（图 3-36）。转子由罐底向上升入的主轴带动，当转子转动时空气则由导气管吸入。空气管与转子相连接，在转子启动前，先用液体将转子浸没，然后启动马达使转子转动。由于转子高速旋转，液体或空气在离心力的作用下，被甩向叶轮外缘，在这个过程中，流体便获得能量，若转子的转速越快，旋转的线速度也越大，则流体（其中还含有气体）的动能也越大，流体离开转子时，由动能转变为静压能也越大，在转子中心所造成的负压也越大，因此空气不断地被吸入，甩向叶轮的外缘，通过定子而使气液均匀分布甩出。由于转子的搅拌作用，气液在叶轮的外缘形成强烈的混合流（湍流），使刚刚离开叶轮的空气立即在不断循环的发酵液中分裂成细微的气泡，并在湍流状态下混合、翻腾、扩散到整个罐中，因此转子同时具有搅拌和充气两个作用。

由于自吸式发酵罐是靠转子转动形成的负压而吸气通风的，吸气装置是沉浸于液相的，所以为保证较高的吸风量，发酵罐的高径比 H_0/D 不宜取大，且罐容增大时，H_0/D 应适当减少，以保证搅拌吸气转子与液面的距离为 2～3m。对于黏度较高的发酵液，为了保证吸风量，应适当降低罐的高度。为了保证发酵罐有足够的吸气量，搅拌器的转速应比一般通用式的要高。功率消耗量应维持在 3.5kW/m^3 左右。

（三）气升环流式发酵罐

气升环流式发酵罐是利用空气的喷射功能和流体重度差造成反应液循环流动，来实现液体的搅拌、混合和传递氧，即不用机械搅拌，完全依靠气体的带升使液体产生循环并发生湍动，从而达到气液混合和传递的目的。

1. 气升环流式发酵罐的特点

（1）反应溶液分布均匀　气液固三相的均匀混合与溶液成分的混合分散良好是生物反应器的普遍要求，因其流动、混合与停留时间分布均受到影响。对许多间歇或连续加料的通气发酵，基质和溶氧尽可能均匀分散，以保证其基质在发酵罐内各处的浓度都落在 0.1%～

1%范围内，溶解氧为10%～30%。这对需氧生物细胞的生长和产物生成有利。此外，还需避免发酵罐液面生成稳定的泡沫层，以免生物细胞积聚于上而受损害甚至死亡。还有培养基成分尤其是有淀粉类易沉降的颗粒物料，更应能悬浮分散。气升环流反应器能很好地满足这些要求。

（2）较高的溶氧速率和溶氧效率　气升式反应器有较高的气含率和比气液接触界面，因而有高传质速率和溶氧效率，体积溶氧效率通常比机械搅拌罐高，且溶氧功耗相对低。

（3）剪切力小，对生物细胞损伤小　由于气升式反应器没有机械搅拌叶轮，故对细胞的剪切损伤可减至最低，尤其适合植物细胞及组织的培养。

（4）传热良好　好气发酵均产生大量的发酵热，气升式反应器因液体综合循环速率高，同时便于在外循环管路上加装换热器，以保证除去发酵热以控制适宜的发酵温度。

（5）结构简单，易于加工制造　气升式反应器罐内无机械搅拌器，故不需安装结构复杂的搅拌系统，密封也容易保证，所以加工制造方便，设备投资低。

（6）操作和维修方便　因气升式发酵罐无机械搅拌系统，所以结构较简单，能耗低，操作方便，特别是不易发生机械搅拌轴封容易出现的渗漏染菌问题。

另外，因无机械搅拌热产生，所以发酵总热量较低，便于换热冷却系统的装设，气升式发酵罐设计技术已成熟，易于放大设计和模拟。但气升环流式发酵罐对于黏度大的发酵液溶氧系数较低。

2. 气升环流式发酵罐的工作原理

气升环流式发酵罐根据环流管安装位置可分为内环流式和外环流式两种，结构如图3-37所示。

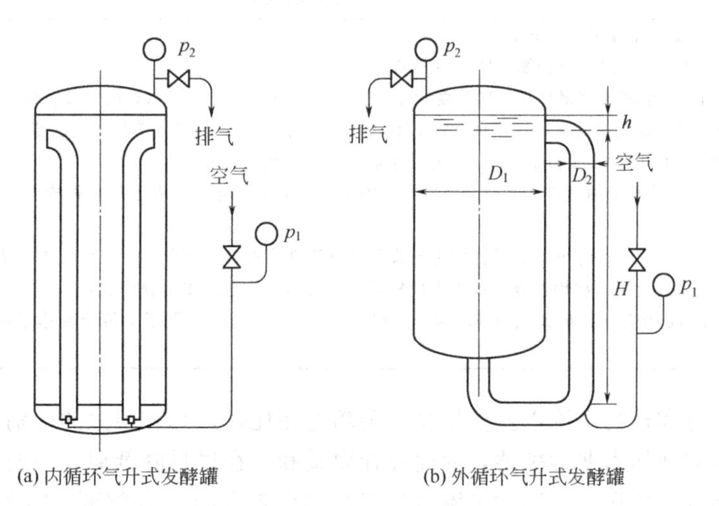

(a) 内循环气升式发酵罐　　(b) 外循环气升式发酵罐

图3-37　气升环流式发酵罐

内循环气升式发酵罐［图3-37(a)］：发酵罐装有导流筒，将发酵液分为上升区（导流筒内）和下降区（导流筒外），在上升区的下部安装了空气喷嘴。加压的无菌空气通过喷嘴喷射到发酵液中，从空气喷嘴喷入的气速可达250～300m/s。无菌空气高速喷入上升管，通过气液混合物的湍流作用而使空气泡分割细碎，与导流筒内的发酵液密切接触，供给发酵液溶解氧。由于导流筒内形成的气液混合物密度降低，加上压缩空气的喷流动能，因此使导流筒内的液体向上运动；到达反应器上部液面后，一部分气泡破碎，二氧化碳排出到反应器上部空间，而排出部分气体的发酵液从导流筒上边向导流筒外流动，导流筒外的发酵液因气含率小，密度增大，发酵液则下降，再次进入上升管，形成循环流动，实现混合与溶氧传质。

外循环气升式发酵罐［图 3-37(b)］：在罐外装设上升管，上升管两端与罐底及罐上部相连接，构成一个循环系统。在上升管的下部装设空气喷嘴，空气喷嘴以 250～300m/s 的速度喷入上升管，借喷嘴的作用使空气泡分割细碎，与上升管的发酵液密切接触。由于上升管内的发酵液轻，加上压缩空气的喷流动能，使上升管的液体上升，罐内液体下降而进入上升管，形成反复的循环，供给发酵液所耗的溶解氧量，使发酵正常进行。

气升环流式发酵罐的高径比 H_0/D 的适宜取值范围是 5～9；导流筒直径与罐径比的取值范围是 0.6～0.8；空气喷嘴直径与反应器直径之比以及导流筒上下端面到罐顶与罐底的距离均对发酵液的混合、流动与溶氧有重要影响，具体的选值要根据发酵液的物化特性及生物细胞的生物特性合理确定。

二、动物细胞培养反应器

动物细胞培养是取出动物体内细胞，模拟体内的生理环境，在无菌、适温和丰富的营养条件下，使离体细胞生存、生长并维持结构和功能的一门技术。自 20 世纪 50 年代以来，随着基因工程技术以及细胞融合技术的进一步发展，通过动物细胞培养可以生产出许多与人类健康和生存密切相关的药品和生物制品，如从病毒疫苗到干扰素，从诊断试剂到治疗蛋白、单克隆抗体等，形成了一项独特的高新技术产业，显示了巨大的工业发展前景。动物细胞培养技术的发展简史见表 3-2 所示。

表 3-2 动物细胞培养技术的发展

年份	技术发展概要
1907 年	Harrison 创立体外组织培养法
1951 年	Earle 等开发了能促进动物细胞体外培养的培养基
1957 年	Graff 用灌注培养法使得悬浮细胞浓度达 1×10^{10}～2×10^{10}个/ml，标志着现代灌注概念的诞生
1962 年	Capstile 成功地大规模悬浮培养小鼠肾细胞，标志着动物细胞大规模培养技术的起步
1967 年	Van Wezel 用 DEAE-Sephadex A 50 为载体培养动物细胞获得成功
1975 年	Sato 等在培养基中用激素代替血清使垂体细胞株 H3 在无血清介质中生长获得成功，预示着无血清培养技术的前景
1975 年	Kobhler 和 Milstein 将小鼠 B 淋巴细胞与骨髓瘤细胞融合而产生能分泌单克隆抗体的杂交瘤细胞
1986 年	Demobiotech 公司首次用微囊化技术大规模培养杂交瘤细胞生产单抗获得成功
1989 年	Konstantinovti 首次提出大规模细胞培养过程中的生理状态控制，更新了传统细胞培养工艺中优化控制的理论

动物细胞培养和植物细胞以及微生物细胞培养相比较，具有很大的区别：①动物细胞没有细胞壁，因而对剪切力非常敏感，因此搅拌要柔和，在尽量降低剪切力的同时，保证细胞所需营养物质能及时传送；②动物细胞对培养基的营养要求非常苛刻，需要在多种氨基酸、维生素、辅酶、核酸、激素和血清等物料配制成的培养液中才能很好地生长；③动物细胞对于培养环境的适应性差，对环境更加敏感，包括 pH、溶解氧、温度等都比微生物有更高的要求，需要严格控制；④动物细胞相对于微生物来说，生长比较缓慢，因而培养时间较长，而且动物细胞的培养条件又非常适合杂菌的生长，所以需要更为严格的防污染措施。

动物细胞体外培养的特性有两类：一类是贴壁培养，即细胞在培养时需要贴附于壁上。原来是圆形的细胞一经贴壁就迅速铺展，然后开始有丝分裂，并很快进入对数生长期。一般在数天后铺满生长表面，形成致密的细胞单层。当细胞生长到表面相互接触时，就停止分裂增殖，这种现象称为接触抑制。所以如需继续培养，就要将单层细胞再分散，稀释后再重新接种，进行传代培养，大多数动物细胞属于贴壁依赖型细胞。二是悬浮培养，细胞可以像微生物一样悬浮培养，为非贴壁依赖型。它们主要是血液、淋巴组织细胞或肿瘤细胞，能在培养器中自由悬浮生长，可采用类似微生物培养的方法进行培养。

20 世纪 70 年代以来，细胞培养用生物反应器有很大的发展，种类越来越多，规模越来越大，但是反应器的主要结构形式仍以搅拌式、气升式、中空纤维及其他膜式和固定床等反应器为主。下面介绍常用的动物细胞培养反应器。

（一）通气搅拌式细胞培养反应器

少数非贴壁生长型细胞，如杂交瘤细胞，可以像微生物一样，将采集到的活体组织分散、过滤、离心、纯化、漂洗后接种到适宜的培养液中，置于特定的培养条件下培养。但由于此类动物细胞没有细胞壁，对剪切力较敏感，直接的机械搅拌很容易对其造成损害，传统的用于微生物的搅拌反应器用作动物细胞的培养显然是不合适的。所以，动物细胞培养中的搅拌式反应器经过改进，产生了各种各样的通气搅拌反应器，如桨式、船帆式、笼式通气搅拌器等，其中较典型的是笼式通气搅拌反应器，如图 3-38 所示。

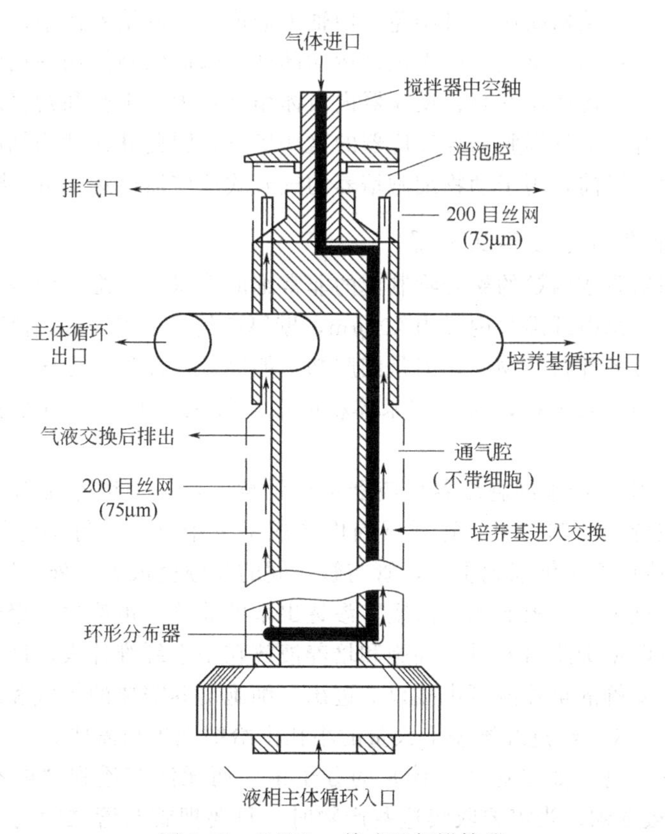

图 3-38　CelliGen 笼式通气搅拌器

CelliGen 笼式通气搅拌器是改进后的搅拌器，设有通气腔和笼式的消泡腔，气液交换在由 200 目（75μm）不锈钢丝网制成的通气腔内完成，通气过程中所产生的泡沫，经管道进入消泡腔中的 200 目丝网时被破碎，分散成气、液两部分，这样既避免在培养基中产生泡沫而损伤细胞，又可使通气中产生的泡沫及时消散，防止细胞呼吸窒息。

这种反应器的优点是：首先，液体在罐体内形成从下到上的循环，罐内液体在比较柔和的搅拌情况下达到比较理想的搅拌效果，罐内各处营养物质比较均衡，有利于营养物质和细胞产物在细胞营养液之间的传递，剪切力对细胞的破坏降低到比较小的程度。其次，由于搅拌器内单独分出一个区域供气液接触，气体进入时鼓泡产生的剪切力无法伤害到细胞。最后，这种反应器的气道也可以用于通入液体营养，与出液口滤网配合进行细胞的营养液置换培养增加了反应器的功能。

CelliGen 类反应器的缺点在于氧传递系数小，不能满足培养高密度细胞时的耗氧要求；气路系统不能就地灭菌；搅拌器结构复杂，拆卸清洗困难。针对以上缺点，华东化工学院在放大设计生物反应器时，将单层箱式通气搅拌器改为双层笼式通气搅拌器，以扩大丝网交换面积，提高氧传递系数。经过改进的 20L 双层笼式通气搅拌器生物反应器，与控制系统、管路系统和蒸汽灭菌系统一起组成完整的动物细胞培养装置 CellCul-20。该反应器系统用于悬浮培养杂交瘤细胞生产单克隆抗体和微载体培养 Vero 细胞和乙脑病毒，都取得了较好的效果。

（二）气升式动物细胞培养反应器

气升式细胞培养反应器的结构在前面微生物培养反应器中已做介绍，和搅拌式生物反应器相比，气升式反应器结构简单，可避免使用轴承造成的细胞培养污染；产生的湍动温和而均匀，剪切力相当小；同时反应器内无机械运动部件，因而细胞损伤率比较低；反应器通过直接喷射空气供氧，氧传递速率高；反应器内液体循环量大，细胞和营养成分能均匀分布于培养基中。由于气升式动物细胞培养反应器的这些优点，因此其在动物细胞大规模培养中也取得了很大的成功。目前，用于动物细胞培养的气升式反应器已达 $10m^3$ 规模。

（三）中空纤维细胞培养反应器

中空纤维是用聚砜或丙烯的聚合物制成的非常细的管状物纤维，中空纤维反应器由成束的中空纤维管组成。每根纤维管内径为 200μm，壁厚度约 50～75μm，管壁是半透膜，因此中空纤维壁能够透过各种营养物质，但是细胞却不能穿过。此外，由于中空纤维很细，其外壁可以提供非常大的比表面积，每立方米体积的中空纤维能够提供的外表面积可达几千平方米。

图 3-39 是一种中空纤维细胞培养反应器结构示意图，一个培养筒内由数千根中空纤维组成，然后封存在特制的圆筒里，这样圆筒内形成了 2 个空间：每根纤维的管内成为“内室”，可灌流无血清培养液供细胞生长，管与管之间的间隙就成为“外室”。接种的细胞就贴附在“外室”的管壁上，并吸取从“内室”渗透出来的养分，迅速生长繁殖。当使用这种中空纤维反应器进行贴壁细胞培养时，细胞和培养液放在中空纤维外表面区，细胞可沿着中空纤维外表面生长，新鲜的培养液可由接口 5 进出。细胞培养需要的氧气和二氧化碳通过接口 4 进入中空纤维内腔区，经过纤维壁上大量的小孔供给细胞生长需要。

由于细胞分泌产物（如单克隆抗体）的分子量大而无法穿透到“内室”去，只能留在“外室”并且不断被浓缩。当需要收集这些产物时，只要把管与管之间的“外室”总出口打开，产物就能流出来。至于细胞生长繁殖过程中的代谢废物，因为都属小分子物质，可以从管壁渗进“内室”，最后从“内室”总出口排出，不会对“外室”细胞产生毒害作用。一般细胞在接种 1～3 周后，就可以完全充满管壁的空隙，细胞厚度最终可达 10 层之多。

中空纤维细胞培养反应器在动物细胞培养方面用途较广，既可培养悬浮生长的细胞，又可培养贴壁依赖型细胞，细胞密度高达 10^9 个/ml 数量级。如果能控制系统不受污染，则能长期运转，具有很高的工业应用价值。但该装置如果因操作不当而污染杂菌后，整个装置无法灭菌再生而报废，经济损失就较大，这是中空纤维细胞培养反应器的最大缺点。

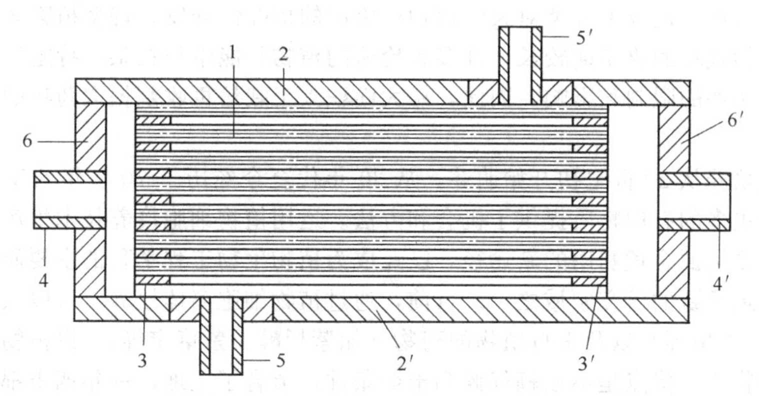

图 3-39　一种中空纤维细胞培养反应器结构示意图

1—中空纤维束；2-2′—反应器外壳；3-3′—中空纤维束固定板；
4-4′—中空纤维内腔进出口；5-5′—中空纤维外表面进出口；6-6′—密封板

（四）动物细胞微载体悬浮培养反应器

微载体悬浮培养是指用微珠作载体，使单层动物细胞生长于微珠表面，可在培养液中进行悬浮培养，这种培养方式将单层培养和悬浮培养结合起来，是大规模动物细胞培养技术最常用的方法。

贴壁培养动物细胞的载体微珠称作微载体，微载体的球径约 40～120μm，经生理盐水溶胀后直径约为 60～280μm，由天然葡聚糖、凝胶或各种合成的聚合物组成，如聚苯乙烯、聚丙烯酰胺等。由这些材料及其改良型制成的微载体主要参考了细胞的黏附特性，在其表面带有大量电荷及其他生长基质物质，因而有利于细胞的黏附、铺展和增殖。

采用微载体培养具有以下优点：①比表面积大，单位体积培养液的细胞产率高；②采用均匀悬浮培养，无营养物或产物梯度；③可用简单显微镜观察微载体表面的生长情况；④细胞收获过程相对简单，劳动强度小；⑤培养基利用率高，占地面积小；⑥生长环境均一，条件易于控制，可用一般的发酵设备经过改进进行微载体细胞培养，放大容易。

微载体悬浮培养的反应器应解决以下三个关键问题：①具有合适的搅拌器，使微载体在培养液内悬浮循环流动，同时剪切力又不至过高而使动物细胞受到损害；②不能像传统发酵罐那样用空气在培养液内鼓泡充氧，而只能用扩散方式来传递氧，以满足所需要的溶氧浓度；③在培养液中要严格控制 pH 值，要求 pH 值控制误差小于 0.05。

前面提到的一些通气搅拌式细胞培养反应器都可以用于微载体细胞培养。利用这些反应器进行微载体细胞培养时，首先向反应器中加入培养液，然后向培养液中加入一定量的微载体，再向反应器中接入细胞进行培养。培养时，以适当的速度进行搅拌，并通入氧气或二氧化碳等培养所需要的气体，由于微载体的密度稍大于培养液的密度（一般要求密度在1.03～1.05g/ml），在搅拌作用下，微载体可以均匀悬浮在培养液中，实现了贴壁细胞的悬浮培养。培养完成后，培养液和微载体分离，送入下游处理。

三、植物细胞培养反应器

植物细胞培养是指在离体条件下将愈伤组织或其他易分散的组织置于液体培养基中，将组织振荡分散成游离的悬浮细胞，通过继代培养使细胞增殖来获得大量细胞群体的方法。

植物是人类赖以生存的重要条件，为人类提供了食物、药品、香料、色素等。就药物而言，地球上 75%的人口以植物作为治病、防病的药物来源。但是人口的过度增长和对植物药需求的急剧增加，造成了人类对天然植物药资源的掠夺性开发，许多植物药的天然资源已经枯竭，而植物栽培的收获期较长，许多有价值的植物只能生长在某一特定的地理区域，且受到很多自然条件的限制和影响，因此，靠大面积人工栽培再收割提取药物的方法不能满足市场的需求。

植物细胞培养从20世纪初开始萌芽，从30年代至今经历了70多年的发展，为缓和供求矛盾、生产更多的有用物质提供了机会和方法。运用植物细胞培养技术生产有用的代谢产物，开辟了植物资源合理利用的新途径，已经成为植物生物工程学科的主要研究内容，也是当今生物技术最活跃的研究领域之一。目前，通过植物细胞离体培养，可以获得贵重的产物（如植物皂苷、香精等）以及来自植物的药物（如紫杉醇、紫草宁等）。以植物细胞培养的方法生产有用的物质，优点是不依赖气候和土壤条件，节省了土地，一年四季都能通过工业化生产获得成分均一的产物；缺点是目前生产成本较高。

知识链接

紫杉醇是近年发现的重要的抗癌药物，能有效地治疗卵巢癌、乳腺癌等妇科癌症。但由于紫杉醇是从珍稀植物紫杉提取的，所以如何得到充足的药物一直是医学和环境学家争论的问题。紫杉醇的生产只能通过大量的砍伐这种珍稀植物，这显然将对环境产生不良影响。所以目前科学家们正在开展紫杉醇细胞培养法进行生产和研究。我国在“八五”、“九五”和“863计划”中连续拨款资助工业化培养和生产抗肿瘤药物紫杉醇的研究，目前已达到60mg/L的世界先进水平。

（一）植物细胞培养的特点

虽然微生物培养中的许多技术可以用于植物细胞培养，但植物细胞本身有其固有的许多特性，因而培养时具有自身的特点。首先，植物细胞要比微生物大得多，在一般的低倍光学显微镜下就能很容易地观察到它的形态。在细胞培养过程中，其细胞形态有明显的变化，以间歇培养为例，在培养初期，多半是比较大的游离细胞，接着便开始分裂，随着分裂，原来较大的细胞就分裂成一个一个较小的细胞，同时，较小的细胞就聚集成细胞块。所以植物细胞很少以单个细胞悬浮生长，通常是形成团细胞的非均相集合体。此外，由于植物细胞的纤维素细胞壁较脆，所以抗剪切能力较弱。

其次，植物细胞培养基营养成分复杂而丰富，很适合真菌的生长，而真菌的生长速度比植物细胞快得多，因此在植物细胞的培养过程中，保持无菌是非常重要的。在培养过程中，植物培养基的黏度随细胞量的增加呈指数上升，有些品种在培养后期培养液相当稠厚，对于其流变学特性人们所知尚少，是植物细胞培养中值得研究的领域。

第三是植物细胞培养过程中氧气的供给。植物细胞都是好气性的，需要连续不断地供氧，但是与微生物细胞培养不同，不需要太高的氧传质速率，一般K_{La}（体积传质系数）值控制在25～50h^{-1}。植物细胞培养对氧的变化非常敏感，太高或太低均有不良影响。因此，大规模植物细胞培养时供养和尾气氧的监控都十分重要。大多数植物细胞的培养pH值为5.0～7.0，在此pH值水平通气速率过高会驱除二氧化碳，从而抑制生长，解决方法是在通气中加入一定量的二氧化碳来缓解。

植物细胞培养过程中，泡沫的特性也是应注意的问题。其产生的泡沫比微生物培养时大，且覆盖有蛋白质或黏多糖，因而黏性大，细胞极易被包埋在泡沫中，如果不采取化学或机械的方法控制，就会影响培养过程的稳定性。

（二）植物细胞培养反应器

目前，出现了许多有别于传统微生物反应器的植物细胞培养反应器，并且在不断完善。植物细胞培养主要采用悬浮培养和固定化细胞培养系统。悬浮培养所用生物反应器主要有机械搅拌反应器和非机械搅拌反应器。固定化细胞培养反应器有填充床反应器、流化床反应器和膜反应器等类型。现植物细胞培养反应器已从实验室规模的1～30L放大到工业化规模的130L～$20m^3$。

1. 机械搅拌式反应器

机械搅拌式生物反应器有较大的操作范围，混合程度高，适应性广，在大规模生产中广泛使用。常用经改造的通用式微生物发酵罐来大规模培养植物细胞，包括改变搅拌形式、叶轮结构与类型、空气分布器等，力求减少产生的剪切力，同时满足供氧与混合的要求。图3-40是工业规模连续培养三七细胞的反应器。

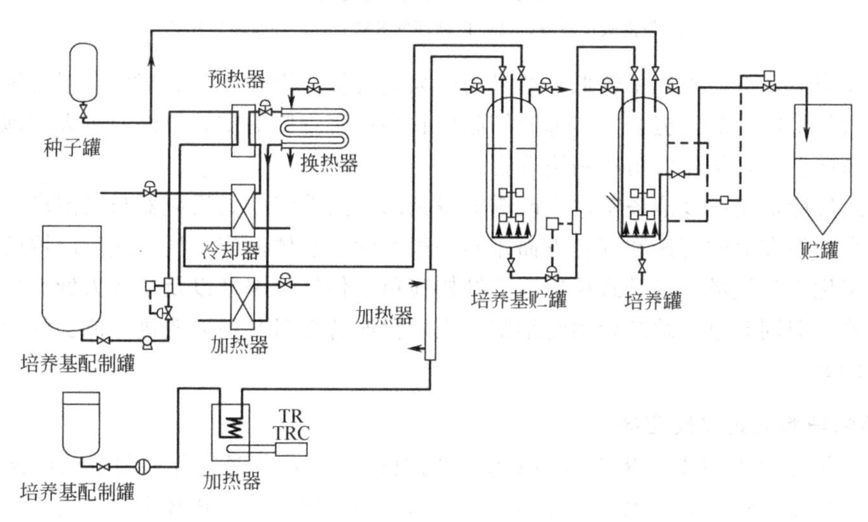

图3-40　三七细胞大规模培养装置

三七是人参属名贵中药材之一，也是云南白药的重要成分，具有止血、补血及强身作用，对冠心病及脑血管疾患也有治疗作用，其主要有效成分之一是皂苷。市场对三七的需求量不断上升，因而三七细胞的大规模培养为满足市场需要开辟了新途径。其工艺流程如下。

三七外植体粗根 $\xrightarrow{\text{消毒}}$ 无菌粗根 $\xrightarrow{\text{诱导培养}}$ 愈伤组织 $\xrightarrow{\text{悬浮培养}}$ 种质细胞 $\xrightarrow{\text{大规模培养}}$ 培养物 $\xrightarrow{\text{过滤}}$ 细胞 $\xrightarrow{\text{冻干}}$ 细胞干粉

2. 非机械搅拌式反应器

非机械搅拌式反应器的主要类型有鼓泡式反应器、气升式反应器等，属于气体搅拌反应器，如图3-41所示。该类反应器是利用通入的空气作通气和搅拌的生物反应器，气升式反应器又可分为外循环和内循环两种形式（详见本章微生物反应器）。

通常气体搅拌反应器比机械搅拌反应器设计得更高，高径比通常为4～6，气体通过底部的气体分配器鼓入，氧气溶入培养液的速度、搅拌混合效果等主要取决于空气鼓入的速率和培养液的流体力学性质，比如黏度等。空气鼓入的速度越快，黏度越小，氧气进入反应器的速度越快，反应器的混合效果越好。

通过对培养紫苏细胞的生物反应器比较发现鼓泡式反应器优于机械搅拌式反应器。但由

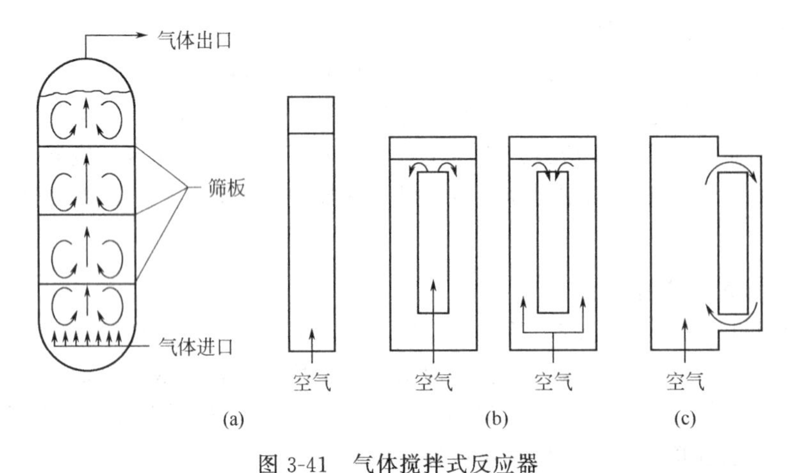

图 3-41 气体搅拌式反应器

(a) 鼓泡式反应器；(b) 内循环气升式；(c) 外循环气升式

于鼓泡式反应器对氧的利用率较低，如果用较大通气量，则产生的剪切力会损伤细胞。研究表明，喷大气泡时，湍流剪切力是抑制细胞生长和损害细胞的重要原因。较大气泡或较高气速导致较高剪切力，从而对植物细胞有害。

气升式反应器是在鼓泡塔基础上改进而得到的，虽然气升式反应器与鼓泡塔在结构上差别不是很大，但在氧的传递和混合方面差异是很大的。总体而言，气升式反应器的传质特性和混合效果优于鼓泡塔。气升式反应器因结构简单、传氧效率高以及切变力低而更适合于植物细胞培养，但同时也必须结合植物细胞的生理代谢特性对其加以改进才能更好地适应植物细胞培养的要求。

3. 植物细胞固定化反应器

固定化细胞培养技术是指将游离的细胞包埋在多糖或多聚化合物制备成的网状支持物中、培养液呈流动状态进行无菌培养的一门技术。最早应用固定化技术是在酶工程中，自从1979年植物细胞固定化成功以来，人们在生物反应器的植物细胞固定化培养方面开展了广泛深入的研究。植物细胞固定化培养具有许多潜在的优势，如细胞生长较为缓慢，利于次生代谢产物的积累；易于控制化学环境、收获次生代谢产物；细胞经包埋后使所受的剪切力损伤减小；有利于进行连续培养和生物转化等，这些都使得固定化细胞培养系统具有很大的发展潜力。目前，固定化细胞反应器已用于辣椒、胡萝卜、长春花、毛地黄等植物细胞的培养。

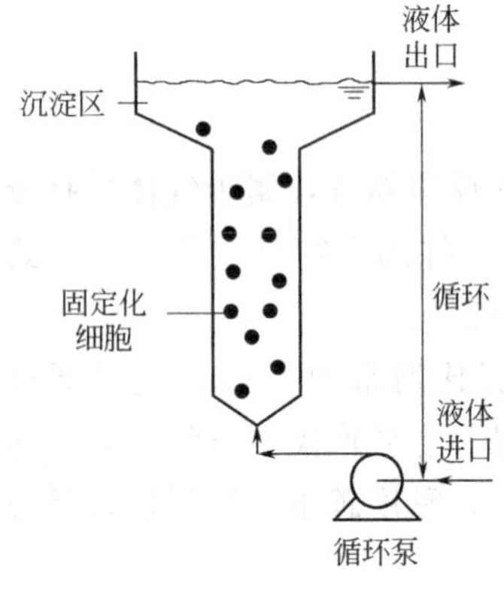

图 3-42 流化床反应器

植物细胞固定化反应器有填充床反应器、流化床反应器和膜反应器等，下面以流化床反应器为例介绍这类设备，如图 3-42 所示。

这种反应器主要由一个圆柱体组成，循环泵从圆柱体的底端打入培养液，培养液从下向上流动将反应器内载有细胞的固体颗粒悬浮起来，直至顶端。在顶部，由于反应器的直径变大，培养液向上流动的速度变慢，这些悬浮的固体颗粒不再上升。反应器顶端这一扩大的区域称为沉淀区，培养液和悬浮颗粒在此区域内分开，培养液被引出反应器进入循环泵进行循环，维持反应器内自下而上的液体流动，悬浮颗粒继续在反应器内悬浮。

流化床反应器是利用无菌流体通入使固定化细胞悬浮于反应器中，因此，培养液的流动不能太快或太慢，否则，固定化细胞就会集中在沉淀区附近，或集中在反应器底部。这就需要培养液有一个合适的自下而上的流速，使固定化细胞能够均匀地悬浮在反应器中。通常采用小固定化颗粒。这些小颗粒具有良好的传质特性。流化床反应器的优点是在培养固定化细胞的过程中，固定化细胞的周围不停地流动着新鲜培养液，有利于培养液向细胞供给养料，也有利于细胞代谢产物传递到培养液中。缺点是剪切力和颗粒碰撞会损坏固定化细胞，同时，流体动力学的复杂性使之难以放大。

目标检测题

一、名词解释

生物药物；轴封；微载体悬浮培养；实罐灭菌；全挡板条件。

二、简答题

1. 培养基配制的原则是什么？简述实罐灭菌的操作过程。
2. 什么叫“连消”？具有哪些优点？
3. 连续灭菌一般包括哪些基本设备？分别有什么用途？
4. 简述两级冷却、加热空气除菌流程及设备。
5. 空气为什么需要预处理？一般预处理的流程和设备是什么？
6. 国内常用空气压缩机有哪几类？各有什么特点？
7. 简述通用式发酵罐的结构和各部件的功能。
8. 搅拌装置有什么用途？由哪几部分组成？
9. 涡轮搅拌器和螺旋桨式搅拌器各有什么特点？
10. 简述机械搅拌自吸式发酵罐的工作原理。
11. 气升环流式发酵罐有哪些优缺点？
12. 比较动植物细胞培养和微生物培养的区别。
13. 简述中空纤维细胞培养反应器的结构和工作原理。
14. 什么是固定化细胞培养技术？植物固定化细胞培养反应器有哪些种类？

第四章　化学制药反应设备

化学制药是利用化工原料，通过化学反应将物料转变成药物。化学制药工业是整个制药工业的主体，据统计，在全球排名前50位的畅销药中，80%为化学合成药物，具有以下特点：品种多，更新快；生产工艺复杂，原辅料多，而产量小；质量要求严格；间歇式生产方式为主；原辅材料和中间体易燃、易爆、有毒性；“三废”多，且成分复杂，危害环境等。

化学制药反应设备又称化学反应器，是制药过程的核心设备，它的作用是：通过对参加反应的介质充分搅拌，使物料混合均匀；强化传热效果和相间传质；使气体在液相中做均匀分散；使固体颗粒在液相中均匀悬浮；使不相容的另一液相均匀悬浮或充分乳化。混合的快慢、均匀程度和传热情况的好坏，都会影响反应结果。

化学制药生产过程中，常常需要反应设备在一定温度、一定压力或有腐蚀性介质情况下操作，为了保证反应设备安全可靠、经济合理地运行，需满足以下要求。

① 结构上要保证物料能均匀分布，有良好接触、充分混合的空间，无短路与死角现象，且压降小，以获得较高的反应速度，提高其生产能力。

② 合理设置换热装置，使反应物在特定条件下能维持适宜的反应温度。

③ 反应设备的筒体材料有足够的机械强度、耐高温蠕变性能、抗腐蚀性能、良好加工性能和经济性等，保证设备经久耐用、安全可靠。

④ 制造容易，便于安装检修，易于操作调节，使用周期长。

正确选用反应设备的形式、确定其最佳操作条件、设计高效节能的反应设备，是十分关键的问题。化学反应设备结构形式多种多样，使用场合各不相同，但从结构与操作来分析，不外乎间歇操作搅拌釜、连续操作搅拌釜和管式反应器等基本形式，本章主要介绍制药工业中常见化学反应设备的应用及类型。

第一节　间歇操作釜式反应器

由于药品的生产规模小，品种多，原料与工艺条件多种多样，而间歇操作的搅拌釜装置简单，操作方便灵活，适应性强，因此在制药工业中获得广泛的应用。这种反应器的特点是物料一次加入，反应完毕后一起放出，全部物料参加反应的时间是相同的；在良好的搅拌下，釜内各点的温度、浓度可以达到均匀一致；可以生产不同规格和品种的产品，生产时间可长可短，物料的浓度、温度、压力可控范围广；反应结束后出料容易，便于清洗。

一、釜式反应器的基本结构

图4-1是一台通气式搅拌反应釜的典型结构，主要由搅拌容器和搅拌机构两大部分组

成，搅拌容器包括筒体及内构件、传热装置及支座、各种工艺接管等；搅拌机构包括搅拌装置、轴封装置、传动装置等。

1. 釜体

搅拌反应釜的釜体一般包括顶盖、筒体和罐底。容器的封头大多选用标准椭圆形封头，顶盖上装有传动装置以及人孔、视镜等附属设施。筒体一般为钢制圆筒，安装有多种接管，如物料进出口管、监测装置接管等，为满足传热的要求，需要在筒体的外侧安装夹套或在筒体内部安装蛇管结构，釜体通过支座安装在基础或平台上。

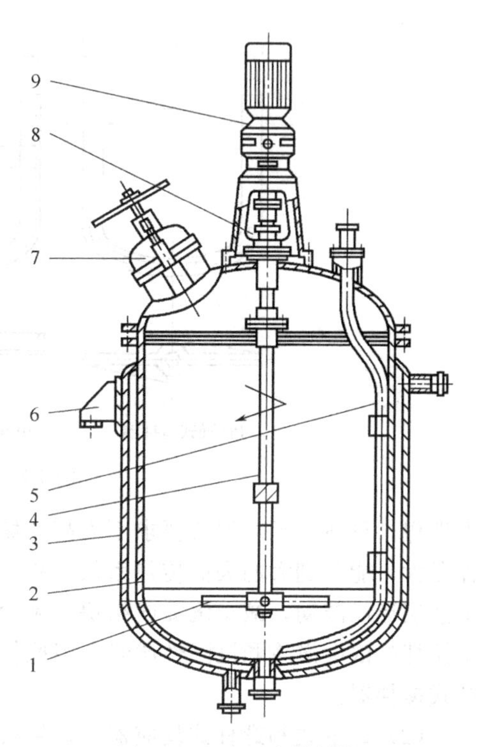

图 4-1　釜式反应器结构

1—搅拌器；2—罐体；3—夹套；4—搅拌轴；5—压出管；6—支座；7—人孔；8—轴封；9—传动装置

反应釜内筒的直径和高度及容积的确定可参考第三章生物反应器有关章节，筒体与夹套的厚度要根据强度条件或稳定性要求来确定。夹套承受内压时，按内压容器设计；筒体既受内压又受外压，应根据开车、操作和停工时可能出现的最危险状态来设计。当釜内为真空外带夹套时，筒体按外压设计，设计压力为真空容器设计压力加上夹套内设计压力；当釜内为常压操作时，筒体按外压设计，设计压力为夹套内的设计压力；当釜内为正压操作时，则筒体应同时按内压设计和外压校核，其厚度取两者中之较大者。

2. 搅拌装置

搅拌装置是反应釜的关键部件，其功能是提供反应过程所需要得到的能量和适宜的流动状态。釜内的反应物借助搅拌器的机械搅拌，达到物料充分混合、增强物料分子碰撞、加快反应速率、强化传质与传热效果、促进化学反应的目的。

化学制药工业中常用的搅拌装置是机械搅拌装置，通常包括搅拌器、搅拌轴、支撑结构以及挡板、导流筒等部件。搅拌器结构形式多种多样，在第三章第三节生物反应器中已详细介绍了涡轮搅拌器和螺旋桨式搅拌器，适用于低黏度液体。下面介绍一类大直径低转速的搅拌器，适用于高黏度液体。

(1) 锚框式搅拌器　锚式搅拌器结构较简单，由垂直桨叶和形状与底封头形状相同的水平桨叶所组成（图 4-2），适用于黏度在 100Pa·s 以下的流体搅拌，对于大直径反应器或流体黏度在 10～100Pa·s 时，在锚式桨中间设一加固横梁，即为框式搅拌器，以增加容器中部的混合，见图 4-2 (b) 和 (c)，其中 (b) 为单级式，(c) 为多级式。搅拌叶可用扁钢或钢板制造，小直径的搅拌器整个旋转体可铸造或焊接而成，而大直径搅拌器与轴的连接常做成螺栓连接的可拆式，以便于检修和安装。搅拌器可先用键固定在轴上，然后从轴的下端拧上轴端盖帽即可。

锚式和框式搅拌器形式和应用工况接近，合称为锚框式搅拌器，其共同特点是旋转部分的直径较大，可达筒体内径的 0.9 倍以上，一般取 $D/B=10\sim14$，外缘圆周速度 0.5～1.5m/s，参数可查标准 HG/T 3796.12—2005《锚框式搅拌器》。锚框式搅拌器混合效果并

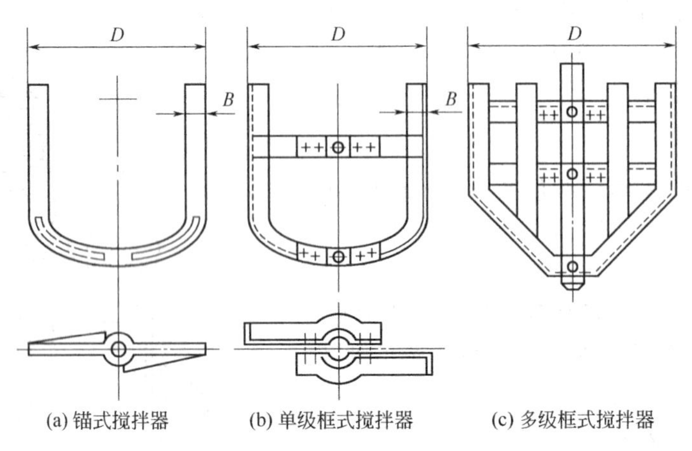

图 4-2 锚式和框式搅拌器

不理想，只适用于对混合要求不太高的场合。由于锚框式搅拌器在容器壁附近流速比其他搅拌器大，能得到大的表面传热系数，故常用于传热、晶析操作。由于直径较大，能使釜内整个液层形成湍动，减小沉淀或结块，减少“挂壁”的产生，故在反应釜中应用较多。也常用于搅拌高浓度淤浆和沉降性淤浆。当搅拌黏度大于 100Pa・s 的流体时，应采用螺带式或螺杆式搅拌器。

(2) 螺带式和螺杆式反应器　螺带式反应器主要由螺带、轴套和支撑杆组成，如图 4-3 所示。搅拌桨叶是一定宽度和一定螺矩的螺旋带，常用的有单头和双头两种，单头即一根螺带，双头为两根螺带，通过横向拉杆与搅拌抽连接。螺旋带外直径较大，接近筒体内直径，桨的高度也较大，外缘圆周速度一般小于 2m/s。搅动时液体呈复杂螺旋运动，混合和传质效果较好，常用于高黏度液体的搅拌。螺杆式搅拌器结构与此类似，但其直径较小。其参数可查标准 HG/T 3796.10—2005《螺杆式搅拌器》和 HG/T 3796.11—2005《螺带式搅拌器》。

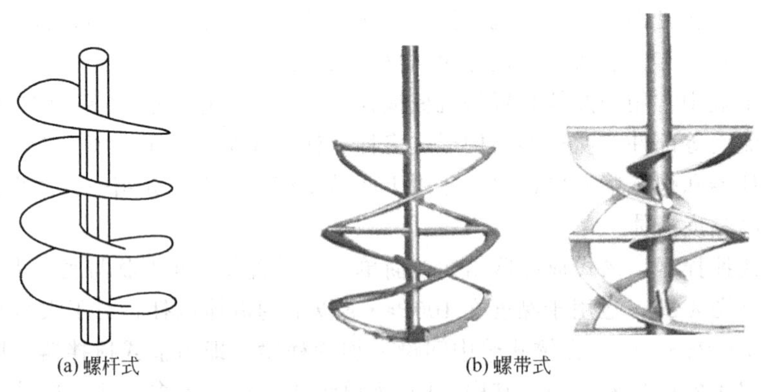

图 4-3 螺杆、螺带式搅拌器

由于搅拌过程种类繁多，操作条件各不相同，介质情况千差万别，所以使用的搅拌器形式多种多样。为了确保搅拌器的生产质量，降低制造成本，增加零部件的互换性，我国对几种常用搅拌器的结构形式制定了相应标准，并对标准搅拌器制定了技术条件。搅拌器标准的内容包括：结构形式、基本参数和尺寸、技术要求、图纸目录等几个部分，可根据生产要求选用标准搅拌器。

表 4-1　搅拌器形式和适用条件

搅拌器形式	流动状态			搅拌目的									搅拌容器容积/m^3	转速范围/(r/min)	最高黏度/Pa·s
	对流循环	湍流扩散	剪切流	低黏度混合	高黏度混合传热反应	分散	溶解	固体悬浮	气体吸收	结晶	传热	液相反应			
涡轮式	◆	◆	◆	◆	◆	◆	◆	◆	◆	◆	◆	◆	1～100	10～300	50
桨式	◆	◆	◆	◆	◆		◆	◆		◆	◆	◆	1～200	10～300	50
推进式	◆	◆		◆		◆	◆	◆		◆	◆	◆	1～1000	10～500	2
折叶开启涡轮式	◆	◆		◆		◆	◆	◆			◆	◆	1～1000	10～300	50
布鲁马金式	◆	◆	◆	◆	◆		◆				◆	◆	1～100	10～300	50
锚式	◆				◆		◆						1～100	1～100	100
螺杆式	◆				◆		◆						1～50	0.5～50	100
螺带式	◆				◆		◆						1～50	0.5～50	100

注：有◆者为可用，空白者不详或不适用。

搅拌器选型时一般需考虑搅拌目的、物料黏度、搅拌容器容积的大小三个方面，还应考虑反应过程的特性、搅拌效果和搅拌功率的要求，在达到同样的搅拌效果时，要求尽可能少地消耗动力，以及操作费用、制造、维护和检修等因素。实际选用时，可根据流动状态、搅拌目的、搅拌容量、转速范围及液体最高黏度等，查表 4-1 综合确定。

3. 传动装置

反应釜传动装置包括电动机、减速器、支架、联轴器等，如图 4-4 所示。传动装置通常设置在反应釜顶盖上，一般采用立式布置。传动装置的作用是将电动机的转速通过减速器，调整至工艺要求所需的搅拌转速，再通过联轴器带动搅拌轴旋转，从而带动搅拌器工作。

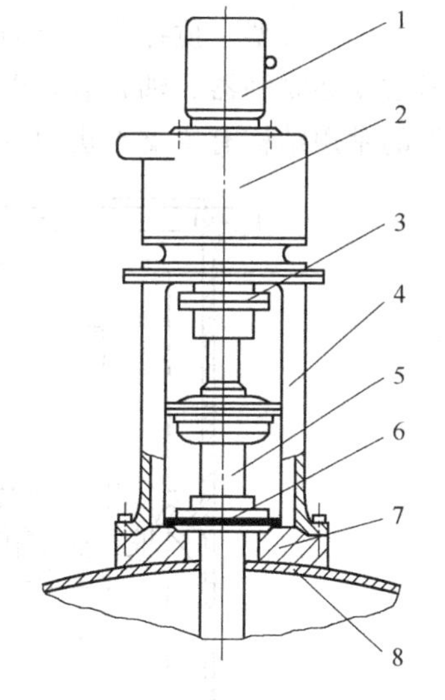

图 4-4　传动装置

1—电动机；2—减速器；3—联轴器；4—支架；5—搅拌轴；6—轴封装置；7—凸缘；8—顶盖（上封头）

(1) 电动机的选用　电动机型号应根据电动机功率和工作环境等因素选择。工作环境包括防爆、防护等级、腐蚀情况等。电动机选用主要是确定系列、功率、转速、安装方式等内容。

电动机的功率是选用的主要参数，其值主要根据搅拌所需的功率及传动装置的传动效率来确定。搅拌所需的功率一般由工艺要求给出，传动效率与所选减速装置的结构有关。此外还应考虑搅拌轴通过轴封装置时因摩擦而损耗的功率。可由搅拌功率计算电动机的功率：

$$P_e=\frac{P+P_s}{\eta} \tag{4-1}$$

式中　P——工艺要求的搅拌功率，kW；

P_s——轴封消耗功率，kW；

η——传动系统的机械效率，可参考相关资料选取。

反应釜的电动机大多与减速器配套使用，因此电动机的选用一般可与减速器的选用配套进行。在许多场合下，电动机与减速器一并配套供应，设计时可根据选定的减速器选用配套的电动机。

(2) 减速器的选用　减速器的作用是传递运动和改变转动速度，以满足工艺条件的要求。目前，我国已制定了相应的标准系列，并由相关厂家定点生产，可根据传动比、转速、载荷大小及性质，再结合效率、外廓尺寸、重量、价格和运转费用等各项参数与指标，进行综合分析比较，以选定合适的减速器类型与型号。

搅拌反应釜用减速器常用的有摆线针轮行星减速器、两级齿轮减速器、V带减速器以及圆柱蜗杆减速器等多种标准釜用立式减速器。如摆线针轮行星减速器标准为HG/T 3139.2—2001，LC、LC（A）型；两级硬齿面齿轮减速器标准为HG/T 3139.3—2001；圆弧齿圆柱蜗杆减速器标准为HG/T 3139.8—2001；带传动减速器标准为HG/T 3139.9—2001等，其传动原理及特点参阅相关标准，根据标准进行选用。

反应器用减速器往往是通过类比方法进行选择的，选择前一般已知搅拌所需转速及高速轴功率（或所配电动机功率）和应用场合的特殊要求等条件。在无使用经验的情况下，可参考釜用立式减速机总系列初选，然后再根据现场经验类比确定减速器的类型和特征参数，再查阅相关标准确定具体参数尺寸。

(3) 机架　搅拌反应釜的传动装置是通过机架安装在釜体顶盖上的。机架的结构形式要考虑安装联轴器、轴封装置以及与之配套的减速器输出轴径和定位结构尺寸的需要。釜用机架的常用结构有单支点机架（图4-5）和双支点机架（图4-6）两种。

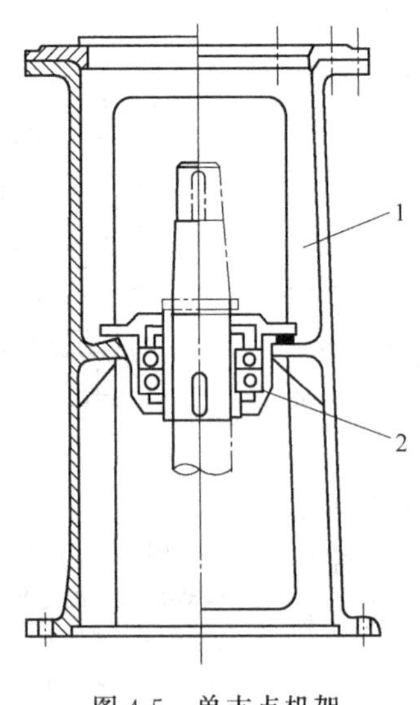

图4-5　单支点机架

1—机架；2—轴承

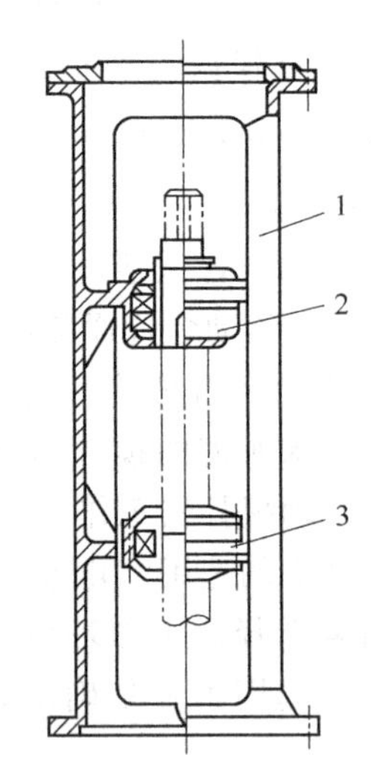

图4-6　双支点机架

1—机架；2—上轴承；3—下轴承

单支点支架用以支撑减速器和搅拌轴，适合电动机或减速器可作为一个支点，或容器内可设置中间轴承和可设置底轴承的情况。搅拌轴的轴径应在30～160mm范围。

当减速器中的轴承不能承受液体搅拌所产生的轴向力时，应选用双支点机架，由机架上的两个支点承受全部的轴向载荷。对于大型设备，或对搅拌密封要求较高的场合，一般都采用双支点机架。单支点机架和双支点机架都已有标准系列产品。标准对机架的用途和适应范围、结构形式、基本参数和尺寸、主要技术要求等做出了相应规定。单支点机架标准为HG 21566—95；双支点机架标准为HG 21567—95。

(4) 凸缘法兰　凸缘法兰用于连接搅拌器传动装置的安装底盖。凸缘法兰下部与釜体顶盖焊接连接，上部与安装底盖法兰相连。凸缘法兰可以自行设计，也可以选用标准件。标准凸缘法兰（HG 21564—95）有四种结构形式，适应设计压力为 0.1～1.6MPa、设计温度为 −20～300℃的反应釜。

表 4-2　凸缘法兰形式

形式	结构特征	公称直径 DN/mm	形式	结构特征	公称直径 DN/mm
R	突面凸缘法兰	200～900	LR	突面衬里凸缘法兰	200～900
M	凹面凸缘法兰	200～900	LM	凹面衬里凸缘法兰	200～900

（5）安装底座　安装底座用于支撑支架和轴封，轴封和机架定位于底座，有一定的同心度，从而保证搅拌轴既与减速器连接又穿过轴封还能顺利运转。视釜内物料的腐蚀情况，底座有不衬里和衬里两种。安装方式分为上装式（传动装置设立在釜体上部）和下装式（传动装置设立在釜体下部）两种形式，安装底座、机架、凸缘法兰、轴封的装配如图 4-7 和图 4-8 所示。

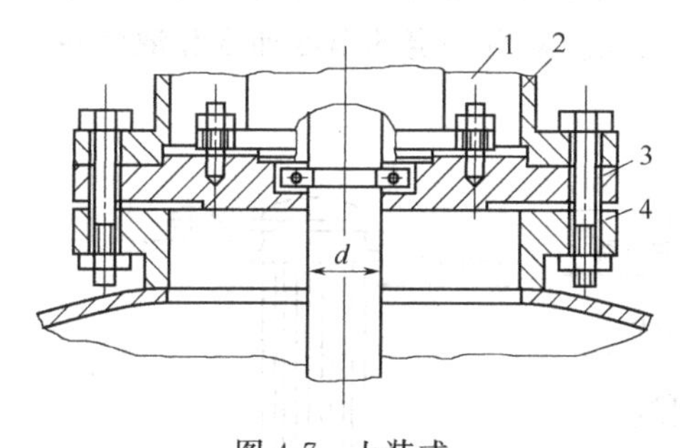

图 4-7　上装式

1—轴封；2—机架；3—安装底盖；4—凸缘法兰

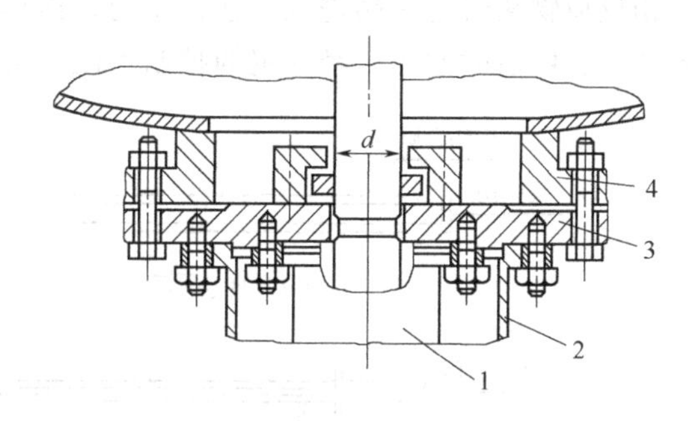

图 4-8　下装式

1—轴封；2—机架；3—安装底盖；4—凸缘法兰

化学反应釜的其他装置，如轴封、传热装置等，可参考第三章生物反应器相关内容，这里不再讲述。

二、釜式反应器的操作与维护

釜式反应器从开始的进料-反应-出料均能够以较高的自动化程度完成预先设定好的反应步骤，对反应过程中的温度、压力、搅拌、反应物、产物浓度等重要参数应进行严格的调控。操作时要注意以下事项。

① 应严格按产品铭牌上标定的工作压力和工作温度操作使用，以免造成危险。

② 严格遵守产品使用说明书中关于冷却、注油等方面的规定，做好设备的维护和保养。

③ 所有阀门使用时，应缓慢转动阀杆（针），压紧密封面，达到密封效果。关闭时不宜用力过猛，以免损坏密封面。

④ 电气控制仪表应由专人操作，并按规定设置过载保护设施。

⑤ 要经常注意整台设备和减速器的工作情况，减速器润滑油不足应立即补充。对夹套和盖子上等部位的安全阀、压力表、温度表、蒸馏孔、电热棒、电器仪表等应定期检查，如果有故障要即时调换或修理。

⑥ 设备不用时，用温水将容器内外壁全面清洗，经常擦洗釜体，保持外表清洁和内胆光亮，达到耐用的目的。

间歇操作釜式反应器具有结构简单、容易清洗、操作弹性大、使用同一反应器可生产多个品种等优点。但由于是间歇操作，在反应过程中必须随时监控参数的变化，不能将参数固定在最优条件下，使得产品质量和收率存在批件差异。

第二节　其他形式的化学反应设备

一、管式反应器

1. 管式反应器的类型

长度远远大于其直径的反应器，一般称为管式反应器。将管式反应器分为多管串联管式反应器和多管并联管式反应器，由单根（直管或盘管）串联或多根平行并联的管子组成，主要用于气相、液相、气-液相连续反应过程，一般设有套管或壳管式换热装置。

管式反应器结构简单，制造方便，结构上与釜式反应器差异较大，有直管式、盘管式、多管式等，如图 4-9 所示。根据不同的反应，管径和管长可根据需要设计。混合好的气相或液相反应物从管道一端进入，连续流动，连续反应，最后从管道另一端排出。反应物在管内流动快，停留时间短，经一定的控制手段，可使管式反应器有一定的温度梯度和浓度梯度。

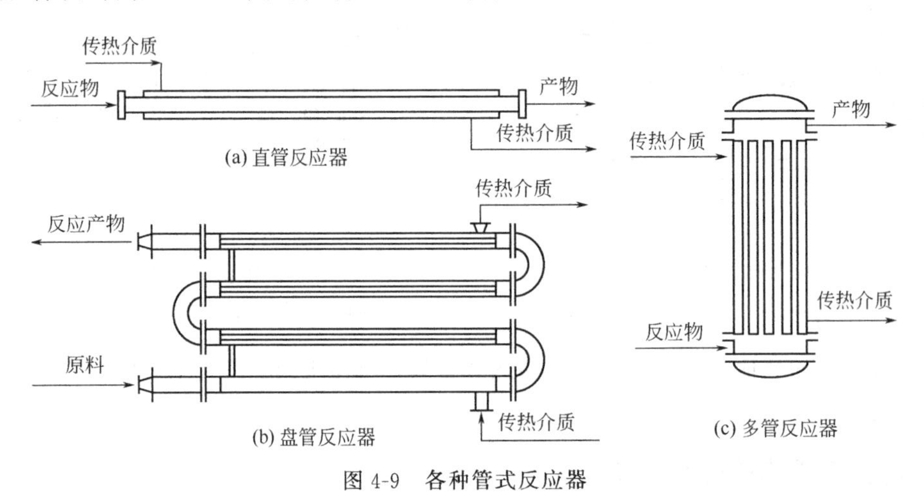

图 4-9　各种管式反应器

2. 管式反应器特点

通常管式反应器的长度和直径之比大于 50～100，在实际应用中，一般采用连续操作，少数采用半连续操作，具有如下特点。

① 单位反应器体积具有较大换热面积，尤其适用于热效应较大的反应。

② 通过反应器的物料质点，沿同一方向以同一流速流动，在流动方向上没有返混。

③ 所有物料质点在反应器中的停留时间都相同；同一截面上的物料浓度相同、温度相同。

④ 物料的温度、浓度沿管长连续变化，适用于大型化和连续化生产，便于计算机集散控制，产品质量有保证。

图 4-10 为石脑油分解转化管式反应器，其内径 102mm，外径 143mm，长 1109mm，管的下部催化剂支撑架内装有催化剂，气体由进气总管进入管式转化器，在催化剂存在条件下，石脑油转化为氢气和一氧化碳，供合成氨用。

二、固定床反应器

固定床反应器又称填充床反应器，是制药工业中另一种常用的化学反应设备，装填有固体催化剂或固体反应物，典型结构见图 4-11。固体物通常呈颗粒状，粒径 2～15mm 左右，堆积成一定高度（或厚度）的床层。床层静止不动，反应物从上（下）进入反应器，通过床层进行反应，从下（上）部出来。它与流化床反应器及移动床反应器的区别在于固体颗粒处于静止状态，主要用于实现气固相催化反应。

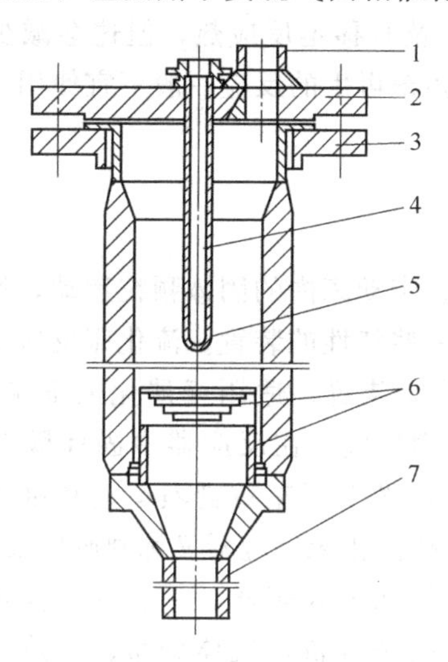

图 4-10 侧烧式转化反应器

1—进气管；2—上法兰；3—下法兰；4—温度计；5—管子；6—催化剂支撑架；7—下猪尾巴管

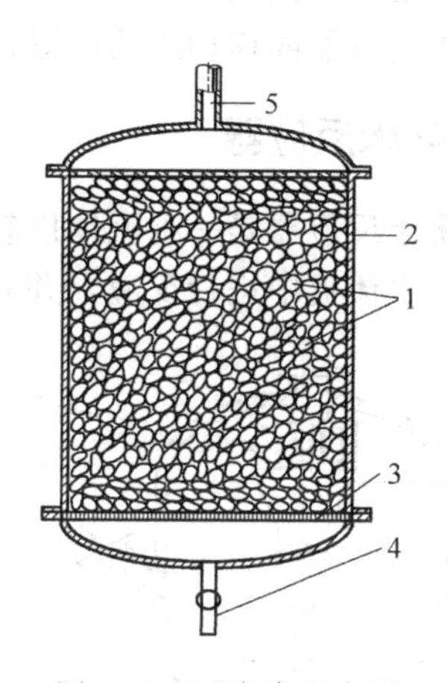

图 4-11 固定床反应器

1—固体固定床；2—反应器外壁；3—底部网板；4—出口（或出口）；5—进口（或进口）

固定床反应器中参加反应的物料以预定的方向运动，流体间没有沿流动方向的混合。其结构因传热要求和方式不同而异，常见的有三种基本形式：轴向绝热式、径向绝热式和列管式。轴向绝热式固定床反应器如图 4-12（a）所示，催化剂均匀放在栅板上，反应物料预热后自上而下沿轴通过床层进行反应，反应过程中，反应物系与外界无热量交换。径向绝热式固定床反应器见图 4-12（b），催化剂装载于两个同心圆筒的环隙中，流体沿径向通过催化剂床层进行反应，可采用离心流动或向心流动，床层同外界无热交换。径向反应器的特点是在相同筒体直径下增大了流道截面积。列管式固定床反应器见图 4-12（c），由很多并联管子构成，管内或管间置催化剂，载热体流经管内或管间进行加热或冷却，管径通常在 25～50mm 之间，管数可多达上万根。列管式固定床反应器适用于反应热效应较大的反应。

固定床反应器的优点是返混小，流体同催化剂可进行有效接触，当反应伴有串联副反应时可得较高选择性；催化剂机械损耗小；结构简单、操作稳定、便于控制、易实现大型化和

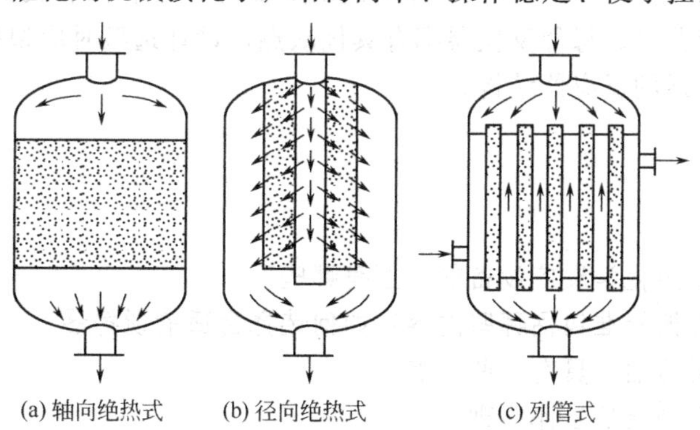

图 4-12 固定床反应器的基本形式

连续化生产等，是现代化工和反应中应用很广泛的反应器。

固定床反应器的缺点是床层的温度分布不均匀，固相粒子不动，床层导热性差，反应放热量很大时，即使是列管式反应器也可能出现飞温（反应温度失去控制，急剧上升，超过允许范围），因此对放热量大的反应，应增大换热面积，及时移走反应热，但这会减少有效空间；操作过程中催化剂不能更换等，对于催化剂需要频繁再生的反应一般不宜使用，常代之以流化床反应器或移动床反应器。

三、流化床反应器

流化床反应器是一种流体以较高的流速通过床层、带动床内的固体颗粒运动，使之悬浮在流动的主体流中进行反应，并具有类似流体流动的一些特性的装置。流化床反应器是工业上应用较广泛的反应装置，适用于催化或非催化的气-固、液-固和气-液-固反应。在反应器中固体颗粒被流体吹起呈悬浮状态，可做上下左右剧烈运动和翻动，好像是液体沸腾一样，故流化床反应器又称沸腾床反应器。

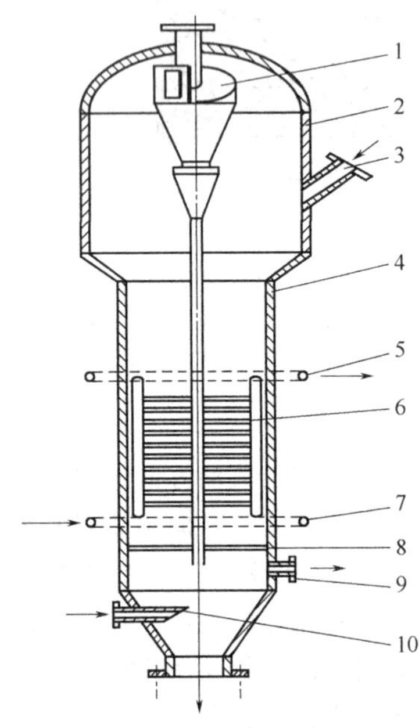

图 4-13 流化床反应器

1—旋风分离器；2—筒体扩大段；3—催化剂入口；4—筒体；5—冷却介质出口；6—换热器；7—冷却介质进口；8—气体分布板；9—催化剂出口；10—反应气入口

流化床反应器结构形式多样，一般都由壳体、内部构件、催化剂颗粒装卸设备及气体分布、换热、气固分离装置等构成，如图 4-13 所示，反应气体从进气管进入反应器，经气体分布板进入床层。反应器内设有冷却管放热，气体离开床层时总要带走部分细小的催化剂颗粒，为此将反应器上部直径增大，使气体速度降低，从而使部分较大的颗粒沉降下来，落回床层中，较细的颗粒经过反应器上部的旋风分离器分离出来后返回床层，反应后的气体由顶部排出。

流化床反应器的最大优点是传热面积大、传热系数高、传热效果好。由于颗粒快速运动的结果使床层温度分布均匀，可防止局部过热。流化床的进出料、废渣排放都可以用气流输送，易于实现自动化生产。流化床反应器的缺点是：反应器内物料返混大，颗粒磨损严重；排出气体中存在粉尘，通常要有回收和集尘装置；内构件较复杂；操作要求高等。

除上述反应器外，还有回转筒式反应器、喷嘴式反应器和鼓泡塔式反应器等。每种反应器都有其优缺点，设计选型时应根据使用场合和设计要求等因素，确定最合适的反应器结构。

目标检测题

1. 制药工业中常见化学反应设备的类型有哪些？
2. 我国规定搅拌器标准包括哪些内容？如何选择合适的搅拌器？
3. 什么是管式反应器？具有哪些特点？
4. 简述固定床反应器的工作原理。
5. 化学制药反应设备和生物制药反应设备的主要区别是什么？

模块三

药物的分离提取设备

第五章　过滤、离心及膜分离设备

在制药工业中，需将目的产物从培养液或反应液中分离出来，如抗生素发酵液中菌丝体的去除、基因工程药物生产中菌体的收集与处理、结晶体与母液的分离等，都要用到液固分离设备，本章主要介绍常用的过滤设备、离心沉降设备及膜分离设备。

第一节　常用过滤设备

过滤是在推动力（如重力、离心力等）作用下，使物料通过过滤介质实现液固分离的过程。一般把多孔性材料称为过滤介质或滤材，被过滤的混悬液称滤浆，通过滤材后得到的液体称滤液，被滤材截留的物质称滤饼或滤渣，洗涤滤饼后得到的液体称洗涤液。

一、过滤机制及影响因素

（一）滤过机制

1. 筛析作用

筛析作用是指滤材像筛网一样将大于其孔径的颗粒截留在表面的作用，也称膜过滤或机械过筛。滤材为薄膜状或薄层状，如微孔滤膜、滤纸、超滤膜、反渗透膜等。

2. 滤饼过滤

滤饼过滤是指固体堆积在滤材上并架桥形成滤饼层以拦截颗粒的过滤方式，如图 5-1 所示。过滤时悬浮液置于过滤介质的一侧，过滤介质常用多孔织物，其网孔尺寸未必一定须小于被截留的颗粒直径。在过滤操作开始阶段，会有部分颗粒进入过滤介质网孔中发生架桥现象，如图 5-2 所示，也有少量颗粒穿过介质而混于滤液中。随着滤渣的逐步堆积，在介质上形成一个滤渣层，称为滤饼。不断增厚的滤饼才是真正有效的过滤介质，而穿过滤饼的液体则变为清净的滤液。通常，在操作开始阶段所得到滤液是浑浊的，须待滤饼形成之后返回重滤。

3. 深层过滤

深层过滤如图 5-3 所示。与滤饼过滤不同，深层过滤时介质表面无滤饼形成，过滤是在

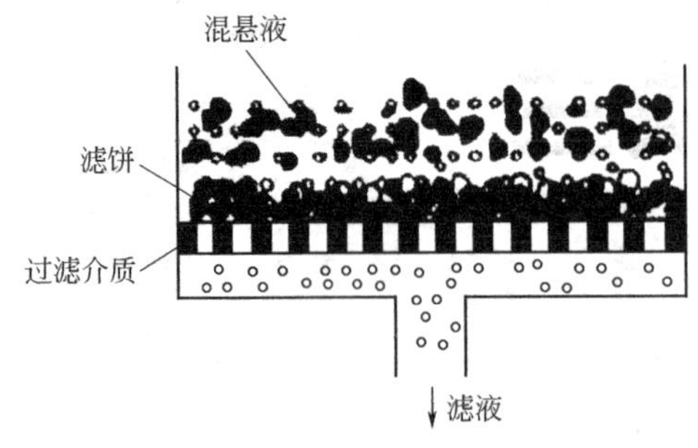

图 5-1 滤饼过滤

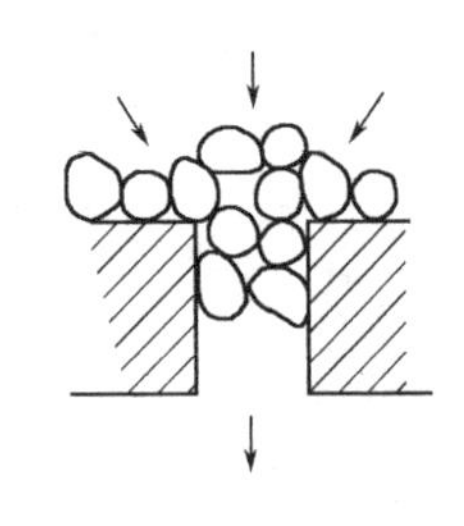
图 5-2 架桥现象

介质内部进行的。由于颗粒尺寸比介质孔道小，颗粒进入弯曲细长孔道后容易被截留。同时由于流体流过时所引起的挤压和冲撞作用，颗粒紧附在孔道的壁面上。常用的滤材有砂滤棒、垂熔玻璃滤器、板框压滤器等。

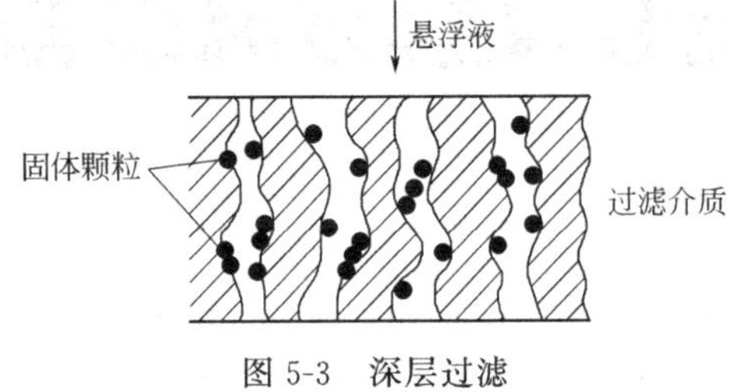

图 5-3 深层过滤

(二) 影响因素

过滤效果主要取决于过滤速度，把待过滤、含有固体颗粒的悬浮液，倒进滤器的滤材上进行过滤，不久在滤材上形成固体厚层即滤渣层。液体过滤速度的阻力随着滤渣层的加厚而缓慢增加。影响过滤速度的主要因素有：滤器面积、滤渣层和滤材的阻力、滤液的黏度、滤器两侧的压力差等。

此外，过滤的速度与滤渣的性质、结构、厚度有关，通常滤渣可分为不可压缩和可压缩的两种，前者为不变形的颗粒所组成，后者为无定形的颗粒所组成。当不压缩的滤渣沉积于滤材上时，各个颗粒相互间排列的位置及粒子与粒子间孔道的直径大小等均不因压力的增加而改变。反之，在滤过可压缩性滤渣时，粒子与粒子间的孔道随着压力增加而变小，因而对滤液流动阻碍作用增加。

在实际生产中，增加滤饼两侧的压力差，即采用加压或减压的过滤方法；升高滤浆温度，以降低其黏度；采用预滤的方法，以减少滤饼的厚度；加助滤剂，助滤剂是一种特殊形式的滤过介质，具有多孔性、不可压缩性，在其表面可形成微细的表面沉淀物，阻止沉淀物接触和堵塞滤过介质，从而起到助滤的作用。加助滤剂以改变滤饼的性能，增加孔隙率，减少滤饼的阻力均可提高过滤效率。

(三) 常用的过滤方法

混悬液过滤的动力主要是滤材和滤饼上下游两侧的压力差，根据压力差大小不同，过滤可分为如下几种。

1. 常压过滤

常压过滤是利用滤浆本身的液位差产生的动力进行的过滤。本法滤速慢，但压力稳定，如普通的玻璃漏斗过滤。

2. 加压过滤

加压过滤就是以输送滤浆的泵或压缩空气等所形成的压力为动力进行的过滤。本法压力大、滤速快，适于黏度大、颗粒细的滤浆。

3. 减压过滤

减压过滤是在过滤介质的一方抽真空以加大两侧的压力差从而增加动力进行的过滤。本法动力大小由真空度决定。

二、过滤设备

过滤混悬液的设备称为过滤机。过滤机是利用多孔性过滤介质，截留液体与固体颗粒混合物中的固体颗粒，从而实现固、液分离的设备。过滤机广泛应用于化工、石油、制药、轻工、食品、选矿、煤炭和水处理等部门。根据操作方法不同可分为间歇式过滤机如三足式离心机、板框压滤机等和连续式过滤机如刮刀卸料离心机、转鼓真空过滤机等；根据过滤介质不同，过滤机可分为滤布过滤机、多孔陶瓷过滤机、粉状介质过滤机、半渗透介质过滤机等；根据推动力的不同可分为重力过滤机、压力过滤机、真空过滤机、离心过滤机等；根据结构形式的不同又可分为袋滤机、板框压滤机、叶滤机、水平盘式真空过滤机、倾翻盘式真空过滤机、带式过滤机等，以下介绍几种常见的过滤设备。

（一）板框压滤机

1. 板框压滤机的结构

板框压滤机的结构如图 5-4 所示，主要由机架、压紧机构和过滤机构三部分组成。

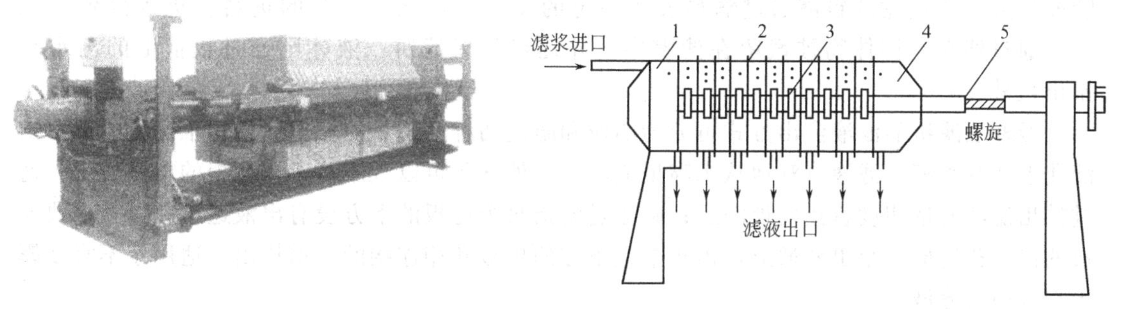

图 5-4　板框压滤机结构图

1—止推板；2—滤布；3—板框支座；4—压紧板；5—横梁

(1) 机架　机架是压滤机的基础部件，两端是止推板和压紧头，两侧的大梁将二者连接起来，大梁用以支撑滤板、滤框和压紧板。

止推板：它与支座连接将压滤机的一端坐落在地基上，厢式压滤机的止推板中间是进料孔，四个角还有四个孔，上两角的孔是洗涤液或压榨气体进口，下两角为出口（暗流结构还是滤液出口）。

压紧板：用以压紧滤板滤框，两侧的滚轮用以支撑压紧板在大梁的轨道上滚动。

大梁：是承重构件，根据使用环境防腐的要求，可选择硬质聚氯乙烯、聚丙烯、不锈钢包覆或新型防腐涂料等涂覆。

(2) 压紧机构　压紧方式有手动压紧、机械压紧和液压压紧。

手动压紧：是以螺旋式机械千斤顶推动压紧板将滤板压紧。

机械压紧：压紧机构由电动机减速器、齿轮、丝杆和固定螺母组成。压紧时，电动机正转，带动减速器、齿轮，使丝杆在固定丝母中转动，推动压紧板将滤板、滤框压紧。当压紧力越来越大时，电机负载电流增大，当大到保护器设定的电流值时，达到最大压紧力，电机切断电源，停止转动。

液压压紧：液压压紧机构的组成有液压站、油缸、活塞、活塞杆以及活塞杆与压紧板连接的哈夫兰卡片。液压压紧机构压紧时，由液压站供给高压油，油缸与活塞构成的元件腔充满油液，当压力大于压紧板运行的摩擦阻力时，压紧板压紧滤板，当压紧力达到溢流阀设定的压力值时，滤板、滤框被压紧，溢流阀开始卸荷，此时自动切断电动机电源，压紧动作完成。

（3）过滤机构　过滤机构由许多块滤板和滤框交替排列而成，即按板-框-板-框……的顺序叠加，板和框的结构如图5-5所示，框中间空，四角各有一孔，其中有一个孔通向中间供滤液进入；板中间下凹，四角也各有一孔，其中一孔有凹槽与中部联通供滤出液流出。

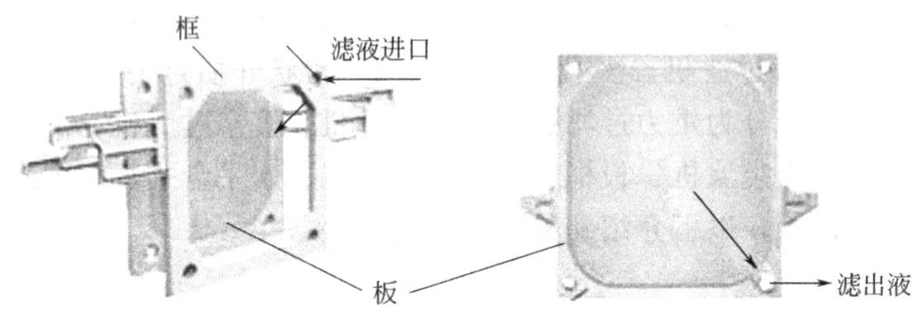

图5-5　板和框示意图

板框压滤机的操作是间歇的，每个操作循环由装合、过滤、洗涤、卸渣、整理五个阶段组成。待过滤的料液通过输料泵在一定的压力下，从后顶板的进料孔进入到各个滤室，通过滤布，固体物被截留在滤室中，并逐步形成滤饼；液体则通过板框上的出水孔排出机外。

板框压滤机的滤液流出方式可分为明流和暗流两种形式。明流过滤指每个滤板的下方出液孔上装有水嘴，滤液直观地从水嘴里流出，好处在于可以观测每一块滤板的出液情况，通过排出滤液的透明度直接发现问题；暗流过滤指每个滤板的下方设有出液通道孔，若干块滤板的出液孔连成一个出液通道，由止推板下方的出液孔相连接的管道排出。适用于不宜暴露于空气中的滤液。

2. 板框压滤机的特点

板框压滤机的优点：

① 体积小，过滤面积大，单位过滤面积占地少，且过滤面积选择范围较广，可在3～1250m^2间选用；

② 对物料的适应性强，既能分离难以过滤的低浓度悬浮液和胶体悬浮液，又能分离料液黏度高和接近饱和状态的悬浮液；

③ 过滤压力高，滤饼的含湿量较低；

④ 因为是滤饼过滤，所以可得到澄清的滤液，固相回收率高；

⑤ 结构简单，操作容易，故障少，保养方便，机器寿命长；

⑥ 滤布的检查、洗涤、更换较方便；

⑦ 造价低、投资小。

板框压滤机的缺点是间歇操作，板框压滤机每隔一定时间需要人工卸除滤饼，劳动强度大。板框压滤机比较适合于固体含量在1%～10%的悬浮液的分离。最大的操作压力可达1.5MPa，通常使用压力为（3～5）×10^5Pa。

3. 板框压滤机的型号

国产板框压滤机主要有BAS、BMS、BMY三种型号。第一个字母B表示板框压滤机；第二个字母A表示暗流式，M表示明流式；第三个字母S表示手动压紧，Y表示液压压紧。

型号后面的数字表示过滤面积（m^2）/滤框尺寸（mm）—滤框厚度（mm），如BMY60/800-30表示明流式液压压紧板框压滤机，过滤面积为$60m^2$，框内尺寸为800mm×800mm，滤框厚度为30mm；滤框块数=60/（0.8×0.8×2）=47块；滤板为46块；板内总体积=0.8×0.8×0.3×47=$0.902m^3$。

知识链接　板框压滤机的维护和保养

1. 经常检查板框压滤机的各连接部件有无松动，应及时紧固调整。

2. 要经常清洗、更换板框压滤机的滤布，工作完毕时应及时清理残渣，不能在板框上干结成块，以防止再次使用时漏料。经常清洗排水孔以保持畅通。

3. 要经常更换板框压滤机的机油或液压油，对于转动部件要保持良好的润滑。

4. 压滤机长期不用时应上油封存，板框应平整地堆放在通风干燥的库房，高度不应超过2m，以防止弯曲变形。

（二）真空转鼓过滤机

真空转鼓过滤机是一种可以连续操作的过滤设备，这种过滤机最初用于制碱和采矿工业，后来应用扩展到化工、煤炭和污泥脱水等行业。真空转鼓过滤机的结构如图5-6所示。

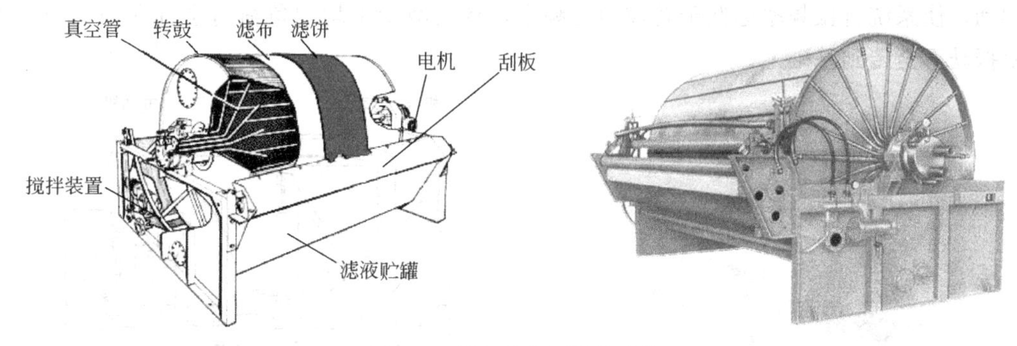

图5-6　真空转鼓过滤机结构

真空转鼓过滤机的主体是一水平转鼓，鼓壁开孔，鼓面上铺以支撑板和滤布，构成过滤面。过滤面下的空间分成若干隔开的扇形滤室，各滤室有导管与分配阀相通。转鼓为圆筒形，安装在敞开口料池的上方，并在料池中有一定的浸没度。转鼓主轴两端设有支撑，可在驱动装置的带动下旋转。转鼓每旋转一周，各滤室通过分配阀轮流接通真空系统和压缩空气系统，顺序完成过滤、洗渣、吸干、卸渣和过滤介质（滤布）再生等操作。其工作原理如图5-7所示。

转鼓下部沉浸在悬浮液中，浸没角度约90°～130°，由机械传动装置带动其缓慢旋转。将整个转鼓分成以下三工作区：①过滤区。沉没在料液内的滤室与真空系统连通，料液中的固体粒子被吸附在滤布的表面形成滤渣层，滤液被吸入鼓内经导管和分配头排至滤液贮罐中。为了避免料液中固体物的沉降，常在料槽中装置搅拌机。②洗涤吸干区。转鼓从料液槽中转出后，洗涤液喷嘴将洗涤水喷向滤渣层进行洗涤，在真空情况下残余水分被抽入鼓内，引入到洗涤液贮罐。③卸渣及再生区。经过洗涤和脱水的滤渣层在压缩空气或蒸汽的作用下与滤布脱离，随后由刮刀将其刮下。刮下滤渣的滤布继续吹以压缩空气或蒸汽，使上面的残余固体物吹落，滤布再生。

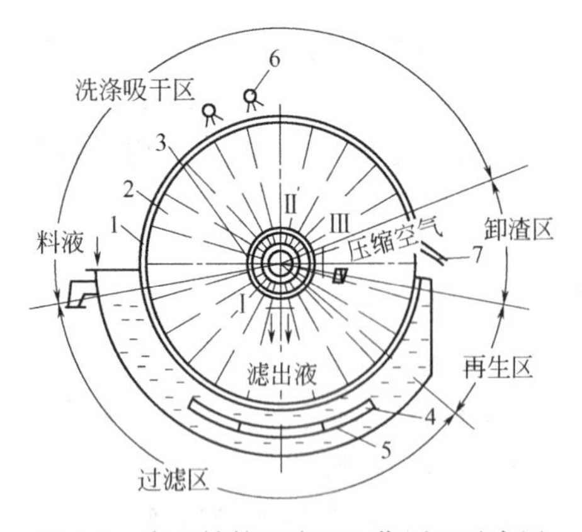

图 5-7 真空转鼓过滤机工作原理示意图

1—转鼓；2—过滤室；3—分配阀；4—料液槽；5—搅拌器；6—洗涤液喷嘴；7—刮刀

转鼓式真空过滤机具有结构简单、运转和维护保养容易、处理量大、可连续操作等优点。但该设备体积大、占地面积大，且辅助设备较多，耗电量大。转鼓式真空过滤机适用于固体含量较大的悬浮液的分离，但对较细、较黏稠的物料不太适用。

（三）三足式离心机

三足式离心机是最早出现的液-固分离设备，目前仍广泛应用于制药工业，是应用转鼓高速回转所产生的离心力使悬浮液或其他脱水物料中的固相与液相分离开来。目前常见的三足式离心机有人工上部卸料、人工下部卸料和机械下部卸料三足式离心机等多种形式。

三足式离心机其外形如图 5-8 所示，图 5-9 是人工卸料三足式离心机的结构示意图。底盘及装在底盘上的主轴、转鼓、机壳、电动机及传动装置等组成离心机的机体，整个机体靠三根摆悬挂在三个柱脚上，摆杆上、下端分别以球形垫圈与柱脚和底盘铰接，摆杆上套有缓冲弹簧，这种悬挂支撑方式是三足式离心机的主要结构特征，允许体机在水平方向做较大幅度摆动，使系统自振频率远低于转鼓回转频率，从而减少不均匀负荷对主轴和轴承的冲击，并使振动不至传到基础上。

图 5-8 三足式离心机

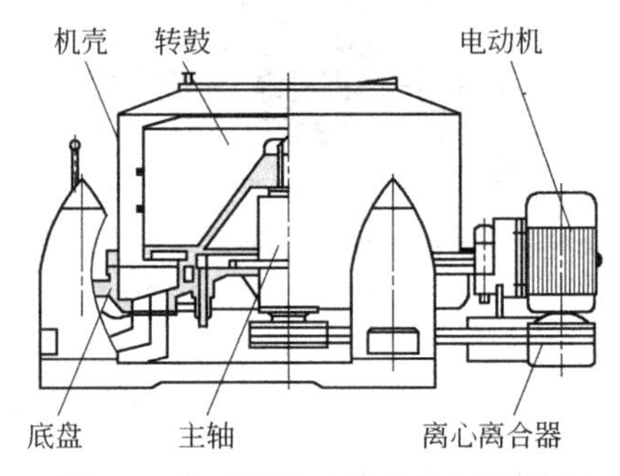

图 5-9 人工卸料三足式离心机结构

转鼓是容纳物料进行分离的工作部件，由转鼓筒体、拦液板和转鼓底组成，转鼓壁上开有许多滤孔，转鼓内壁铺设滤布。转鼓底以锥孔套装在主轴上端，并用螺母锁紧。过滤时，转鼓高速旋转，为使悬浮液在转鼓内分布均匀，必须在离心机达到额定转速后才能逐渐进料。固液混合物加入转鼓内侧，被分离的悬浮液在离心力场作用下，固相趋向转鼓内壁并沉积于鼓壁形成滤饼，液体在离心力作用下通过滤饼，由滤液口排出。而固相则被存留转鼓内完成固-液分离。当滤饼形成一定厚度时停止加料并将滤饼甩干，也可加入洗涤液洗涤并甩干，停机后由人工将滤渣从转鼓上卸出。

三足式离心机可用于固体粒径从 10μm 至数毫米、含固量 5%至 40%～50%的液固分离。具有的优点为：①结构简单，操作方便；②对物料的适应性强，可用于多种物料和工艺过程；③弹性悬挂支撑结构，减少了振动使机械运行平稳；④由于整个高速回转机构集中在封闭的壳体中，易于实现密封防爆。缺点是间歇操作，生产能力低；上面卸料，体力劳动繁重；轴承等传动机构在转鼓的下方，检修不方便，且液体有可能漏入而使其腐蚀等。

第二节　离心沉降设备

离心沉降是利用固液两相的相对密度差，在离心机无孔转鼓或管子中进行悬浮液、乳浊液的分离和固相浓缩、液相澄清的分离操作。通常由于离心力比重力大1000～20000倍，因此在不使用过滤介质的情况下，离心沉降能使很细小的固体沉淀下来，过滤与离心沉降最明显的区别是有无过滤介质。离心沉降设备有管式离心机、碟片式离心机和卧式离心机等。

一、管式离心机

管式离心机是一种转鼓呈管状的、分离因数极高的离心设备，它的转鼓直径较小、长度较大，转速高，用于处理难于分离的低浓度悬浮液和乳浊液中的组分，主要应用于食品、化工、生物制品、中药制品、血液制品、医药中间体等物料的分离，其外形如图5-10所示。

管式离心机分为澄清型和分离型两种。澄清型（GQ型）主要用于分离各种难分离的悬浮液，特别适用于浓度稀、颗粒细、固液两相密度差甚微的悬浮液的液固分离。分离型（GF型）主要用于分离工业上各种难分离的乳浊液，特别适用于二相密度差甚微的液液分离及含有少量杂质的液液固三相分离。

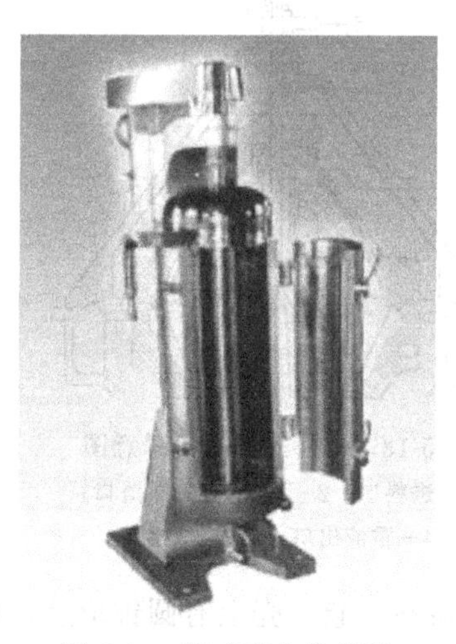

图5-10　管式离心机外形

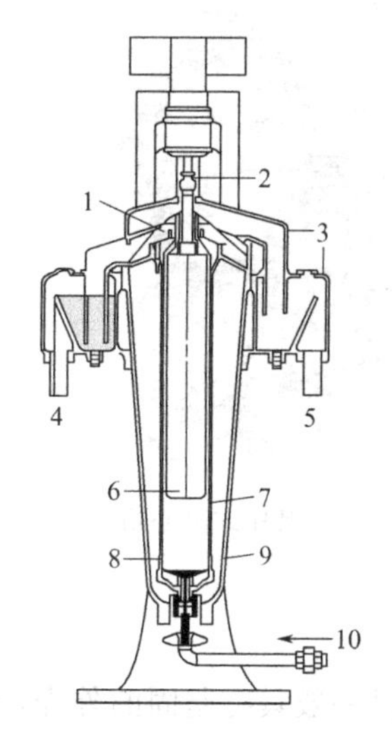

图5-11　管式离心机工作示意图

1—环状隔盘；2—驱动轴；3—排液罩；4—重液出口；5—轻液出口；6—轻相；7—转鼓；8—重相；9—固定机壳；10—进料

管式离心机结构如图5-11所示。转鼓由细长轴上悬支撑，由上端传动，转鼓下端有减振装置，以减小启动和停车过程中的振动。转鼓达到工作转速后，由于转鼓重心远低于轴的支点，运转时能自动对中，工作平稳。转鼓的直径为45～150mm，长度与直径之比为4～8。操作时，将待处理的料液在一定的压力下由进料管经底部中心轴进入鼓底，靠圆形挡板分散于四周，在离心力场作用下，乳浊液沿轴向向上流动的过程中，被分层成轻重两液相。轻液位于转筒的中央，呈螺旋形运转向上移动，经分离头中心部位轻相液口喷出，进入轻相液收集器从排出管排出；重液靠近筒壁，经分离头孔道喷出，进入重相液收集器，从排液管排出。分离悬浮液或含固体颗粒的乳浊液时，运转一段时间后，转鼓内积留存渣增多，分离液澄清度下降到不符合要求时，须停机清除转鼓内沉渣。

管式分离机的分离因数高达13000～62000，分离效果好，适于处理固体颗粒直径0.01～100μm、固相浓度小于1%、轻相与重相的密度差大于0.01kg/dm的难分离悬浮液或乳浊液，每小时处理能力为0.1～4m³。具有分离效果好、产量高、占地小、操作方便等优点，缺点是间歇操作、转鼓容积小，需要频繁地停机清除沉渣。所以要通过加强分离理论研究和离心分离过程研究来强化管式离心机分离性能。

二、碟片式离心机

碟片式离心机是立式离心机的一种，利用混合液（混浊液）中具有不同密度且互不相溶的轻、重液和固相，在高速旋转的转鼓内离心力的作用下成圆环状，获得不同的沉降速度，密度最大的固体颗粒向外运动积聚在转鼓的周壁，轻相液体在最内层，达到分离分层或使液体中固体颗粒沉降的目的。由于转鼓高速旋转产生的离心力远远大于重力，因此离心分离只需很少时间即能获得重力分离的效果，特别当重力分离无法实现时，只有应用离心分离的方法，其外形和结构分别如图5-12和图5-13所示。

图5-12 碟片式离心机

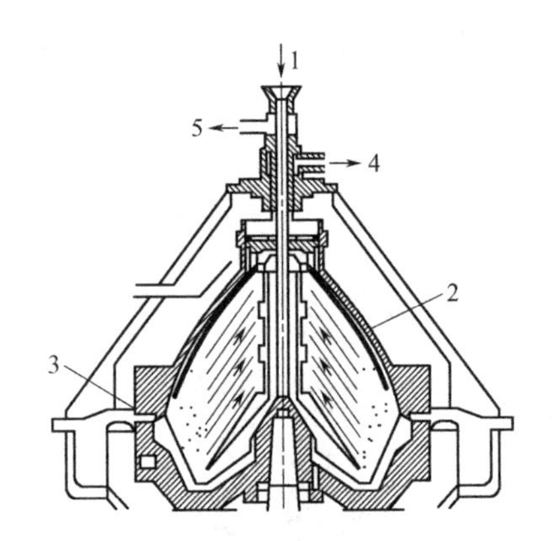

图5-13 碟片式离心机示意图

1—进料口；2—碟片；3—排渣口；4—重液出口；5—轻液出口

碟式离心机一般具有坚固的外壳，底部凸出，与外壳铸在一起，壳上有圆锥形盖，由螺帽紧固在外壳上。壳由高速旋转的倒锥形转鼓带动，其内设有数十片乃至上百片锥角为60°～120°的锥形碟片。碟片一般用0.8mm的不锈钢或铝制成形。各碟片有孔若干，各孔的位置相同，于是各碟片相互重叠时形成一个通道。转鼓装在立轴上端，通过传动装置由电动机驱动而高速旋转。当悬浮液（或乳浊液）由位于转鼓中心的进料管加入，流过碟片之间的间隙时，固体颗粒（或液滴）在离心机作用下沉降到碟片上形成沉渣（或液层）。沉渣沿碟片表面滑动而脱离碟片并积聚在转鼓内直径最大的部位，分离后的液体从出液口排出转鼓。碟片的作用是缩短固体颗粒（或液滴）的沉降距离、扩大转鼓的沉降面积，转鼓中由于安装了碟片而大大提高了分离机的生产能力。积聚在转鼓内的固体在分离机停机后拆开转鼓由人工清除，或通过排渣机构在不停机的情况下从转鼓中排出。

碟式分离机可以完成两种操作：液-固分离（即低浓度悬浮液的分离），称澄清操作；液-液分离（或液-液-固）分离（即乳浊液的分离），称分离操作。化工、制药分离机主要用于添加剂、油漆、高岭土浓缩分级、丙酮溶液、中药、医药中间体等的澄清或净化处理。

第三节 膜分离设备

一、膜和膜分离技术

膜是具有选择性分离功能的材料，膜分离技术是以选择性透过膜为分离介质，在膜两侧一定推动力的作用下，使大于标示膜孔径的物质分子加以截留，以实现溶质的分离、分级和浓缩的过程。膜分离是在20世纪初出现，20世纪60年代后迅速崛起的一门分离新技术。

与其他一些分离方法相比较，膜分离具有分离效率高、设备简单、可连续操作、易于放大等优点，而且膜分离过程一般在常温下操作，整个过程无相变化，特别适合处理热敏性物料。目前已广泛应用于食品、医药、化工、环保等领域，产生了巨大的经济效益和社会效益，已成为当今分离科学中最重要的手段之一。

膜分离原理如图5-14所示。传统的过滤是由正压或反压提供动力，会很快在膜表面形成高浓度的凝胶层，导致膜的浓差极化，使过滤速度下降。膜过滤时，采用切向流过滤，即原料液沿着与膜平行的方向流动，在过滤的同时对膜表面进行冲洗，使膜表面保持干净以保证过滤速度。原料液中小分子物质可以透过膜进入到膜的另一侧，而大分子物质被膜截留于原料液中，则这两种物质就可以得到分离。

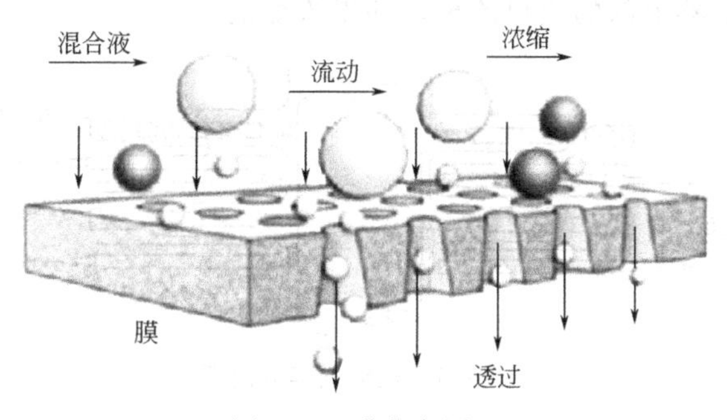

图5-14 膜分离原理

知识链接 **浓差极化现象**

在分离过程中，料液中溶剂在压力驱动下透过膜，大分子溶质被带到膜表面，但不能透过，被截留在膜的高压侧表面上，造成膜面浓度升高，于是在膜表面与临近膜面区域浓度越来越高，产生膜面到主体溶液之间的浓度梯度，形成边界层，使流体阻力与局部渗透压增加，从而导致溶液透过流量下降，同时这种浓度差导致溶质自膜反扩散到主体溶液中，这种膜面浓度高于主体浓度的现象称为浓差极化，随着浓差极化愈来愈严重，膜的滤出速度也愈来愈低。

在膜分离过程中，浓差极化是经常发生的现象，是影响膜分离技术在某些方面应用的拦路虎

膜的孔径一般为微米级，依据其孔径的不同，可将膜分为微滤膜、超滤膜、纳滤膜和反渗透膜；根据材料的不同，可分为无机膜和有机膜，无机膜主要是陶瓷膜和金属膜。有机膜是由高分子材料做成的，如醋酸纤维素、芳香族聚酰胺、聚醚砜、聚氟集合物等。对于不同

种类的膜都有一个基本要求。①耐压：膜孔径小，要保持高通量就必须施加较高的压力，一般膜操作的压力范围在 0.1～0.5MPa，反渗透膜的压力更高，约为 1～10MPa。②耐高温：高通量带来的温度升高和清洗的需要。③耐酸碱：防止分离过程中，以及清洗过程中的水解。④化学相容性：保持膜的稳定性。⑤生物相容性：防止生物大分子的变性。⑥成本低。

膜分离过程主要包括：反渗透、微滤、超滤、纳滤、电渗析、膜法气体分离等类型，其推动力也可以是多种多样的，一般有浓度差、压力差、电位差等。

二、膜分离过程设备

将膜以某种形式组装在一个基本单元内，这种器件称为膜分离器，又被称为膜组件。膜材料种类很多，但膜分离设备仅有几种。膜分离设备根据膜组件的形式不同可分为：板框式、圆管式、螺旋卷式、中空纤维式。下面分别简要介绍。

1. 板框式膜分离器

这种膜分离器的结构类似板框压滤机，它由导流板、膜和支撑板三部分交替重叠组成，如图 5-15 所示。所用的膜为平板式，厚度为 50～500μm，将其固定在支撑材料上，支持物呈多孔结构，对流体阻力很小，对欲分离的混合物呈惰性，支持物还具有一定的柔软性和刚性。操作时料液从下部进入，在导流板的导流下经过膜面，透过液透过膜，经支撑板面上的多流孔流入支撑板的内腔，再从支撑板外侧的出口流出；料液沿导流板上的流道与孔道一层一层往上流，从膜过滤器上部的出口流出，即得浓缩液。

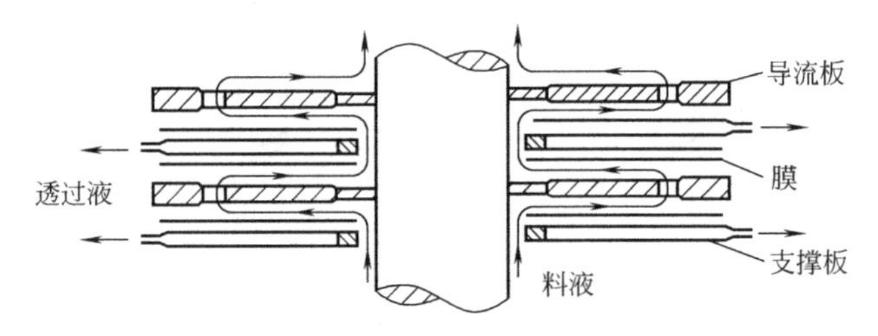

图 5-15 板框式膜分离器

板框式膜分离器的优点是组装方便，可以简单地增加膜的层数以提高处理量；膜的清洗更换比较容易；料液流通截面较大，不易堵塞；缺点是需密封的边界线长；为保证膜两侧的密封，对板框及其起密封作用的部件加工精度要求高；每块板上料液的流程短，通过板面一次的透过液相对量少，所以为了使料液达到一定的浓缩度，需经过板多次或料液需多次循环。

2. 螺旋卷式膜分离器

螺旋卷式膜分离器结构与螺旋板式换热器类似，如图 5-16 所示。这种膜的结构是双层的，中间为多孔支撑材料，两边是膜，其中三边被密封成膜袋状，另一个开放边与一根多孔中心产品收集管密封连接，在膜袋外部的原水侧再垫一网眼型间隔材料，也就是把膜－多孔支撑体－膜—原水侧间隔材料依次叠合，绕中心产品水收集管紧密地卷起来形成一个膜卷，再装入圆柱形压力容器里，就成为一个螺旋卷组件。工作时，原料从端部进入组件后，在隔网中的流道沿平行于中心管方向流动，而透过物进入膜袋后旋转着沿螺旋方向流动，最后汇集在中心收集管中再排出，浓液则从组件另一端排出。

目前螺旋卷式膜分离器在反渗透中应用比较广泛，大型组件直径 300mm，长 900mm，有效膜面积 51m^2。与板框式膜分离器比较，螺旋卷式膜分离器的优点是设备较紧凑，单位体积内的膜面积大。缺点是清洗不方便，膜有损坏时不能更换。

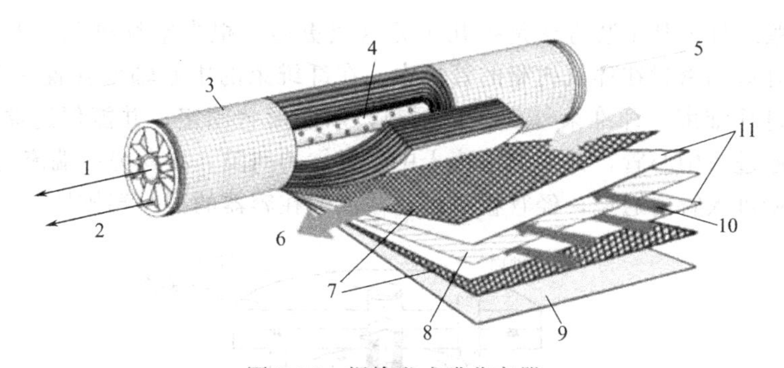

图 5-16 螺旋卷式膜分离器

1—渗透物；2—截留物；3—膜组件外壳；4—中央渗透物管；5—原料；6—截留物；
7—膜原料侧间隔器；8—多孔渗透物侧间隔器；9—外壳；10—渗透物；11—膜

3. 管式膜分离器

管式膜分离器的结构类似管壳式换热器，如图 5-17 所示。其结构主要是把膜和多孔支撑体均制成管状，使两者装在一起。管式膜组件又分为内压型和外压型两种，如图 5-18 所示。内压型膜组件膜被直接浇注在多孔的不锈钢管内，加压的料液从管内流过，透过膜的渗透液在管外被收集；外压型膜组件膜被浇注在多孔支撑管外侧面，加压的料液从管外侧流过，渗透液则由管外侧渗透通过膜进入多孔支撑管内。无论是内压式还是外压式，都可以根据需要设计成串联或并联装置。

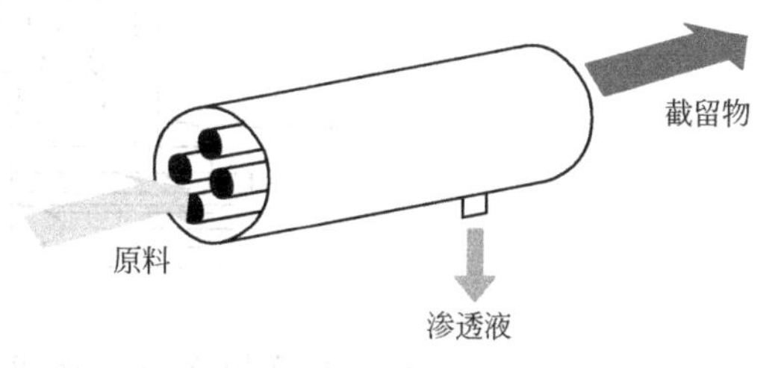

图 5-17 管式膜分离器

管式组件的优点是流动状态好，流速易控制。另外，安装、拆卸、换膜和维修均较方便，能够处理含有悬浮固体的溶液，机械清除杂质也较容易，而且，合适的流动状态还可以防止浓差极化和污染。其不足之处是与平板膜相比，管膜的制备比较难控制。如果采用普通的管径（1.27cm），则单位体积内有效膜面积的比率较低，此外，管口的密封也比较困难。

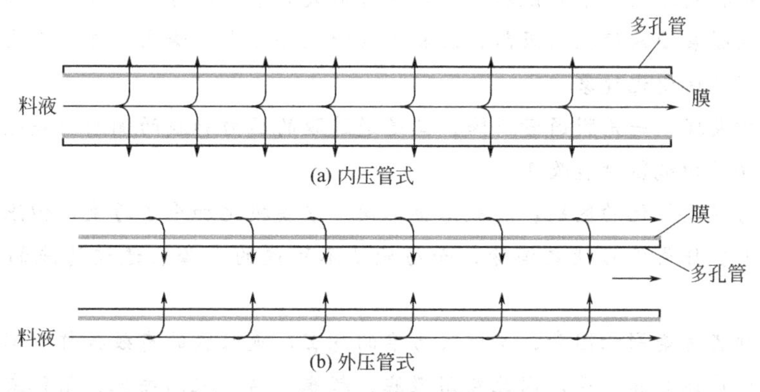

图 5-18 内压型和外压型管式膜组件

4. 中空纤维膜分离器

内径为 40～80μm 膜称中空纤维膜，内径为 0.25～2.5mm 的膜称毛细管膜，前者耐压，常用于反渗透，后者用于微滤、超滤。中空纤维式膜分离器的结构类似管壳式换热器，图 5-19 所示为英国 Aere Harwell 公司的反渗透中空纤维膜组件。将中空纤维膜管束扎在一起形成中空纤维膜组件，其组装方法是把几十万（或更多）根中空纤维装入圆柱形耐压容器内，纤维束的开口端密封在环氧树脂的管板中。在纤维束的中心轴处安置一个原液分配管，使原液径向流过纤维束。纤维束外面包以网布，以使形状固定，并能促进原液形成滞流状态。使用时料液进入中心管，并均匀地流入中空纤维的间隙，在向另一端流动的同时，渗透组分经纤维管壁进入管内通道，经管板放出，截流物在容器的另一端排掉。

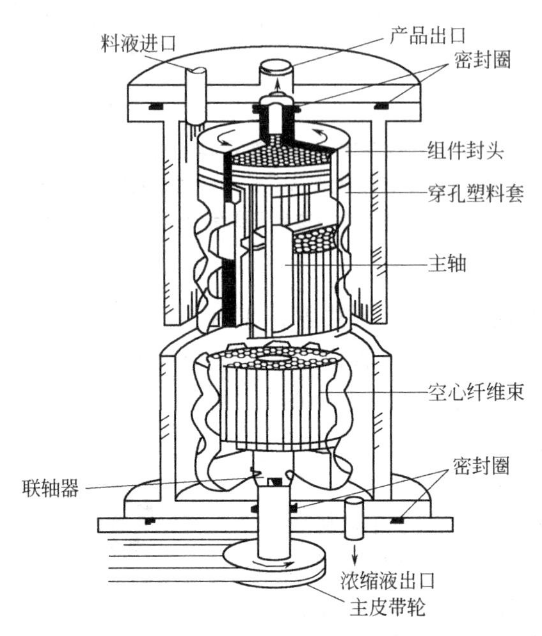

图 5-19 英国 Aere Harwell 公司的反渗透中空纤维膜组件

中空纤维膜分离器的优点是设备紧凑，单位设备体积内的膜面积大（高达 $1600\sim30000m^2/m^3$）；缺点是中空纤维内径小，阻力大，易堵塞，膜污染难除去，因此对料液处理要求高。

知识链接 膜污染及使用过程中的注意点

膜污染是指处理物料中的微粒、胶体或溶质大分子与膜存在物理化学作用或机械作用而引起的在膜表面或膜孔内吸附，沉积造成膜孔径变小或堵塞，使膜产生透过流量与分离特性的不可逆变化现象。

膜污染的表现：一是膜通量下降；二是通过膜的压力和膜两侧的压差逐渐增大；三是膜对生物分子的截留性能改变。

膜污染与浓差极化的区别：在概念上不同，浓差极化加重了污染，但浓差极化是可逆的，即变更操作条件可使之消除，而污染是不可逆的，必须通过清洗的办法，才能消除。

通过控制膜污染影响因素，减少膜污染的危害，延长膜的有效操作时间，减少清洗频率，提高生产能力和效率，因此在用微滤、超滤分离、浓缩细胞、菌体或大分子产物时，必须注意以下几点。

① 进料液的预处理。预过滤、pH 及金属离子控制。

② 选择合适的膜材料。减轻膜的吸附。

③ 改善操作条件。加大流速。

目标检测题

一、名词解释

架桥现象；减压过滤；浓差极化；膜。

二、简答题

1. 试举例说明制药生产中对非均相混合物进行分离的目的。常用的机械分离方法有哪些？

2. 试比较几种过滤机的特点及适用情况。

3. 离心机的工作原理是什么？用于分离操作的离心机有几种类型？

4. 膜分离过程原理是什么？

5. 膜分离技术与传统分离技术相比有何优点？

6. 螺旋卷式膜组件、板框式膜组件、圆管式膜组件的原理、类型及结构分别是怎样的？

第六章　萃取与离子交换设备

萃取和离子交换是重要的提取方法和分离混合物的单元操作。

在任何一种溶剂中，不同物质具有不同的溶解度，利用各物质在选定溶剂溶解度的不同以达到分离组分的方法称为萃取。其中选定的溶剂为萃取剂，用以分离固体混合物组分的操作为固-液萃取，又称提取、浸取；用萃取剂分离液体混合物中组分的操作为液-液萃取，又称萃取。萃取过程是被分离组分从混合物中传递到萃取剂的传质过程。在生产中，固液萃取是一种应用溶剂将固体中的可溶性组分提取出来的操作，有时也用于除去不溶性固体物中所夹带的可溶性物质。

萃取法的优点：①传质速度快、生产周期短，便于连续操作、容易实现自动控制；②具有分离效率高、生产能力大等一系列优点，所以应用相当普遍；③能量消耗较少，设备投资费用不高；④采用多级萃取可使产品达到较高纯度，便于下一步处理，减少以后工序的设备和操作费用。

离子交换技术是根据物质的酸碱性、极性和分子大小的差异实现混合物分离的技术。

第一节　固液萃取

一、固液萃取过程

天然药物中所含的成分十分复杂，概括起来可分为：有效成分，指具有生物活性且能起到防治疾病作用的单体化合物，如生物碱、蒽醌类、黄酮类化合物、挥发油等物质；有效部位，含有一种主要有效成分或一组结构相近的有效成分的提取分离部分，如人参总皂苷、银杏总黄酮、雷公藤总苷等；辅助成分，指本身没有特殊疗效，但能增强或缓和有效成分作用的物质，如洋地黄中的皂苷可帮助洋地黄苷溶解或促进其吸收；无效成分，是指本身无效甚至有害的成分，它们往往影响溶剂提取的效率、液固相的分离、制剂的稳定性、外观及药效，如胶质、鞣质等；组织物，是指构成药材细胞或其他不溶性物质，如纤维素、石细胞、栓皮等。天然药物的提取多数情况是为了得到或分离出有效组分，因此，尽可能地将天然药物的有效成分或组分群提取分离出来，是研究天然药物的一项重要内容。

浸取天然药物中活性组分基本遵循“相似相溶”原理，而天然药物分植物药、动物药、矿物药、微生物药物四大类，各有特性。微生物药另有专述，本章只介绍植物药、动物药、矿物药的提取过程，现分述如下。

（一）*矿物性药材的提取过程*

矿物性药材的成分相对比较单一，无细胞结构，大多以无机盐或离子形式存在，所以其有效成分可用溶剂直接溶解或使其分散悬浮于溶剂中。

（二）动物性药材的提取过程

动物性药材的有效成分绝大部分是蛋白质、激素、酶等，并都是以大分子形式存在于细胞中，不易提取完全，故应尽量地使细胞膜破坏。在提取前，原料应尽可能地粉碎，可使用电动绞肉机将肉类绞碎，绞得越细越好。若将此类原料先冻结成块，再进行绞轧，这样既易于粉碎，又可使细胞膜破裂。常用的溶剂有稀酸、盐溶液、乙醇、丙酮、醋酸、乙醚、甘油等。乙醇、丙酮及甘油可破坏细胞结构。如将绞碎的原料加入丙酮既可以破坏细胞、脱水，又可除去细胞中大部分脂肪。

（三）植物性药材的提取过程

植物性药材的提取过程是由湿润、渗透、解吸附、溶解、扩散和置换等几个相互联系的阶段所组成。

1. 浸润、渗透阶段

药材与浸出溶剂混合时，溶剂附着于药材表面使之湿润，由于植物组织内部有大量毛细管的缘故，溶剂可以沿着毛细管渗入到植物的组织内，将植物细胞和其他间隙充满。首先湿润作用，其对浸出有较大影响，若药材不能被浸出溶剂湿润，则浸出溶剂无法渗入细胞，无法实现提取。浸出溶剂能否湿润药材，由溶剂和药材的性质及两者间的界面情况所决定，其中表面张力占主导地位。如非极性提取剂不易从含有大量水分的药材中提取出有效成分，极性提取剂不易从富含油脂的药材中提取出有效成分。对于含油脂的药材可先用石油醚或苯进行脱脂，然后再用适宜的提取剂提取。

而毛细管被溶剂所充满的时间与毛细管的半径、毛细管的长度及毛细管内压力等有关。一般来说，毛细管的半径越小，毛细管越长，毛细管内压力越大，溶剂渗透的阻力就越大，溶剂充满毛细管的时间也就越长。这使得提取的速率变慢，提取的效果也就变差。通过对植物药材的减压或对溶剂加压，以及对药材进行适当的粉碎，破坏部分细胞壁，均可以加快溶剂对药材内部的渗透，提高提取的速度和效率。

2. 溶解、解吸附阶段

因细胞中的各种成分间有一定的亲和力，所以在溶解之前必须要克服这种亲和力，才能使各种成分能够转入到溶剂中，被称为解吸作用。溶剂渗入细胞后即逐渐溶解可溶性成分，溶剂种类不同，溶解的成分不同。在提取有效成分时，应选用具有较好解吸作用的溶剂，如乙醇。有时也在溶剂中加适量的酸、碱、甘油或表面活性剂以帮助解吸，增加有效成分的溶解作用、提高提取效率。

3. 扩散、置换阶段

提取剂溶解有效成分后，形成的浓溶液具有较高的渗透压，从而形成扩散点，其溶解的成分将不停地向周围扩散以平衡其渗透压，这正是提取过程的推动力。在固体外表面与溶液主体之间存在一层很薄的溶液膜，其中的溶质存在浓度梯度，该膜常称为扩散“边界层”。浓溶液中溶质继续通过“边界层”向四周稀溶液中扩散，至整个体系中浓度相等，达到平衡，扩散终止。由于溶质分子浓度的不同而扩散称为分子扩散；伴有湍流运动而加速扩散的为涡流扩散。浸取过程中两种类型的扩散方式都有，而后者意义更大。浸取成分的扩散速度符合 Ficks 第一扩散公式：

$$dM = -DF\frac{dc}{dx}dt \tag{6-1}$$

式中 dM——扩散物质的量；

dt——扩散时间；

F——扩散面积（代表药材的粗细及表面状态）；

dc/dx——浓度梯度；

D——扩散系数；

负号——表示扩散趋向平衡时浓度的递减。

由式（6-1）可知，dM 值与药材的粗细、扩散过程中的浓度梯度、扩散时间及扩散系数成正比关系。当 D、F、t 值一定时，dc/dx 值如能在浸出时保持最大，扩散速度就快，浸出效果就好。浸出的关键在于造成最大的浓度梯度，否则 D、F 与 t 值均失去意义，浸出就终止。所以在整个浸出过程中，不断用浸出溶剂或稀浸出液置换药材周围的浓浸出液，使浓度梯度保持最大。

二、浸出方法

天然药物有效成分的提取分离是研究天然药物化学成分的基础，这一过程应在生物活性或药理学指标跟踪下进行，提取分离的方法也应根据被提取分离成分的主要理化性质和考虑各种提取分离的原理和特点进行选定，使所需要的成分能充分地得到提取分离。提取方法主要分为溶剂提取法、水蒸气蒸馏法及超临界流体萃取。

（一）溶剂提取法

溶剂提取法的关键因素是溶剂，选择溶剂的原则遵循“相似相溶”原理。

1. 煎煮法

将天然药物粗粉加水加热煮沸提取的操作，一般重复操作 2～3 次。它是最早和最常用的一种浸出方法。此法简便，大部分成分可被不同程度地提取出来。适用于有效成分能溶于水，且对湿、热都稳定的药物，不适于遇热易破坏或含挥发性成分、多糖类含量较多的天然药物采用此法，滤过较困难。

2. 浸渍法

是指处理的药材于提取器中加适量溶剂（常用水和乙醇），用一定温度和时间进行浸渍，反复几次，合并浸渍液的一种操作。按提取温度不同可分为冷浸渍法和温浸法。冷浸渍法传统上多用于药酒和酊剂的提取，其澄明度具有持久的稳定性。温浸法指在沸点以下的加热浸渍法，是一种简便的强化提取方法，一般利用夹套或蛇管进行加热。

该法操作简便，简单易行。适用于遇热易破坏或含挥发性成分，以及含淀粉或黏液质多的多糖类的天然药物。但提取时间长，效率不高，水浸提液易霉变。

3. 渗漉法

将药材粗粉置于渗漉器中，由上部连续添加溶剂渗过药材层后从底部流出渗漉液而提取有效成分的一种动态提取方法。根据操作方式不同分为普通渗漉法、重渗漉法、回流连续渗漉法、加压渗漉法及逆流渗漉法等。普通渗漉法包括粉碎、浸润、装筒、排气、浸渍、渗漉、收集渗漉液等操作步骤。渗漉时，因能保持良好的浓度差，提取效率高于浸渍法，但溶剂消耗多，提取时间长。该法适用于遇热易破坏的成分。渗漉法对药材的粒度及工艺条件的要求比较高，操作不当可影响渗漉效率，甚至影响正常操作。

4. 回流提取法

是以有机溶剂作为提取溶剂，在回流装置中加热进行。一般多采取反复回流法，即第一次回流一定时间后，滤出提取液，滤渣加入新鲜溶剂，重新回流，如此反复数次合并提取液的一种提取方法。此法效率高于渗漉法。适于脂溶性成分提取，但受热易破坏的成分不宜使用。并且本法操作繁琐，溶剂消耗量也较大。

5. 连续回流提取法

是对回流提取法的发展，具有操作简便，溶剂消耗量小的优点。但受热易破坏的成分仍然不宜使用。在实验室连续回流提取常采用索氏提取器或连续回流装置。

6. 超声提取法

其基本原理是利用超声波的空化作用，破坏植物药材细胞，使溶剂易于渗入细胞内，同时超声波的强烈振动能传递巨大能量给浸提的药材和溶剂，产生高速运动，加强了胞内物质的释放、扩散和溶解，加速有效成分的浸出，极大地提高了提取效率。该法与常规提取方法比较，具有提取时间短、效率高、无需加热等优点。适用于遇热不稳定成分的提取，可用于各种溶剂提取。不足之处是对容器壁的厚度及放置位置要求较高。

除上述方法之外，最近发展起来的还有微波提取法、半仿生提取法、酶法提取等方法。

（二）水蒸气蒸馏法

水蒸气蒸馏法是一种利用某些挥发性成分与水或水蒸气共同加热，能随水蒸气一并流出，经冷凝后分离获得的提取方法。其基本原理遵循道尔顿分压定律，即水和与水互不相溶的液体成分共存时，整个体系的总蒸气压等于各组分分蒸气压之和。虽然各组分自身的沸点高于混合液的沸点，当总蒸气压等于外界大气压时，混合液开始沸腾并被蒸馏出来。该法工艺简单、操作方便、实用性强，不需复杂设备。主要用于含有挥发性成分天然药物的提取。

（三）超临界流体萃取法（supercritical fluid extraction，SFE）

超临界流体（supercritical fluid，SF）是指某种气（或液）体或气（或液）体混合物在操作压力和温度均高于临界点时，其密度接近液体，而其扩散系数和黏度均接近气体，其性质介于气体和液体之间的流体。SFE 技术就是利用超临界流体作为溶剂，从固体或液体中萃取出某些有效组分，并进行分离的技术。其基本操作流程见图 6-1。

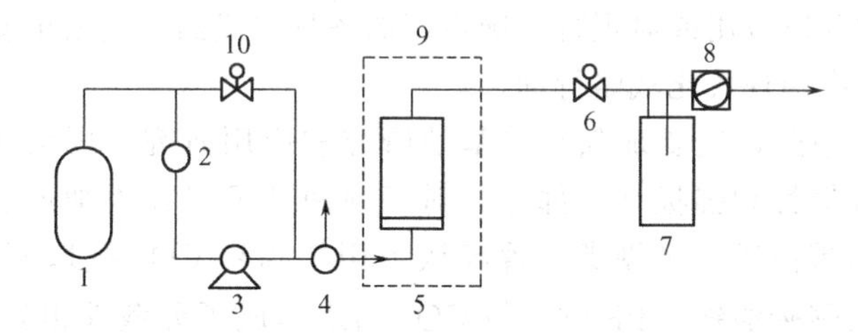

图 6-1　超临界流体萃取工艺装备示意图

1—CO_2 钢瓶；2—冷凝器；3—高压泵；4—换热器；5—萃取器；6—减压阀；7—收集器；8—干气计量器；9—水浴；10—压力调节器

可供作超临界流体的气体如二氧化碳、乙烯、氨、氧化亚氮、乙烷、一氯三氟甲烷、二氯二氟甲烷等。二氧化碳化学惰性，无毒性，不易爆，安全、低廉，临界压力不高（7.37MPa），临界温度接近室温（31.05℃），因而常作为超临界萃取剂。

1. 影响超临界流体萃取的主要因素

（1）压力　在影响 SFE 的因素中，压力是最重要的因素。温度不变，随着压力的增加，密度会显著增大，对溶质的溶解能力也就增加，萃取的效率提高。但是，过高的压力使生产成本明显增加，而萃取效率增加不大。

(2) 温度　随着温度的升高，流体的扩散能力加强，对溶质的溶解能力也相应的增加，有利于萃取。但温度升高，杂质的溶解度也增加，最后使纯化的难度增加。此外，温度增加使得 CO_2 流体密度降低，对溶质的溶解能力会有所下降，会使产品收率低。

(3) 粒度　药材的粒度越小，流体的总面积越大，流体与溶质接触的机会越多，萃取效率越高，萃取操作时间缩短。但粒度太小，其他杂质也容易溶出，影响产品的质量。

(4) 流体比　增加流体的含量，可以提高溶质在溶液中的溶解度，故萃取也随着流体比的增加而增加。

(5) 夹带剂　CO_2-SF 的极性与正己烷相似，适宜萃取脂溶性成分；加入少量极性溶剂，如甲醇、乙醇、氨水等夹带剂，可改善流体的溶解性质，可应用于较大极性成分的萃取。

2. CO_2-SFE 的特点及优越性

借助于调节流体的温度和压力来控制流体密度进而改善萃取能力；溶剂回收简单方便，节省能源；可较快达到相平衡；适合于热敏性组分的提取。

3. 工艺流程

可根据工艺特殊要求对超临界 CO_2 萃取装置进行流程组合，常见的流程如下：

① CO_2 萃取釜→分离Ⅰ→分离Ⅱ→回路；

② CO_2 萃取釜→分离Ⅰ→分离Ⅱ→精馏柱→回路；

③ CO_2 萃取釜→精馏柱→分离Ⅰ→分离Ⅱ→回路；

④ CO_2 萃取釜→分离Ⅰ→精馏柱→离Ⅱ→回路。

4. 超临界 CO_2 萃取技术应用前景

超临界 CO_2 萃取新技术完全可用于改造传统中药产业，和传统中药生产工艺，具有极大优越性和市场潜力。这一领域将是超临界 CO_2 萃取技术的主要发展方向。

超临界萃取技术应用于中药或天然药物，要从单纯地进行中间原料的提取转向兼顾单味、复方中药新药的开发应用或对现行我国生产的各种中成药工艺改革或二次开发上，以及配合我国正在进行的中药现代化战略行动。

SFE 技术应用于中药，还要加强有关基础研究和应用研究。因为中药化学成分复杂，可分为非极性、中等极性和强极性三部分，对于前两类可以在不加或加入夹带剂下提取。但对强极性化合物如蛋白质、多糖类，曾经认为用超临界 CO_2 提取不出来，随着研究的不断深入，用全氟聚醚碳酸铵（PFPE）使 CO_2 与水形成了分散性很好的微乳液，把超临界应用扩展到水溶液体系，已成功用于强极性生物大分子如蛋白质的提取，为超临界 CO_2 提取中药中一类具有特殊活性水溶性成分提供了新方法。这一研究提示，原来认为难以提取的成分只要加强类似的应用基础研究，包括国产设备工作压力提高的研究等还是可以解决的。

加强分析型超临界流体萃取或超临界色谱在中药分析中的应用，不断改革传统经典的分析方法。

虽然 SFE 技术在应用过程中面临设备一次性投资较大的问题，但和传统溶剂提取法相比，由于它在生产过程中投资较小，以及具有很多优越性，因此在实现中药现代化和国际接轨的战略行动中将会发挥较大的作用。

三、常用的浸出设备

（一）浸提设备

浸提罐是最常用的浸提设备，往往采用不锈钢、搪瓷、陶瓷等材料作为材质，其基本结构为上部有盖，下部有出液口，内部装有多孔假底并铺上滤布，目的是过滤提取液并防止药渣堵塞。为了提高浸出效率，浸提罐中一般都装有搅拌装置对物料进行搅拌或在下端出口处设置离心泵强制溶剂循环，起类似于搅拌的作用。另外，还有些浸提液中配备了加热装置（加热夹层或蒸汽气管），以便于进行温浸提取。如图 6-2 (a) (b) (c) 所示为三种不同搅拌式浸提罐示意图。

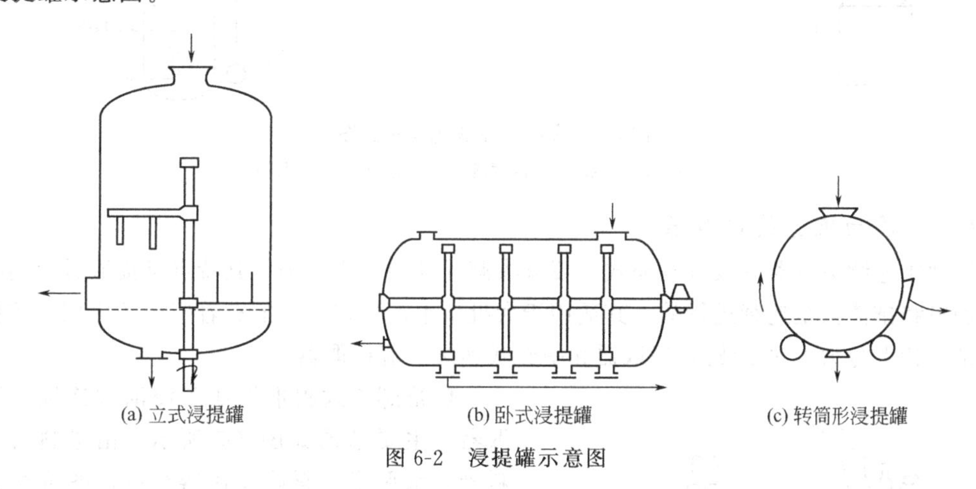

(a) 立式浸提罐　(b) 卧式浸提罐　(c) 转筒形浸提罐

图 6-2　浸提罐示意图

（二）渗漉设备

1. 渗漉器

渗漉器一般为圆筒形设备，也有圆锥形，上部有加料口，下部有出渣口，其底部有筛板、筛网或滤布等以支持药粉底层。大型渗漉器有夹层，可通过蒸汽加热或冷冻盐水冷却，以达到浸出所需温度，并能常压、加压及强制循环渗漉操作。如图 6-3 所示若在渗漉器下加振荡器或侧面加超声发生装置可以提高渗漉效率。

2. 多级逆流渗漉器

此装置一般由 5～10 个渗漉罐、加热器、溶剂罐、贮液罐等组成，如图 6-4 所示。药材按顺序装入 1～5 个渗漉罐，用泵将溶剂从溶剂罐送入 1 号罐，1 号渗漉液经加热器后流入 2 号罐，依次送到最后 5 号罐。当 1 号罐内的药材有效成分全部渗漉后，用压缩空气将 1 号罐内液体全部压出，1 号罐即可卸渣，装新料。此时，来自溶剂罐的新溶剂装入 2 号罐，最后从 5 号罐出液至贮液罐中。待 2 号罐渗漉完毕后，即由 3 号罐注入新溶剂，改由 1 号罐出渗漉液，依此类推。

在整个操作过程中，始终有一个渗漉罐进行卸料和加料，渗漉液从最新加入药材的渗漉罐中流出，新溶剂是加入于渗漉最尾端的渗漉罐中，故多级逆流渗漉器可得到较浓的渗漉液，同时药材中有效成分浸出较完全。

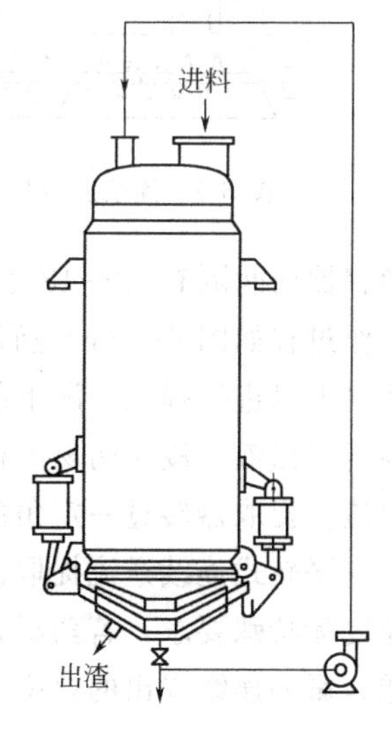

图 6-3　渗漉器

多级逆流渗漉器克服了普通渗漉器操作周期长、渗漉液浓度低的缺点。由于渗漉液浓度高，渗漉液量少，便于蒸发浓缩，可降低生产成本，故适于大批量生产。

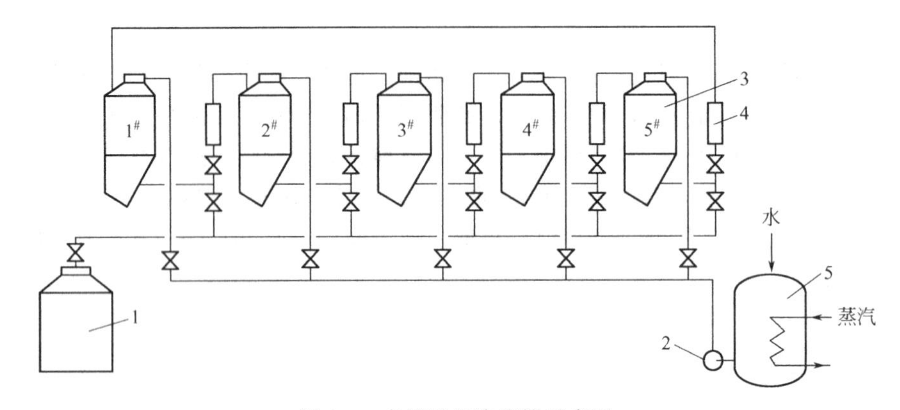

图 6-4 多级逆流渗漉器示意图

1—储液罐；2—泵；3—渗漉罐；4—加热器；5—溶剂罐

（三）移动床连续提取器

移动床连续提取器一般有浸渍式、喷淋渗漉式及混合式 3 种，其特点是提取过程连续进行，加料和排渣都是连续进行的。其适用于大批量生产，在工业上有着广泛的应用。按提取器的结构特点分为 U 形螺旋式提取器和平转式连续逆流提取器。

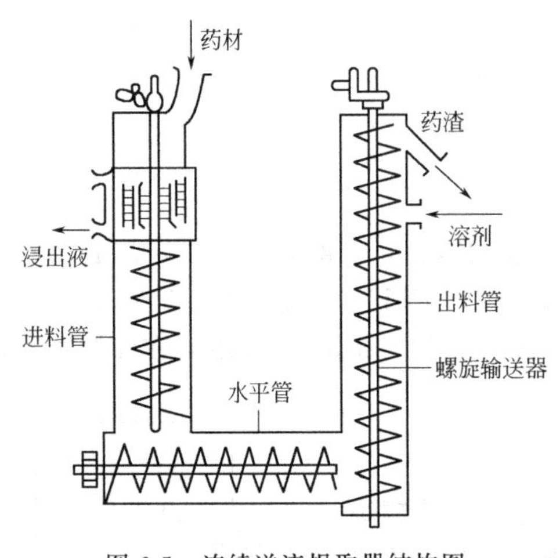

图 6-5 连续逆流提取器结构图

U 形螺旋式提取器属于浸渍式连续逆流提取器，主要结构如图 6-5 所示，由进料管、出料管、水平管及螺旋输送器组成，各管均有蒸汽夹层，以通蒸汽加热。药材自加料斗进入进料管，再由螺旋输送器经水平管推向出料管，溶剂由相反方向逆流而来，将有效成分浸出，得到的浸出液在浸出液出口处收集，药渣自动送出管外。

U 形螺旋式提取器属于密闭系统，适用于挥发性有机溶剂的提取操作，加料卸料均为自动连续操作，劳动强度降低，且浸出效率高。

平转式连续逆流提取器为喷淋渗漉式提取器，结构如图 6-6（a）所示，为在旋转的圆环形容器内间隔有 12～18 个料格，每个扇形格为带孔的活底，借活底下的滚轮支撑在轨道上。工作过程如图 6-6（b）所示。药材在提取器上部加入到格内，每格有喷淋管将溶剂喷淋到药材上以进行提取，淋下的浸出液用泵送入前一格内，如此反复浸出，最后收集的是浓度很高的浸出液。浸完药材的格子转到出渣处，此格下部的轨道断开，滚轮失去支撑，活底开启出渣。提取器转过一定角度后，滚轮随上坡轨上升，活底关闭，重新加料进行操作。

平转式连续逆流提取器可密闭操作，用于常温或加温渗漉、水或醇提取。该设备对药材粒度无特殊要求，若药材过细应先润湿膨胀，可防止出料困难和影响溶剂对药材粉粒的穿透，影响连续提出的效率。

平转式连续逆流提取器在我国浸出制剂及油脂工业已经得到广泛应用。

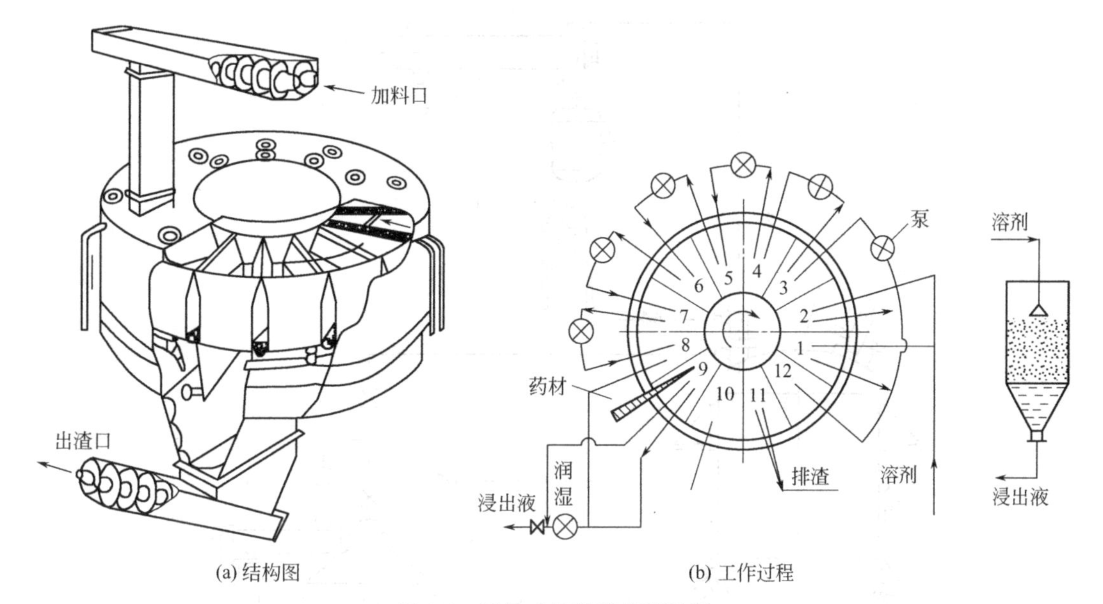

(a) 结构图　　(b) 工作过程

图 6-6 平转式连续逆流提取器

(四) 热回流循环提取浓缩机

热回流循环提取浓缩机是一种新型动态提取机组，集提取浓缩为一体，是一套全封闭连续循环动态提取装置。该设备主要用于以水、乙醇及其他有机溶剂提取药材中的有效成分、浸出液浓缩，以及有机溶剂的回收。其基本结构如图 6-7 所示，浸出部分包括提取罐、消泡器、提取罐冷凝器、提取罐冷却器、油水分离器、过滤器、泵；浓缩部分包括：加热器、蒸发器、冷凝器、冷却器、蒸发料液罐等。

热回流循环提取浓缩机工作原理及操作：将药材置提取罐内，加药材量 5～10 倍的适宜溶剂。开启提取罐和夹套的蒸汽阀，加热至沸腾 20～30min 后，用泵将 1/3 浸出液抽入蒸发器。关闭提取罐和夹套的蒸汽阀，开启加热器蒸汽阀使浸出液进行浓缩。浓缩时产生二次蒸汽，通过蒸发器上升管送入提取罐作提取的溶剂和热源，维持提取罐内沸腾。二次蒸汽继续上升，经提取罐冷凝器回落到提取罐内作新溶剂。这样形成热的新溶剂回流提取，形成高的浓度梯度，药材中的有效成分更易浸出，直至有效成分完全溶出。此时，关闭提取罐与蒸发器阀门，浓缩的二次蒸汽转送冷却器，浓缩继续进行，直至浓缩成需要的相对密度的药膏，放出备用。提取罐内的液体，可放入贮罐作下批提取溶剂，药渣从渣门排掉。若是有机溶剂提取，则先加适量的水，开启提取罐和夹套蒸汽，回收溶剂后，将渣排掉。

热回流循环提取浓缩机的优点如下。

① 收膏率比多功能提取罐高 10%～15%，其含有效成分高 1 倍以上。在提取过程中，热的溶剂连续由上至下高速通过药材层，产生高浓度差，则有效成分提取率高，浓缩又在一套密封设备中完成，损失很小，浸膏里有效成分含量高。

② 浸出速度快，浓缩与浸出同步进行，整个浸出周期短，一般只需 7～8h，设备利用率高。

③ 提取过程仅加 1 次溶剂，在一套密封设备内循环使用，药渣中的溶剂均能回收出来。故溶剂用量比多功能提取罐少 30%以上，消耗率可降低 50%～70%，更适于有机溶剂提取，提纯中药材中有效成分。

④ 由浓缩的二次蒸汽作提取的热源，抽入浓缩器的浸出液与浓缩的温度相同，节约

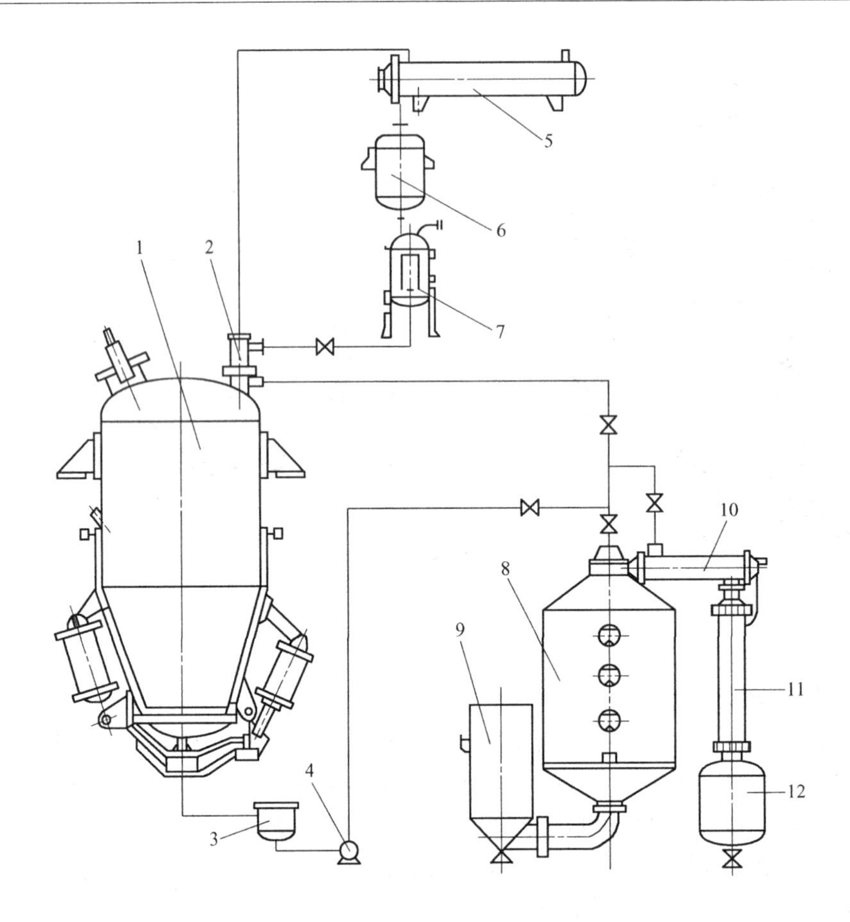

图 6-7 热回流循环提取浓缩机示意图

1—提取罐；2—消泡器；3—过滤器；4—泵；5—提取罐冷凝器；
6—提取罐冷却器；7—油水分离器；8—浓缩蒸发器；9—浓缩加热器；
10—浓缩冷却器；11—浓缩冷凝器；12—蒸发料液罐

50%以上的蒸汽。

⑤ 设备占地小，节约能源与溶剂，故投资少，成本低。

（五）多功能提取罐

多功能提取罐是目前国内应用最广的密闭提取罐。适用于物料的常压、减压、水煎、温浸、热回流、强制循环、渗漉、挥发油提取及有机溶剂的回收等多种工艺操作。其一般提取流程见图 6-8。有 0.5m^3、1m^3、1.5m^3、2m^3、3m^3、5m^3、6m^3 等规格。常分为正锥式、斜锥式、直筒式和蘑菇式等四种样式，如图 6-9 所示。多功能提取罐的罐体都配备 CIP 自动旋转喷洗球头、测温孔、防爆视孔灯、视镜、快开式投料口等；成套设备包括除沫器、冷凝器、冷却器、油水分离器、过滤器、气缸控制台等附件。多功能提取罐一般都安装在一个高台上，底部悬空；从罐体的上部加入待提取的物料及提取溶剂，夹层通蒸汽间接加热或直接从底部通入蒸汽加热提取；利用高度差，提取液从底部放出，经过滤后置于另罐储存或直接转至下一操作工序；罐底盖可以自动启闭，提取后余下的药渣借助机械力或压力排出。为了提高工作效率，减少能耗，多功能提取罐往往都是与其他设备组成相应的机组来完成一系列的工艺操作。

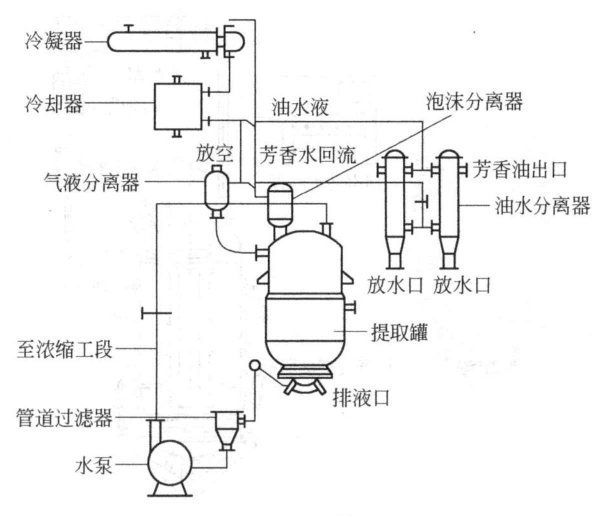

图 6-8　多功能提取罐流程示意图

设备特点：①均为不锈钢制成，耐腐蚀，能保证药品质量；②提取时间短，生产效率高，对于煎煮只要 30～40min；③消耗热量少，节约能源；④采用气压自动排渣，故排渣快，操作方便、安全、劳动强度小；⑤可自动化操作。

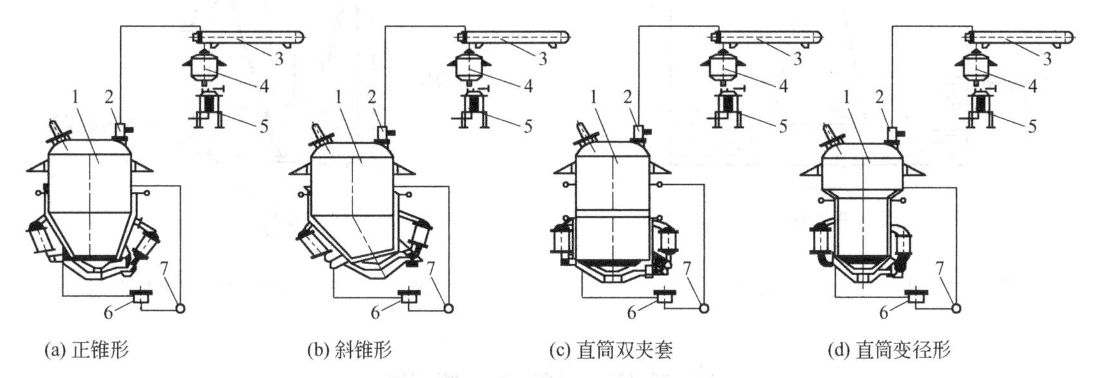

图 6-9　不同样式多功能提取罐

1—提取级；2—除沫器；3—冷凝器；4—冷却器；5—油水分离器；6—过滤器；7—循环泵

（六）超声提取设备

目前，超声提取在中药制剂提取工艺中的应用，也越来越受到关注，超声提取设备也由实验室用逐步向中试和工业化发展。超声提取装置示意如图 6-10 所示。常见的有清洗槽式超声提取装置，分为非直接超声提取装置（如图 6-11 所示）和直接超声提取装置（如图 6-12所示）。为了使萃取液出现空化，两种超声设备都是将超声波通过换能器导入萃取器中。

非直接超声提取装置的锥形瓶底部距不锈钢槽底部的距离以及萃取液在锥形瓶中的高度都需仔细调整，因萃取液与萃取器之间声阻抗相差很大，声波反射极为严重，加以采用玻璃制作萃取瓶，萃取液又是水，故其反射率可高达 70%。

直接超声提取装置是采用变幅杆与换能器紧密相连，探头深入到萃取系统中，而探头是一种变幅杆，即一类使振幅放大的器件，并使能量集中。在探头端面声能密度很高，通常大于 $100W/cm^2$，根据需要还可以做得更大。功率一般连续可调。

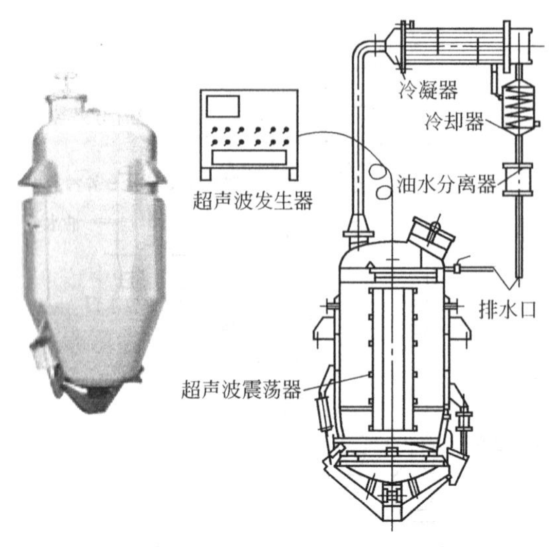

图 6-10 超声提取装置示意图

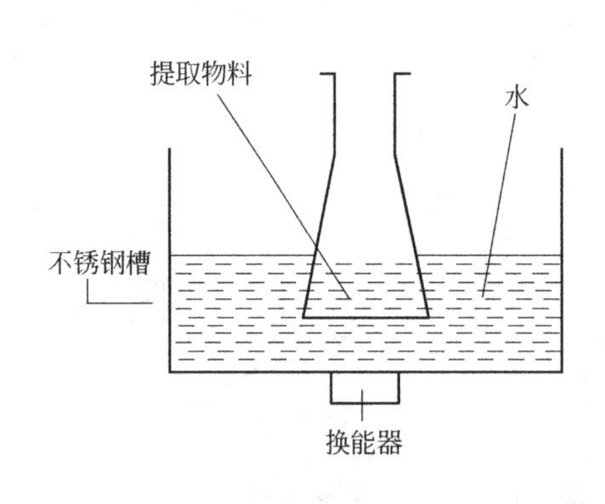

图 6-11 非直接超声提取装置

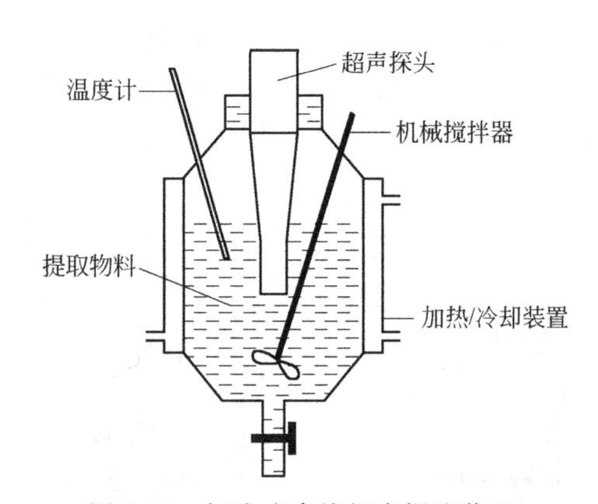

图 6-12 探头式直接超声提取装置

第二节 液液萃取

液液萃取是利用混合物中各组分在某溶剂中的溶解度差异来分离混合物的一种单元操作。是 20 世纪 40 年代兴起的一项分离技术，它比化学沉淀法分离程度高，比离子交换法选择性好，传质快，比蒸馏法能耗低且生产能力大、周期短、便于连续操作和自动控制。萃取法分溶剂萃取和双水相萃取等。溶剂萃取一般用于小分子物质的提取，双水相萃取常用于蛋白质等大分子物质的提取。

一、溶剂萃取

（一）溶剂萃取的原理

1. 三角形相图

(1) 组成表示方法 一般萃取操作至少涉及三种物质，即待分离的两种物质和一种溶剂，所以在讨论萃取操作原理之前，首先介绍一下三元物系相平衡。

三元物系中组分，若混合后均为液态，且混合时无化学反应发生，也不生成加成物，则可以用三角形作图法表述其相平衡关系。如图 6-13 所示，三角形的三个顶点分别表示三个纯组分。习惯上将上方的顶点表示纯溶质 A，左下方顶点表示纯原溶剂 B，而右下方顶点则表示纯萃取剂 C。三角形的三边是以质量百分数标出的坐标，如果一个点落在三角形的一个边上表示与该边相对顶点的那个组分的组成为零，而该点相对于坐标两边的两个顶点的距离决定了这两个组分组成的大小，例如 M 点落在 AB 边上的 40%处，表示该点代表的组成是 S=0、A=40%和 B=60%。由此可见代表一个三元组成的某个点，它的组分组成的大小取决于该点离开各个顶点（纯组分、含量 100%）距离的远近，离某个顶点愈远则该组分的组成愈小。对于落在三角形内一点 P，可过该点作三个边的平行线，它们与三个轴的交点到三个顶点之间的距离可用来确定各个组分的组成，如图中 P 点代表的三元混合物组成是 A=20%、S=60%和 B=20%。

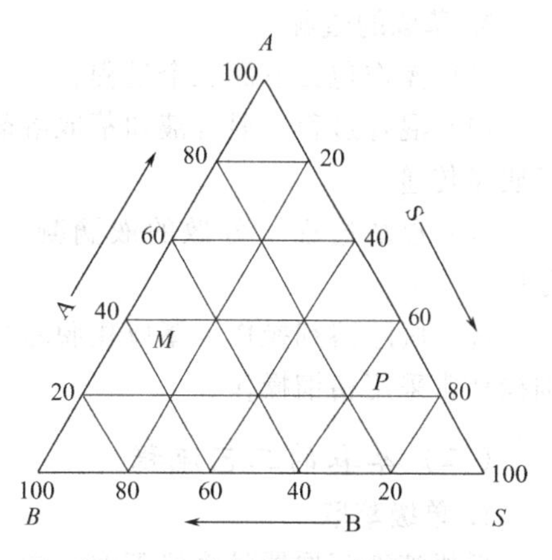

图 6-13　溶剂萃取三角形相图

(2) 分配系数　在一定温度下，任一组分不溶于不互溶的两项中，当两相达到平衡时，则组分在两相中以一定比例分配，其浓度之比在一定范围内保持不变。此值称为该组分在两相中的分配系数，可以用下式表示：

$$K=\frac{c_1}{c_2}=\frac{\text{萃取相的浓度}}{\text{萃余相的浓度}}$$

当 $K>1$，溶质富集于萃取相；$K<1$，溶质富集于萃余相；$K=1$，在萃取相和萃余相中浓度相等。在萃取操作中希望溶质富集于萃取相，必然要求 $K>1$；如果有其他杂质希望与溶质在萃取时加以分离，那么最好是该杂质的 $K<1$。

若同时存在两种以上的溶质时，萃取剂对不同溶质分离能力的大小用分离因子（β）来表示，以 A、B 两种溶质为例，即两种溶质在同一溶剂系统中分配系数的比值。可以用下式表示：

$$\beta=\frac{c_{1A}/c_{1B}}{c_{2A}/c_{2B}}=\frac{K_A}{K_B}(\text{注}:K_A>K_B)$$

一般来说，当 $\beta\geqslant100$，想达到基本分离只需要一次简单萃取；当 $100\geqslant\beta>10$，则需要萃取 10～12 次才能达到分离；当 $\beta\approx1$ 时，表示 $K_A=K_B$，两种成分性质非常相似，无法利用此法进行分离。

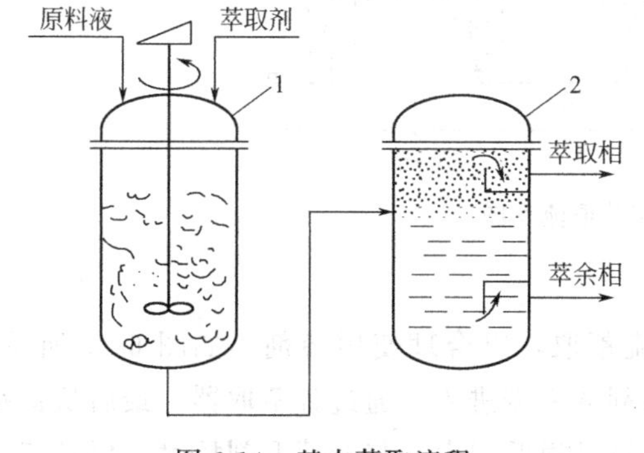

图 6-14　基本萃取流程

1—萃取器；2—分离器

2. 萃取机制

萃取操作中所用的溶剂称为萃取剂，以 S 表示。混合物中易溶于萃取剂的组分称为溶质，以 A 表示；而不溶或难溶的组分称为原溶剂或稀释剂，以 B 表示。将萃取剂加入需分离的混合物中，充分混合后沉淀分层，形成两相，其中含萃取剂较多的一相称为萃取相，以 E 表示；而含原溶剂较多的一相则称为萃余相，以 R 表示。其基本萃取流程见图 6-14。

3. 萃取的过程

萃取操作包括下面三个过程。

(1) 混合过程 混合液和萃取溶剂充分接触，各组分发生了不同程度的相际转移，进行了质量传递。

(2) 澄清过程 分散的液滴凝集合并，形成的两相萃取相和萃余相由于密度差异而分层。

(3) 脱除溶剂操作 萃取相脱除溶剂得到萃取液，萃余相脱除溶剂得到萃余液，脱除溶剂操作常采用精馏操作。

(二) 萃取的工艺流程

1. 单级萃取

单级液液萃取器是多级萃取和微分萃取的基础。结合制药生产的特点，单级液液萃取器因为设备简单、易于操作等原因被广泛采用。图 6-15 即为单级萃取流程示意图。原始料液F和溶剂S以一定的速率加入混合器，所得混合液再经分离器进行澄清分相，从而得到萃余液R和萃取液E，此两相以一定的速率离开澄清器，此操作过程可以连续也可分批进行。

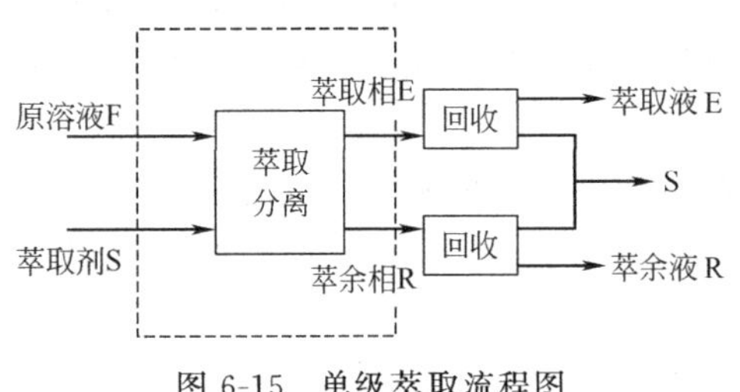

图 6-15 单级萃取流程图

2. 多级错流萃取

单级接触式萃取所得萃余相中往往还含有较多的溶质，为了进一步萃取出其中的溶质可用多级错流萃取，即将若干个单级萃取器串联使用，并在每一级中加入新鲜萃取剂，如图 6-16 所示。原料液F由第一级引入，每一级均加入新鲜萃取剂S，由第一级所得的萃取混合物，经分离器分层后，所得萃余相 R_1 引入第二级萃取器，在萃取器中萃余相 R_1 与新鲜的萃取剂S相接触，再次进行萃取后进入第二分离器分层，所得萃余相 R_2 可再引入第三级萃取器继续与新鲜萃取剂相接触进行萃取，如此直到所需第 n 级萃取器，使最后一级引出的萃余相所含溶质降低到预定的生产要求。

多级错流萃取由于新鲜溶剂分别加入各级，故推动力较大、萃取效果好。缺点是须加入较多溶剂，并消耗较多的能量以供溶剂再生。

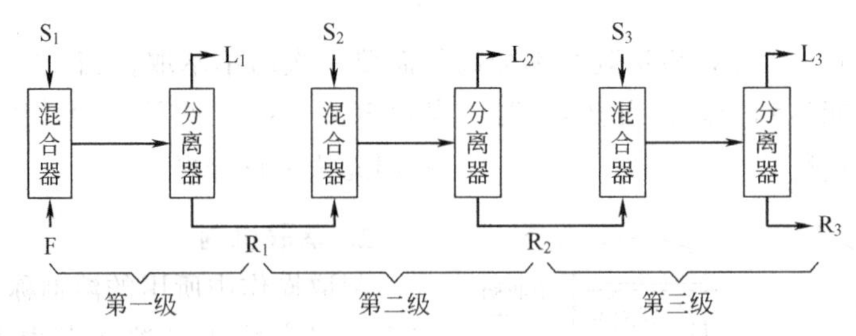

图 6-16 三级错流萃取流程图

3. 多级逆流萃取

为改进多级错流萃取的缺点可采用多级逆流萃取，以合理使用溶剂，如图 6-17 所示。物料从一端进入通过各级，最后从末端排出，溶剂从末端进入，通过各萃取器，最后从首端排出。进入末级的萃余相 R_n 中的溶质A的浓度虽已很低但由于与新萃取剂接触，仍具有一定的推动力，故可持续进行萃取，使溶质A浓度进一步降低。同时进入第一级的萃取相

E_2，虽然其中所含A的浓度已较高，但在第一级中与含溶质A最高的原料液F相接触，所以萃取相中溶质A的浓度在第一级中还可以进一步提高。这种多级逆流接触式的操作效果好且所消耗的萃取剂量并不多，在工业上应用最为广泛。

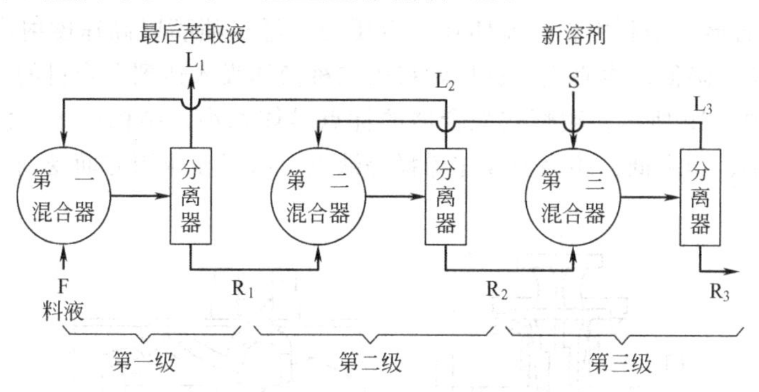

图6-17　三级逆流萃取流程图

（三）萃取在制药过程中的应用范围

① 溶液中各组分沸点非常接近，各组分的相对挥发度接近于1，用蒸馏法分离需要很高的理论板数和大回流比。例如，用*N*-甲基吡咯烷酮与水的混合物作溶剂萃取分离芳香烃和非芳香烃混合液以制备高纯度的芳香烃类。

② 为从溶液得到溶质要从稀溶液蒸出大量溶剂或溶剂的汽化潜热很大，这两种情况下都要消耗大量的热量。例如，制取氢化可的松的发酵滤液是大量的水中仅含有约0.3%（质量）的溶质氢化可的松，直接蒸出水很不经济，故选用乙酸丁酯作为萃取剂，乙酸丁酯的汽化潜热只有水的15%，且溶质在乙酸丁酯中的溶解度大，溶剂蒸出量也小。

③ 溶质是热敏性物料。仍以氢化可的松的发酵滤液为例，实验表明当采用蒸发的方法来分离水与氢化可的松时，即便在减压下操作，由于发酵滤液中还可能存在着酶等活性物质，滤液受热只要在半小时以上，氢化可的松的大部分将被破坏，而乙酸丁酯提取液在相似的沸腾温度下，因不存在其他活性物质而使氢化可的松对热并不是特别敏感。

④ 将药物产品、中间体与杂质用萃取的方法加以分离。一种方法是让溶剂选择性地溶解产物或中间体，另一种方法则让溶剂有选择地溶解杂质。如利用青霉素G化学结构的酸碱两性，对它的溶液反复使用有机溶剂、水多次萃取，以去除杂质提高产品纯度。

⑤ 将反应产物用溶剂萃取的原理转移至溶剂相。降低生成物在反应液相的浓度以有利于反应的顺利进行。

（四）溶剂萃取设备

1. 常用萃取设备

萃取操作的设备包括混合设备和分离设备两类及兼有混合和分离两种功能的设备。

（1）混合设备　传统的混合设备是搅拌罐，利用搅拌将料液和萃取剂相混合。其缺点为间歇操作，停留时间较长，传质效率较低。但由于其装置简单，操作方便，仍广泛应用于工业中，较新的混合设备有下列三种。

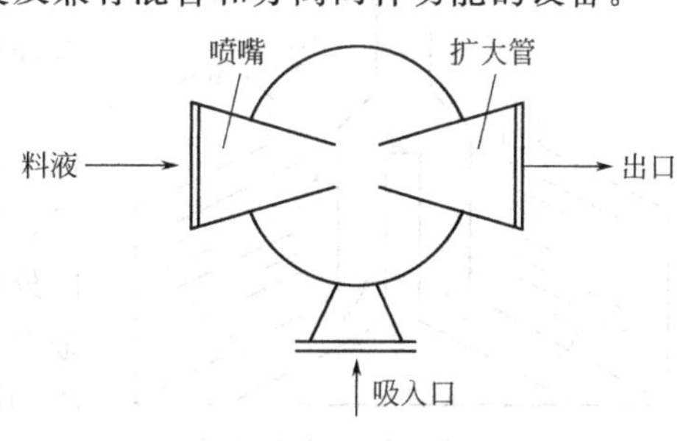

图6-18　喷嘴式混合器示意图

① 管式混合器。它的工作原理主要是使液体在一定流速下在管道中形成湍流状态，见图6-18。因为液体在管道中流动时不外乎两种

流态，即滞流和湍流。所谓滞流是指在同一截面上的不同点的流体的流动方向是相互平行的；而在湍流时，各点的运动方向是不规则的，易于达到混合。一般来说，管道萃取的效率比搅拌罐萃取来得高，且为连续操作。

② 喷嘴式混合器。是利用工作流体在一定压力下经过喷嘴以高速度射出，当流体流至喷嘴时速度增大，压力降低产生真空，这样就将第二种液体吸入达到混合目的。常见的喷射式混合器有三种，如图 6-19 所示。喷嘴式混合器的优点是体积小，结构简单，使用方便。但由于其产生的压力差小、功率低、还会使液体稀释等缺点，所以在应用方面受到一定限制。

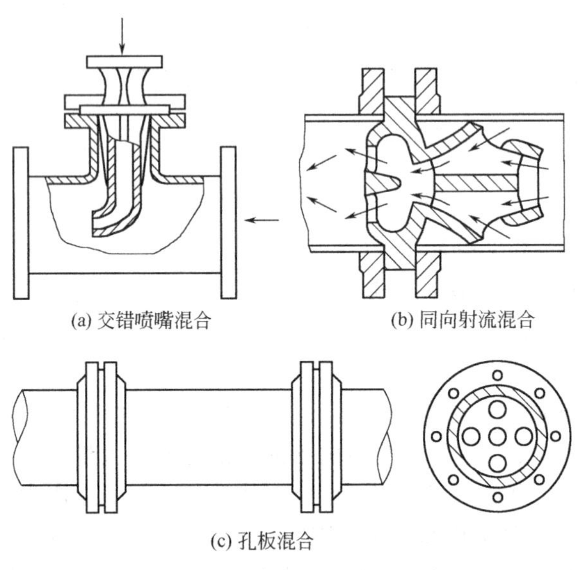

(a) 交错喷嘴混合　(b) 同向射流混合

(c) 孔板混合

图 6-19　三种喷射式混合器示意图

③ 气流搅拌混合罐。气流搅拌混合罐是将空气通入液体介质，借鼓泡作用发生搅拌。这是搅拌方法中简单的一种，特别适用于化学腐蚀性强的液体，但不适于搅拌挥发性强的液体。

(2) 分离设备　当参与萃取的两液体密度差很小，或界面张力甚小而易乳化，或黏度很大时，两相的接触状况不佳，特别是很难靠重力使萃取相与萃余相分离，这时可以利用比重力大得多的离心力来完成萃取所需的混合和澄清两过程。即依靠两相液体的密度不同，在离心力的作用下，将液体分离。

① 碟式分离机。此类离心机适用于分离乳浊液或含少量固体的乳浊液。其结构大体可分为三部分：第一部分是机械传动部分；第二部分是由转鼓碟片架、碟片分液盖和碟片组成的分离部分；第三部分是输送部分，在机内起输送已分离好的两种液体的作用，由向心泵等组成。

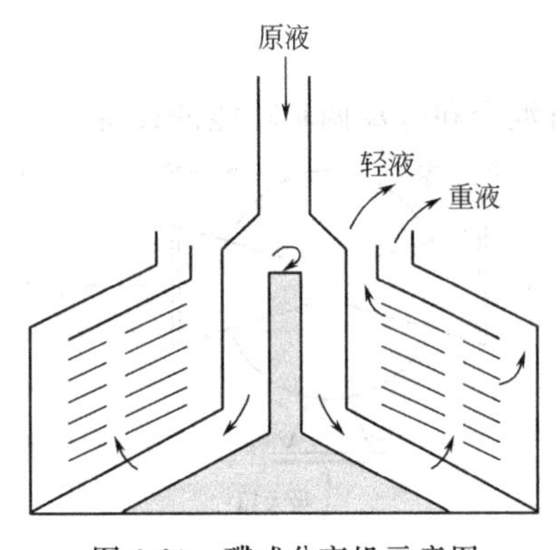

图 6-20　碟式分离机示意图

以 OEP-10006 离心机为例，如图 6-20 所示。其工作原理是：欲分离的料液自碟片架顶加入，进入转鼓后，因离心力之故，料液便经过碟片架底部之通道流向外围，固体渣子被甩向鼓壁。转鼓内有一叠碗盖形金属片，俗称为碟片，每片上各有两排孔，它们至中心的距离不等，这样将碟片叠起来时便形成两个通道。碟片之间间隙至少为欲分离的最大固体颗粒直径的两倍。因离心作用，液体分流于各相邻二碟片之间的空隙中，而且在每一层空隙中，轻液流向中心，重液流向鼓壁，于是轻重液分开，最后分别借向心泵输出。底部碟片和其他碟片不同，只有一排孔。但底片有两种，区别在于孔的位置不同，分别和其他碟片上两排孔的位置相对应。应按轻重液的比例不同而选用不同的底片。

② 管式分离机。其为高分离因数的离心机，分离因数可达 15000～65000。适用于含固量低于 1%、固相粒度小于 5μm、黏度较大的悬浮液澄清，或用于轻液相与重液相密度差小、分散性很高的乳浊液及液-液-固三相混合物的分离。以国产 GF-105 超速离心机为例，如图 6-21 所示。其工作原理是：料液由底部进入转鼓内，筒内有沿辐射方向排列的三角挡板，可以带动液体与转筒以同一速度旋转。在离心力作用下，料液分层，重液在外，轻液在内。重液沿筒壁和挡板的外侧向上流动，经出口流出。轻液沿三角挡板的中心内侧由另一出口流出。由液体中分离出的固体物则附着于筒壁，经一定时间后停车清洗。

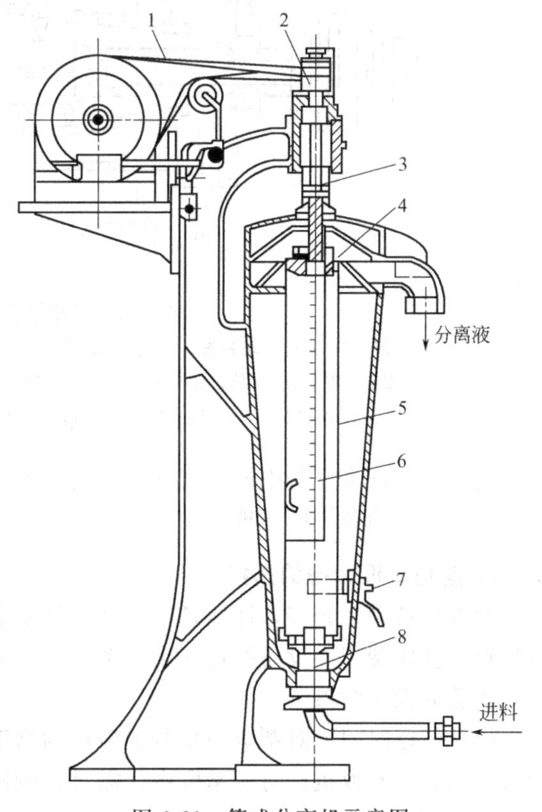

图 6-21　管式分离机示意图

1—平皮带；2—皮带轮；3—主轴；4—液体收集器；5—转鼓；6—三叶板；7—制动器；8—转鼓下轴承

管式分离机的结构简单、体积小、运转可靠、操作维修方便，但是单机生产能力较小，需停车消除转鼓内的沉渣。

管式分离机转鼓有澄清型和分离型两种。澄清型用于含少量高分散固体粒子的悬浮液澄清；而分离型用于乳浊液或含少量固体粒子的分离。分离型管式分离机的液体收集器有轻液和重液两个出口，澄清型只有一个液体出口。

管式分离机有开式和密闭式两种结构。密闭式的机壳是密闭的，液体出口管 L 有液封装置，可防止易挥发组分的蒸气外泄。

③ 三相倾析式离心机。三相倾析式离心机可同时分离重液、轻液及固体三相。图 6-22 所示为德国 Westfalla 公司 20 世纪 80 年代研制的三相倾析式离心机的结构。它由圆柱-圆锥形转鼓、螺旋输送器、驱动装置、进料系统等组成。该机在螺旋转子柱的两端分别设有调节环和分离盘，以调节轻、重液相界面，轻液相出口处配有向心泵，在泵的压力作用下，将轻液排出。进料系统上设有中心套管式复合进料口，中心管和外套管出口端分别设有轻液相分布器和重液相布料孔，其位置是可调的，从而把转鼓栓端分为重液相澄清区、逆流萃取区和轻液相澄清区，操作时，料液从重液相进料管进入转鼓的逆流萃取区后受到离心力场的作用，与中心管进入的轻液相（萃取剂）接触，迅速完成相之间的物质转移和液-液-固分离。固体渣子沉积于转鼓内壁，借助于螺旋转子缓慢推向转鼓锥端，并连续地排出转鼓。而萃取液则由转鼓柱端经调节环进入向心泵室，借助向心泵的压力排出。

④ 萃取塔。液液萃取过程中也广泛使用塔设备：填料塔、转盘塔、振动筛板塔、脉冲

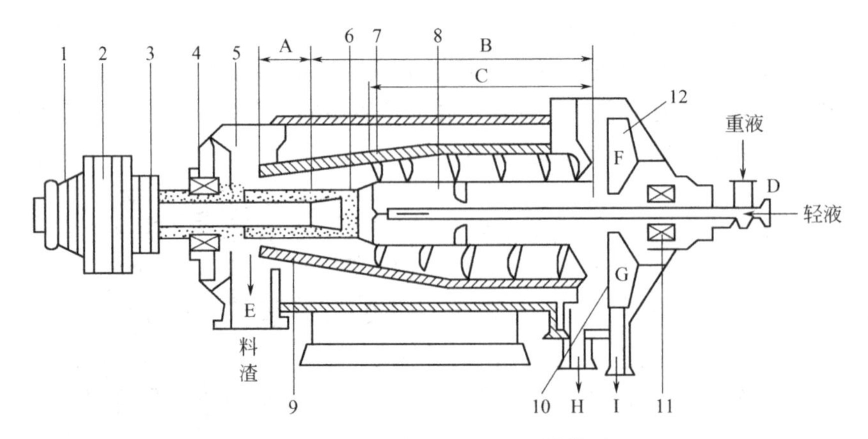

图 6-22　三相倾析式离心机结构图

1—V 带；2—差速变动装置；3—转鼓皮带轮；4—轴承；5—外壳；6—分离盘；7—螺旋输送器；8—轻相分布器；9—转鼓；10—调节环；11—转鼓主轴承；12—向心泵；A—干燥段；B—澄清段；C—分离段；D—入口；E—排渣口；F—调节盘；G—调节管；H—重液；I—轻液

筛板塔等。在这类设备中原溶液和萃取剂逆流流动，并在连续逆流过程中进行萃取，而两相的分离是在塔顶和塔底实现的。

2. 溶剂萃取设备的选择

萃取设备种类繁多，性能各异，在选择萃取设备时应结合实际需要和可能，从设备的性能特点、操作费用、设备投资等全面考虑。下面结合工艺要求，提供一些应予考虑的主要因素，供选取设备时参考。

(1) 停留时间　对萃取中易分解破坏的物系如抗生素类，应首先选取停留时间短的萃取设备，如离心萃取机。对于萃取中，需进行较慢的化学反应等过程的物品应选停留时间较长的混合-澄清器。

(2) 萃取级数　对于多级萃取，应选择适应多级萃取的混合-澄清器、转盘塔、脉动塔等。当所需级数不多时，各种萃取设备均可选用。

(3) 物系的物理性质　界面张力大、密度差小、黏度较大的物系，需采用有外加能量的萃取设备。反之，界面张力小、密度差大、易乳化的物系，则应选用无外加能量的萃取设备。对密度差非常小而又易乳化难分离的物系，离心萃取机最为适宜。

(4) 生产能力　填料塔、脉动塔适合于中、小处理量。离心萃取机、转盘塔、筛板塔等可适合大、中处理量。

(5) 物系的其他性质　对于强腐蚀性物系，宜选取结构简单、易于采取防腐蚀措施的填料塔、脉动塔等。脉动塔还特别适用具有放射性的物系。对于含有固体或萃取中易生成沉淀的物系，填料塔、离心萃取机等不适用，但可选用混合-澄清器。脉动塔和振动塔具有一定的自清洗作用，亦可酌情采用。

二、双水相萃取法

双水相萃取法是利用物质在互不相溶的两水相间分配系数的差异来进行萃取的方法。其原理与水-有机相萃取的原理相似，也是依据物质在两相间的选择性分配，但萃取体系的性质不同。双水相萃取的一个重要优点是可以直接从细胞破碎浆液中萃取如蛋白质等物质，而不需将细胞碎片分离，一步操作可达到固液分离和纯化两个目的。

(一) 双水相萃取的形成

将两种不同的水溶性聚合物的水溶液混合时，当聚合物浓度达到一定值，体系会自然地分成互不相溶的两相，这就是双水相体系。其形成的主要原因是由于高聚物之间的不相溶性，如空间阻碍作用，使其相互无法渗透，不能形成均一相，从而产生分离倾向，在一定条件下即可分为两相。一般认为只要两聚合物水溶液的疏水程度有所差异，混合时就可发生相分离，且疏水程度相差越大，相分离的倾向也就越大。

在聚合物-盐或聚合物-聚合物系统混合时，会出现两个不相混溶的水相。典型的例子如在水溶液中的聚乙二醇（PEG）和葡聚糖，当各种溶质均为低浓度时，可以得到单相匀质液体，但是，当溶质的浓度增加时，溶液会变得浑浊，在静止的条件下，会形成两相，实际上是其中两个不相混溶的液相达到平衡，在这种系统中，上层富集了 PEG，而下层富集了葡聚糖。这两个亲水成分的非互溶性可用它们各自分子结构上的不同所产生的相互排斥来说明，葡聚糖本质上是一种几乎不能形成偶极现象的球形分子，而 PEG 是一种具有共用电子对的高密度直链聚合物。各个聚合物分子如有斥力存在，都倾向于在其周围有相同形状、大小和极性分子，同时，由于不同类型分子间的斥力大于同它们的亲水性有关的相互吸引力，因此聚合物发生分离，形成两个不同的相。这就是所谓的聚合物不相溶性。

某些水溶液聚合物呈现出与此不同的性质，当混合时，水分被大量地排出，两聚合物表现为强烈的相互吸引力，在这种情况下，聚合物离开基本上像纯溶剂的第二液相而聚集在单一的相中，这一过程称为凝聚。

在没有强烈的吸力或斥力时可以实现完全的混溶，但对许多聚合物系统，这种情况应该属于例外。

(二) 双水相萃取的特点

双水相萃取技术是一种新兴的分离技术，在生物化学、细胞生物学和生物化工等领域得以应用，表现出其特有的“绿色工艺”和绿色技术，具体表现在如下几个方面：

① 含水量高（75%～90%）；

② 分相时间短，自然分相时间一般为 5～10min；

③ 目标产物的分配系数一般大于 3；

④ 界面张力小（10^{-7}～10^{-4}mN/m）；

⑤ 不存在残留有机溶剂问题或有机溶剂对生物活性物质的毒化作用；

⑥ 大量杂质能和所有的固体物质一同除去；

⑦ 易于工程放大与连续操作。

(三) 影响分配平衡的因素

影响生物物质在双水相系统中分配的因素很多，主要有成相系统的因素，包括聚合物的种类、平均分子量、浓度、结构，系统中所加盐的种类、浓度、电荷等；环境因素，如温度、pH 值等；被分配物质的性质，如分子大小、形状、荷电性。

1. 聚合物分子量

不同聚合物，其水相系统显示不同的疏水性。水溶液中聚合物的疏水性依下列次序递增：葡萄糖硫酸盐＜甲基葡萄糖＜葡萄糖＜羟丙基葡聚糖＜甲基纤维素＜聚乙烯醇＜聚乙二醇＜聚丙三醇。这种疏水性的差别对目的产物与相的相互作用是十分重要的。

同一聚合物的疏水性随分子量增加而增加，其大小的选择依赖于萃取过程的目的方向。

2. 盐的离子

由于盐的正负离子在两相间的分配系数不同，两相形成了电势差，从而影响带电生物活性物质的分配。

3. 温度

温度影响相图，在临界点附近尤其明显，因而也影响分配系数，当离临界点较远时，这种影响较小。在大规模的工业生产中，一般选择常温操作。

4. pH 值

pH 值会影响蛋白质中可离解基团的溶解度，因而改变蛋白质所带电荷和分配系数，pH 值微小的变化有时会使蛋白质的分配系数改变 2～3 个数量级。pH 值变化也同样影响磷酸盐的解离度，使电位发生变化，影响分配系数。

5. 聚合物浓度

组分在双水相体系的临界点浓度——最低浓度时，是均匀分散在两相中，分配系数为 1，随着成相聚合物总浓度或聚合物/盐的混合物总浓度增加，两相的性质差异也增加，组分在两相中分配系数偏离 1，富集在不同相中达到萃取的目的。

(四) 双水相体系和工艺流程

1. 双水相体系

双水相体系的形成是两种天然或合成的亲水性聚合物水溶液相互混合，由于较强的斥力或空间位阻，相互之间无法渗透，在一定条件下，即可形成双水相体系。亲水性聚合物水溶液和一些无机盐溶液相混时，也会因盐析作用而形成双水相体系。除聚合物、无机盐外，能形成双水相体系的物质还有高分子电解质、低分子化合物。经药理检验聚乙二醇/葡聚糖和聚乙二醇/磷酸盐所形成的双水相体系是无毒的，并有良好的可调性，因此在医药工业中较常用。部分双水相体系见表 6-1。

表 6-1 部分双水相萃取体系

类　　型	形成上相的聚合物	形成下相的聚合物
非离子型聚合物/新离子型聚合物	聚乙二醇	葡聚糖、聚乙烯醇、聚蔗糖、聚乙烯吡咯烷酮
	聚丙二醇	聚乙二醇、聚乙烯醇、葡聚糖、聚乙烯吡咯烷酮、甲基聚丙二醇、羟丙基葡聚糖
	羟丙基葡聚糖	葡聚糖
	聚蔗糖	葡聚糖
	乙基羟基纤维素	葡聚糖
	甲基纤维素	羟丙基葡聚糖、葡聚糖
高分子电解质/非离子型聚合物	羧甲基纤维素钠	聚乙二醇
高分子电解质/高分子电解质	葡聚糖硫酸钠	羧甲基纤维素钠
	羧甲基葡聚糖钠盐	羧甲基纤维素钠
非离子型聚合物/低分子量化合物	葡聚糖	丙醇
非离子型聚合物/无机盐	聚乙二醇	磷酸钾、硫酸铵、硫酸镁、硫酸钠、甲酸钠、酒石酸钾钠

2. 双水相萃取体系流程

双水相萃取在医药工业上应用的工艺流程主要由三部分构成：①目的产物的萃取；②PEG的循环；③无机盐的循环。其流程见图 6-23。

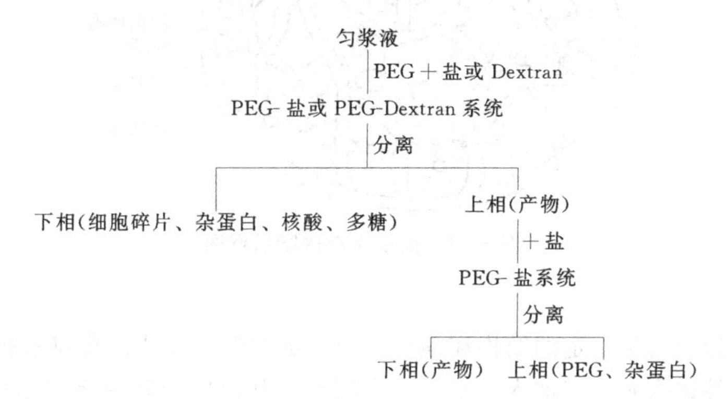

图 6-23　双水相萃取流程示意图

（1）目的产物的萃取　细胞悬浮液经球磨机破碎细胞后，与 PEG 和无机盐或葡聚糖在萃取器中混合，然后进入离心机分相。通过选择合适的双水相组成，一般使目标蛋白分配到上相（PEG 相），而细胞碎片、核酸、多糖和杂蛋白等分配到下相（富盐相）。

（2）PEG 的循环　在大规模双水相萃取过程中，PEG 一般回收和循环使用，这样可以减少废水处理的费用，而且还节约化学试剂，降低成本。PEG 的回收有两种方法：一种是加入盐使目标蛋白转入富盐相来回收 PEG；另一种是将 PEG 相通过离子交换树脂，用洗脱剂先洗去 PEG，再洗出蛋白质。常用的是第一种方法。

（3）无机盐的循环　将含磷酸钠的盐相冷却、结晶，然后用离心机分离收集。其他方法有电渗析法、膜分离法回收盐类等。工业上一般先用超滤等方法浓缩发酵液，再用双水相萃取酶和蛋白质，这样能提高对生物活性物质的萃取效率。最后，用色谱等技术进一步纯化以得到产品。

（五）双水相萃取技术在医药工业中的应用

双水相萃取技术在医药工业中的应用目前主要集中在三个方面：

① 提取经生物转化的基因工程药物和抗生素；

② 从动植物组织中提取生化药物；

③ 从天然植物中提取药用有效成分。

第三节　离子交换设备

离子交换树脂是一种带有可交换离子（阳离子或阴离子）的不溶性高分子聚合物。最早使用可上溯至 1848 年，而第一次人工合成酚醛型离子交换树脂则是在 1935 年。随着高分子物理和化学的发展，离子交换树脂的种类日益繁多，其性能也更为多种多样。离子交换树脂的结构由三部分组成：惰性高分子骨架、连接在骨架上的固定基团及可以电离的离子，见图 6-24。惰性骨架由高分子碳链构成，是一种多孔性海绵状不规则网状结构，它不溶于一般的酸、碱溶液及有机溶剂。按骨架不同，离子交换树脂可分为加聚型与缩聚型两类。前者有聚苯乙烯类与丙烯酸类等，后者有酚醛类。在惰性骨架中引入交换基团后，便成为具有离子交

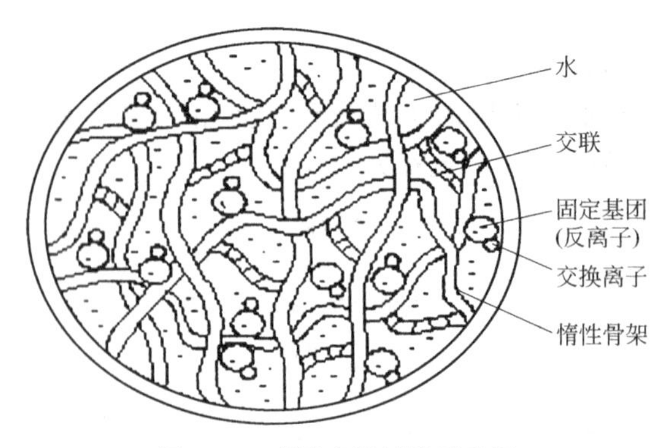

图 6-24 离子交换树脂示意图

换功能的树脂。

为使合成的骨架具备一定的结构和强度，即一定的微孔尺寸、孔隙率和密度，合成聚苯乙烯与丙烯酸两类树脂时，需加入一定量的交联剂，常用的交联剂有二乙烯苯（DVB）、三丙烯酸甘油酯、季戊四醇三丙烯酸酯、衣康酸双烯丙酯等。

制备骨架时，若加入石蜡、溶剂汽油等致孔剂可制得大孔型树脂，不加致孔剂则得常规凝胶型树脂。

一、离子交换树脂的分类及原理

按所带交换基团的性质不同，离子交换树脂大致可分为阳离子交换树脂和阴离子交换树脂两大类。

（一）阳离子交换树脂

阳离子交换树脂是一类骨架上结合有磺酸和羧酸等酸性功能基，可与阳离子进行交换的聚合物。按功能基酸性强弱程度的不同，阳离子交换树脂可分为强酸性和弱酸性两大类。

1. 强酸性树脂

具有$—SO_3H$、$—PO_3H_2$、$—HPO_2Na$、$—AsO_3H_2$、$—SeO_3H$等功能基的树脂极易电离，其酸性相当于盐酸或硫酸，故属强酸性阳离子交换树脂。此类树脂可在酸性、中性和碱性条件下与水溶液中的阳离子进行交换。对于 H 型阳离子交换树脂，离子交换方程式为：

$$R—SO_3H + NaCl \longrightarrow R—SO_3Na + HCl$$

对于盐基型阳离子交换树脂，离子交换方程式为：

$$2R—SO_3Na + MgCl_2 \longrightarrow (R—SO_3)_2Mg + 2NaCl$$

强酸性阳离子交换树脂失效后，可用 HCl、H_2SO_4 或 NaCl 溶液进行再生，以便重复使用。

2. 弱酸性树脂

具有羧基—COOH 或酚羟基等功能基的树脂不易电离，其酸性相当于有机弱酸，故属弱酸性阳离子交换树脂。

H 型弱酸性阳离子交换树脂在使用前常用 NaOH 或 $NaHCO_3$ 溶液中和，即：

$$R—COOH + NaHCO_3 \longrightarrow R—COONa + H_2O + CO_2$$

由于弱酸性阳离子交换树脂对 Ca^{2+}、Mg^{2+} 等离子具有极高的选择性，因此用 NaCl 溶液再生时效果不佳。一般情况下，弱酸性阳离子交换树脂可用 HCl 等强酸进行再生，在强酸的作用下很容易地转变为 H 型树脂。弱酸性阳离子交换树脂只能在中性或碱性溶液中使用，其交换容量取决于外部溶液的 pH 值。弱酸性阳离子树脂对 Cu^{2+}、Co^{2+}、Ni^{2+} 等离子具有较大的亲和力，因而常用来处理含有微量重金属离子的污水，如用于电镀废水的处理等。

（二）阴离子交换树脂

阴离子交换树脂是一类骨架上带有季铵基、伯胺基、仲胺基、叔胺基等碱性功能基，可与阴离子进行交换的聚合物。按功能基碱性强弱程度的不同，阴离子交换树脂可分为强碱性和弱碱性两大类。

1. 强碱性树脂

以季铵基为交换基团的树脂具有强碱性，故属强碱性阴离子交换树脂。对于强碱性阴离子交换树脂，若氮上带有三个甲基的季铵结构［$—N^+(CH_3)_3Cl$］，则称为Ⅰ型树脂；若氮上带有两个甲基和一个羟乙基［$—(CH_3)_2NCH_2CH_2OH$］，则称为Ⅱ型树脂。

2. 弱碱性树脂

具有伯胺基（$—NH_2$）、仲胺基（—NH）和叔胺基（—N）等功能基的树脂碱性较弱，故属弱碱性阴离子交换树脂。此类树脂只能与 H_2SO_4 或 HCl 等强酸的阴离子进行充分交换，而与弱酸的阴离子如 SiO_3^{2-}、HCO_3^- 等则不能进行充分交换。

$$R—N+HCl \longrightarrow (R—NH)+Cl^-$$

对于弱碱性阴离子交换树脂，用微过量的碳酸钠、氢氧化钠或氨（或芳香胺）溶液处理，即可转变为 OH^- 型树脂，因此再生较为容易。

知识链接　**离子交换树脂的命名**

工业上，一般用 1～400 间的数字命名离子交换树脂，如 2 号树脂、301 树脂等。数字的大小代表该树脂的酸碱程度。规定：1～100 号树脂为强酸树脂，101～200 号为弱酸树脂，201～300 号为强碱树脂，301～400 号为弱碱树脂。在 1～200 号范围，号数越小，酸性越强，如 1 号树脂为最强酸树脂，10 号树脂比 15 号树脂酸性强等。201～400 号范围，号数越小，碱性越强，比如 201 树脂为最强碱性树脂，209 树脂比 302 树脂碱性强等。

此外，在数字前加 D 代表大孔树脂，即树脂内孔道直径较大，如 D301 树脂，表示大孔弱碱树脂。在数字后加乘号"×"再加个数字，表示树脂的交联度，交联度与树脂内孔道直径有关，交联度越大，孔径越小。如 1×7 树脂，表示强酸树脂，交联度为 7。

通常，树脂的"型"指树脂上所带具体离子，如 1 号氢型树脂和 1 号钠型树脂分别表示带有氢离子和钠离子的 1 号树脂；301 氯型树脂表示带有氯离子的 301 树脂。树脂的转型指通过交换的办法将树脂上所带离子改变。

二、离子交换树脂的基本性能

（1）含水量　将树脂在 105～110℃干燥至恒重，就可测定其含水量。

（2）真密度与视密度　固体颗粒之间存在有空隙，颗粒内部也有空隙，因此有真密度、视密度之分，不包含颗粒之间与颗粒内部空隙体积的是真密度，包含有颗粒间与颗粒内部空隙体积的是视密度。

(3) 交联度　共聚树脂的网状结构的程度可用交联度来衡量，它对离子交换树脂的物理性质有着重要影响。

(4) 溶胀变化　干树脂浸泡在水中时体积发生膨胀，通常按干树脂吸取水的百分率来表示这种体积的变化值。

(5) 交换容量　按每克干树脂所能交换的 mmol 一价离子数表示，水处理计算中则以 $CaCO_3$ 或 CaO 来表示。

(6) 滴定曲线　滴定曲线是检验和测定离子交换剂性能的重要数据，可参考如下方法测定：分别向几个大试管中加入 1g 氢型（或羟型）离子交换剂，其中一个试管加入 50ml 0.1mol/L 的 NaCl 溶液，其他试管亦加入相同体积的溶液，但含有不同量的 0.1mol/L 的 NaOH（或 HCl），使其发生离子交换反应。强酸（碱）性离子交换剂放置 24h，弱酸（碱）性离子交换剂放置 7 日。达到平衡后，测定各试管中溶液的 pH 值。以每克干离子交换剂加入的 NaOH（或 HCl）为横坐标，以平衡 pH 值为纵坐标作图，就可得到滴定曲线。强酸（或强碱）性离子交换剂的滴定曲线开始是水平的，到某一点突然升高（或降低），表明在该点交换剂上的离子交换基团已被碱（或酸）完全饱和；弱酸（或弱碱）性离子交换剂的滴定曲线逐渐上升（或下降），无水平部分。利用滴定曲线的转折点，可估算离子交换剂的交换容量，而由转折点的数目，可推算不同离子交换基团的数目。同时，滴定曲线还表示交换容量随 pH 的变化。因此，滴定曲线比较全面地表征了离子交换剂的性质。

三、离子交换树脂和操作条件的选择

(1) 选择合适的树脂是应用离子交换法的关键　选用树脂的主要依据是被分离物的性质和分离目的。树脂的选用，最重要的一条是根据分离要求和分离环境，保证分离目的物与主要杂质对树脂的吸附力有足够的差异。一般来说，对强碱性产物宜选用弱酸性树脂，对弱碱性产物宜选用强酸性树脂；弱酸性产物宜用强碱性树脂，强酸性产物宜用弱碱性树脂。选择树脂还应考虑其交联度大小，多数生物产物分子都较大，应选择交联度较低的树脂。但交联度过小会影响树脂的选择性，且易粉碎，造成使用过程中树脂流失，故选择交联度的原则是：在不影响交换容量的条件下，尽量提高交联度。

(2) 应注意选择合适的操作条件　最重要的操作条件是交换时溶液的 pH 值，合适的 pH 值须满足三个条件：①pH 值应在产物的稳定范围内；②使产物能离子化；③使树脂能解离。树脂的型式也应注意，对酸性树脂可以用氢型或钠型，对碱性树脂可以用羟型或氯型。一般来说，对弱酸性和弱碱性树脂，为使树脂能离子化，应采用钠型或氯型，而对强酸性和强碱性树脂，可以采用任何型式。但如产物在酸性、碱性下易破坏，则不宜采用氢型或羟型树脂。溶液中产物浓度的影响一般说来低价离子增加浓度有利于交换上树脂，高价离子在稀释时容易被吸附。

(3) 根据化学平衡，洗脱条件总的选择原则　尽量使溶液中被洗脱离子的浓度降低。显然洗脱条件一般应和吸附条件相反，如吸附在酸性下进行，解吸应在碱性下进行；如吸附在碱性下进行，解吸应在酸性下进行。为使在解吸过程中，pH 值不致变化过大，有时宜选用缓冲液作为洗脱剂，如产物在碱性下易破坏，可以采用氨水等较缓和的碱性洗脱剂。如单靠 pH 变化洗不下来时，可以试用有机溶剂。选择有机溶剂的原则是能和水混合，且对产物溶解度要较大。

四、离子交换树脂的预处理和再生

离子交换树脂的预处理是指树脂正式进入工作状态之前进行的水洗、酸洗、碱洗。再生则是指在树脂进行了离子交换（或吸附）-洗脱后进行的水洗、酸洗、碱洗。再生后的树脂又可进入正常的工作状态而基本性能没有显著的降低。

以阳离子交换树脂为例，预处理的流程如下。

H 型：水洗膨胀→装柱→酸洗→水洗→酸洗→水洗→酸洗→水洗

Na 型：水洗膨胀→装柱→碱洗→水洗→酸洗→水洗→碱洗→水洗

1. 水洗

以吸附为主要目的的树脂，对洗涤用水的阴、阳离子含量没有专门的要求，一般在进行酸、碱处理的前后都要进行水洗，酸、碱处理后的水洗都要进行到洗涤水呈中性，因为这些离子的存在要消耗掉部分离子交换树脂的交换容量。

2. 再生

再生剂的浓度范围如下：

盐酸	5%～7%	硫酸	1%～5%
氢氧化钠	2%～4%	碳酸钠	4%
氯化钠	10%～15%	硫酸铵	4%～6%

再生剂的用量一般要超过离子交换树脂交换容量相对应的理论用量，特别是强酸性或强碱性树脂。

3. 再生顺序

要根据生产工艺的需要来确定。如用作氢化可的松吸附的脱色 1 号树脂，它的工作状态为钠型，因此要先酸洗后碱洗。

五、离子交换设备

离子交换设备分类多种多样，按结构形式分为罐式、塔式、槽式等；按操作方式分为间歇式、周期式与连续式；根据两相接触方式的不同，又可分为固定床、移动床等。本教材按照后一种分类方式进行介绍。

（一）固定床离子交换设备

固定床设备是现今应用得最多的离子交换设备，它具有设备结构简单、操作管理方便、树脂磨损少等优点，同时存在设备管线复杂、阀门多、树脂利用率相对较低等弊端。固定式离子交换树脂的下部可用多孔陶土板、粗粒无烟煤、石英砂等作为支撑体。被处理的溶液从树脂上方加入，经过分布管使液体均匀分布于整个树脂的横截面。加料可以是重力加料，也可以是压力加料，后者要求设备密封。料液与再生剂可以从树脂上方通过各自的管道和分布器分别进入交换器，树脂支撑下方的分布管则便于水的逆洗。离子交换器可用不锈钢、硬塑料制作，常常用有衬里的碳钢制造，管道、阀门一般均用塑料制成。固定床离子交换器的再生方式分成顺流与逆流两种。逆流再生有较好的效果，再生剂用量可减少；但易发生树脂层的上浮。

如将阳、阴两种树脂混合起来，则制成混合离子交换设备，可用于抗生素等生物产品的精制，避免了采用单床时溶液变酸（通过阳离子柱时）及变碱（通过阴离子柱时）的现象，即在交换时可以稳定 pH 值，减少目标产物的破坏。固定式混合交换装置见图 6-25 所示。

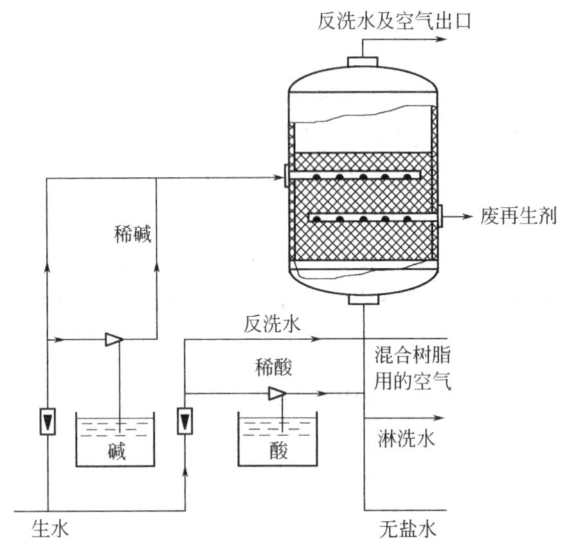

图 6-25 固定式混合交换装置流程图

在固定式混合交换罐树脂层中部有一个再生剂出口，在树脂层的顶部有一个碱液入口用以再生时通入稀碱，碱液入口接近床层顶部，稍埋入树脂床，防止使用碱液再生时上部空间积累大量碱液影响后续操作。使用时，先将酸碱两种树脂装入混合交换罐，两种树脂的装入量比例应当以酸碱树脂的交换能力基本相同为准，并且使两种树脂在分层时界面处于中部再生剂出口。为了保证两种树脂混合均匀，树脂装好后，从罐底用空气向上反吹，将树脂充分搅匀。接着对树脂进行预处理：即水泡和酸碱交替洗，新树脂需要酸碱交替洗三次，用过的树脂只需一次。预处理的过程和一般交换一样，水、酸、碱均上进下出，或相反，不用中间再生剂出口。

预处理完成后开始交换和洗脱，料液上进下出，不用中间再生剂出口。

不同的是再生阶段。由于酸碱树脂的再生剂不同，需要分别再生，因此必须将两种树脂在罐内分开。可从底部通入反洗水，使树脂漂浮起来。由于一般阳离子树脂密度大于阴离子树脂（两者相差约 100～130kg/m^3），阳离子树脂沉在底部，阴离子堆砌其上，形成分层，分层界面在再生剂出口附近。分层后，从上部通入稀碱溶液，下部通入稀酸溶液，两者都从中间再生剂出口引出。这样，在上部的阴离子树脂用稀碱再生的同时，下部的阳离子树脂用稀酸再生。由于稀酸和稀碱到达中部出口附近时，酸或碱已被再生过程消耗大部分，浓度很低，因此，此处的酸碱混合很少，不会产生较大的热量。再生结束时，由于酸碱树脂在界面没有严格的分开，有部分混合，这部分树脂可在一定程度上中和酸或碱的强度，加上本来使用的是稀酸和稀碱，因此界面附近的酸碱混合在可控制的范围内。

再生结束后，用空气从底部反吹，将酸碱树脂再次混合均匀，继续循环使用。

（二）移动床式离子交换设备

1. 半连续移动床式离子交换设备

半连续移动床式离子交换设备是将交换、再生、清洗过程在装置中特定位置完成，而将这些过程在装置中串联在一起，各种液体周期性地在特定的部位流动。在各种液体流动阶段（数分钟），过程的各个区域各自封闭，树脂在装置内以固定床的方式与液体接触，而在树脂移动阶段，树脂床处在一种紧密状态，利用水力冲击使树脂移动至下一操作区域，而这种脉冲移动是由泵推动液体从而间接推动树脂。

这种系统所需树脂远少于固定床，再生液用量也比固定床低；但是设备构造复杂，操作技术性强，适用于大型生产。如图 6-26 所示。

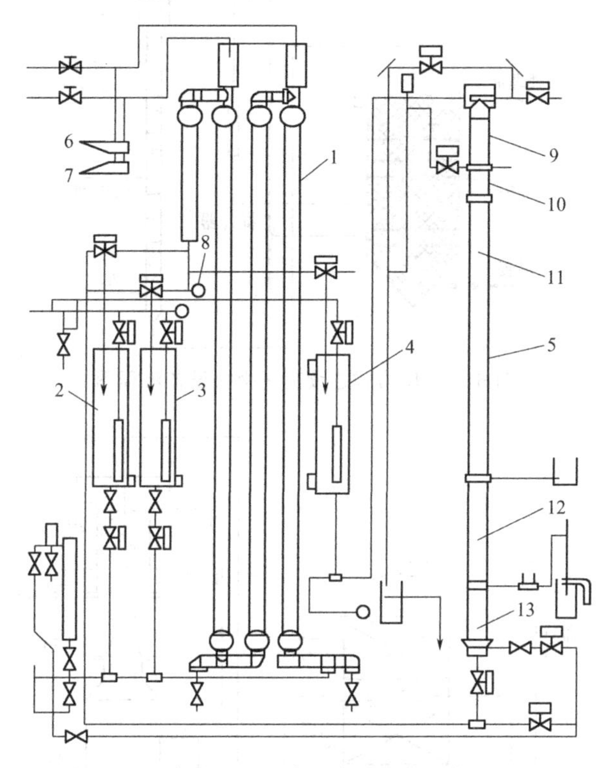

图 6-26　半连续移动床式离子交换设备流程图

1—处理柱；2,3—中间循环柱；4—饱和树脂存贮柱；5—再生柱；6～8—传感器；9—树脂计量段；10—缓冲段；11—再生段；12—清洗段；13—快速清洗段

2. 连续式移动床式离子交换设备

连续式离子交换设备按料液流动的方法又可分为重力和压力两种。压力流动式是由再生洗涤塔和交换塔组成。交换塔为多室式，每室树脂和溶液的流动为顺流，而对于全塔来说树脂和溶液却为逆流，连续不断地运行。再生和洗涤共用一塔，水及再生液与树脂均为逆流。从树脂层来看，连续式装置的树脂在装置内不断流动，但它又在树脂内形成固定的交换层，具有固定床离子交换器的作用；另一方面，它在装置中与溶液顺流呈移动沸腾状态，因此又具有沸腾床离子交换的作用。其工作流程见图 6-27。这种装置的主要优点是能连续生产、供液不间断，而且效率高；树脂利用率及再生饱和程度高，因而再生液耗量较低；操作管理较为方便。它的缺点是树脂磨损较大。重力流动式又称双塔式，这种装置的主要优点是被处理液与树脂的流向为逆流。工作流程见图 6-28。

六、离子交换过程的应用

离子交换过程最广泛地应用于水处理过程。通过离子交换过程，对工业原水去除杂质离子，可以有效地防止水在加热过程中的结垢，保证生产装置的连续正常运行。中药生产过程中，水是最常用的提取溶剂，大多数中药的水提过程都是在加热条件下进行的，因此所采用的水应该是经离子交换处理后的软水，以防止结垢等不良影响。

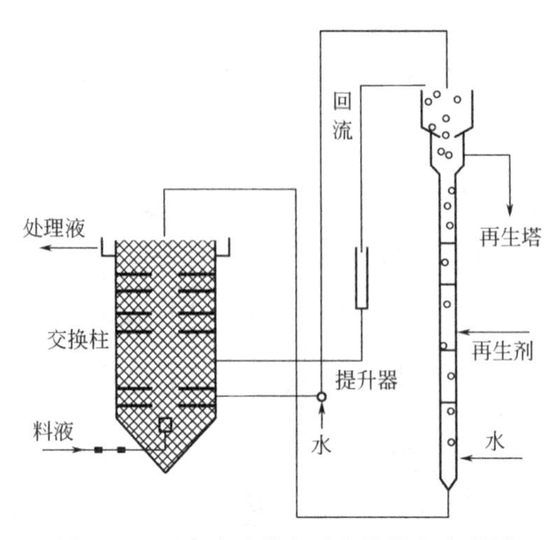

图 6-27 压力式连续离子交换设备流程图

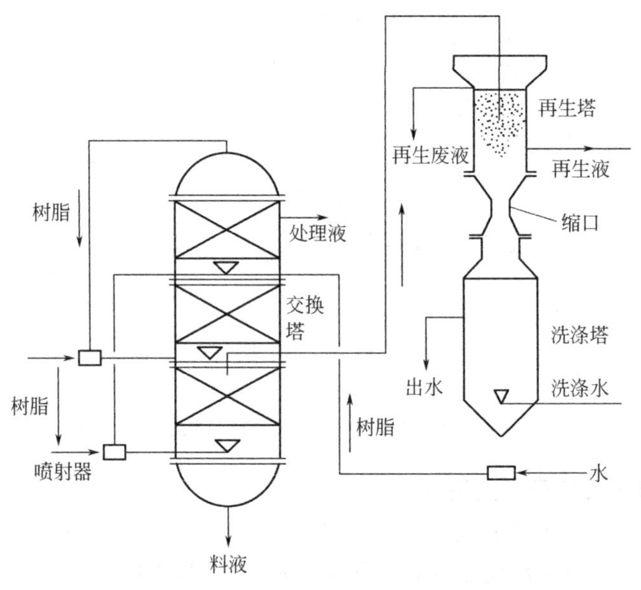

图 6-28 重力连续移动式离子交换流程图

离子交换过程对于一些化合物成分的分离也有重要意义。在中药生产中，一些有效目的产物本身具有一定的酸碱性，利用离子交换树脂可以取得很好的分离效果。

例如，生物碱是自然界中广泛存在的一大类碱性含氮化合物，是许多中草药的有效成分。它们在中性和酸性条件下以阳离子形式存在，能用阳离子交换树脂从提取液中富集分离出来。钩吻的总生物碱具有良好的抗癌作用，其提取液可以通过 001×7 强酸性阳离子交换树脂进行分离，用 2mol/L 的 HCl 洗脱生物碱。离子交换吸附总生物碱后，还可根据各生物碱组分的碱性的差异，采用分部洗脱的方法，将生物碱组分一一分离。

皂苷是一类结构复杂的低聚糖苷，可溶于水，皂苷因其水溶液经摇动振荡能产生大量持久性肥皂状泡沫而得名。皂苷由苷元和糖组成。按苷元的结构分为两类：一类为甾体皂苷，结构中大多含有羟基，呈中性；一类为三帖类皂苷，有羧基，显酸性。这两类皂苷一般极性较大，可通过离子交换来分离。例如用 D101 和 D201 树脂（1∶1）混合装柱，采用 50%的乙醇洗脱，富集和解吸人参皂苷效果较佳。

目标检测题

一、名词解释

有效成分；浸渍法；分配系数；双水相萃取法；溶剂提取法；超临界流体。

二、简答题

1. 植物性药材提取包括哪几个过程，并简要说明?
2. 溶剂提取法主要包括哪些方法?
3. 液液萃取的设备有哪些类型?
4. 双水相萃取的特点是什么?
5. 如何选择离子交换树脂?
6. 简述固定式混合交换装置中树脂再生过程。

第七章　蒸发和结晶设备

蒸发是将溶液加热后，使其中部分溶剂汽化并被去除，从而提高溶液中溶质的浓度或使溶液浓缩至饱和而析出溶质，也就是使挥发性的溶剂与不挥发的溶质进行分离的一种重要的单元操作。蒸发操作作为化工领域的重要的操作单元之一，在制药工业中被广泛采用。由于药品生产特别是生物制药产品通常为具有生物活性的物质，或对温度较为敏感的物质，这是蒸发浓缩操作在制药工业中应特别注意的问题。

结晶是指溶质自动从过饱和溶液中析出形成新相的过程，结晶操作是获得纯净固体物质的重要方法之一。制药工业的许多产品，如抗生素、柠檬酸、葡萄糖、核苷酸、氨基酸等都是用结晶的方法提纯精制的。

蒸发与结晶都是药物生产中的基本操作，两者之间最大区别在于，蒸发是将部分溶剂从溶液中排出，使溶液浓度增加，溶液中的溶质没有发生相变；而结晶过程则是通过将过饱和溶液冷却、蒸发，或投入晶种使溶质结晶析出。结晶过程的操作与控制比蒸发过程要复杂得多。有的工厂将蒸发与结晶过程置于蒸发器中连续进行，这样虽然可以节约设备投资，但对结晶晶体质量、结晶提取率即产品提取率将造成负面影响。

知识链接

在中草药提取过程中，由中药提取罐流出的溶液，有效成分的浓度一般很低，可通过蒸发的方法来提高浓度。化学合成药物生产中，反应常在稀溶液中进行，其中间体及产品则溶解于溶液中，此时常采用蒸发的方法来提高其浓度，以便进一步通过结晶的方法使目标产物析出

第一节　蒸发设备

一、概述

蒸发的方式有自然蒸发与沸腾蒸发两种。自然蒸发是溶液中的溶剂在低于其沸点下汽化，此种蒸发仅在溶液表面进行，故速率缓慢，效率很低。沸腾蒸发是在沸点下的蒸发，溶液任何部分都发生汽化，效率很高。为了强化蒸发过程，制药工业上应用的蒸发设备通常是在沸腾状态下进行的，因为沸腾状态下传热系数高，传热速度快。并且根据物料特性及工艺要求采取相应的强化传热措施，以提高蒸发浓缩的经济性。

（一）蒸发的目的

① 利用蒸发操作取得浓溶液，在制药工业中，经常需将药物浓缩到一定浓度，如中药丸剂的制取。

② 通过蒸发操作制取过饱和溶液，进而得到结晶产品。

③ 将溶液蒸发并将蒸汽冷凝、冷却，以达到纯化溶剂的目的。

（二）蒸发过程进行的必要条件

蒸发操作的目的是使溶液浓缩，但过程进行的速度即溶剂汽化速度则取决于传热速率，故蒸发属于传热操作的范畴。蒸发过程进行的必要条件是：①供应足够的热能，以维持溶液的沸腾温度和补充因溶剂汽化所带走的热能；②及时排除汽化出来的溶剂蒸汽；③具有一定的热交换面积。为了区别加热蒸汽和汽化蒸汽，把作热源的蒸汽叫做一次蒸汽，从溶液中汽化出来的蒸汽叫二次蒸汽。

（三）蒸发的分类

1. 按蒸发器内的操作压力分

（1）常压蒸发　常压蒸发若不利用二次蒸汽，可用敞口设备直接将二次蒸汽排出，所用设备及工艺较简单。

（2）加压蒸发　加压蒸发是为了提高二次蒸汽的温度，以便利用二次蒸汽。较高的蒸发温度还能降低溶液的黏度，增加流动性，改善传热效果。

（3）减压蒸发　减压蒸发也称真空蒸发。它是在减压或真空条件下进行的蒸发过程，真空使蒸发器内溶液的沸点降低，采用减压或真空蒸发其优点如下：①由于减压沸点降低，加大了传热温度差，使蒸发器的传热推动力增加，使过程强化；②适用于热敏性溶液和不耐高温的溶液，即减少或防止热敏性物质的分解；③可利用二次蒸汽作为加热热源；④蒸发器的热损失减少。

但另一方面，在真空下蒸发需要增设一套抽真空的装置以保持蒸发室的真空度，从而消耗额外的能量。保持的真空度越高，消耗的能量也越大。同时，随着压力的减小，溶液沸点降低，黏度也随之增大，使得对流传热系数减小，从而使总传热系数减小。此外，由于二次蒸汽的温度的降低使得冷凝的传热温度差相应降低。

2. 按蒸汽利用情况分

可分为单效蒸发、二效蒸发和多效蒸发。

如前所述，要保证蒸发的进行，二次蒸汽必须不断地从蒸发室中移除，若二次蒸汽移除后不再利用，这样的蒸发称为单效蒸发；若二次蒸汽被引入另一蒸发器作为热源，在另一蒸发器中被利用，称为二效蒸发，依次类推，如蒸汽多次被利用串联操作，则称为多效蒸发。多效蒸发可提高初始加热蒸汽的利用率。

3. 按操作流程分

可分为间歇式、连续式。

4. 按加热部分的结构分

可分为膜式和非膜式，薄膜蒸发具有传热效果好、蒸发速度快、无静压头产生使得沸点升高的现象等优点，因此，薄膜式蒸发技术得到了很大的发展，成为目前蒸发设备的主流。

进行蒸发操作的设备称为蒸发器。蒸发器的类型很多，结构形式各异，但都由加热室、蒸发室以及使二次蒸汽冷凝的冷凝器组成。由于制药工业中有很多产品是热敏性物质，要求在低温或短时间受热的条件下浓缩。因此，制药工业中常采用薄膜蒸发器，在减压的情况下，让溶液在蒸发器的加热表面以很薄的液层通过，溶液很快受热升温、汽化、浓缩并迅速离开加热表面。薄膜蒸发浓缩时间较短，一般为几秒至几十秒，正因为受热时间短，所以能保证产品的质量。下面介绍制药行业常用的膜式蒸发器。

二、单流长管膜式蒸发器

膜式蒸发器的特点，若溶液仅通过加热管一次，不做循环，称为单流式。单流式长管薄膜蒸发器具有一细长的竖立管束，管束中的长管直径一般为20～50mm，高度一般为2～12m，管长和管径之比约为100～150。作为加热用的蒸汽在壳程内流动，料液则在管程内流动。根据料液以及从其中蒸出的二次蒸汽流动方向的不同，长管式薄膜蒸发器可分为升膜式、降膜式及升-降膜式三种形式。薄膜蒸发器一般在真空下操作，但也可在常压下进行。

（一）升膜式蒸发器

图7-1为升膜式蒸发器的示意图。

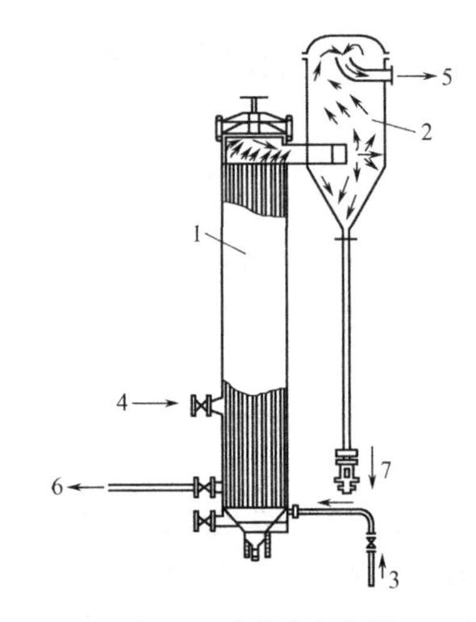

图7-1 升膜式蒸发器

1—蒸发器；2—分离器；3—进料；4—加热蒸汽；5—二次蒸汽；6—冷凝器；7—完成液

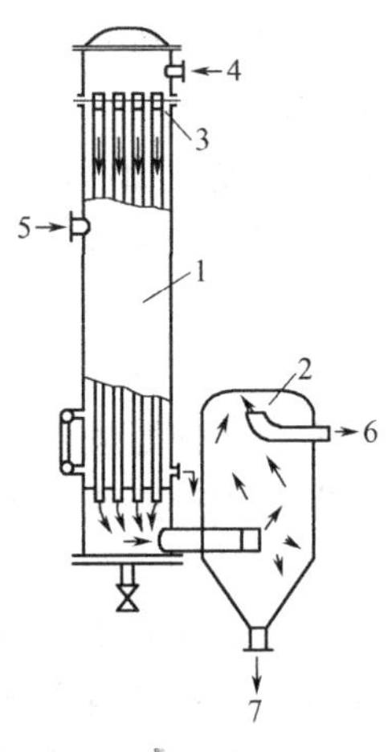

图7-2 降膜式蒸发器

1—蒸发器；2—分离器；3—液体分离器；4—料液；5—加热蒸汽；6—二次蒸汽；7—完成液

升膜式蒸发器是指在蒸发器中形成的液膜与蒸发的二次蒸汽气流方向相同，由下而上并流上升，其结构由蒸发加热管、二次蒸汽液沫导管、分离器和循环管四部分组成。料液经预热器加热至接近沸点的温度后加入器底，由于器内处于真空状态下，料液又经过预热，因此器底的料液很容易受热汽化，蒸汽在管内以很高的速度上升，并夹带着部分还未汽化的料液以液膜的形式沿着管内壁上升，液膜上升是靠高速蒸汽对流层的拖带而形成，又称为“爬膜”现象。料液边上升边被浓缩，被蒸汽带出的浓缩液在器顶的汽－液分离器中进行分离，二次蒸汽在分离器顶部被引出进入预热器的夹层中供预热蒸汽之用，多余的废气则在冷凝器中冷凝自出口排出，浓缩液在分离器底部被引入接受器收集。

升膜式蒸发器可用于常压蒸发也可用于减压蒸发，其操作状态应以料液形成薄膜上升为好，升膜的条件具有：①足够的传热温差和传热强度；②蒸发的二次蒸汽量和蒸汽速度达到足以带动溶液成膜上升的程度。

升膜式蒸发器具有传热效率高，物料受热时间短的特点。为了能在加热管内有效地成膜，上升的蒸汽应具有一定的速度。例如，常压下操作时适宜的出口汽速一般为20～50m/s，减压下操作时汽速则应更高。因此，如果料液中蒸汽的水量不多，就难以达到上述要求的汽速，即升膜式蒸发器不适用于较浓溶液的蒸发；它对黏度很大，易结晶或易结垢的物料也不适用。适用于易于发泡、黏度小的热敏性料液的蒸发。为保证设备的正常操作，应维持在爬膜状态的温度差，并且控制一定的蒸发浓缩倍数，一般为5倍。

知识链接　**温度差对蒸发器的影响**

温度差对蒸发器的传热系数影响较大。如温差小，物料在管内仅被加热，液体内部对流循环差，传热系数小。当温差增大，内壁上液体开始沸腾，当温差达到一定程度时，管子的大部分长度几乎为汽液混合物所充满，二次蒸汽将溶液拉成薄膜，沿管壁迅速向上运动。由于沸腾传热系数与液体流速成正比，随着升膜速度的增加，传热系数不断增大。再者，由于管内不是充满液体，而是汽液混合物，因此由液体静压强所引起的沸点升高所产生的温差损失几乎完全可以避免，增加了传热温度差，传热强度增加。但是，如传热温差过大或蒸发强度过高，传热表面产生蒸汽量大于蒸汽离开加热面的量，则蒸汽就会在加热表面积聚形成大气泡，甚至覆盖加热面，使液体不能浸润管壁，这时传热系数迅速下降，同时形成“干壁”现象，导致蒸发器非正常运行。

（二）降膜式长管蒸发器

降膜式蒸发器（如图7-2所示）的结构与升膜式蒸发器基本一致，区别在于料液是从蒸发器的顶部经液体分布装置均匀分布后进入加热管中，在重力作用下沿管壁成膜状下降。随着液膜的下降，部分料液被汽化，蒸出的二次蒸汽由于管顶有料液封住，所以只能随着液膜往管底排出，然后在分离器中分离。

降膜式蒸发器的效率，很大程度上决定于液体分布的好坏。为了使液体在进入加热管后能有效地成膜，每根管的顶部装有液体分布器（管或膜），图7-3所示为几种液体分布管的示意图。图7-3（a）的导流管为一有螺旋形沟槽的圆柱体；图7-3（b）的导流棒下部是圆锥体，此圆锥体的底面向内凹，以免沿锥体斜面流下的液体再向中央聚集；图7-3（c）所示的分布器是靠齿缝使液体沿加热管内壁成膜状流下；图7-3（d）所示为旋液式分布装置，用于强制循环降膜蒸发器中，料液用泵打入分布装置，因为料液由切线方向进入加热管内，产生强烈旋流，可以减薄边界层的厚度，提高传热系数。

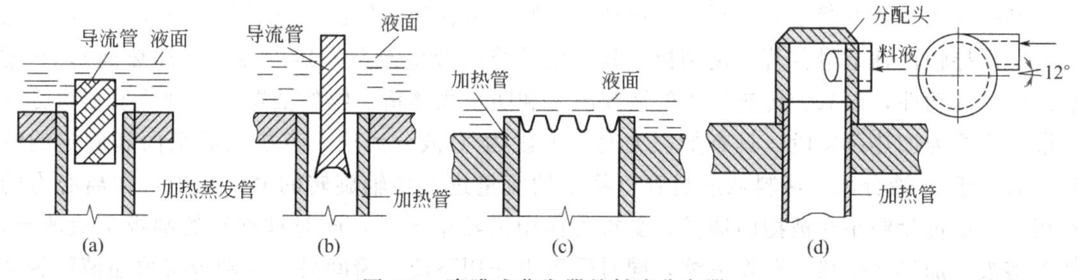

图7-3　降膜式蒸发器的料液分布器

由于降膜式蒸发器中，蒸发及液膜的运动方向都是由上向下，所以料液停留的时间比较短，受热影响小，因此可用来蒸发浓度较高的溶液，特别适用于热敏性物料，对于黏度较大（例如在0.05～0.45Ns/m^{2}范围内）的物料也能适用。但因液膜在管内分布不易均匀，传热系数较升膜式蒸发器小，因此不适用于易结晶或易结垢的物料。

（三）升降膜式长管蒸发器

升降膜式蒸发器是一种能获得高蒸发速率的蒸发器，在一个加热器内安装两组加热管、一组作升膜式，另一组作降膜式。物料溶液先进入升膜加热管内，沸腾蒸发后浓缩，汽液混合物上升至顶部，然后经液体分布装置，将初步浓缩后黏度较大的溶液转入另一半加热管，进行降膜蒸发，浓缩液从下部进入汽液分离器，分离后，二次蒸汽从分离器上部排入冷凝器，浓缩液从分离器下部出料。见图 7-4。

将两个浓缩过程进行串联，可以提高产品的浓缩比，减低设备高度。升降膜式蒸发器多用于蒸发过程中溶液黏度变化很大、溶液中水分蒸发量不大和厂房高度有一定限制的场合。

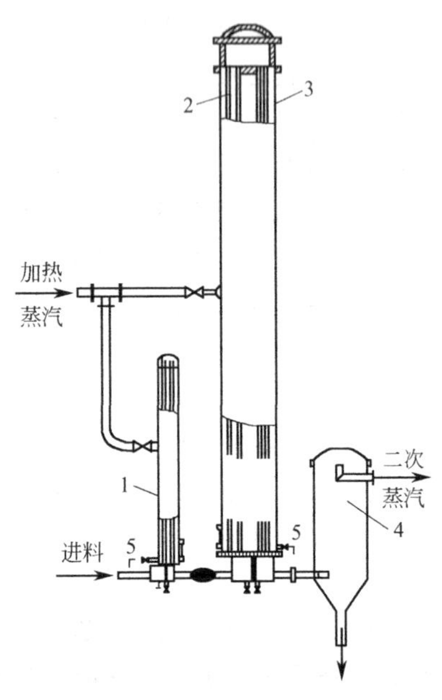

图 7-4 升降膜式蒸发器

1—预热器；2—升膜加热器；3—降膜加热器；
4—分离器；5—加热蒸汽冷凝排出口

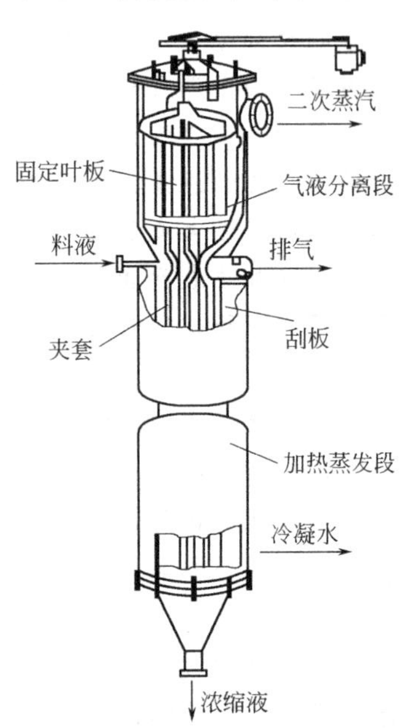

图 7-5 刮板式薄膜蒸发器

三、刮板式薄膜蒸发器

刮板式薄膜蒸发器是一种利用外加动力成膜的单程型蒸发器，其结构如图 7-5 所示。它具有一搅拌轴，轴上附有若干块刮板，其作用是将溶液甩至蒸发器的器壁（加热面），并增加液膜的湍动性，以减少传热过程的液膜阻力和防止固体析出物的沾壁。此种蒸发器可分为两段，下段为加热蒸发段，具有加热夹套；上段为气-液分离段，有扩大的截面和固定的叶板，有利于气-液分离。液料从进料管以稳定的流量进入随轴旋转的分配盘中，在离心力的作用下，通过盘壁小孔被抛向器壁，受重力作用沿器壁下流，同时被旋转的刮板刮成薄膜，薄膜溶液在加热区受热，蒸发浓缩，同时受重力作用下流，瞬间另一块刮板将浓缩液料翻动下推，并更新薄膜，这样物料不断形成新液膜蒸发浓缩，直到液料离开加热室流到蒸发器底部，完成浓缩过程。

这种蒸发器的突出优点是由于刮板的搅拌作用，料液成薄膜状流动，降低液体的黏度，料液不易滞留，且停留时间短（一般为数秒或几十秒），传热系数高。对物料的适应性很强，例如，对高黏度和易结晶、结垢的物料都能适用。其缺点是结构复杂，动力消耗大，每平方米传热面约需 1.5～3kW。此外，受夹套传热面的限制，其处理量也很小。它适用于高黏度浓缩液，热敏性的料液；或处理易结晶、易结垢的溶液；尤其对处理热敏性的中药提取液效果良好。

四、离心式薄膜蒸发器

离心式薄膜蒸发器的结构如图 7-6 所示，主要部件为离心转鼓和外壳，叠放着一组碗形空心碟片组成转鼓，碟片之间隔开一定空间。操作时转鼓高速旋转，经滤过后的料液从蒸发器顶部进入，由喷嘴分别喷入空心碟片下面，在离心力作用下，料液向外流动迅速分散形成极薄的液膜（厚度小于 0.1mm），在极短时间内迅速蒸发浓缩，浓缩液在离心力的作用下流至外缘，汇集到环形液槽，由吸液管从蒸发器上段抽出进入浓缩液槽。加热蒸汽由底部通过空心轴进入蒸发器锥形盘夹层中，冷凝水受离心力作用由小孔甩出，落在转鼓的最低位置流出。二次蒸汽由蒸汽排出口进入冷凝器移除。蒸发完毕后还可用热水或冷水通过洗涤水喷嘴冲洗蒸发器各部。

离心式薄膜蒸发器与刮板式薄膜蒸发器一样，都是依靠机械作用强制形成极薄的液膜，具有传热系数高、物料受热时间短、设备体积小、浓缩比高、浓缩时不易起泡和结垢、设备便于拆洗等优点，特别适用于中药浸出液、热敏性物料的处理；但对黏度大、有结晶、易结垢的料液不适宜，且设备周边配置较多，价格昂贵。

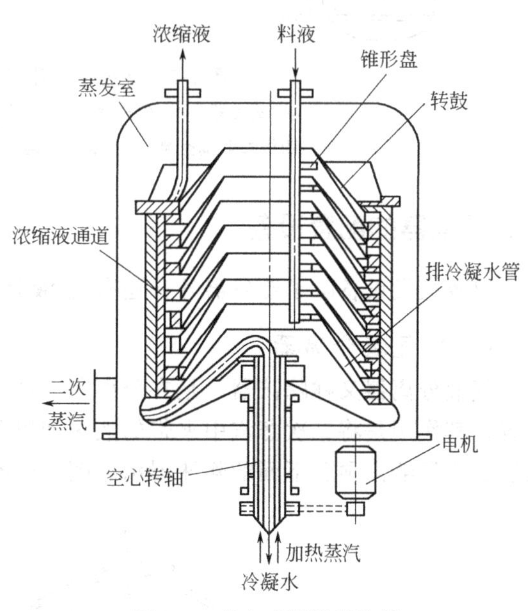

图 7-6　离心式薄膜蒸发器

五、循环式薄膜蒸发器

循环式蒸发器是将溶液在加热管中进行多次蒸发使溶液达到一定浓度的装置，若为升膜式蒸发器，可将分离器中分离出来的溶液引至加热管底部与新鲜料液一起再经加热管加热和汽化；若为降膜式蒸发器，则须借助循环泵，将分离器引出的溶液送往器顶重新进行分布和浓缩，用升降膜蒸发器对溶液进行循环浓缩，可不用循环泵。

图 7-7 是一种用于链霉素溶液浓缩的自然循环式升膜蒸发器及其生产流程。此种蒸发器的直径为 450mm，高为 1700mm，器内有蒸发管 7 根（图 7-7 仅为其中一根）。蒸发管有外加热面（通过壳体内的蒸汽对蒸发管加热）和内加热面（通过插入蒸发管中央的蒸汽管进行加热），溶液在内外加热面之间的环隙间通过而蒸发。料液进入后先预热至 25～27℃进入蒸发器，加料量为 350～400L/h，蒸发水量为 250L/h，蒸发器内的真空度为 600～620mmHg[1]，分离器内真空度要求在 750mmHg 以上，加热蒸汽温度为 95～98℃。

在蒸发器中附有蒸汽再压缩装置——蒸汽喷射泵，当高压蒸汽进入喷射泵后，将一部分由分离器中排出的二次蒸汽吸入喷射泵，并与高压蒸汽混合后形成低压的蒸汽作为加热蒸汽使用，不但减轻了二次蒸汽的冷凝负荷，而且使部分二次蒸汽经过升压后作为加热蒸汽用，节约了热能。

---

[1] 1mmHg=133.322Pa，全书余同。

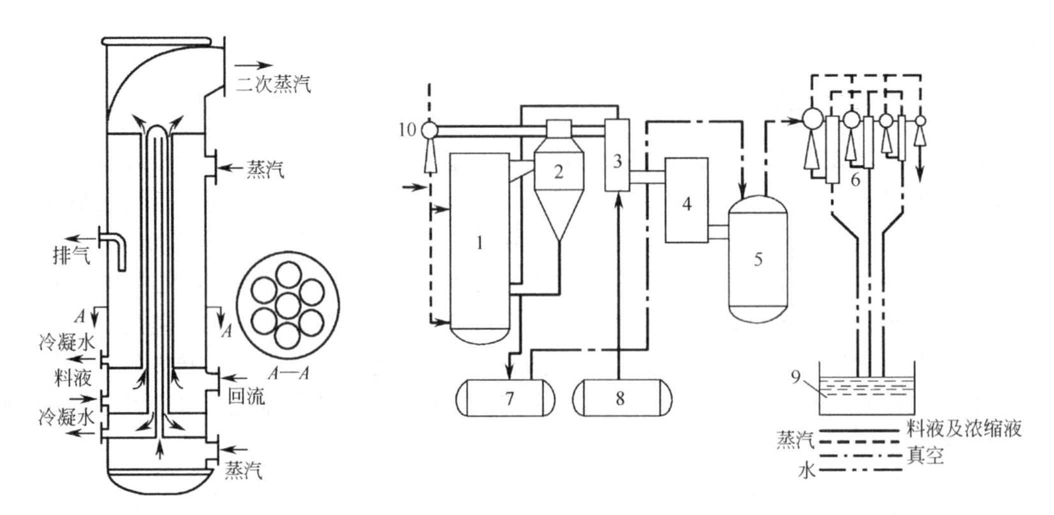

图 7-7 自然循环升膜蒸发器及其生产流程

1—蒸发器；2—分离器；3—热交换器；4—冷凝器；5—真空罐；
6—四级喷射真空泵；7—浓缩液罐；8—料液罐；9—水池；10—喷射泵

六、蒸发器的配套设备

单效蒸发设备除了蒸发器外，还有气-液分离器、冷凝器和真空装置等附属设备。

（一）气液分离器

气液分离器又称除沫器，是在分离室上部或分离室外面装有阻止液滴随二次蒸汽跑出的装置，其作用是将二次蒸汽中夹带的液沫加以分离和回收。分离器的形式很多，图 7-8 是直接装在蒸发器内顶盖下面的除沫器示意图，也有装在蒸发器外部的（图 7-9 所示）。

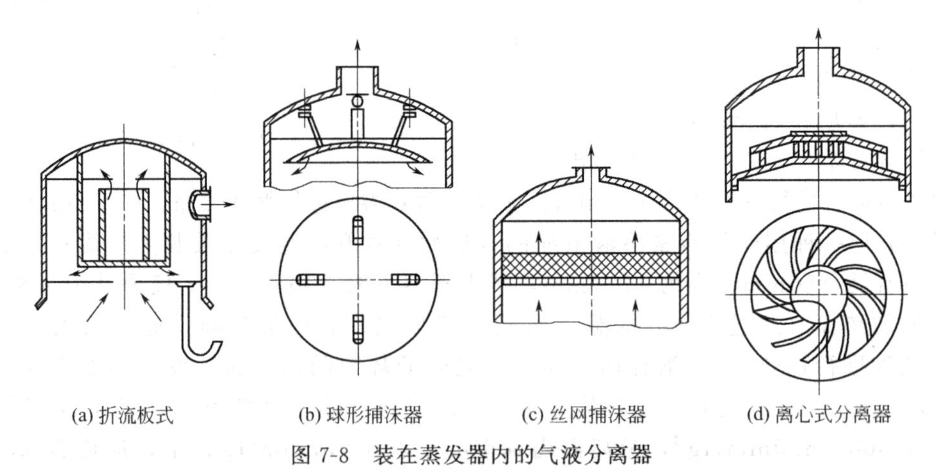

图 7-8 装在蒸发器内的气液分离器

（二）蒸汽冷凝器

蒸汽冷凝器的作用是将二次蒸汽冷凝成液体。在蒸发操作过程中，二次蒸汽若是有回收价值的溶剂或会严重地污染冷却水时，应采用间壁式冷凝器回收，如列管式、板式、螺旋管式及淋水管式等热交换器；当二次蒸汽为水蒸气时，可采用直接接触式冷凝器冷凝成水后排除，因二次蒸汽与水直接接触进行热交换，所以冷凝效果好，结构简单，操作方便，被广泛使用。直接接触式冷凝器的结构如图 7-10 所示。

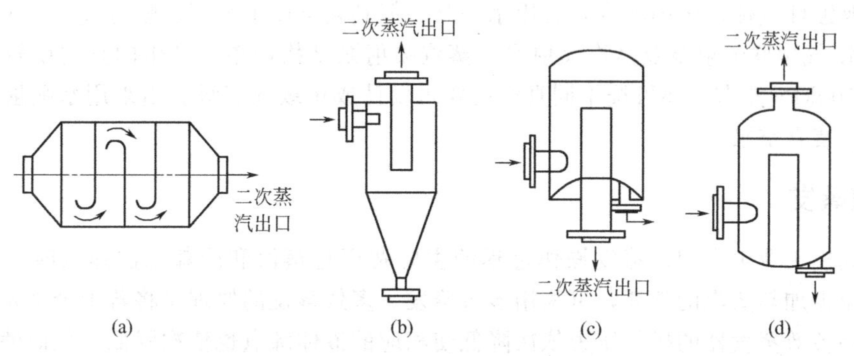

图 7-9　装在蒸发器外的气液分离器

(a) 隔板式；(b)～(d) 旋风分离器

图 7-10(a) 是目前广泛应用的多层多孔板式冷凝器，冷凝器内部装有 4～9 块不等距的多孔板，冷却水通过板上小孔分散成液滴而与二次蒸汽接触，接触面积大，冷凝效果好。但多孔板的缺点是易堵，二次蒸汽在折流过程中压降较大。

水帘式冷凝器的结构如图 7-10(b) 所示，器内装有 3～4 对固定的原型隔板和环形隔板，使冷却水在各板间形成水帘，二次蒸汽通过时被冷凝，其结构简单，压降较大。

填充塔式冷凝器的结构如图 7-10(c) 所示，塔内上部装有多孔板式液体分布板，塔内装有拉西环填料。冷却水与二次蒸汽在填料表面接触，提高了冷凝效果。适用于二次蒸汽量较大和冷凝具有腐蚀性气体的情况。

图 7-10(d) 为水喷射式冷凝器的结构，冷却水依靠泵加压后经喷嘴高速喷出形成真空，二次蒸汽被抽出，经冷凝随冷却水由排出管排出。在该设备中抽真空与冷凝二次蒸汽同时发生，所以蒸发系统不需要另配真空泵。水喷射式冷凝器用水量较大，因此企业广泛采用二次循环水作为冷却水。

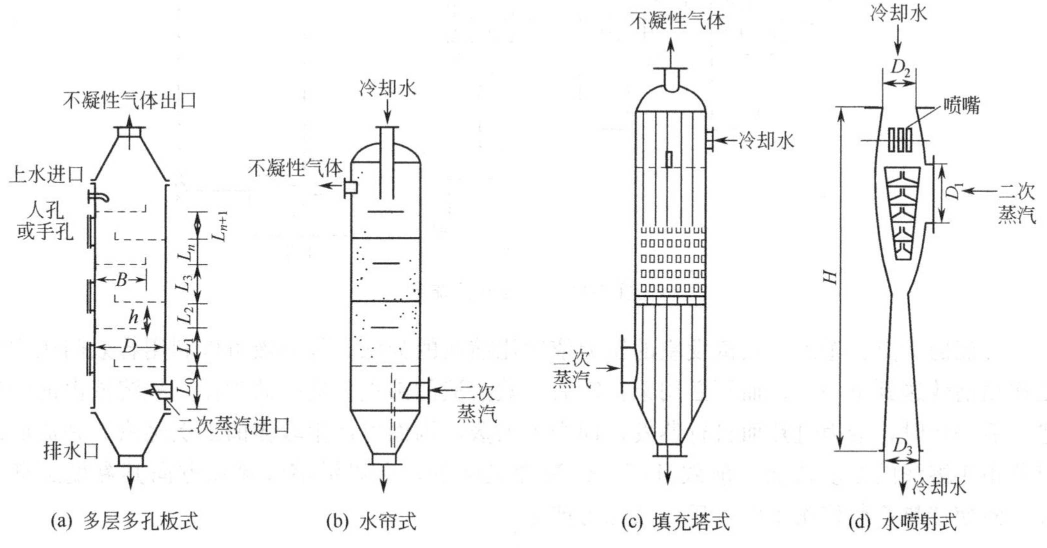

图 7-10　直接接触式冷凝器示意图

(三) 真空装置

当蒸发器采用减压操作时，需要在冷凝器后安装真空装置，不断抽出水蒸气所带的不凝性气体，以维持蒸发操作所需要的真空度。常用的真空泵有水环泵、往复式真空泵及喷射泵。对有腐蚀性气体发生的场合，宜用水环泵，但其真空度不太高。喷射式真空泵又分为水喷射泵、水-气串联喷射泵及蒸汽喷射泵。蒸汽喷射泵结构简单，产生的真空度较水喷射泵高，可达100kPa左右，还可按不同真空度要求设计成单级或多级。当采用水喷射式冷凝器时，不需安装真空泵。

七、多效蒸发

在大规模工业生产中，蒸发操作过程的主要费用是蒸汽和冷却二次蒸汽时冷却水的能耗。为了减少加热蒸汽的消耗，可采用多效蒸发。多效蒸发的原理是将若干个蒸发器串联起来，利用将各效蒸发器的操作压力依次降低使相应的液体沸点也依次降低，从而使二次蒸汽作为下一效蒸发器的加热蒸汽。这样，每一个蒸发器即称为一效，将多个蒸发器连接起来一同操作，即组成一个多效蒸发系统。加入生蒸汽的蒸发器称为第一效，利用第一效二次蒸汽加热的称为第二效，依此类推。多效蒸发操作的流程根据加热蒸汽与料液的流向不同而异，较常用的有并流、逆流和平流，现以三效为例加以说明。

1. 并流

如图7-11所示，溶液和蒸汽的流向相同，即均由第一效顺序流至末效，此种流程称为并流。操作时生蒸汽通入第一效加热室，蒸发的二次蒸汽引入第二效的加热室作加热蒸汽，第二效的二次蒸汽又引入第三效加热室作为加热蒸汽，作为末效的第三效的二次蒸汽则送至冷凝器被全部冷凝。同时，原料首先进入第一效，经浓缩后由底部排出，再依次进入第二效和第三效被连续浓缩，完成液由末效的底部排出。

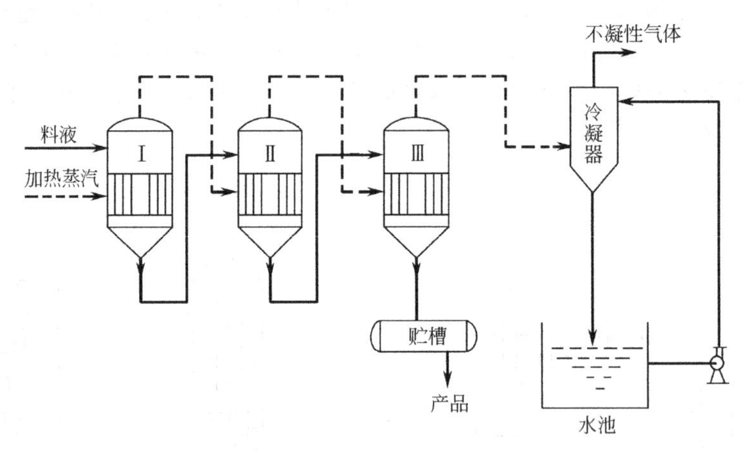

图7-11 三效并流流程

并流的优点：①后一效蒸发室的压力依次比前效的为低，故溶液可以利用各效间压力差依次由前效送到下一效，而不必用泵；②后一效溶液的沸点较前一效为低，故溶液由前一效进入后一效时，会因过热而自行蒸发，即产生闪蒸，因而可产生较多的二次蒸汽。并流的缺点是由于溶液的浓度依次比前效升高，但温度又降低，所以沿溶液流动方向其黏度逐渐增高，致使传热系数依次下降，后二效尤为严重。

2. 逆流

图7-12所示为逆流蒸发流程。

该流程是将原料液由末效引入，并用泵依次输送至前效，完成液由第一效底部排出，而加热蒸汽仍是由第一效进入并依次流向末效。因蒸汽和溶液的流动方向相反，故称为逆流。

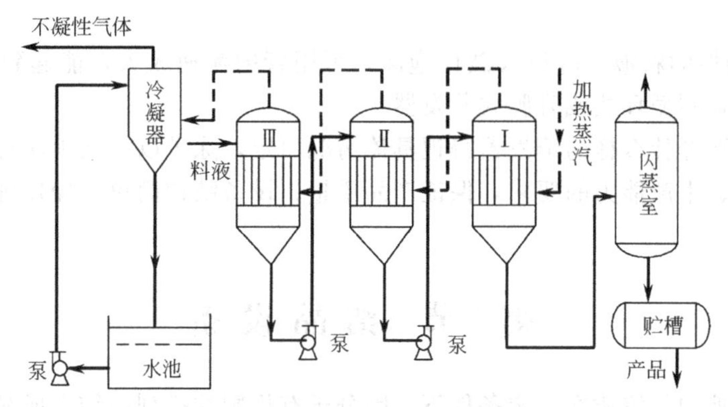

图 7-12　三效逆流蒸发流程

逆流蒸发流程的主要优点是随着各效溶液浓度的不断提高，温度也相应提高，因此各效溶液的黏度接近，使各效的传热系数也大致相同。其缺点是效间溶液需用泵输送，能量消耗较大，且各效进料温度均低于沸点，与并流相比较，产生的二次蒸汽量较少。

3. 平流

平流法蒸发流程如图 7-13 所示。

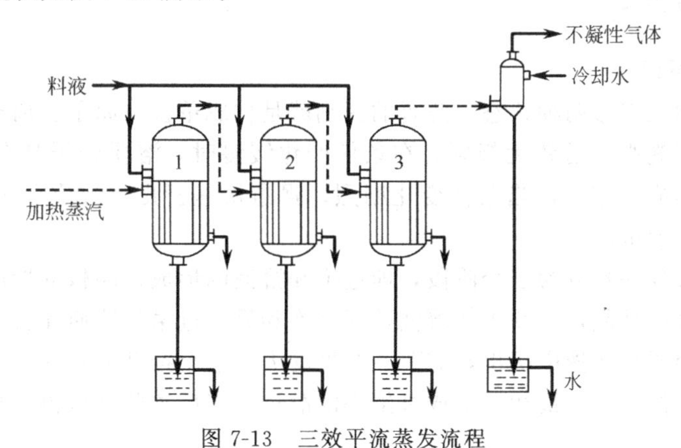

图 7-13　三效平流蒸发流程

操作时，原料液分别加入每一效中，完成液也是分别自各效中排出。蒸汽的流向仍是由第一效流至末效。上述并流在工业中采用得最多，而逆流适用于处理黏度随温度和浓度变化较大的溶液，但不适于处理热敏性溶液。平流适于处理蒸发过程中伴有结晶析出的溶液。

八、蒸发设备的选用

蒸发设备的类型较多，结构形式各异。选用时，应深入了解各种蒸发器的性能，物料的性质，如黏度、热敏性、发泡性、腐蚀性，以及是否易于结垢或析出结晶和蒸发要求等来确定。

① 对于黏度大的料液，必须选用能使料液流速较快或能使液膜不断地被搅拌的蒸发器，如选用强制循环型蒸发器、降膜式蒸发器或刮板式薄膜蒸发器等为宜。

② 对于热敏性料液，应能降低料液在蒸发器内的沸点温度，缩短在蒸发器内的受热时间，以选用膜式蒸发器为宜。

③ 对于易结垢或有结晶析出的料液，须选用不在加热管内沸腾蒸发的蒸发器。

④ 对于腐蚀性料液，应从蒸发器的材质，特别是加热管的材料来选择，采用耐腐蚀性

材料。

⑤ 对于发泡性的料液，应设法破坏泡沫，可用管内流速较大，能起到使泡沫有破裂作用的蒸发器，如强制循环式或升膜式蒸发器。

总体来说，选择什么样的蒸发器得视具体情况而定，除了以上几项注意外，还应考虑必须满足生产过程、生产能力的要求，保证产品质量；设备结构简单，操作维护方便；生产的经济成本低。

第二节 结晶设备

结晶是指溶液中的溶质在一定条件下，因分子有规则的排列而结合成晶体。晶体的化学成分均一，具有各种对称的晶体，其特征为离子和分子在空间晶格的结点上呈规则的排列。

结晶操作的特点：①能从杂质含量较多的混合液中分离出高纯度的晶体；②高熔点混合物、相对挥发性小的物料、共熔物、热敏性物料等难以分离的物料，可采用结晶操作加以分离；因为沸点相近的组分其熔点可能有显著差别；③结晶操作过程能耗较低，设备简单、操作方便，广泛应用于氨基酸、有机酸、抗生素、维生素、核酸等产品的精制。

一、结晶原理及方法

1. 结晶基本原理

固体有结晶和无定形两种状态。两者的区别就是构成单位（原子、离子或分子）的排列方式不同，前者有规则，后者无规则。在条件变化缓慢时，溶质分子具有足够时间进行排列，有利于结晶形成；相反，当条件变化剧烈，强迫快速析出，溶质分子来不及排列就析出，结果形成无定形沉淀。

溶液的结晶过程一般分为三个阶段，即过饱和溶液的形成、晶核的形成和晶体的成长阶段。因此，为了进行结晶，必须先使溶液达到过饱和后，过量的溶质才会以固体的形态结晶出来。因为固体溶质从溶液中析出，需要一个推动力，这个推动力是一种浓度差，也就是溶液的过饱和度；晶体的产生最初是形成极细小的晶核，然后这些晶核再成长为一定大小形状的晶体。

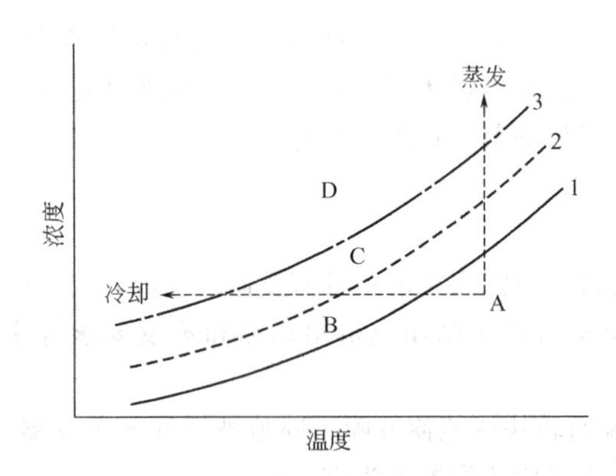

图 7-14 溶液浓度-温度曲线

A—稳定区；B—第一介稳区；
C—第二介稳区；D—不稳定区
1—溶解度曲线；2—第一超溶解度曲线；
3—第二超溶解度曲线

由于物质在溶解时要吸收热量、结晶时要放出结晶热，因此，结晶也是一个质量与能量的传递过程，它与体系温度的关系十分密切。溶解度与温度的关系如图 7-14 所示，可以用饱和曲线和过饱和曲线表示。

A 稳定区：即不饱和区，不可能产生晶核。

B 第一介稳区：即第一过饱和区，在此区域内不会自发成核，当加入结晶颗粒时，结晶会生长，但不会形成新晶核。这种加入的结晶颗粒称为晶种。

C 第二介稳区，即第二过饱和区，在此区域内也不会自发成核，但加入晶种后，在结晶生长的同时会有新晶核产生。

D不稳区：是自发成核区域，溶液能自发产生晶核和进行结晶。

2. 结晶的方法

结晶的首要条件是溶液达到过饱和，根据使溶液达到过饱和的途径，结晶方法可分为以下几种。

(1) 蒸发结晶　用加热的方法将部分溶剂蒸发使溶液浓缩至过饱和状态，促使晶体成长并析出的方法称为蒸发结晶。这种方法中结晶和蒸发过程是同时进行的，适用于溶解度随温度变化较小的溶质析出。

(2) 冷却结晶　先升温蒸发除去部分溶剂后，再降低溶液的温度，溶液达到过饱和，使晶体析出成长。这种方法适用于溶解度随温度变化较大的溶质。

(3) 改变溶质溶解度结晶法　在溶液中加入第三种物质，由于第三种物质的加入降低了溶质的溶解度，使溶质在此溶剂中过饱和而析出结晶。

二、结晶设备

(一) 冷却搅拌结晶器

冷却结晶设备是采用降温来使溶液进入过饱和，并不断降温，以维持溶液一定的过饱和浓度进行育晶，常用于温度对溶解度影响比较大的物质结晶。

1. 槽式结晶器

如图7-15所示为槽式结晶器，是冷却搅拌结晶器的一种。该结晶器为一敞口的槽状，底座为半圆形。槽体外装有夹套，可以通入水。槽内装有长螺距带搅拌器，搅拌器不仅加速冷却搅拌式结晶器的传质和传热，且使溶液中各部分的温度比较均匀，能促进晶核的产生和晶体的成长。产品的晶粒比较细小，且大小一致。热的浓溶液经料液入口进入槽体内，冷却水由另一端进入夹套，与溶液做逆向流动。此法既可间歇操作，也可连续操作。

槽式结晶器的传热面积有限，且劳动强度大，对溶液的过饱和度难以控制；但小批量、间歇操作时比较合适。

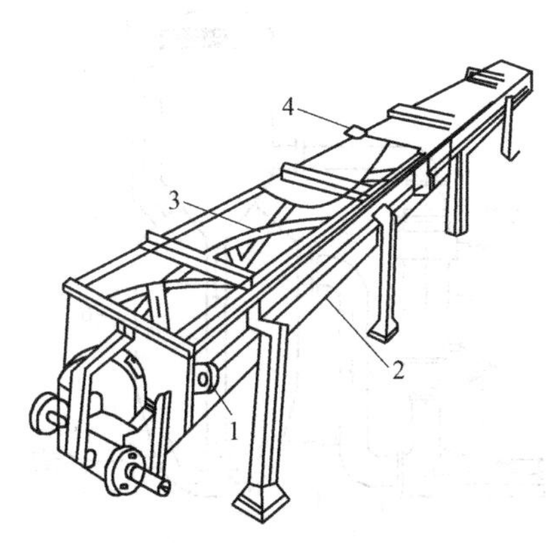

图7-15　长槽搅拌式连续结晶器

1—冷却水进口；2—水冷却夹套；3—长螺距螺旋搅拌器；4—两段之间的接头

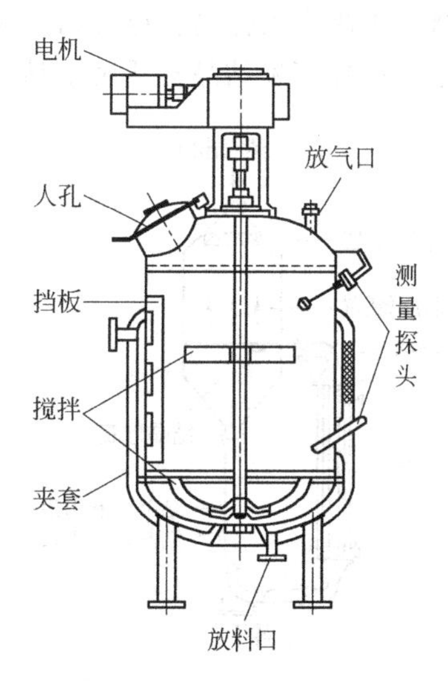

图7-16　搅拌罐式结晶器

2. 搅拌罐式结晶器

搅拌罐式结晶器如图 7-16 所示。其结构与搅拌罐式反应器（STR）相似，外面有夹套用于罐内外的热量交换，罐身设有 pH 和温度测量探头。结晶器的搅拌轴上装有两个搅拌，中间一个将料液搅匀，底部搅拌可以将沉淀下来的晶体搅起。结晶罐通常采用不锈钢或搪瓷制作，要求内表面光滑，晶体不易粘壁，易于清洗。

这种设备的优点是结构简单，操作容易，因为是间歇操作，结晶时间可以任意调节，因此可得到较大的结晶颗粒，特别适合于有结晶水的物料的晶析过程。缺点是生产能力较低，过饱和度不能精确控制。结晶罐的搅拌转速要根据对产品晶粒的大小要求来定：对抗生素工业，在需要获得微粒晶体时采用高转速，即 1000～3000r/min、一般结晶过程的转速为 50～500r/min。

（二）蒸发结晶器

蒸发结晶设备是采用蒸发溶剂，使浓缩溶液进入过饱和状态起晶，并不断蒸发，以维持溶液在一定的过饱和度进行育晶。结晶过程与蒸发过程同时进行，故一般称为煮晶设备。溶质的溶解度随温度变化不大或者单靠温度变化进行结晶时结晶率较低的场合，需要蒸除部分溶剂以取得结晶操作必要的过饱和度，这时可用蒸发式结晶器。

需要指出的是，用于蒸发器浓缩溶液使其结晶时，由于是在减压条件下操作，故能维持较低的温度，使溶液产生较大的饱和度，但对晶体的粒度难于控制。因此，遇到必须严格控制晶体粒度的要求时，可先将溶液在蒸发器中浓缩至略低于饱和浓度，然后移送至另外的结晶器中完成结晶过程。

1. 强制循环蒸发结晶器

强制循环蒸发结晶器的结构如图 7-17 所示。操作时，料液自循环管下部连续加入，经循环泵送往换热器加热，料液在换热器内升温但不产生蒸发。升温后的料液进入到结晶室后沸腾蒸发，浓度增高，使溶液达到过饱和状态。此时晶体开始生长，晶浆从底部结晶母液出口处引出，经过滤或其他液固分离手段使结晶固体与液体分开。固体作为产品，根据液体中溶质含量可决定液体是否返回结晶液再进行结晶。

强制循环蒸发结晶器适用于晶体生长快、不要求控制粒度的情况，如柠檬酸和一些无机

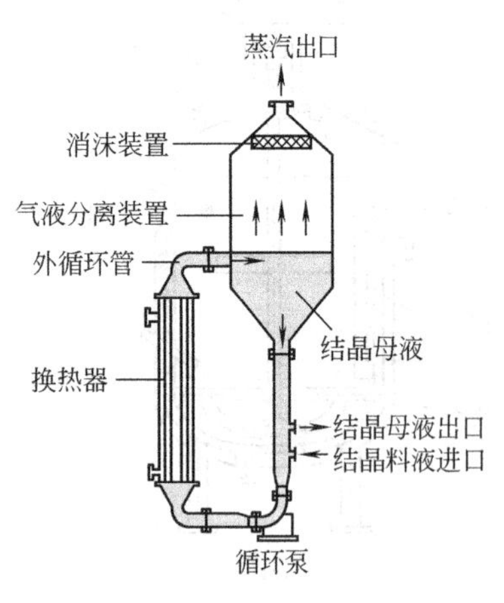

图 7-17　强制循环蒸发结晶器

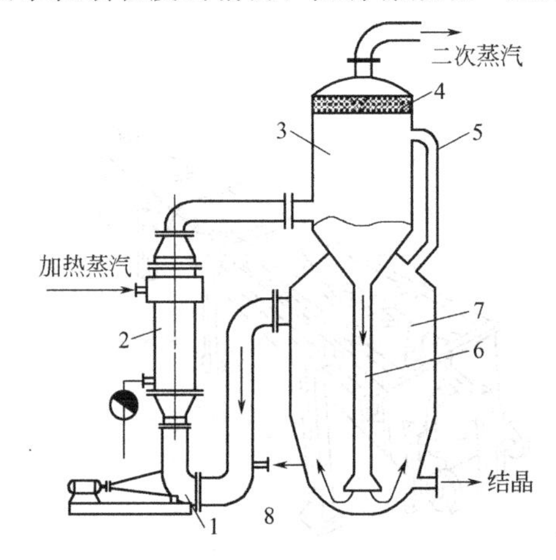

图 7-18　奥斯陆蒸发式结晶器

1—循环泵；2—加热器；3—蒸发室；4—捕沫器；5—通气管；6—中央管；7—结晶成长段；8—原料液

物（氯化钠、硝酸钾等）的结晶。

2. 奥斯陆蒸发式结晶器

奥斯陆（Oslo）蒸发式结晶器的结构如图 7-18 所示。操作时料液经循环泵送入加热器加热，加热器采用单程管壳式换热器，料液走管程。加热后的过热溶液进入蒸发室蒸发，二次蒸汽经捕沫器排出，浓缩的料液达到过饱和，经中央管下行至底部，然后向上流动并析出晶体。析出的晶粒在向上的液流中漂浮流动，小晶粒随液体向上，大晶粒集中在下部。这样，从上至下晶粒越来越大，形成分级。而细晶粒随液体从成长段上部排出，经管道吸入循环泵，再次进入加热器加热后被重新溶解，作为过热溶液返回到结晶器上部进口重新蒸发；底部的晶粒最大，从底部晶浆出口出来后进行液固分离。分离后，固体作为产品，液体可根据母液中溶质的多少，通过循环泵再返回结晶器。

通过调节外置循环泵的出口流量可以改变过热溶液流回结晶器的流量，因而改变液体从中心管底部向上流动的速度，进而改变结晶成长段上下的晶体颗粒大小。如流回结晶器的过热溶液流量越大，结晶成长段向上的液流速度越快，被向上流动的液流带走的颗粒越大，则留在底部的颗粒越大，得到的结晶产品颗粒就越大，反之越小。使用该手段，可以调节结晶产品颗粒的大小。

Oslo 结晶器具有结晶粒度均匀可控、无机械搅拌节约能量和成本、可连续操作等优点，缺点是结构较复杂、体积大、需设置外部循环和加热装置，占地面积大。适用于需要对晶粒大小进行控制以及需要制取粗大晶体的结晶操作过程。

如果将蒸发室与真空泵相连，可进行真空绝热蒸发。与常压蒸发结晶器相比，真空蒸发结晶设备不设加热设备，进料为预热的溶液，蒸发室中发生绝热蒸发，因而在蒸发浓缩的同时，溶液温度下降，操作效率更高。

3. DTB 结晶器

DTB 型结晶器的结构见图 7-19。它的中部有一导流筒，筒内底部装有螺旋桨式搅拌，使液体向上流动。在四周有一圆筒形挡板，与结晶器外部形成沉降区。操作时，从外置加热器和循环泵过来的过热溶液从导流筒底部进入。料液在螺旋桨的推动下，在筒内上升至液体表面，然后转向下方，沿导流筒与挡板之间的环行通道流至器底，重又被吸入导流筒的下端，反复循环，使料液充分混合。过热溶液在液面蒸发，达到过饱和状态而出现结晶。

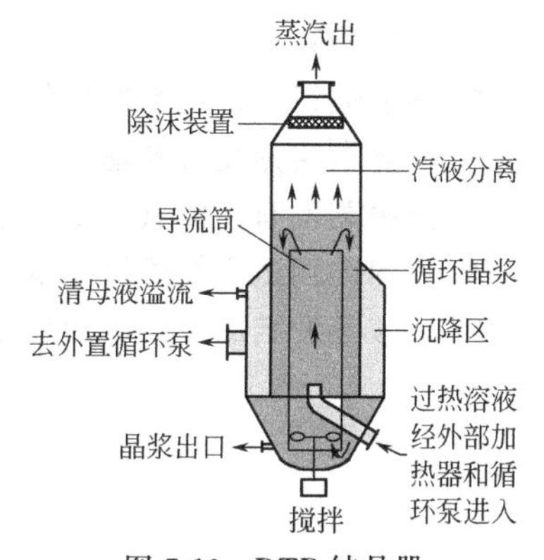

图 7-19　DTB 结晶器

晶体随晶浆的循环到达结晶器的底部，小颗粒结晶随循环晶浆继续向上并在此过程中逐渐长大，大颗粒结晶则沉降在底部从晶浆出口处排出，经液固分离后得到结晶产品。挡板与器壁间形成的沉降区上部有一个清母液溢流口，以便在必要时抽出部分澄清母液，也作为连续操作时的母液出口。可以通过调节搅拌的速度适当控制晶粒的大小，搅拌速度大，晶浆循环速度快，带动较大晶粒上下循环并在此过程中继续生长，有利于大颗粒的生长。

DTB 结晶器的优点是料液混合效果好、结晶颗粒较大、可连续操作。缺点是机械搅拌装置耗能较高、控制不当易打碎晶粒。该设备适用于中等蒸发速度的蒸发结晶和冷冻结晶，以及需要生产较大粒度晶体的情况。

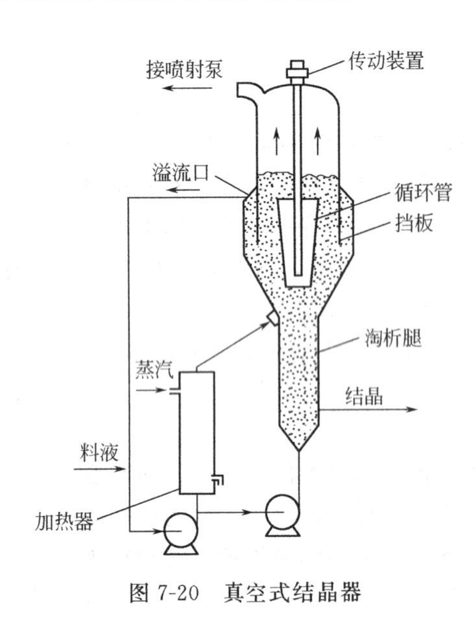

图 7-20 真空式结晶器

（三）真空式结晶器

真空式结晶器是利用溶液在真空条件下其沸点较常压下低的特点，把热溶液送入密闭且绝热的容器中，让溶液在绝热的容器内自行蒸发，从而使溶液浓缩降温达到结晶所需的过饱和度。真空式结晶器一般没有加热器或冷却器，料液在结晶器内闪蒸浓缩并同时降低了温度，因此在产生过饱和度的机制上兼有蒸除溶剂和降低温度两种作用。

真空式结晶器一般采用蒸汽喷射器来获得并维持结晶器的真空度，在操作上可采取间歇式或连续式，真空式结晶器有多种形式，如图 7-20 所示为一具有中央循环管和挡板的真空式结晶器。料液由循环管底部送入，向上经过循环管到达溶液的表面，缓慢、均匀地沸腾。循环管外的挡板把结晶生长区和沉降区隔开。在结晶生长区，由于桨式搅拌器的作用使混悬液的浓度均匀，在此区间内能产生一定数量的晶核，并使晶粒生长，长大了的晶粒流向下部，符合要求的晶粒落入淘析腿，小一些的晶粒被从下往上流动的母液淘洗并溶解，由溢流口排至结晶器外。在循环泵作用下，母液经加热器补充热量后又进入结晶器。

目标检测题

一、名词解释

蒸发；结晶；自然蒸发；沸腾蒸发；二次蒸汽；减压蒸发；单效蒸发；二效蒸发；爬膜现象。

二、简答题

1. 蒸发进行的必要条件是什么？
2. 简述常用蒸发器的基本组成及气液分离器的作用。
3. 薄膜蒸发有何优点？试比较几种薄膜蒸发器的结构特点和适用范围。
4. 如何选用适宜的蒸发设备？
5. 比较蒸发结晶器、冷却结晶器和真空结晶器的结构特点及使用范围。

第八章 干燥设备

第一节 概　　述

一、干燥的概念

干燥即是借助于热能使物料中水分或其他溶剂蒸发或用冷冻将物料中的水分结冰后升华而被移除的单元操作。干燥在中药饮片、药剂辅料、原料药、中间体及制剂生产中应用非常广泛，如浸膏剂、颗粒剂、胶囊剂、片剂、丸剂及生物制品等的制备过程都直接应用。其目的有：①便于固体物料的贮存、运输和计量；②保证固体物料的质量及化学稳定性，固体物料含水量较高时容易发生水解、氧化等化学变化，由此引起的物料含量降低、杂质含量增加及相应的外观变化是药物生产所不能允许的；③方便加工、包装，例如片剂生产中将各种固体物料混合制成湿颗粒，经干燥整粒后方能压片或者填入硬胶囊等，含水量高的物料颗粒在料仓中流动性极差，易引起剂量的显著差异。

二、干燥的分类

干燥的方法多种多样，生产中从不同的角度考虑有不同的分类方法。

（一）按操作方式分类

可分为连续式干燥和间歇式干燥。连续式干燥具有生产能力大、干燥质量均匀、热利用率高、劳动条件好等优点；间歇式干燥具有设备投资少、操作控制方便等优点，通常用于小批量生产、处理量少或多品种生产。但存在干燥时间长、生产能力小、劳动强度大等不足。

（二）按操作压力分类

按照操作压力的不同，干燥可分为常压干燥和真空干燥。没有特殊要求的物料干燥宜常压干燥，生产中多采用此类干燥；而对于热敏性或易氧化物料的干燥应选择真空干燥。

（三）按供给热能的方式分类

生产中干燥设备多是按供给热能的方式进行设计制造和分类的，可分为如下种类。

1. 传导干燥

将湿物料与设备的加热面（热载体）相接触，热能可以直接传递给湿物料，使物料中的湿分汽化，同时用空气（湿载体）将湿气带走。传导干燥的特点是热利用程度高（为70％～80％），湿分蒸发量大，干燥速度快，但温度较高时易使物料过热而变质。常见干燥设备包括转鼓干燥、真空干燥、冷冻干燥等。

2. 对流干燥

对流干燥就是利用加热后的干燥介质，最常用的是热空气，将热量带入干燥器并以对流方式传递给湿物料，又将汽化的水分以对流形式带走。这里的热空气既是载热体，也是载湿体。其特点是干燥温度易于控制，物料不易过热变质，处理量大，但热能利用程度不高（约30%～70%）。此类干燥方法目前应用最广，常见的干燥设备包括气流干燥、流化干燥、喷雾干燥等。

3. 辐射干燥

热能以电磁波的形式由辐射器发射，并为湿物料吸收后转化为热能，使物料中的水分汽化，用空气带走。其特点是干燥速率高、产品均匀而洁净、干燥时间短，特别适用于以表面蒸发为主的膜状物质，但它的耗电量较大，热效率约为30%。

4. 介电干燥

湿物料置于高频交变电场之中，湿物料中的水分子在高频交变电场内频繁地变换取向的位置而产生热量。一般低于300MHz的称作高频加热，300MHz～3000GHz的称微波加热。目前微波加热使用的频率是915MHz和2450MHz两种。因为微波为水所优先吸收，故对内部水分分布不均匀的物料有"调平作用"；热效率较高，约在50%以上。

5. 冷冻干燥

将湿物料或溶液在低温下冻结成固态，然后在高真空下供给热量将水分直接由固态升华为气态的去除水的干燥过程。

6. 组合干燥

有些物料特性较复杂，用单一的干燥方法不易达到工艺要求，可以考虑采用两种或两种以上的干燥方法串联组合，以满足生产工艺要求。如喷雾和流化床组合干燥，喷雾和辐射组合干燥等。组合干燥结合不同干燥方法的优点，扩大了干燥设备的应用范围，提高经济效益。

三、干燥原理及影响干燥速率的因素

（一）干燥原理

湿物料进行热干燥时，有两个基本过程：①传热过程。热气流作为干燥介质将热能传递至物料表面，再由表面传递至物料内部。②传质过程。物料得到热量后，其表面湿分汽化，物料内部和表面之间产生湿分浓度差，湿分由内部向表面扩散，再通过物料的气膜扩散至热气流中。

物料的干燥过程是传热和传质同时进行而且方向相反的过程，当热气流的温度高于物料表面温度时，热能从热气流传递到物料表面，传热推动力为两者温度差。此时，物料受热表面产生的湿分蒸气压（p_w）大于热气流介质中的湿分蒸气压（p），湿分蒸汽必然从物料表面扩散到热气流介质中，传质推动力为p_w-p。热气流不断地把热能传递给湿物料，湿物料的水分不断地汽化并扩散到热气流中由热气流带走，而物料内部的湿分又源源不断地扩散到物料表面，这样湿物料中的湿分不断减少达到干燥的目的。

由上述可知，干燥过程得以进行必须具备传热推动力和传质推动力，使被干燥物料表面所产生的湿分蒸气压大于干燥介质中的湿分蒸气压，即$p_w>p$，压差越大，干燥过程进行得越快；如果$p_w-p=0$，表示干燥介质与物料中的分蒸汽达到平衡，干燥即停止；如果$p_w-p<0$，物料不仅不能干燥，反而吸湿。由此，干燥介质除了应保持与湿物料的温度差及较低的含湿量外，尚须及时把湿物料汽化的湿分带走，以保持一定的传质

推动力。

（二）干燥速率及其影响因素

1. 物料所含水分的性质

（1）结合水与非结合水

① 结合水。指物料中与物料间借化学力或物理和化学力相结合的水分，汽化时不仅要克服水分子间的作用力，还要克服水分子与固体间结合的作用力，这部分水分蒸汽压力低于同温度下纯水的蒸汽压力。包括了结晶水、溶液水、吸附水、毛细管结构中水分及溶胀水等。

a. 结晶水。这部分水与物料分子间有准确的数量关系，以化学力或物理化学力与物料结合。此结晶水的脱水过程一般不视为干燥过程。

b. 溶液水。以溶液的形式存在于物料中的水分：固体物料在水中都有一定的溶解度，水分可以形成溶液的形式，用干燥方法可以除去大部分这种水分。

c. 吸附水。所有固体表面均有一定的吸附性，因吸附作用而结合的水分，叫吸附水，其性质与纯水一样，其蒸汽压力和同温度下纯水饱和蒸汽压力相等。此水易干燥除去。

d. 毛细管结构中水分。当物料为多孔性、纤维状、粉状或颗粒状结构时，均含有一定的间隙、孔道和毛细管，因产生毛细管作用而使水分停留其中。孔隙小，吸引力大，水不易汽化，干燥时难以除去；孔隙较大，其水分性质与吸附水分不一样，为非吸附水，较易除去。

e. 溶胀水。指渗入到物料细胞壁内的水分，成了物料组成部分，干燥时较难除去。

② 非结合水。系指机械地附着于物料表面、存积于大孔隙或颗粒堆积层中的水分。它们与物料结合力弱，其蒸汽压力与同温度下纯水的蒸汽压力相同。在干燥过程中容易除去这部分水分。

（2）平衡水分与自由水分　在一定的外部湿空气环境中（如湿空气的温度、相对湿度不变），对湿物料中的水分加以区分：其中可用干燥方法除掉的水分是自由水分；不能用干燥方法除掉的是平衡水分。因为只有当物料中水的蒸气压大于空气中水的蒸气分压时，干燥过程才能发生，显然，物料中水分被干燥到所产生的蒸气压刚好等于空气中水蒸气的分压时，两者处于平衡状态，干燥不再进行，此时物料中的水分就是平衡水分。处于与外界空气状态平衡时物料的湿含量叫平衡湿含量 X^*（kg 水分 / kg 绝对干燥物料）。X^* 就是在指定空气条件下物料能被干燥的极限。一般干燥后物料最终含水量都会高于或趋近于平衡湿含量。平衡水分属于物料中结合水分。

结合水与非结合水、平衡水分与自由水分是两种不同的区分。水之结合与否取决于固体物料的本身性质，与空气状态无关；而平衡水与自由水的区别则取决于周围空气的状态。这两种水分分类方法的相互关系见表 8-1 和图 8-1。

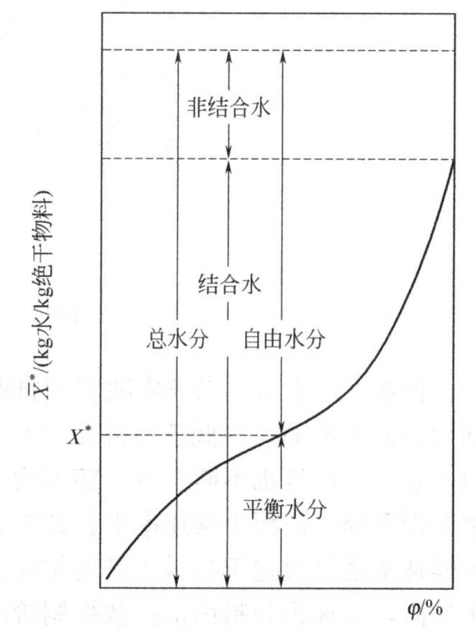

图 8-1　固体物料水分的区分

表 8-1　固体物料水分区别

类　　型	按外部空气湿度区分	按物料与水分内部结合程度分	
物料所含总水分	平衡水分	结合水分（不能除去）	干燥后残留的水分量
	自由水分	结合水分（能除去）	经干燥操作除去的水分量
		非结合水分	

2. 干燥速率和干燥速率曲线

干燥速率是指在单位时间内在单位干燥面积上汽化的水分质量，以微分形式表示为：

$$U=\frac{dW}{S\,dt}=-\frac{G_c\,dX}{S\,dt}$$

式中　U——干燥速率，kg/(m^2·s)；

S——干燥面积，m^2；

W——汽化水分量，kg；

t——干燥所需时间，h；

G_c——湿物中绝对干燥重量，kg；

X——湿物料的含水量，kg 水 / kg 绝对干料；

负号——表示物料含水量随干燥时间增加而减少。

在干燥时，物料的平均湿度（X）和干燥时间（t）的关系曲线，称为干燥曲线，典型的干燥曲线见图 8-2。AB 段为预热阶段，所需时间较短，可以忽略。图中 BC 段表示物料的平均湿度随时间而呈直线下降，在这段时间内，物料的表面非常湿润，物料表面水分为非结合水分，在恒定的干燥条件下，物料干燥速率保持不变，称为恒速干燥阶段。在恒速干燥阶段，由于物料内部水分扩散速率大于表面水分汽化速率，所以属表面汽化控制阶段。

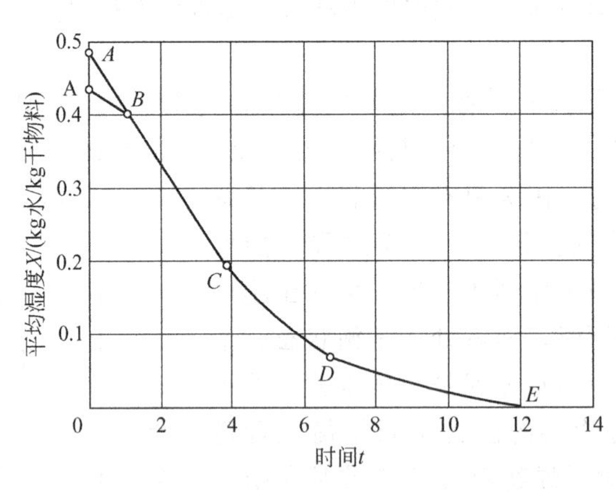

图 8-2　恒定条件下物料干燥曲线

曲线 CE 表示干燥速率随着物料湿度的下降而下降，此干燥阶段中，由于水分自物料内部向表面扩散的速率低于物料表面上水分汽化的速率，因此湿物料表面逐渐变干，汽化表面向内移动，温度也不断上升。随着物料内部含水量的减少，水分由物料内部向表面传递的速率慢慢下降，因而干燥速率也就越来越低，这个阶段称为降速干燥阶段。在降速干燥阶段，干燥速率主要决定于物料本身的结构、形状和大小等，而与空气的性质关系不大，所以降速干燥阶段又称为物料内部扩散控制阶段。图 8-2 中 CD 段称为第一降速干燥阶段，DE 段称为第二降速干燥阶段，达到 E 点后，物料的含水量已降到平衡含水量（即平衡水分），这种条件下即使再干燥，也不可能再降低物料的含水量。

C 点为恒速干燥阶段转入降速干燥阶段的转折点，称为临界点，该点的干燥速率（U_o）等于恒速干燥阶段的干燥速率，对应的湿含量（X_o）称为临界湿含量（或临界含水量）。转入降速干燥阶段越早，临界含水量越大，在相同干燥条件下所需要的干燥时间就越长。所以确定物料的临界湿含量之值，不仅对于干燥速率和干燥时间的计算是十分必要的，且由于影响两个干燥阶段的干燥速率的因素不同，对于如何强化具体的干燥过程也有重要的意义。

临界湿含量随物料的性质、厚度及干燥速率的不同而异，例如，无孔吸水性物料的 X_o 值比多孔性物料要大，在一定的干燥条件下物料层越厚，X_o 值也越高，也就较早进入降速干燥阶段。在了解了影响 X_o 值的因素后，可便于控制干燥的操作过程，例如减小物料的厚度、对物料增强搅拌、设法增大物料的干燥表面等，都可减低 X_o 值，在相同的干燥条件下，缩短了干燥时间。

干燥速率 U 与物料的平均湿度 X 的关系曲线，称为干燥速率曲线。典型的干燥速率曲线如图 8-3 所示。图中 BC 表示恒速阶段，CE 表示降速阶段，C 为临界点。

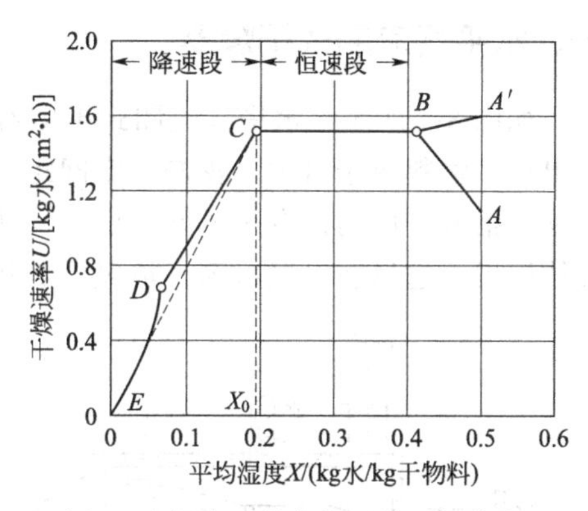

图 8-3　恒定干燥条件下的干燥曲线

3. 影响干燥速率的因素

干燥速率的影响因素主要包括湿物料、干燥介质和干燥设备三方面，三方面有着相互的联系，下面就一些主要因素加以讨论。

（1）物料的性质　包括物料的物理结构、化学组成、形状和大小、物料层的厚薄以及与水分的结合方式。这些性质对降速干燥阶段的干燥速率有决定性影响。如结晶性物料比粉末性物料干燥快，因粉末之间的空隙多而小，内部水分扩散慢，故干燥速率小。

（2）干燥介质的温度、湿度和流速　在适当的范围内提高干燥介质的温度，可以加快蒸发速度，加大蒸发量，但要根据物料的性质选择适宜的干燥温度，防止某些热敏性成分被破坏。干燥介质的相对湿度越小，越易干燥，因此在烘房、烘箱采用鼓风装置使空气流动更新，在流化干燥时预先将气流本身进行干燥或预热，目的都是减低干燥空间的相对湿度。

空气的流速越大，干燥速率越大，因为提高空气的流速，可以减少气膜厚度，降低表面汽化阻力，提高了恒速阶段的干燥速率。但空气的流速对降速阶段几乎无影响，因空气的流速对内部的扩散无影响。

（3）干燥的速度及方法　在干燥过程中，首先是物料表面的水分的蒸发，其次是内部的水分逐渐扩散到表面继续蒸发，直至完全干燥。

当干燥速度过快时，物料表面水分蒸发速度大大超过内部水分扩散到物料表面的速度，致使表面粉粒黏结，甚至熔化结壳，阻碍了内部水分的扩散和蒸发，形成假干燥现象。假干燥的物料不能很好保存，也不利于继续制备操作。

干燥方式与干燥速率有较大的关系，如采用静态法干燥，温度只能逐渐升高，以使物料内部水分慢慢向表面扩散，不断地蒸发；动态干燥法颗粒处于跳动、悬浮状态，大大增加其暴露面积，有利于提高干燥效率。

（4）压力　压力与蒸发量成反比。因而减压是改善蒸发，促进和加快干燥的有效措施；

真空干燥能降低干燥温度，加快蒸发速度，提高干燥效率，且得到的产品疏松易碎，质量稳定。

(5) 干燥设备的结构　设备的结构对上述因素都有不同程度的影响，不少干燥设备的设计都强调了上述一个或几个方面的影响因素而有其自身的特点，选用干燥器类型时要充分考虑这些因素。

第二节　厢式干燥器

箱式干燥又称室式干燥，一般小型的设备称烘箱，大型的称烘房，属于对流干燥，多采用强制气流的方法，为常压间歇操作的典型设备，可用于干燥多种不同形态的物料。

按气体流动方式可分为平行流式、穿流式、真空式等，具体如下。

一、水平气流厢式干燥器

如图 8-4 所示，水平气流厢式干燥器整体呈厢形，外壁是绝热保温层，厢体上设有气体进出口，物料放于盘中，盘按一定间距放于固定架，或是小车型的可推动架上，小车能方便地推出推入。厢内设有热风循环扇、气体加热器（蒸汽加热翅片管或电加热元件）和可调的气体挡板、送风和出风口等。热风沿着物料表面平行通过，把湿分带走而达到干燥。干燥器内的风速在 0.5～3m/s 间选取，根据物料的颗粒或干湿程度而定。水平气流厢式干燥器适用于干燥后期易产生粉尘的泥状物料、少量多品种湿物料的粒状或粉状干燥。

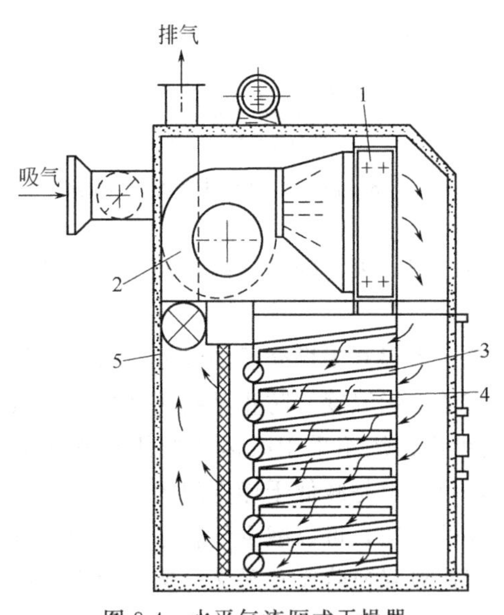

图 8-4　水平气流厢式干燥器

1—加热器；2—循环风机；3—干燥板层；4—支架；5—干燥箱主体

二、穿流气流厢式干燥器

水平气流厢式干燥器的气流只在物料表面流过，传热系数较低。而穿流气流厢式干燥器结构虽与平流式相同，但堆放物料的搁板或容器的底部由金属网或多孔板构成，使热风能够均匀地穿过物料层（见图 8-5），可以提高传热效率。为使热风在物料中形成穿流，物料以粒状、片状、短纤维等宜于气流通过为宜。有些物料需要进行前处理，称为预成型，才能满足此项要求，如泥状物料，可制成环状、片状等。热风通过物料层的压降取决于物料的形状、堆积厚度及气流速度，通常在 200～500Pa 左右。由于气流穿过物料层，因接触面积增大、内部湿分扩散距离短，干燥热效率要比水平气流式的效率高 3～10 倍。干燥器工作效率高低，能否得到质量较好的干燥产品，关键是料层厚度要均匀、有相同的压力降、气流通过料层时无死角。有时为防止物料的飞散，在盛料盘上盖有金属网。

这种干燥器一般使用周期控制器控制每个周期中空气的温度及穿流物料层的速度，来保证干燥速率及产品质量。即在恒速干燥阶段，固体表面的温度近于空气的湿球温度（湿球温度计测定，普通温度计外包裹纱布，纱布浸入水中），气体的温度可高一些；在降速干燥阶段，降低空气温度，以防止过热引起表面硬化或变质；在干燥的初始阶段，可适当提高气速，以提高

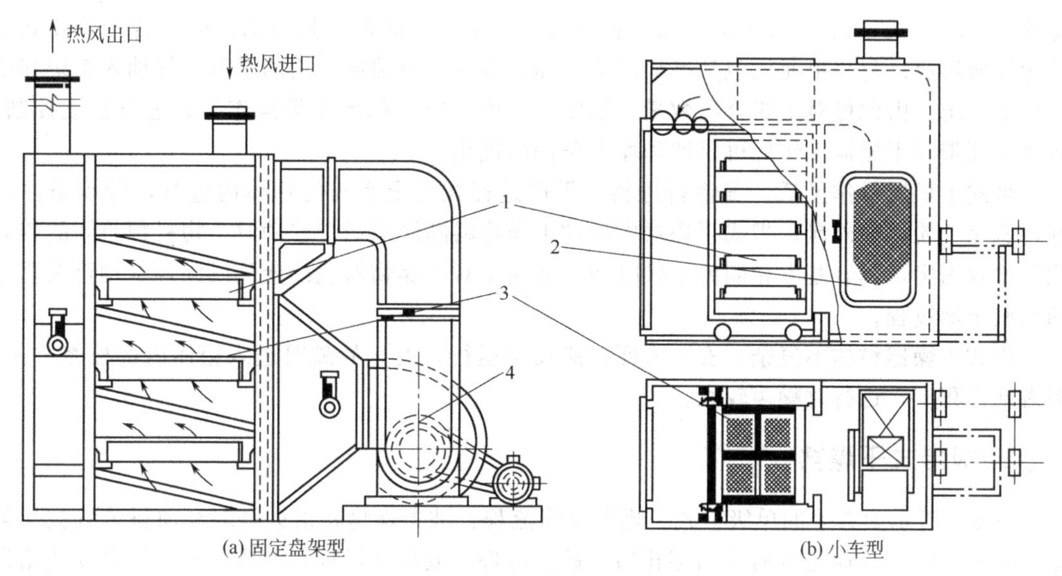

图 8-5　穿流气流式厢式干燥器

1—料盘；2—过滤器；3—盖网；4—风机

传热效率，但通过床层的热风风速以物料不被带走为宜，一般为 0.6～1.2m/s；当物料表面干燥以后，就要适当降低气速，以防扬尘，否则将增加收尘负担及环境污染，为此通常采用双速循环风机。

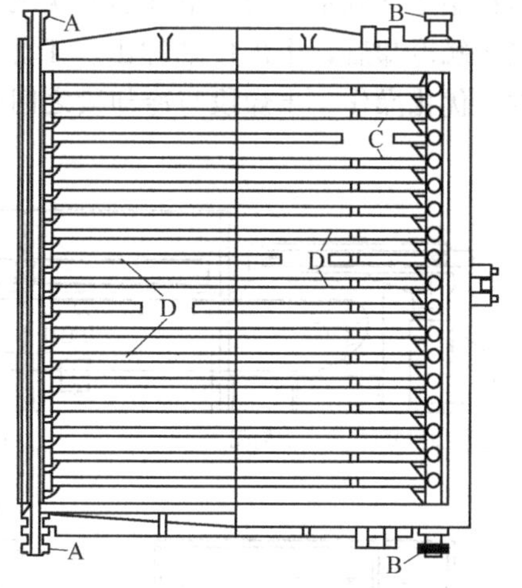

图 8-6　真空厢式干燥器

A—进汽多支管；B—冷液多支管；C—连接多支管与空心管的短管；D—空心隔板

三、真空厢式干燥器

对于不耐高温、易于氧化的物料，或是贵重的生物制品可以选用真空厢式干燥器。其特点是干燥速度快、干燥时间短、产品质量高，尤其对所含湿分为有毒、有价值的物料时，可以冷凝回收。同时，此种干燥器无扬尘现象，干燥小批量价值昂贵的物料更为经济。

真空厢式干燥器的结构如图 8-6 所示，只能间歇操作。干燥时，将料盘放于每层隔板之上。钢制断面为方形的保温外壳，内设多层空心隔板，隔板中通常注入蒸汽或热水。由 A 管通入蒸汽，由 B 管流出冷凝水。关闭厢门，用真空泵将厢内抽到所需要的真空度后，打开加热装置并维持一定时间。干燥完毕后，一定要先将真空泵与干燥箱连接的真空阀门关闭，然后缓缓放气，去除物料，最后关闭真空泵。如果先关闭真空泵，真空箱内的负压就可能将冷凝器内或真空泵里的液体倒吸回干燥器中，造成产品污染并有可能损坏真空泵。

第三节　带式干燥器

带式干燥器指在长方形的干燥室或隧道内，安装带状输送设备。传送带多为网状，气流与物料错流，带子在前移的过程中，不断地与热空气接触而被干燥。传送带可以是多层的，宽约 1～3m，长度约 4～50m，干燥时间为 5～120min。通常物料运动方向由若干个独立的单元段所组成。每个单元段包括循环风机、加热装置、单独或公用的新鲜空气抽入系统和废气排出系统。由此可对干燥介质数量、温度、湿度和空气循环量等操作参数进行独立控制，从而保证带式干燥器工作的可靠性和操作条件的优化。

带式干燥器操作灵活，湿物料进料，干燥过程在完全密封的箱体内进行，劳动条件较好，避免了粉尘的外泄；带式干燥器中的被干燥物料随同输送带移动时，物料颗粒间的相对位置比较固定，具有基本相同的干燥时间。适用于对干燥物料色泽变化或湿含量均至关重要的某些干燥过程。

带式干燥器结构不复杂，安装方便，能长期运行，发生故障时进入箱体内部检修方便。但占地面积广，运行时噪声较大。

一、单级带式干燥器

图 8-7 所示为典型的单级带式干燥器操作流程：被干燥物料由进料端经加料装置被均匀分布到输送带上。输送带通常用穿孔的不锈钢薄板（或称网目板）制成，由电机经变速箱带动，并可以调速。空气用循环风机由外部经空气过滤器抽入，并经加热器加热后，经分布板由输送带下部垂直上吹，空气流过干燥物料层时，物料中水分汽化、空气增湿、温度降低。一部分湿空气排出箱体，其他部分则在循环风机吸入口前与新鲜空气混合再行循环。为了使物料层上下脱水均匀，空气继上吹之后向下吹。最后干燥产品经外界空气或其他低温介质直接接触冷却后，由出口端卸出。干燥器箱体内通常分隔成几个单元，以便独立控制运行参数，优化操作。干燥段与冷却段之间有一隔离段，在此无干燥介质循环。

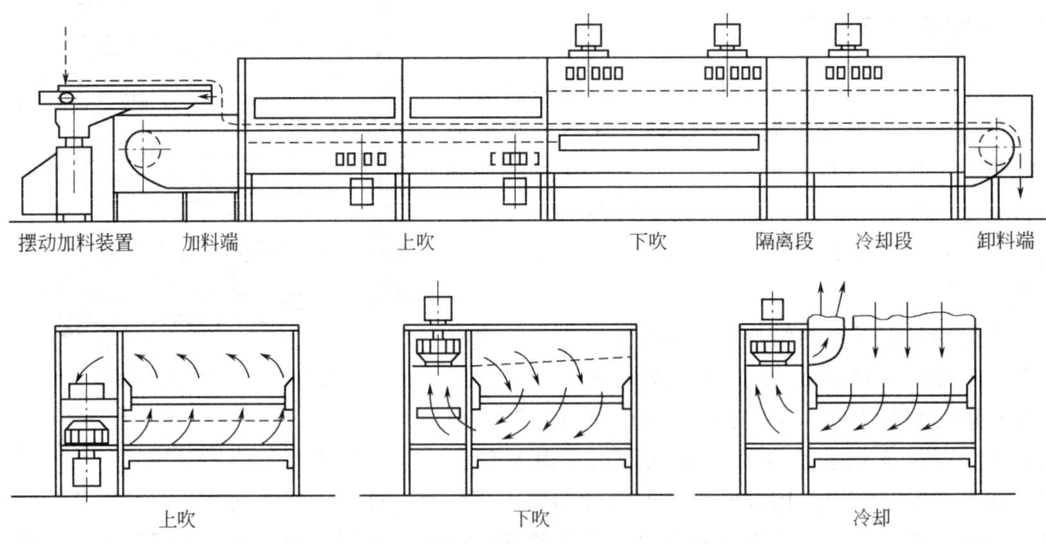

图 8-7 单机带式干燥器操作流程

干燥介质以垂直方向向上或向下穿过物料层进行干燥的，称为穿流式带式干燥器；干燥介质在物料层上方做水平流动进行干燥的，为水平气流式带式干燥器。后者因干燥效率低，现已少使用。

二、多层带式干燥器

多层带式干燥器常用于干燥速率要求较低、干燥时间较长，在整个干燥过程中工艺操作条件（如干燥介质流速、温度及湿度等）能保持恒定的场合，如图 8-8 所示。干燥室是一个不隔成独立控制单元段的加热箱体。层数可达 15 层，最常用 3～5 层。最后一层或几层的输送带运行速率较低，使料层加厚，这样可使大部分干燥介质流经开始的几层较薄的物料层，以提高总的干燥效率。层间设置隔板可以使干燥介质定向流动，便于物料干燥均匀。

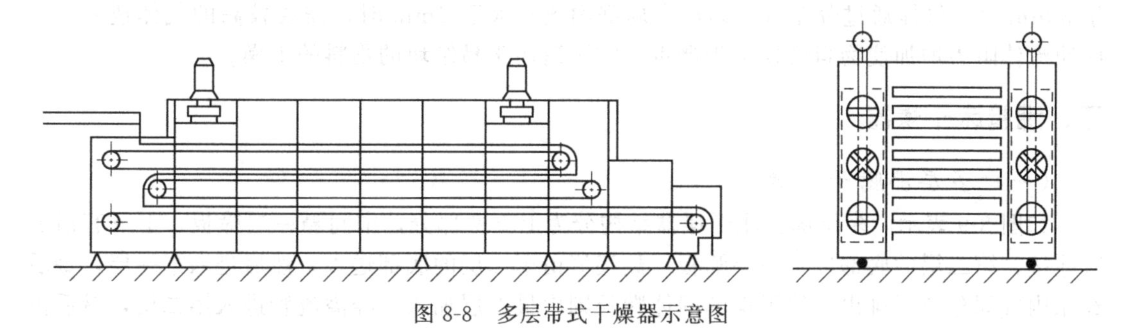

图 8-8　多层带式干燥器示意图

多层带式干燥器广泛使用于中药饮片、谷物类物料，且占地少、结构简单。但因操作中要多次装料和卸料，故不适用于易黏着输送带及不允许碎裂的物料。

第四节　流化床干燥器

流化床干燥器又称沸腾床干燥器，是利用热空气流（或其他高温气体）使湿物料颗粒呈沸腾悬浮状态而实现快速干燥。

一、流化床干燥器的原理和特点

（一）沸腾床的操作原理

在一个长形的容器内装入一定量的固体颗粒，工业上称这一固体层为固定床层，简称床。气体由容器的底部进入，通过分布板进入床层，当气体速度较低时，就像穿流式干燥器那样，固体颗粒不发生运动，这时的床层高度为静止高度。随着气流速度的增大，颗粒开始松动，这时床层略有膨胀，颗粒也开始在一定的区间变换位置，在一定范围内，气体的流速和压降呈直线关系上升。各气体速度继续增加，床层压降保持不变，颗粒悬浮在上面的气流中，此时形成的床层称为沸腾床（也称流化床），这时的气流速率称为临界流化速率。当同样颗粒在床层中膨胀到一定高度时，因床层的空隙率增大而使气速下降，颗粒又重新落下而不致被气流带走。当气流速度增加到一定值，固体颗粒开始吹出容器，这时颗粒就会散满整个容器，不再存在一个颗粒层的界面，而成为气体输送了，此时的气流速率称为带出气速或极限气速。故流化床适宜的气速在临界流化速率和极限气速之间。

（二）沸腾床的干燥特点

① 颗粒与热介质在湍流喷射状态下进行充分的混合和分散，所以气固相间传热、传质系数及相应的表面积均较大。

② 由于气固相间激烈地混合和分散以及两相间快速地传热，使物料床层的温度均匀并且容易调节，为得到干燥均匀的产品提供了良好的外部条件。

③ 物料在床层内的停留时间可以在数分钟至数小时之间，可根据情况任意调节，所以对难以干燥或要求干燥产品含湿量低的过程特别适用。

④ 由于过程的体积传热系数较大，所以处理能力较大；又因沸腾床具有相似于流体的

状态和作用，因此处理容易，物料的输送也简单。

⑤ 沸腾床干燥设备结构简单、造价低廉、可动部件少、操作维修方便，与气流干燥相比它的气流阻力较低、物料磨损较小、气固分离容易及热效率较高。

⑥ 沸腾床干燥适宜处理粉粒状物料，粒径最好在 30μm～6mm 范围，这是因为粒径小于 30μm 时，气体通过分布板后易产生局部沟流；大于 6mm 时，需要较高的气体速率，从而使流体阻力增加使物料磨损更为严重。它不适用于易结块的物料的干燥。

二、沸腾床干燥器

（一）多层沸腾干燥器

如图 8-9 表示，多层沸腾床干燥器结构分为上下两部分，中间隔一层筛板，上下有溢流管连接，第二层的底部也是一层筛板。热气流由第二层的底部送入，然后进入第一层，最后经床内气固分离器排出。待干燥的固体颗粒则由最上层加入，经溢流管进入第二层，最后由出料口排出。固体在床内形成流化状态，湿分迅速蒸发被热气流带走，固体在出料口排出，完成液固分离过程。

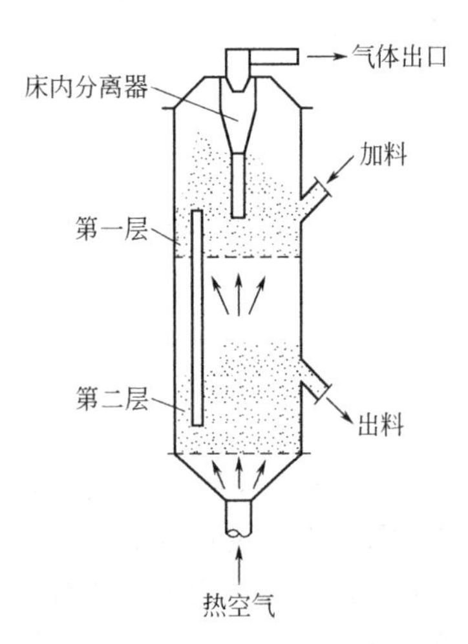

图 8-9 多层流化床干燥器

多层沸腾干燥器的优点：分上下两层，气体和固体逆流接触，物料停留时间均匀，热利用效率高，得到的产品比较干。

缺点是：上下两层之间的溢流管易堵导致第一层固体无法落到第二层；如果控制不当，溢流管也会造成上下两层床间的气体沟流（短路），无法形成流化状态；气体的压降比单层流化床大。

（二）卧式多室流化床干燥器

图 8-10 为卧式多室沸腾床干燥器结构和原理示意图。从图中可看出，这种干燥器实际上是一系列单室沸腾床干燥器的并联。它是一长方体的箱子，底部是多孔的托板，上铺一层绢制筛网，孔板上方在长度方向上装有若干隔板，将沸腾室分成若干小室，在挡板下方与多孔托板之间留有几十毫米的空隙。孔板下方每个小室下面设有进风道并装有阀门。湿物料从第一室上方进入，通过这些间隙依次进入各室。在最后一室装有卸料管，将干燥后的成品卸下。干燥时，热气流从各个小室下方进入，流速可分别调节，使各小室内的固体颗粒形成流化态。处于流化态的固体从第一室流向最后一室，最后从卸料口排出干料。各小室的上方空间没有挡板，截面积较大，称为缓冲室，悬浮起来的固体颗粒因此处气流速率减小而沉降下来，过于细小的粉尘被气流带出，进入旋风分离器，被分离下来后再返回干燥器。无法分离下来的细小固体颗粒被袋滤器捕获并收集，气体则穿过袋滤器排出。热气流的温度达 80～100℃。

卧式沸腾床干燥器的操作过程是：先将一些湿物料放在多孔托板上，将两侧的观察窗和清洗门关好，开排风机将系统内冷气抽空，再开热风鼓风机及相应各室阀门，逐渐加大风量使湿物料在托板上上下翻腾，稍开启一点出料口，检验产品湿度是否合格，待完全合格后，按与进料速率对应的速率出料，即形成正常操作运行状态。

卧式多室沸腾床干燥器的优点如下：

① 单层，高度低；

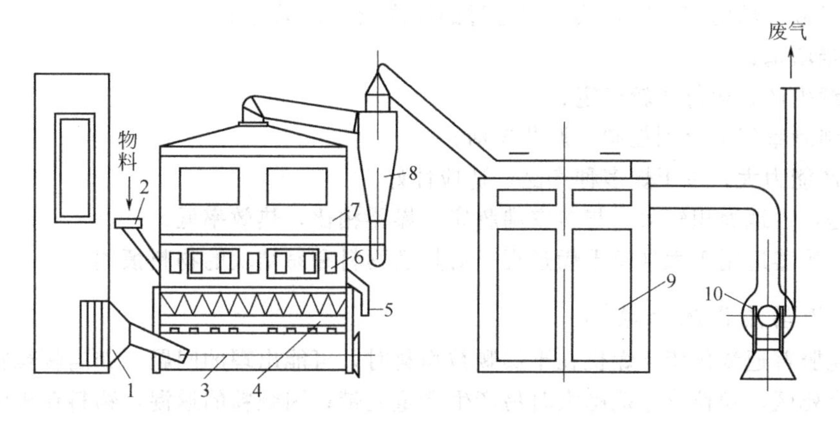

图 8-10 卧式流化床干燥器

1—空气加热器；2—料斗；3—风道；4—风口；5—成品出口；6—视镜；7—干燥室；8—旋风分离器；9—细粉回收器；10—离心通风机

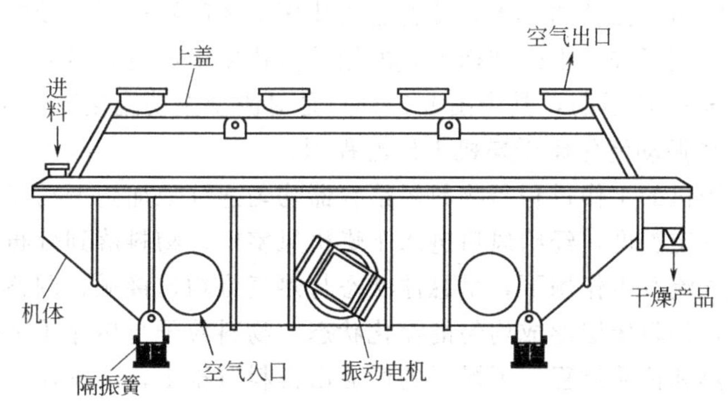

(a) 对流型振动流化床干燥机结构示意图

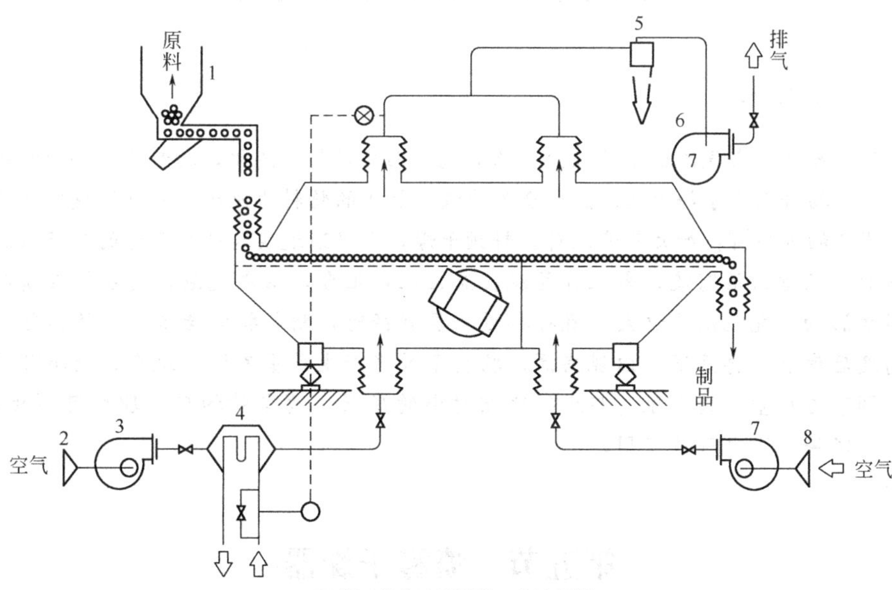

(b) 振动流化床干燥机工作流程图

1—振动给料机；2,8—过滤器；3—给风机；4—换热器；5—旋风除尘器；6—排风机；7—给风机

图 8-11 对流型振动流化床干燥机

② 由于多个沸腾室并联，热气流通过的压降较低，阻力小；

③ 很难堵塞；

④ 连续生产，运行比较稳定；

⑤ 各沸腾室气流分别控制，调节灵活；

⑥ 生产能力大，可干燥多种产品，适应性好。

缺点是：占地面积较大，与多室沸腾床干燥器相比，热效率低。

这种干燥器适用于大规模干燥过程，对热敏物料和易结块的物料慎用。

（三）振动流化床干燥机

为了克服普通流化床干燥机在干燥颗粒物料时，可能出现的问题：如当颗粒粒度较小时形成沟流或死区；颗粒分布范围大时易产生严重夹带；因颗粒的返混，物料在机内滞留时间不同，干燥后的颗粒含湿量不均；物料湿度稍大时会产生团聚和结块现象，而使流化恶化等。对流化床进行了改型，较为成功的为振动流化床。

振动流化床，就是将机械振动施加于流化床上。调整振动参数，在连续操作时能得到较理想的活塞流。同时由于振动的导入，使普通流化床上述问题得到了较好的改善。

工业应用中已出现了许多不同结构形式的振动流化床干燥机。对流型振动流化床干燥机为其中之一，如图 8-11 所示的，其中图 8-11(a) 是对流型振动流化床干燥机的结构示意图，图 8-11(b) 为对流型振动流化床干燥机工作流程图。

振动流化床干燥机的工作过程是物料经给料器均匀连续地加到振动流化床中，同时，过滤的空气被加热到一定温度，经给风口进入干燥机风室中。物料落到分布板上后，在振动力和经空气分布板热气流双重作用下，呈悬浮状态与热气流均匀接触。调整好给料量、振动参数及风压、风速后，物料床层形成均匀的流化状态。物料粒子与热介质之间进行着激烈的湍动，进一步强化传热和传质过程。干燥后的产品由排料口排出，蒸发掉的水分和废气经旋风分离器回收粉尘后，排入大气。调整各有关参数，可在一定范围内方便地改变系统的处理能力。

知识链接

沟流和死床　当气流速率已经大于临界流速而床层仍不流化，物料某些部分被吹出一道沟，部分物料则处于静止状态。前者为沟流，静止的物料为死床。一旦形成则干燥无法进行，消除的办法有：加大气速或对物料预干燥，也可通过实验选择合适的分布板。

腾涌　又称为活塞流，当上升气流在流化床内汇合，形成气泡，受物料性质和干燥器等因素影响，气泡汇集过大，直径接近床层直径时，物料将像活塞一样被抛起，到达一定高度后崩裂，再落下。出现腾涌，物料干燥将产生严重不均匀现象，继而可能无法干燥。调节进料量，选用床高与床径比相对小的床层，适当对物料处理均可防止腾涌。腾涌在一定条件下也可被应用。

第五节　喷雾干燥器

一、喷雾干燥原理和特点

喷雾干燥是指单独一次工序，就可将溶液、乳浊液、悬浮液或膏糊液等各种物料干燥成粉体、颗粒等固体的单元操作。通常的喷雾干燥装置由雾化器、干燥塔、空气加热系统、供料系统、气固分离和干粉收集系统等部分组成。其流程如图 8-12 所示。

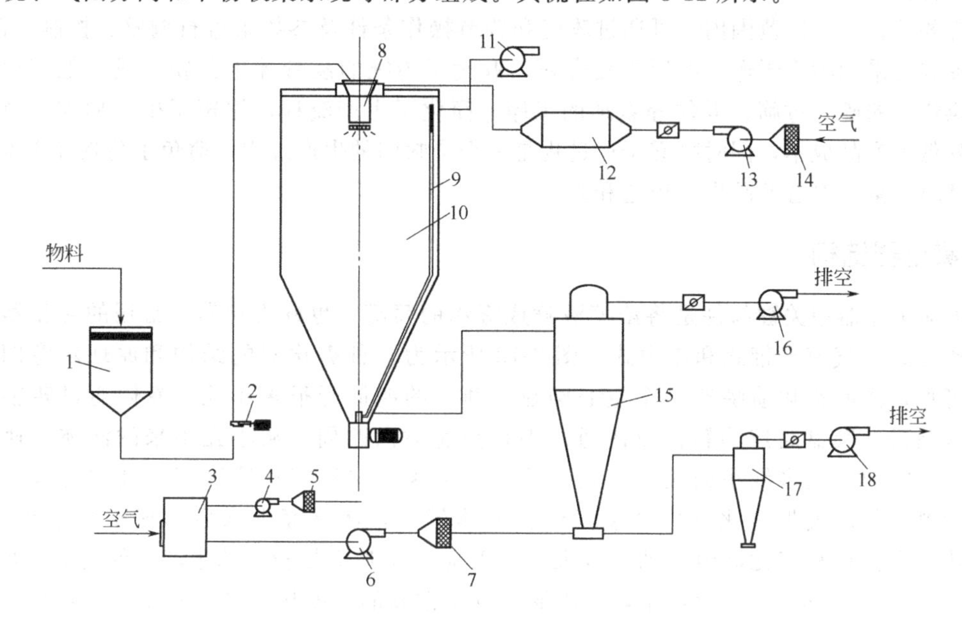

图 8-12　喷雾干燥流程

1—料液罐；2—螺杆泵；3—冷冻机；4,6,13—送风机；5,7,14—空气过滤器；8—离心喷雾器；9—冷风吹扫管；10—干燥塔；11,16,18—引风机；12—加热器；15—一级旋风分离器；17—二级旋风分离器

(一) 喷雾干燥器的工作原理

由送风机将通过初效过滤器后的空气送至中效、高效过滤器，再通过蒸汽加热器和电加热器将净化的空气加热后，由干燥器底部的热风分配器进入装置内，通过热风分配器的热空气均匀进入干燥塔并呈螺旋转动的运动状态。同时由供料输送泵将物料送至干燥器顶部的雾化器，物料被雾化成极小的雾状液滴，使物料和热空气在干燥塔内充分接触，水分迅速蒸发，并在极短的时间内将物料干燥成产品，成品粉料经旋风分离器分离后，通过出料装置收集装袋。湿空气则由引风机引入湿式除尘器后排出。

(二) 喷雾干燥器的特点

① 干燥速度迅速，物料经离心喷雾后，形成极细小的雾滴，表面积大大增加，在高温气流中，瞬间就可蒸发 95%～98%的水分，完成干燥的时间仅需几秒到十几秒钟。

② 采用并流式喷雾干燥，在干燥过程中液滴受热时间短，温度也不高，获得产品质量较好。在喷雾干燥室内，液滴与热风同方向流动，虽然热风的温度较高，但由于热风进入干燥室后立即与喷雾液滴接触，室内温度急降，不致使干燥物料过度受热，保证了产品的质量。

③ 使用范围广，可适用于各种特点差异较大的物料的干燥，也可根据物料的特性，采用不同的干燥介质，如热风、冷空气等。

④ 产品具有良好的分散性、流动性和溶解性，由于干燥过程在空气中完成，产品的颗粒基本上能保持与液滴相近似的球状。

⑤ 生产过程简化，操作控制方便。喷雾干燥通常用于湿含量 40%～70%的溶液，特殊

物料即使湿含量高达 90%，不经浓缩同样能一次干燥成粉状产品。大部分产品干燥后不需要再进行粉碎和筛选，减少了生产工序、简化了生产工艺流程。对于产品的粒度、松散度、水分等要求，在一定范围内，可通过改变和调节操作条件及参数来进行调整、控制。此外，中药提取物采用喷雾干燥一次形成浸膏粉，取代了传统的浸膏拌生药粉（或其他淀粉类辅料）烘烤、粉碎、过筛、混匀等繁琐的工序，简化了生产流程，缩短了生产周期，节约工时，降低了产品成本，同时喷雾干燥过程是一个全封闭的生产过程，避免了药物在干燥过程中的环境污染，符合药品生产规范和要求。

二、雾化器结构

喷雾干燥器中关键部件是将浓缩液喷成雾滴的喷嘴，也称雾化器。常用的雾化器有三类：离心式、气流夹带式和压力式，图 8-13 所示为三种雾化器的结构和原理示意图。从图中可见，离心雾化喷嘴有一个空心圆盘，圆盘的四周开很多小孔，液体通过转轴的边沿进入圆盘，圆盘高速旋转，液体通过小孔高速喷向四周。从小孔出来的液体，速度突然减慢，断裂成很多细小的液滴，呈雾状喷撒下来。这种雾化器适用于处理含有较多固体的物料。气流夹带雾化器用高速气体将液体带出，从喷嘴出来后形成很多细小液滴，呈雾状喷下。这种雾化器消耗动力较大，一般应用于喷液量较小的生产，处理量为每小时 100L 以下。在高压喷嘴雾化器中，高压液体以非常高的速度从喷嘴中喷出，出喷口后断裂成很多细小的液滴，形成锥状喷雾。这种雾化器生产能力大，耗能少，应用最为广泛，适用黏度较大的药液。

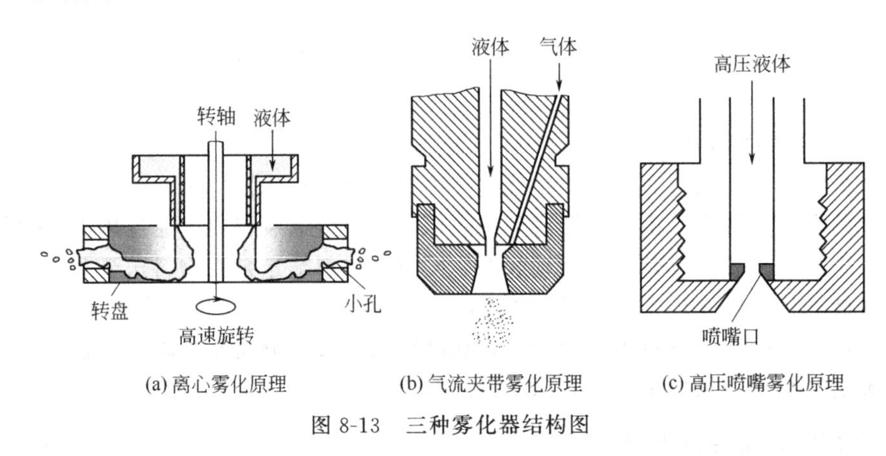

图 8-13 三种雾化器结构图

第六节 真空冷冻干燥器

一、真空冷冻干燥原理及特点

（一）真空冷冻干燥原理

真空冷冻干燥是一种新的干燥方法，也是特殊的真空干燥方法。即把含有大量水分的物质，预先进行降温冷冻至冰点以下，使其水分冻结成固态的冰，然后在真空的条件下加热使冰直接升华为水蒸气排出，而物质本身留在冻结时的冰架中。又称为冰冷干燥、升华干燥、分子干燥或冻干。真空冷冻干燥后体积不变，疏松多孔。

冷冻干燥的原理可用水的三相图的变化加以说明。由图 8-14 可知，凡是在三相点 O 以

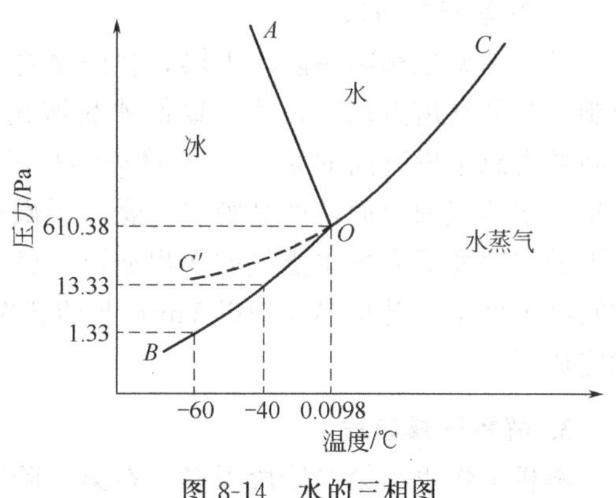

图 8-14　水的三相图

上的压力和温度下，水可由固相变为液相，最后变为气相；而在三相点以下的压力和温度下，水可由固相不经液相直接变为气相，气相遇冷后仍变为固相，这个过程即为升华。根据冰的升华曲线 OB，对于水升高温度或降低压力都可打破气固平衡，使整个系统朝着冰转变为气的方向进行。例如，冰的蒸气压在 －40℃ 时为 13.3Pa（0.11mmHg）、在 －60℃时为 1.33Pa（0.011mmHg），若将 －40℃冰面上的压力降至 1.33Pa(0.01mmHg)，则固态的冰直接变为水蒸气，并在－60℃的冷却面上又变为冰，同理，如将－40℃的冰在压力为 13.3Pa(0.11mmHg) 时加热至－20℃也能发生升华现象。冷冻干燥技术就是根据这个原理，使冰不断变成水蒸气，将水蒸气抽走，最后达到干燥的目的。

（二）冷冻干燥过程

冷冻干燥可分为预冻、升华干燥、解析干燥三个阶段，如图 8-15 所示。

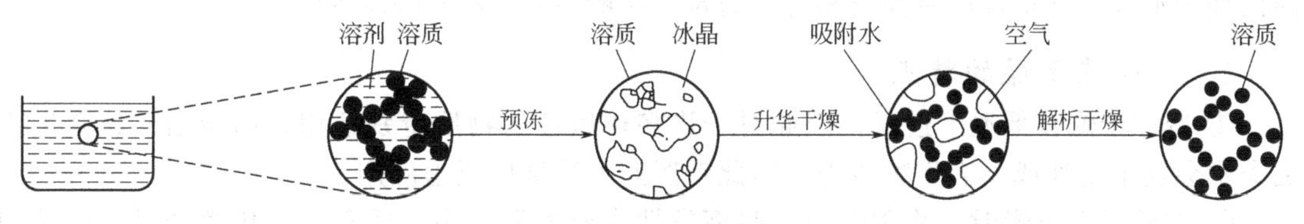

图 8-15　冷冻干燥过程

1. 预冻阶段

预冻是将溶液中的自由水固化，防止抽真空干燥时起泡、浓缩、收缩和溶质移动等不可逆变化产生，影响干燥产品的形态，减少因温度下降引起的物质可溶性降低和生命特性的变化。

预冻温度应低于产品的共熔点温度。由于各种产品的共熔点温度是不一样的，因此实际制定工艺曲线时，一般预冻温度要比共熔点温度低 5～10℃。

物料的冻结过程是放热过程，需要一定时间。达到规定的预冻温度以后，还需要保持一定时间。为使整箱全部产品冻结，一般在产品达到规定的预冻温度后，需要保持 2h 左右的时间。这是个经验值，根据冻干机不同，总装量不同，物品与层板之间接触不同，具体时间由实验确定。

预冻速率直接影响冻干产品的外观和性质，冷冻期间形成的冰晶显著影响干燥制品的溶解速率和质量。缓慢冷冻产生的冰晶较大，快速冷冻产生的冰晶较小。大冰晶利于升华，但干燥后溶解慢；小冰晶升华慢，但干燥后溶解快，能反映出产品原来结构。

对于生物细胞，缓冻对生命体影响大，速冻影响小。从冰点到物质的共熔点温度之间需要快冻，否则容易使蛋白质变性，生命体死亡，这一现象称溶质效应。为防止溶质效应发生，在这一温度范围内，应快速冷冻。

综上所述，需要试验一个合适的冷冻速率，以得到较高的存活率、较好的物理性状和溶解度，且利于干燥过程中的升华。

2. 升华干燥阶段

升华干燥也称第一阶段干燥，目的是将水以冰晶的形式除去，因此其温度和压力都必须控制在产品共熔点以下，才不致使冰晶熔化。这个阶段能除去全部水分的90%左右，所需时间约占总干燥时间的80%。即将冻结后的产品置于密闭的真空容器中加热，其冰晶就会升华成水蒸气逸出而使产品脱水干燥。干燥是从外表面开始逐步向内推移的，冰晶升华后残留下的空隙变成升华水蒸气的逸出通道。已干燥层和冻结部分的分界面称为升华界面。在生物制品干燥中，升华界面约以1mm/h的速率向下推进。当全部冰晶除去时，第一阶段干燥就完成了。

3. 解析干燥阶段

解析干燥也称第二阶段干燥。在第一阶段干燥结束后，干燥物质的毛细管壁和极性基团上还吸附有一部分水分，这些水分是未被冻结的。当它们达到一定含量，就为微生物的生长繁殖和某些化学反应提供了条件。因此为了改善产品的贮存稳定性、延长其保存期，需要除去这些水分。这就是解析干燥的目的。由于其吸附能量高，如果不给它们提供足够的能量，它们就不可能从吸附中解析出来。因此，这种阶段产品的温度应足够高，只要不烧毁产品和不造成产品过热而变性即可。同时，为了使解吸出来的水蒸气有足够的推动力逸出产品，必须使产品内外形成较大的蒸气压差，因此此阶段中箱内必须是高真空。第二阶段干燥后，产品内残余水分的含量视产品种类和要求而定，一般在0.5%～4%之间。

（三）冷冻干燥的特点

① 冷冻干燥在低温下进行，因此对于许多热敏性的物质特别适用。如蛋白质、微生物之类不会发生变性或失去生物活力，因此在医药上得到广泛地应用。

② 在低温下干燥时，物质中的一些挥发性成分损失很小，适合一些化学产品、药品和食品干燥。

③ 在冷冻干燥过程中，微生物的生长和酶的作用无法进行，因此能保持原来的形状 。

④ 由于在冻结的状态下进行干燥，因此体积几乎不变，保持了原来的结构，不会发生浓缩现象。

⑤ 干燥后的物质疏松多孔，呈海绵状，加水后溶解迅速而完全，几乎立即恢复原来的性状。

⑥ 由于干燥在真空下进行，氧气极少，因此一些易氧化的物质得到了保护。

⑦ 干燥能排除95%～99%以上的水分，使干燥后产品能长期保存而不致变质。

因此，冷冻干燥目前在生物制品、医药、食品、化工等行业得到广泛的应用。

二、真空冷冻干燥设备

真空冷冻干燥机（简称冻干机）按系统分：由制冷系统、真空系统、加热系统和控制系统四部分组成；按结构分：由冻干箱（或称干燥箱、物料箱）、冷凝器（或称水汽凝集器、冷阱）、真空泵组、制冷压缩机组、加热装置、控制装置等组成，如图8-16所示。

（一）冷冻部分

冷冻的过程包括物料的冷冻及水汽的冷凝。常用的制冷方式有蒸汽压缩式制冷、蒸汽喷射式制冷、吸收式制冷等3种方式。最常用的是蒸汽压缩制冷。流程如图8-17所示。

整个过程分为压缩、冷凝、膨胀和蒸发4个阶段。液态的冷冻剂经过膨胀阀后，压力急剧下降，因此进入蒸发器后急剧吸热汽化，使蒸发器周围空间温度降低，蒸发后的冷冻剂气

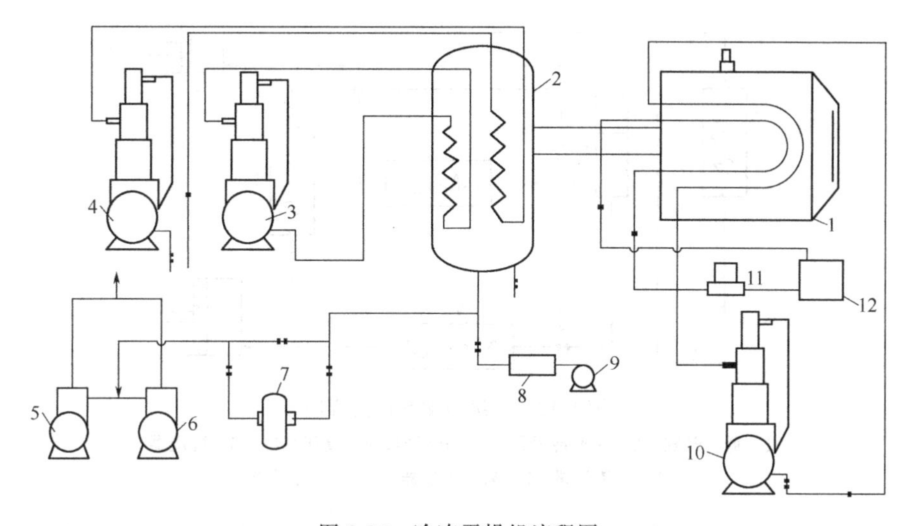

图 8-16　冷冻干燥机流程图

1—干燥室；2—冷凝器；3,4—冷凝器用冷冻机；5,6—前级泵；7—后级泵；
8—加热器；9—风扇；10—预冻用冷冻机；11—油循环泵；12—油箱

体被压缩机压缩，使之压力增大，温度升高，被压缩后的冷冻剂气体经过冷凝后又重新变为液态冷冻剂，在此过程中释放热量，由冷凝器中的水或空气带走。这样，冷冻剂便在系统中完成一个冷冻循环。

常用的冷冻剂有氨、氟里昂、二氧化碳等。若蒸发温度高于－40℃，可用单级制冷压缩机，以 F-22 为冷冻剂。若要达到更低温度应采用双级制冷压缩机系统。双级系统以氨为冷冻剂时，最低蒸发温度可达－50℃，以 F-22 为冷冻剂时，则可达到－70℃。为了保护环境，提倡绿色工艺，氟里昂要被新型的环保制冷剂所取代。

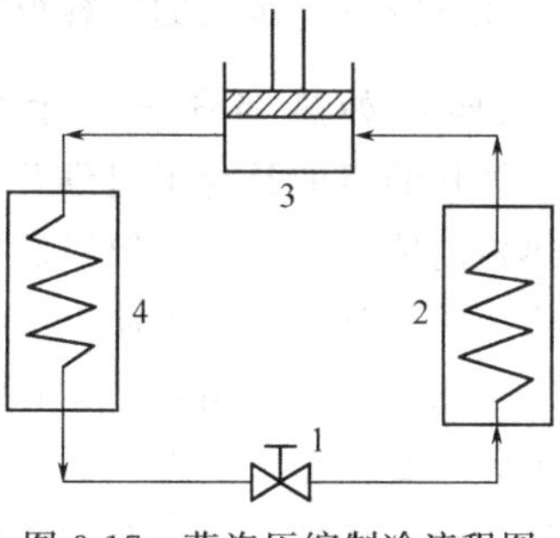

在冷冻系统中，一般都要通过载冷剂作为介质，常用的载冷剂有空气、氯化钙溶液（冰点－55℃）、乙醇（冰点－112℃）等。

图 8-17　蒸汽压缩制冷流程图

1—膨胀阀；2—蒸发器；
3—压缩机；4—冷凝器

（二）真空部分

真空冷冻干燥时干燥箱中的压力应为冻结物料饱和蒸气压的 1/2～1/4，一般情况下，干燥箱的绝对压力约为 13～1.3Pa，质量较好的机械泵可达到的最高真空极限约为 0.1Pa，完全可以用于冷冻干燥，流程见图 8-18。多级蒸汽喷射泵可以达到较高的真空，如四级喷射泵可达 70Pa，五级可达到 7Pa。但蒸汽喷射泵不太稳定，且需大量 1MPa 以上的蒸汽，其优点是可直接抽出水汽而不需要冷凝。扩散泵是可以达到更高真空度的设备。在实际操作中，为了提高真空泵的性能，可在高真空泵排出口再串联一个粗真空泵等。

真空泵的容量大致要求使系统在 5～10min 内从大气压降至 130Pa 以下。

（三）水汽去除部分

冷冻干燥中冻结物料升华的水汽，主要是用冷凝法去除。所采用的冷凝器有列管式、螺旋管式或内有旋转刮刀的夹套冷凝器，冷却介质可以是低温的空气或乙醇，最好是用冷冻剂

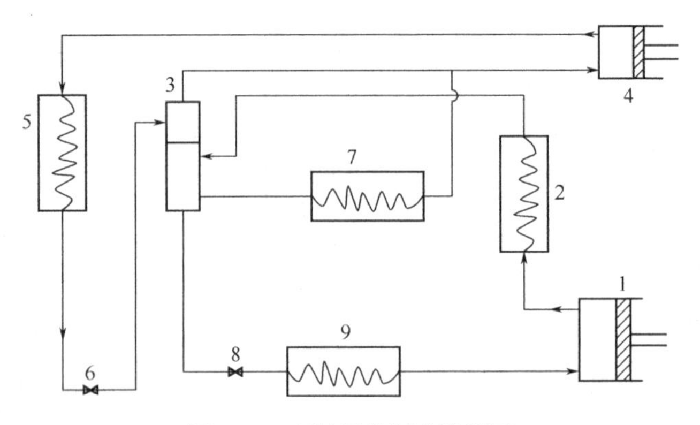

图 8-18 双级压缩制冷流程图

1—低压气缸；2—中间冷凝器；3—分离器；4—高压气缸；5—冷凝器；6,8—膨胀阀；7—高压蒸发器；9—低压蒸发器

直接膨胀制冷，其温度应该低于升华温度（一般应比升华温度低20℃），否则水汽不能被冷却。冷却介质应在冷凝器的管程或夹套内流动，水汽则在管外或夹套内壁冻结为霜。带有刮刀的夹套冷凝器可连续把霜除去。一般冷凝器则不能，故在操作过程中霜的厚度不断增加，最后使水汽的去除困难。因此，冷冻干燥设备的最大生产能力往往由冷凝器的最大负霜量来决定，一般要求霜的厚度不超过6mm，冷凝器还常附有热风装置，以作干燥完毕后化霜之用。

如不用冷凝器，也可以用大容量的真空泵直接将升华后的水汽抽走，但此法很不经济，因为在真空下，水汽的比容很大。

（四）加热部分——干燥室

加热的目的是为了提供升华过程中的升华热（溶解热＋汽化热）。加热的方法有借夹层加热板的传导加热、热辐射面的辐射加热及微波加热等三种，传导加热的加热介质一般为热水或油类，其温度应不使冻结物料熔化，在干燥后期，允许使用较高温度的加热剂。

干燥室一般为箱式，也有钟罩式、隧道式等，箱体用不锈钢制作，干燥室的门及视镜要求十分严密可靠，否则不能达到预期的真空度，对于兼作预冻室的干燥室，夹层搁板中除有加热循环管路外，还应有制冷循环管路，箱内有感温电阻，顶部有真空管，箱底有真空隔膜阀，为了提高设备利用率，增加生产能力，出现了多箱间歇式、半连续隧道式及冷冻干燥器。升华干燥过程是在大型隧道式真空箱内进行，料盘以间歇方式通过隧道一端的大型真空密闭门再进入箱内，以同样方式从另一端卸出，提高设备利用率。

第七节 其他干燥设备

利用湿物料对一定波长电磁波的吸收并产生热量将水分汽化的干燥过程称辐射干燥。频率由高到低有红外线、远红外线、微波等，这类方法在工业上均有应用。

一、红外线干燥器

这种装置由红外线源构成，红外线的波长为0.72～1000μm范围。利用红外线辐射源发射的电磁波直接投射在被干燥的物体上，物体的表面吸收此辐射波转变成热能使水分或其他湿分汽化，从而达到干燥的目的。由于它对单位干燥面积上投入的热量多，所以用来干燥以表面蒸发为主的薄膜状物料。

二、远红外线干燥器

振动式远红外干燥机（接近于微波的红外线称为远红外线）由加料系统、加热干燥系统、排气系统及电气控制系统组成。湿颗粒由料斗经定量喂料机输入第一层振槽，在箱顶预热，振槽供驱动装置振动，并将物料振动输送进入第二层振槽，经辐射装置受远红外辐射加热，水蒸气由风机经排风管及蝶阀排出。物料在振动下输送到第三层振槽继续加热，达到干燥目的。物料至第四层时，经冷风逐渐冷却，通过振槽顶端的筛网，经出口送至贮桶封存。湿颗粒通过远红外辐射时受热时间短，成品含水率达0.5%～1.9%。缺点是振动噪声较大。

三、微波干燥器

微波的波长为1×10^{-3}～1m之间的电磁波。湿物料中的水分子在微波电场的作用下，会被极化并沿着微波电场方向整齐排列。由于微波是一种高频交变电场，水分子就会随着电方向的交替变化而不断地迅速转动，并产生剧烈地碰撞和摩擦，部分微波能转化为热能，从而达到干燥的作用。

微波干燥的优点：

① 不需经过传热途径和传热时间，热损失小，加热所需时间比较短，对形状比较复杂的物料均匀加热性好。

② 加热电力易于控制，如有必要可以遥控操作，因而有可能实现加热工序自动化。

③ 干燥器体积较小，占地面积小。

④ 微波能对绝大多数的非金属材料穿透到相当的深度。因此，用微波加热，热是从加热物体内部和靠近表层处同时产生的，表里一致。

⑤ 加热效率高，用60周的交流电转换成热能的效率一般超过50%，如果用高效微波发生管，效率还可以提高。

⑥ 有杀菌作用。

缺点是运转成本较高。

目标检测题

一、名词解释

喷雾干燥；沸腾床干燥；临界流化速度；真空冷冻干燥。

二、简答题

1. 影响干燥速率的因素？
2. 按供给热能的方式分类，干燥方法有哪些？
3. 沸腾床干燥的特点是什么？简述其工作过程。
4. 冷冻干燥过程包括哪几方面？
5. 喷雾干燥的雾化器有哪些？各有什么特点？
6. 真空冷冻干燥设备有哪几部组成？各有什么作用？

模块四

药物制剂生产设备

第九章　粉体的生产设备

第一节　粉碎设备

一、粉碎的含义及意义

粉碎是借机械力将大块固体物质破碎成规定细度颗粒或细粉的操作过程。在药物制剂生产中，对于固体物料常需要粉碎成一定细度的粉末，以适应制备药剂及临床使用的需要。

粉碎是药物前处理的一个单元操作，也是重要的一个环节，对于制剂后面的加工操作有重要意义：①增加药物的表面积，促进药物的溶解和吸收，提高难溶性药物的溶出度和生物利用度，如阿奇霉素制成固体分散片，因药物粉末充分分散后增加了溶出度，并提高了生物利用度。②改善药物流动性，有利于调剂和服用。③利于加速中药中有效成分的浸出，中药材的薄片较厚片，颗粒饮片较薄片易于浸出和煎煮。④有利于制备多种制剂，如混悬液、丸剂、散剂、胶囊剂等。⑤便于新鲜中药材的干燥和贮存。⑥超微粉碎后改变药物特性，利于提高药物疗效，降低毒性和不良反应，如一些贵重药材及一些来源稀少、价格昂贵的保健滋补品，像人参、珍珠、灵芝孢子粉、冬虫夏草、花粉、孢子类等。将它们加工成超微粉体，可以减少资源的浪费，提高吸收率与疗效。

二、粉碎的基本原理

（一）基本原理

物体的形成依赖于分子间的内聚力，物体因内聚力的不同显示出不同的硬度和性质，因此，粉碎过程就是借助于外力来部分地破坏物质分子间的内聚力，达到粉碎目的的过程，即将机械能转变成表面能的过程。这种转变是否完全，直接影响到粉碎的效率。

药物经过粉碎后表面积增加，导致表面能的增加，产生不稳定性，已粉碎的粉末有重新聚集的趋势。当不同的药物混合粉碎时，一种药物粉末适度地掺入另一种药物粉末中间，降低了分子内聚力，减少药物粉末的再结聚。如黏性药物与粉性药物混合粉碎，能缓解其黏性，有利于粉碎。由此中药生产企业多采用药料混合后再粉碎。

要尽可能使机械能有效地用于粉碎过程，应随时分离出已达到细度要求的粉末，这样粗的粉粒就有充分的机会接受机械能，此粉碎方法称为自由粉碎。反之，若细的粉粒始终保持在粉碎系统中，不但能在粗的粉粒中间起缓冲作用，且会消耗大量机械能，也产生了大量不需要的细粉末，被称之为缓冲粉碎。如在粉碎机上装置筛子或利用空气将细粉吹出等，都是为了使自由粉碎得以顺利进行。

（二）影响粉碎的因素

1. 机械力

起粉碎作用的机械力包括截切、挤压、研磨、撞击（锤击、捣碎）、劈裂及锉削等（图9-1），实际应用的粉碎机往往是几种机械力的综合。粉碎机械力的选择见表9-1。

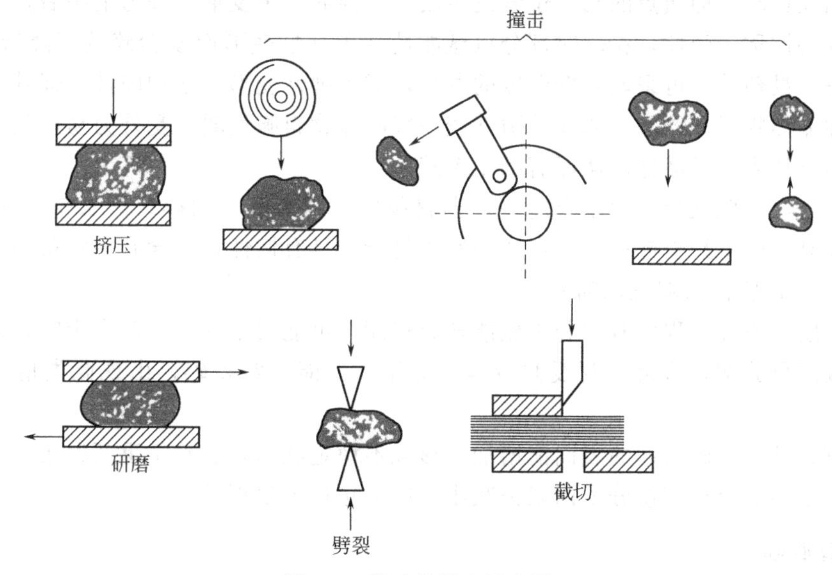

图9-1　粉碎机械力示意图

表9-1　粉碎机械力选择

药物的物理特性	粉碎机械力
硬而脆	撞击、挤压
硬而韧	挤压
硬而坚	锉削
脆、中等硬度	撞击、劈裂、研磨
韧或黏、中等硬度	研磨、撞击
动、植物组织	截切、研磨

通常情况下，外力主要作用在物料的突出部位，产生很大的局部应力；局部温度升高产生局部膨胀，物料出现小裂纹。随着外力的不断施加，在裂纹处产生应力集中，裂纹迅速伸长和扩散，使物料破碎。细粉的粉碎需要较多的能量，这是因为在更细小的颗粒上产生许多裂纹，粉碎后产生大量的表面。若物料内部存在结构上的缺陷、裂纹等，则受力时物料首先沿这些脆弱面破碎。物料破坏时实际破坏强度仅是理论强度的1/1000～1/100，因此粉碎机的效率只有0.1%～3%。粉碎操作中，除机械运转需要的能量外，增加新的表面积所消耗的能量占全部能量消耗的比例很小，其绝大部分能量主要消耗在粒子的弹性变形、粒子与粒子、粒子与器壁的摩擦，物料受力在粉碎室内的快速运动，粉碎时产生的振动、噪声、热量

及机械自身的损耗等。

2. 物料的性质

（1）硬度　硬度即物料的坚硬程度，常以摩氏指数来表示：滑石粉的硬度为1，金刚石的硬度为10。一般软质物料的硬度约1～3，中等硬度的物料约4～6，而硬质物料的硬度约为7～10。中药材多属软质，但一些骨甲类药材较硬而韧，需要经过沙烫或炒制等加工才有利于粉碎。

（2）脆性和弹性　脆性指物料受外力冲击作用易于破碎成细小颗粒的性质。晶体物料具有一定的晶格，容易粉碎，一般沿晶体的结合面碎成小晶体，如生石膏、硼砂等多数矿物类药物均有相当的脆性，易于粉碎。而非晶体固体药物其分子排列不规则，受外力后内部质点之间产生相互运动，即质点的相对位置发生改变，因此产生变形，外力消除后，变形也随之消失，这种特性称为弹性，粉碎时部分机械能消耗于弹性变形而使粉碎效率降低。如树脂、树胶、乳香、没药等，可采取降低温度的方法，减少弹性变形，增加脆性，促其粉碎。也有一些非极性晶体物料如樟脑、冰片等脆性较一般晶体物料脆性弱，受外力易产生变形而阻碍粉碎，可通过加入少量液体，从而有助于粉碎。

（3）水分　一般认为所含水分越少，药材越脆，越有利于粉碎。含水量在3.3%～4%时，粉碎较易，也不易引起粉尘。植物药性质复杂，具有韧性，且含有一定量的水分（一般在9%～16%），脆性减弱难以粉碎。

（4）温度　粉碎过程中有部分机械能转为热能，可能对某些物料产生影响，如导致对热敏感性有效成分分解，或使药材受热变软、黏结，不能正常粉碎，出现此类情况，可低温粉碎。

（5）重聚性　粉碎引起的表面能增加，形成不稳定状态，有趋于重新聚集的现象，称为重聚性，常采用混合粉碎使分子内聚力减小，以阻止再聚集现象发生。

3. 粉碎原则

① 应保持药物的组成和药理作用不变。

② 药物粉碎至需要的粉碎度即可，不应过度粉碎。

③ 较难粉碎的部分，如叶脉或纤维等不应随意丢弃，以免损失有效成分或使药物的含量相对增高。

④ 粉碎毒性或刺激性较强的药物时，要严格注意劳动保护与安全技术。

三、粉碎度

粉碎度是固体药物粉碎成小颗粒的程度。常以物料粉碎前的平均直径（d）与已粉碎药物的平均直径（d_1）的比值（n）来表示：

$$n=d/d_1$$

上式表明粉碎度与物料粉碎后的粒子的直径成反比，即粒子越小，其粉碎度越大。粉碎度大小的选择，取决于制备的药物剂型、医疗用途及药物本身性质。如内服散剂中不溶或难溶性药物用于治疗胃肠溃疡时，宜粉碎成细粉，以利分散，充分发挥其保护和治疗作用。而易溶于胃肠液的则不必制成细粉，用于眼黏膜的外用散剂需要极细粉末，以减轻刺激性。在提取中药材有效成分时，药材的极细粉末易形成糊状，不利于浸出。故药物的粉碎度的要求应做具体分析，根据需要选择适当的粉碎度。粉碎度可分成粗碎、中碎、细碎和超细碎四个等级。粗碎的粉碎度n为3～7，粉碎后的物料颗粒的平均直径在数十毫米至数毫米之间；

中碎的 n 为 20～60，平均直径在数毫米至数百微米之间；细碎的粉碎度 n 在 100 以上，平均直径在数百微米至数十微米之间；超细碎的粉碎度 n 可达 200～1000，平均直径数十微米至数微米以下。

四、粉碎的方法

制剂生产中应根据被粉碎的物料的性质、粒度的要求、物料的多少等采用不同的方法进行粉碎。

（一）循环粉碎与开路粉碎

粉碎中，若含有尚未被充分粉碎的物料时，一般经过筛析后，粗颗粒重新返回到粉碎机进行第二次粉碎，称为循环粉碎，又称闭路粉碎，如图 9-2。开路粉碎是指连续把需要粉碎的物料供给粉碎机的同时，不断地从粉碎机中把已粉碎的物料取出的操作，其物料只通过设备一次，如图 9-3。

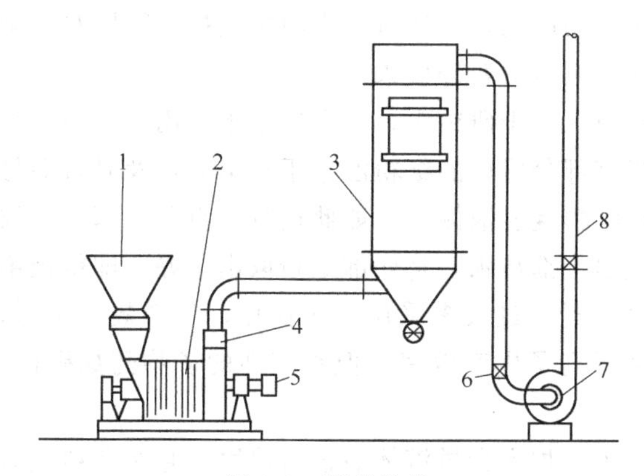

图 9-2　循环粉碎

1—加料器；2—内分级涡轮粉碎机；3—袋式脉冲捕集器；4,6,8—阀门；5—星形排料器；7—风机

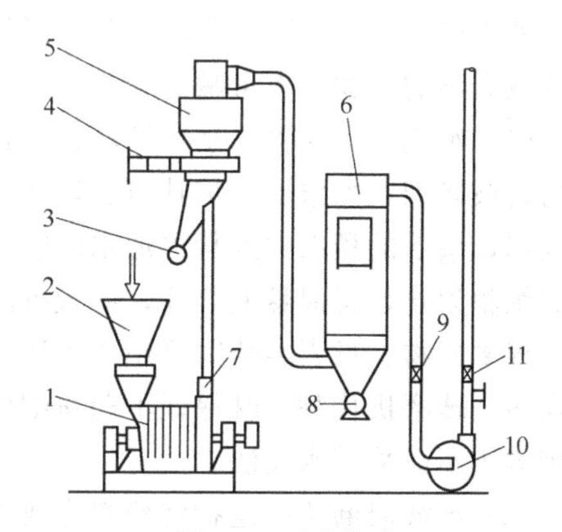

图 9-3　开路粉碎

1—内分级涡轮粉碎机；2—加料斗及加料器；3,8—星形排料器；4,7,9,11—阀门；5—微细分级机；6—袋式脉冲捕集器；10—风机

（二）粉碎方法

1. 干法粉碎

干法粉碎是把药物经过适当干燥处理（一般温度不超过 80℃），使药物中的水分含量降低至一定限度（一般含水量<5%）再粉碎的方法。一般药物均使用干法粉碎。中药含有一定量水分具有韧性，难以粉碎，因此在粉碎前应依据药物性质选用适当的干燥方法。

（1）单独粉碎　单独粉碎是指将一味药物单独进行粉碎，俗称“单研”，一般药物通常单独粉碎，便于在不同制剂中配伍使用。也应用于下列药物的粉碎：多数贵重细料药及刺激性药物，为了减少损耗和利于劳动保护，如牛黄、羚羊角、蟾酥等；含毒性成分的药物，如信石、马钱子、雄黄等；易于引起爆炸的氧化性、还原性药物粉碎；有些粗料药，如乳香、没药，因含有大量树脂，湿热季节难以粉碎，故常在冬春季单独粉碎成细粉；作包衣材料及特殊用途的药物如滑石、代赭石也应单独粉碎。

（2）混合粉碎　混合粉碎又称共研法，指处方中的部分或全部药物混合进行粉碎的方法。物质经过粉碎后，表面积增加，引起表面能的增加，粉末有重新聚集的趋势，故不稳定，混合粉碎能降低表面能，阻碍粉末聚集。处方中药物性质及硬度相似可以混合在一起粉碎。但在混合粉碎中遇有特殊药物时，需要做特殊处理。

① 串料。当处方中含有大量黏液质、糖分或树脂胶等黏性药物时，如熟地、桂圆肉、山萸肉、黄精、玉竹、天冬、麦冬等，粉碎时先将处方中黏性小的药物混合粉碎成粗末，然后陆续掺入黏性大的药物，粉碎成不规则的块或颗粒，60℃以下充分干燥后再粉碎。

② 串油。处方中含大量油脂性药物，如桃仁、枣仁、柏子仁等。粉碎时先将处方中易粉碎的药物粉碎成细粉，再将油脂性药物研成糊状或不捣碎，然后与已粉碎药物掺研粉碎，让药粉充分吸收油脂，以便于粉碎和过筛。

③ 蒸罐。处方中含有新鲜动物药，如乌鸡、鹿肉等；及需蒸制的植物药，如地黄、何首乌等必须蒸煮。将药物加入黄酒及其他药汁等液体辅料蒸煮后，与其他药物掺合，干燥，再粉碎。

2. 湿法粉碎

湿法粉碎是在药物中加入适量的水或其他液体一起研磨粉碎的方法，又称加液研磨法。选用液体以物料不膨胀、不起变化、不妨碍药效为原则，此法可减少粉尘飞扬，特别对于刺激性或有毒的药物，也可减少物料的黏附性而提高研磨粉碎效果。

（1）水飞法　系将非水溶性药料先打成碎块，置于研钵中，加入适量水，用力研磨，直至药料被研细，如朱砂、炉甘石、珍珠等。当有部分研成的细粉混悬于水中时，及时将混悬液倾出，余下的稍粗大药料再加水研磨，再将细粉混悬液倾出，如此进行，直至全部药料被研成细粉为止，将混悬液合并，静置沉降，倾出上部清水，将底部细粉取出干燥，即得极细粉。很多矿物、贝壳类药物可用水飞法制得极细粉。过去多采用手工操作，生产效率很低，现在多用球磨机代替，既保证了药粉细度，又提高了生产效率。但水溶性的矿物药如硼砂、芒硝等则不能采用水飞法。

（2）加液研磨法　是指将药料先放入研钵中，加入少量液体后进行研磨，直至药料被研细为止。研樟脑、冰片、薄荷脑等药时，常加入少量乙醇；研麝香时，则加入极少量水（俗称“打潮”）。注意要轻研冰片，重研麝香。

3. 低温粉碎

把物料或粉碎机进行冷却的粉碎方法称为低温粉碎。低温时物料脆性增加，韧性与延伸性降低易于粉碎。如软化点低的非晶体物料，树脂、树胶、干浸膏等。

低温粉碎的特点：①适宜在常温下粉碎困难的物料，熔点低、软化点低及热可塑性物料，例如树脂、树胶等；②含水、含油虽少但富含糖分，具有一定黏性的药物也能粉碎；③可获得更细的粉末；④能保留挥发性成分。

低温粉碎的一般方法为：①物料先行冷却，迅速通过高速撞击式粉碎机粉碎，物料在粉碎机内停留时间短暂；②粉碎机壳通入低温冷却水，在循环冷却下进行粉碎；③将干冰或液氮与物料混合后进行粉碎；④组合应用上述冷却方法进行粉碎。

4. 超微粉碎

超微粉碎是近20年迅速发展起来的一项高新技术，是指将0.5～5mm的物料粒粉碎至10～25mm以下的过程。主要通过对物料的冲击、碰撞、剪切、研磨、分散等手段实现的，传统粉碎中的挤压粉碎方法不能用于超微粉碎，否则会产生造粒效果。超微粉碎技术是粉体工程中的一项重要内容，包括对粉体原料的超微粉碎，高精度的分级和表面活性改变等内容。

五、粉碎设备

目前粉碎设备的种类很多，可按不同的方法进行分类。按所施加作用力的不同，粉碎设备可分为剪切式、撞击式、研磨式、挤压式和锉销式等类型。按作用部件运动方式的不同，粉碎设备可分为旋转式、振动式、滚动式以及流体作用式等类型。按产品粒度分为：粗碎机械、中碎机械、细碎机械、超细碎机械。按操作方式的不同，粉碎设备可分为干磨、湿磨、间歇式和连续式等类型。下面主要以所施加的作用力不同介绍生产中常用的粉碎设备。

（一）以截切作用力为主的粉碎设备

1. 切片机

切片机是把中草药的根、茎、块根等药用部分切成片、段、细条或碎块以供特殊需要，或进一步粉碎、生产制剂或调配处方之用，为我国常用的截切工具之一。被切的干硬中草药事前应适当润湿，以利切细。图 9-4 为切片机示意图。为了避免中草药跳动影响效率，故钉有木条作固定之用，斜钉者切成斜条或斜片，垂直钉者可切片。截切后的片条自动落至漏斗，从漏斗口卸出。

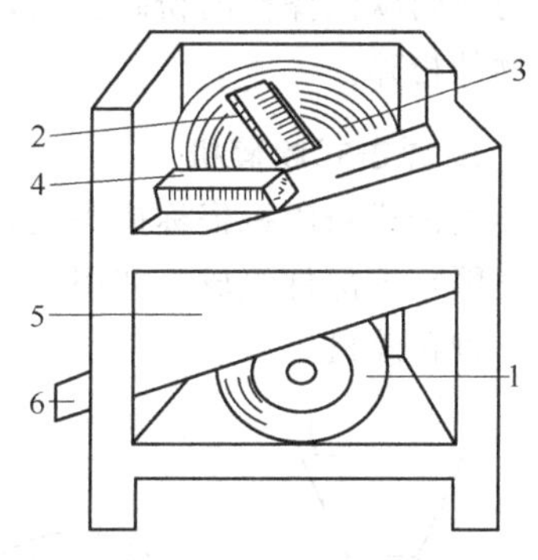

图 9-4　切片机示意图

1—电动机；2—切药刀；3—转盘；4—木条；5—漏斗箱；6—漏斗口

2. 截切机

图 9-5 为旋转式切药机，用电动机带动装切药刀的转盘进行截切。适用于对根、茎、草、皮、块状及果实类药材的切制，不宜切坚硬、球状及黏性过大的药材。图 9-6 所示为往复式切药机。切刀做上、下运动，药材通过刀床送出时即受到刀片的截切。切段长度由传送带的六种给进速度调节。适应于根、茎、叶、草等长形药材的截切，不适于块状、块茎等切制。

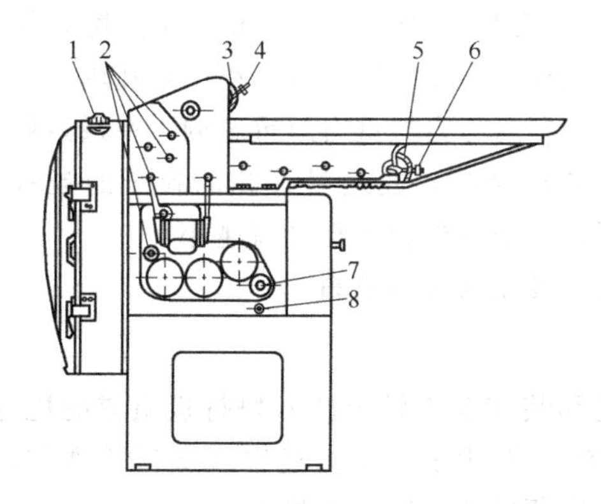

图 9-5　旋转式切药机

1—观察窗；2—加油孔；3—链板轴；4—调整螺栓；5—链板轴；6—调整螺栓；7—油位线；8—放油孔

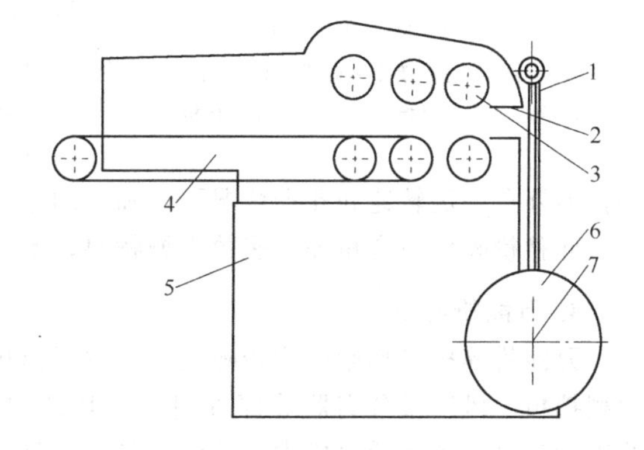

图 9-6　往复式切药机

1—刀片；2—刀床；3—压辊；4—传送带；5—变速箱；6—皮带轮；7—曲轴

（二）以撞击作用力为主的粉碎设备

1. 冲钵

最简单的撞击工具是冲钵，小型者常用金属制成，以铜制多见，如图 9-7 为一带盖的铜冲钵，适合撞碎小量药物之用。大型者则多为机动冲钵，如图 9-8，供捣碎大量药物用。冲

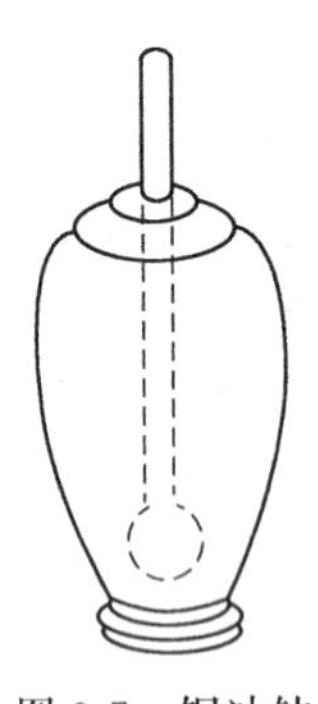
图 9-7 铜冲钵

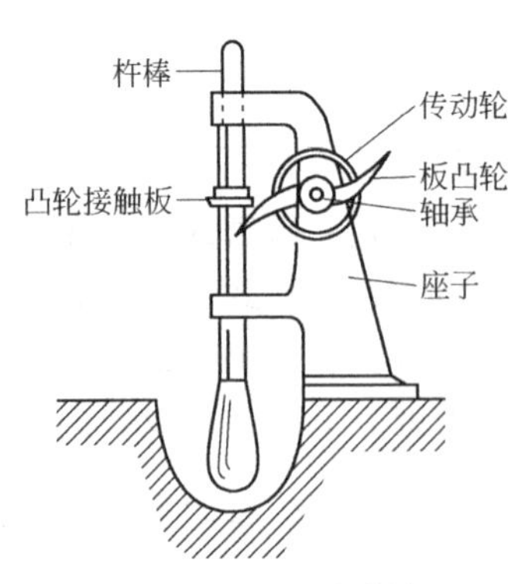

图 9-8 机动冲钵

钵为一间歇性操作的粉碎工具，因撞击频率低而不易生热，尤其适用于含有挥发油或芳香性药物的粉碎。

2. 锤击式粉碎机

锤击式粉碎机俗称榔头机，一种撞击式粉碎机，主要由加料器、转子、锤头、衬板、筛板（网）等部件组成，如图 9-9 所示，它是利用高速旋转的钢锤借撞击及锤击作用进行粉碎的一种粉碎机。

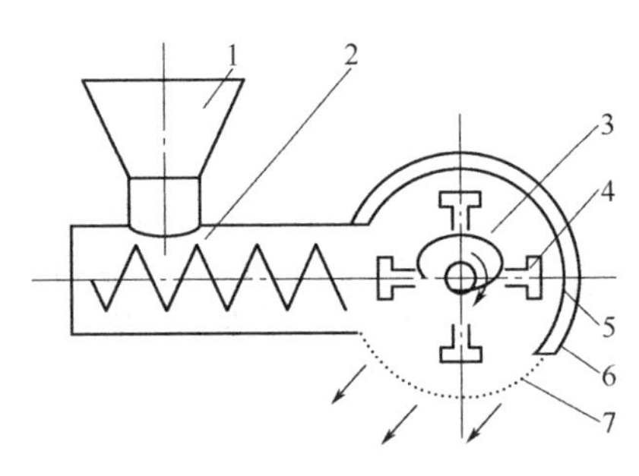

图 9-9 锤击式粉碎机

1—加料斗；2—螺旋加料器；3—转子；4—锤头；5—衬板；6—外壳；7—筛板

工作原理：当小于 10mm 粒径的固体物料由螺旋加料器连续定量进入到粉碎室时，物料在锤头高速旋转的侧向投入，经锤头的冲击、剪切作用及被抛向衬板的撞击等作用被粉碎，细料通过底部的筛孔出来，再经吸入管、鼓风机和排出管排入积粉袋（布袋要透气），而粗料截留在筛网内重复粉碎。产品的粒径与转速及筛网孔径有关。常用的转速：小型者为 1000～2500r/min，大型者为 500～800r/min。粉碎机底部的筛子为机械筛，通常情况下，小于筛孔内径的粒子由于运动受到离心力与重力双重影响，在通过筛孔时，转子的转速越高，能通过筛孔的粒子的粒径越小；另外在一定转速和孔径情况下，筛子的厚度越厚，通过的粒子粒径就越小。

此种粉碎机适合粉碎大多数干燥物料，不适宜高硬度及黏性物料。

3. 万能粉碎机

万能粉碎机又称柴田式粉碎机，它主要由机壳和装在动力轴上的六块打板组成的甩盘、刀型挡板、风扇及分离器等部件组成，其结构如图 9-10 所示。系由锰钢或灰口铸铁制成。此种粉碎机在各类粉碎机中粉碎能力最大，是大型中药厂普遍应用的粉碎机。

装在机壳动力轴上的甩盘安于加料口一侧，六块打板由螺丝固定在甩盘上，主要起粉碎作用。打板为锰钢块，中间带一圆孔，具有 7cm×7cm×1.5cm 或 5cm×5cm×1.0cm 等规格。打板在粉碎中容易磨损需要及时更换，更换时应牢固扭紧，勿使松动。

挡板安在甩盘和风扇之间，共六块，固定在挡板盘上，挡板盘可以左右移动来调节挡板与甩盘、风扇之间的距离，主要用以控制药粉的粗细和粉碎速度，同时也具有部分粉碎作用。若挡板盘向风扇方向移动药粉就细，向打板方向移动药粉就粗。

风扇安在靠出粉口一端，由 3～6 块风扇板组成，借转动产生的风力将药物细粉自出粉

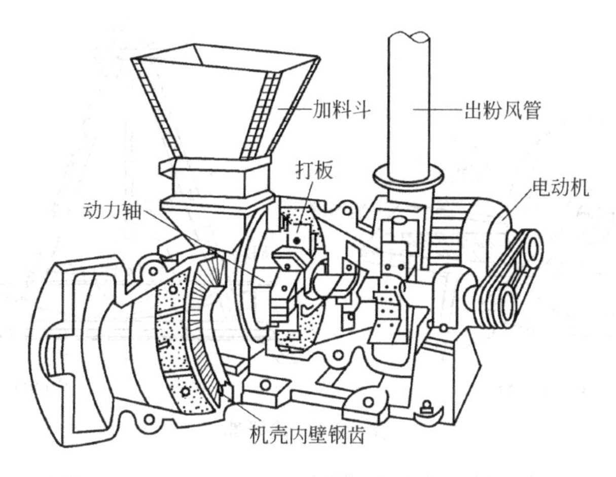

图 9-10 万能粉碎机

口经输送管吹入药粉沉降器。

万能粉碎机的特点是粉碎效率高，细粉率高，粉碎后不需过筛就可得到能通过七号筛的细粉。适用于粉碎含黏性、油脂、纤维性及质地坚硬的各类药料，但油性过多的药料不适用。

目前制药厂所安装的万能粉碎机常见功率有 73.5kW、11.03kW、18.39kW 等规格，负荷转速为 3000r/min。粉碎机工作时机内温度增高，应控制在 60℃以下。

（三）以研磨作用为主的粉碎设备

1. 乳钵

乳钵又称研钵，为粉碎和混合少量药物使用的常用工具，其材质常见的有瓷制、玻璃制、金属制和玛瑙制等几种，最常用的是瓷制和玻璃制的乳钵。

乳钵适用于粉碎少量结晶性、非纤维性的脆性药物、贵重药物及毒剧药物，同时也是水飞法的常用工具之一。若研磨粉碎大量的药物，可采用电动乳钵，见图 9-11。

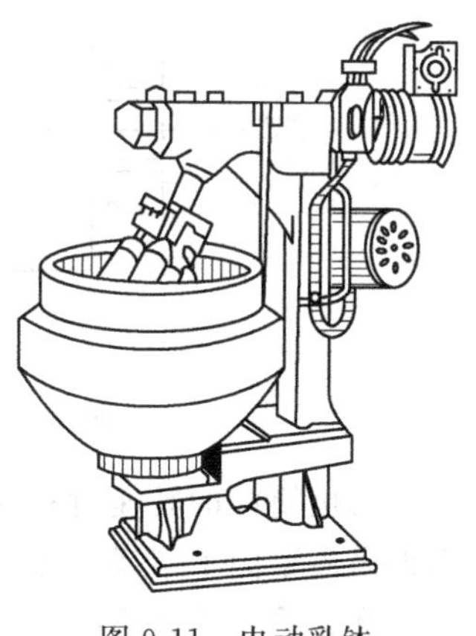

图 9-11 电动乳钵

2. 铁研船

铁研船是主要由船形槽和有中心轴的圆形碾轮组成的一种以研磨作用为主兼有切割作用力的粉碎机械。该机械有手工操作铁研船和电动铁研船两种。前者效率低，费力（脚蹬），适宜粉碎量小的物料，粉碎量较大可用电动铁研船。质地松脆、不吸湿且不与铁发生反应的物料适于此法粉碎。粉碎前先将药物碎成适当小块或薄片，然后置于铁研船中，推动碾轮粉碎药物，见图 9-12。

3. 球磨机

球磨机是一种常用的细碎设备，在制药工业中有着广泛的应用。球磨机的结构如图 9-13 所示，由进料口、轴承、圆筒体、大齿圈、出料口组成。其主体是一个不锈钢或瓷制的圆体，筒体内装有直径为 25～150mm 的钢球或瓷球，即研磨介质，装入量为筒体有效容积的 25％～45％。

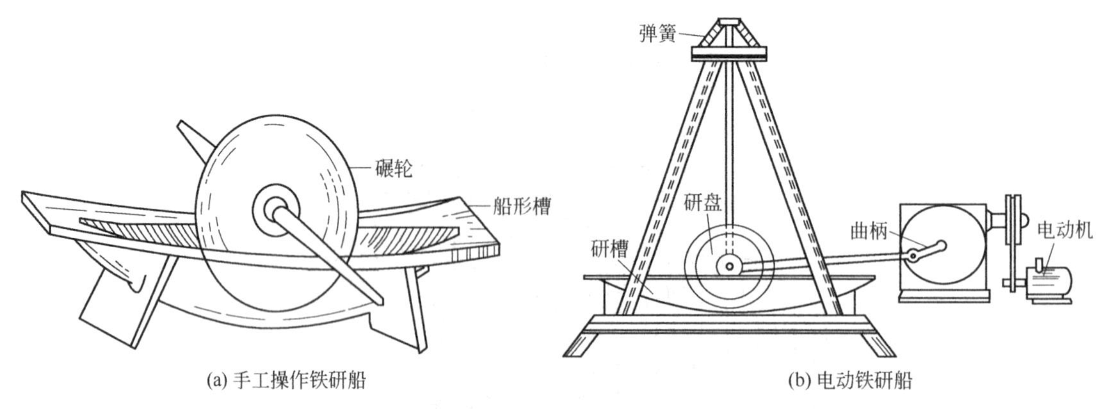

(a) 手工操作铁研船　　(b) 电动铁研船

图 9-12　铁研船

工作时，电动机通过联轴器和小齿轮带动大齿圈，使筒体缓慢转动。当筒体转动时，研磨介质随筒体上升至一定高度后向下滚落或滑动。固体物料由进料口进入筒体，并逐渐向出料口运动。在运动过程中，物料在研磨介质的连续撞击、研磨和滚压下逐渐粉碎成细粉，并由出料口排出。

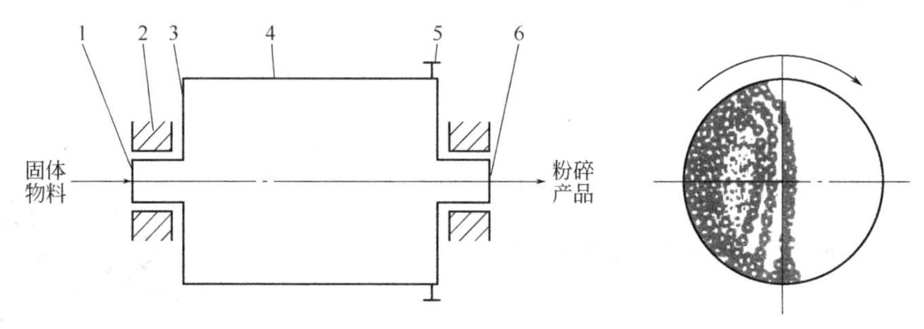

图 9-13　球磨机结构与工作原理示意

1—进料口；2—轴承；3—端盖；4—圆筒体；5—大齿圈；6—出料口

球磨机筒体的转速对粉碎效果有显著影响。转速过低，研磨介质随筒壁上升至较低的高度后即沿筒壁向下滑动，或绕自身轴线旋转，此时研磨效果很差，应尽可能避免。转速适中，研磨介质将连续不断地被提升至一定高度后再向下滑动或滚落，且均发生在物料内部，如图 9-14(a) 所示，此时研磨效果最好。转速更高时，研磨介质被进一步提升后将沿抛物线轨迹抛落，如图 9-14(b) 所示，此时研磨效果下降，且容易造成研磨介质的破碎，并加剧筒壁的磨损。当转速再进一步增大时，离心力将起主导作用，使物料和研磨介质紧贴于筒壁，并随筒壁一起旋转，如图 9-14(c) 所示，此时研磨介质之间以及研磨介质与筒壁之间不再有相对运动，物料的粉碎作用将停止。

综上所述，转速过快或过慢都会减弱或失去粉碎作用。旋转作用的离心力大小不仅与转速有关，而且与圆周运动的半径有关。因此，为了有效地粉碎药料，使圆球从最高位以最大的速率下落，这一转速的极限值称为临界转速，它与球罐直径的关系可由下式求出：

$$n_{临}=42.3/D$$

式中　$n_{临}$——圆筒每分钟的临界转速，r/min；

D——圆筒内径。

在临界速度时，圆球已失去研磨作用，所以在实际工作中，球磨机的转速一般采用临界

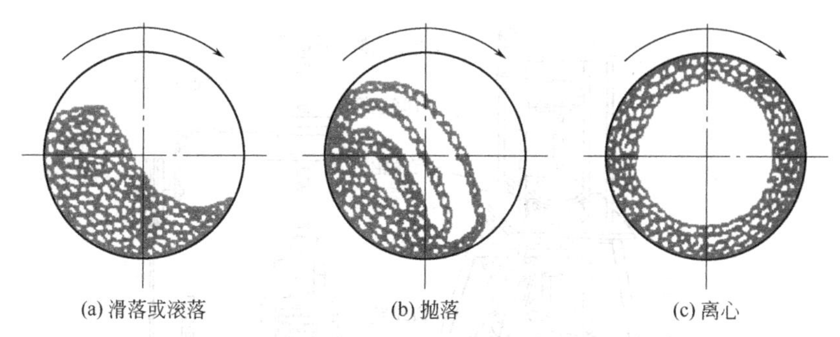

图 9-14　研磨介质在筒体内的运动方式

转速的 75%～88%，即 $n_{实}=32/D \sim 37.2/D$。

影响球磨机粉碎效果的因素，除转速外，还有圆球的大小、重量、数量及被粉碎药物的性质等。圆球应有足够的数量和硬度，在一定的高度落下时，能具有最大的击碎力。圆球的直径一般不应小于 65mm，应大于被粉碎物料直径 4～9 倍。由于操作时圆球不断的磨损，部分圆球需经常更换。球罐中装填圆球的数目不宜过多，过多则在运转时上升的球与下降的球发生撞击现象。球罐的长度与直径应有一定的比例，球罐过长，仅部分圆球有作用。实际中一般取长度：直径＝1.64：1.56 较为适宜。被粉碎药料装量一般不应超过球罐总容量的 1/2。

球磨机常用于结晶性或脆性药物的粉碎，如应用于结晶性药物朱砂、硫酸铜等，易融化的树脂松香、桃胶等，以及非组织的脆性药物儿茶等。密闭操作时，可用于毒性药、贵重药以及吸湿性、易氧化性和刺激性药物的粉碎。如刺激性药物蟾酥的粉碎，可防止粉尘飞扬；对具有较大吸湿性浸膏（如大黄浸膏）可防止吸潮；对挥发性药物及其他细料药（如麝香、犀角等）也适用。对与铁易起反应的药物可用瓷制球磨机进行粉碎。

球磨机除广泛用于干法粉碎外，亦可用于湿法粉碎。

总之，球磨机结构简单，运行可靠，无需特别管理，且可密闭操作，因而操作粉尘少，劳动条件好。球磨机的不足之处是体积庞大，笨重；运行时有强烈的振动和噪声；需有牢固的基础，工作效率低、能耗大；研磨介质与筒体衬板的损耗较大。

（四）以锉削作用力为主的粉碎设备

锉式粉碎机又称羚羊角粉碎机，由升降丝杆、皮带轮、加料筒、齿轮锉及转向皮带轮等构成，药料自加料筒装入固定，将齿轮锉安上，关上机盖，开动电机即可粉碎。由于转向皮带轮及皮带轮的转动可使丝杆下降，借丝杆的逐渐推下使被粉碎的药物与齿轮锉面接触，当齿轮锉动时，药物逐渐被锉削而粉碎，落入接受器内。此机主要用于羚羊角等角质类药物的粉碎。见图 9-15。

（五）超微粉碎设备

1. 振动磨

振动磨是一种常用的超微粉碎设备。振动磨有一代、二代、三代之分，第三代振动磨属高效超微粉碎设备，可进行中药材的超微粉碎。其原理系利用研磨介质（球形或棒状）在振动磨筒体内做高频振动，产生冲击、研磨、剪切等作用，将物料研细，并使物料分散和均匀混合。德国、日本对动植物药的粉碎均选用该设备。

振动磨工作时，研磨介质在筒体内做以下几项运动：①研磨介质的高频振动；②研磨介质逆主轴旋转方向的循环运动；③研磨介质自转运动等。上述几种运动使研磨介质之间以及

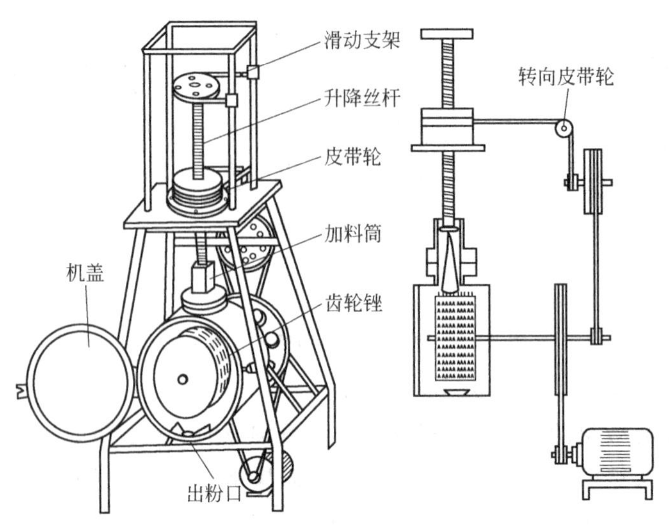

图 9-15 锉式粉碎机

研磨介质与筒体内壁之间产生激烈的冲击、摩擦、剪切作用，在短时间内使分散在研磨介质之间的物料被粉碎成微小粒子。

振动磨的基本构造是由磨机筒体、激振器、支撑弹簧、研磨介质、联轴器及驱动电机等主要部件组成。磨机筒体有单筒体、双筒体和三筒体，以双筒体和三筒体应用较多，内外筒体的材质通常采用优质无缝钢管。激振器用于产生振动磨所需的工作振幅，由安装在主轴上的两组共四块偏心块组成，偏心块可在0°～180°范围内进行调整。支撑弹簧有钢制弹簧、空气弹簧等，应具有较高的耐磨性。研磨介质有球形、柱形或棒形等多种形状。联轴器主要用于传递动力，使磨机正常有效工作，同时又对电机起隔振作用。振动磨结构示意见图9-16。振动磨粉碎中药材出粉成品粒径可达5～75μm，处理量约为15～120kg/h。

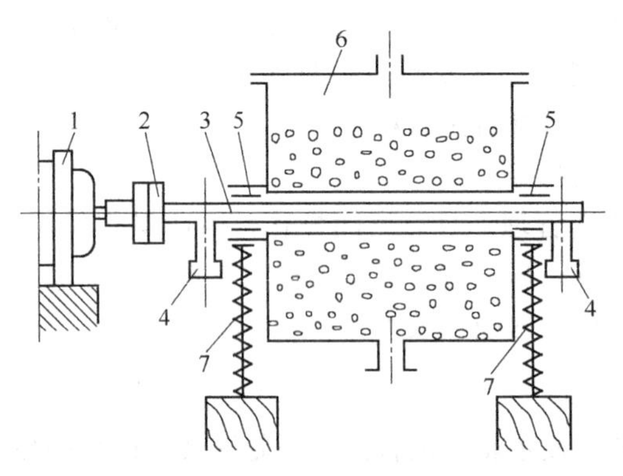

图 9-16 振动磨结构示意图

1—电动机；2—挠性轴套；3—主轴；4—偏心重块；5—轴承；6—筒体；7—弹簧

2. 搅拌磨

搅拌磨又称搅拌粉碎机，是超微粉碎设备中能量利用率最高的一种粉碎设备，依靠粉碎室中心的机械搅拌器如搅拌棒、齿或片等带动研磨介质，使其在筒体内做高速的不规则运动，利用研磨介质之间的撞击力、挤压力和剪切力等对物料实现粉碎。搅拌磨一般由研磨筒、搅拌器、研磨介质、冷却系统、卸料装置、分离系统等组成。图9-17为卧式连续搅拌磨结构示意图。

搅拌磨可分为干式、湿式、间歇式、连续式等工作方式。搅拌磨较球磨机和振动磨能耗低，与普通球磨机相比节能50%以上。同时，搅拌磨由于腔体中心搅拌器的作用，使研磨介质和物料做多维循环运动和自转运动，可避免物料从中心“短路”通过，因而物料粉碎的滞留时间短，成品粒径小，粉碎效率较普通球磨机高，并具有研磨、分散、混合等多种作用。对于含有机溶剂、有毒的物料，采用密闭性搅拌磨，可改善操作环境，效果较好。

实际应用中，可将多台搅拌磨串联使用以提高生产能力。

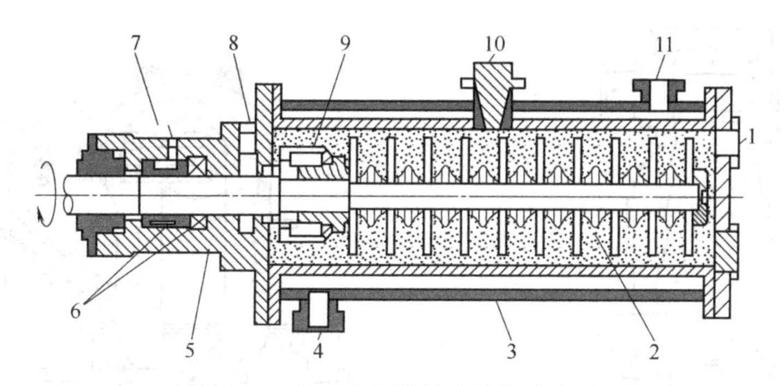

图 9-17 卧式连续搅拌磨结构示意图

1—进料口；2—搅拌器；3—筒体夹套；4—冷却水入口；5—密封液入口；6—密封件；7—密封液出口；8—产品出口；9—旋转动力介质分离筛；10—介质加入孔；11—冷却水出口

3. 气流粉碎机

气流粉碎机亦称（高压）气流磨或流能磨，是以研磨作用力为主的粉碎设备，是一种重要的超细碎设备。其工作原理是利用高速气流使药物颗粒之间以及颗粒与器壁之间产生强烈的冲击、碰撞和摩擦，从而达到粉碎药物的目的。高速气流可以是压缩空气、蒸汽或惰性气体，气流速度达到 300～500m/s；蒸汽为多热蒸汽，温度在 300～500℃范围。由于粉碎由气体完成，整个机器无活动部件，粉碎效率高，可以完成粒径在 5μm 以下的粉碎，并具有粒度分布窄、颗粒表面光滑、颗粒形状规整、纯度高、活性大、分散性好等特点。由于粉碎过程中压缩气体绝热膨胀产生降温效应，因而还适用于低熔点、热敏性物料的超细粉碎。

目前工业上应用的气流磨主要有以下几种类型：圆盘式气流磨、循环管式气流磨、对喷式气流磨、流化床对撞磨等。

圆盘式气流粉碎机见图 9-18，由加料口、粉碎室、主气入口、喷嘴、喷射环、上盖、下盖及出料口等部件组成，物料经喷嘴加速，以超音速导入粉碎室，高压气体通过研磨喷嘴时形成高速射流，气流入口与固定的喷射环管成一定角度，这样喷射气流所产生的旋转涡流使颗粒之间、颗粒与机体间产生强烈的冲击、碰撞、摩擦、剪切而粉碎，同时粗粉在离心力的作用下甩向粉碎室做循环粉碎，而微粉在离心气流带动下被导入粉碎机中心出口管进入旋风分离器加以捕集而达到分级，粉碎粒度可达 5μm 以下。另外喷嘴喷射出来的空气利用绝对膨胀的作用，使粉碎室处于较低温度下作业。

圆盘式气流粉碎机因其结构简单，装配、维修方便，主机体积小，生产连续等优点，目前在国内外广泛使用，并对其机型不断改进，逐渐完善成熟。

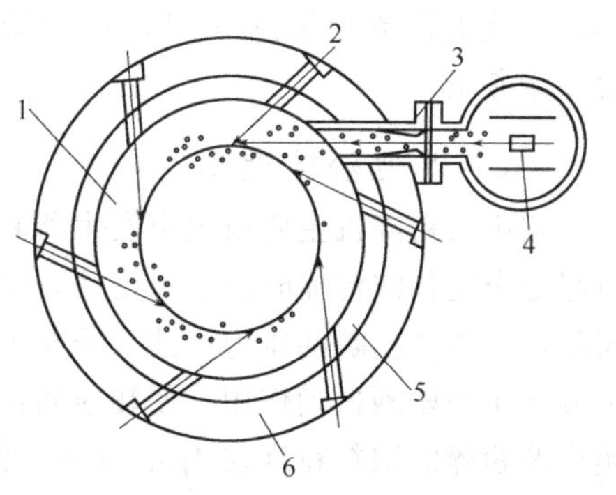

图 9-18 圆盘式气流粉碎机结构示意图

1—粉碎带；2—研磨喷嘴；3—文丘里喷嘴；4—推料喷嘴；5—铝补垫；6—外壳

流化床对撞式气流粉碎机：是将净化干燥的压缩空气导入特殊设计的喷管，形成超音速气流，通过多个相向放置的喷嘴进入粉碎室，物料由料斗送至粉碎室被各喷嘴的气流加速，并撞击到射流的交叉点上实现粉碎，粉碎室内形成高速的两相流化床，粉体自我碰撞，实现粉碎，然后经过涡流高速分级机，在离心力的作用下进行分级。重力加料式

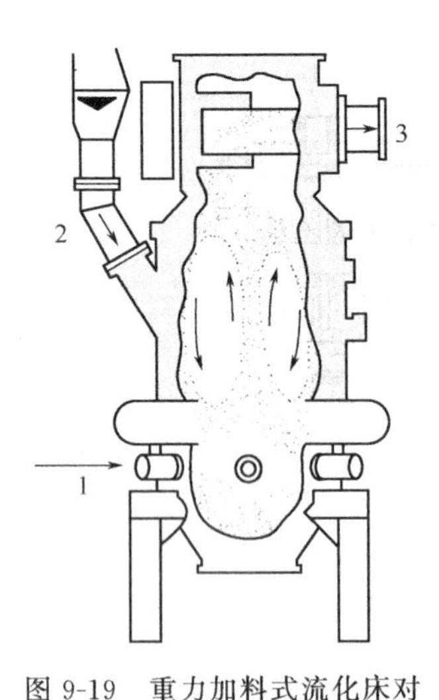

图 9-19　重力加料式流化床对撞式气流粉碎机结构示意图

1—高压空气入口；2—物料入口；3—产品出口

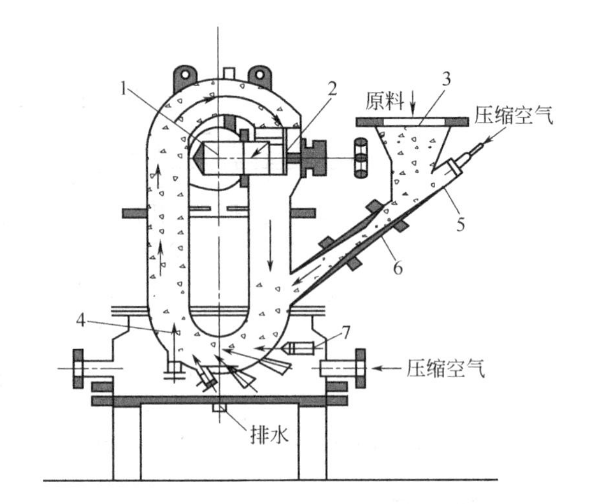

图 9-20　循环气流粉碎机的结构示意图

1—出口；2—导叶（分级区）；3—进料；4—粉碎；5—推料喷嘴；6—文丘里喷嘴；7—研磨喷嘴

流化床对撞式气流粉碎机结构示意见图 9-19。

流化床对撞式气流粉碎机的特点是采用多向对撞气流，利用对撞气流合力大的特性使喷射动能得到较好利用；准确的超微气流分级系统大大降低了流化床对撞式气流粉碎机的能量消耗，使其较圆盘式气流粉碎机能耗降低约30%～40%；通过喷嘴的介质只有空气而不与物料同路进入粉碎室，从而避免了粒子在途中产生的撞击、摩擦以及黏沉淀。机内安装有调整完全独立的超微分级机，可按照设定的粒度范围准确及时分级。对热敏性、纤维性材料表现出独特的粉碎效果，粉碎粒度可达 25～90μm，引起了国内外粉碎行业的极大重视。清华大学针对现有气流粉碎机所存在的问题，集对喷式和流化床式气流粉碎机的优点于一体，设计并研制成功了 LDP 系列复合式气流粉碎机，产品粒径小于 10μm，不同型号产量 20～1000kg/h。

循环管式气流粉碎机：又称为 O 形环气流粉碎机，其结构示意见图 9-20。循环管式气流粉碎机的特点是粉碎室内腔截面不是真正的圆截面，循环管各处的截面也不相等，分级区和粉碎区的弧形部分曲率半径是变化的，这种特殊形状设计，使其具有加速颗粒运动和加大离心力场的功能，提高了粉碎和分级功能，使粉碎粒度可达 0.2～3μm，其工作流程见图 9-21，广泛应用于医药、食品以及具有热敏性和爆炸性物品等的超微粉碎。

（六）其他粉碎设备

超声波粉碎机主要由超声发生器和换能器组成，其原理是利用超声波在待处理的物料中引起超声空化波传播时产生疏密区，而负压可在介质中产生空腔并随振动的高频压力变化而膨胀，爆炸产生瞬间压力可达几千至上万个大气压[1]，物料在巨大的压力下被震碎。同时超声波产生的剧烈振动作用，使颗粒间或颗粒与容器间产生高速碰撞而使液体中固体被击碎。超声波粉碎的颗粒粒度在 4μm 以下，但此类粉碎机的工作效率低，仅为 10kg/h，使用受到了限制。

[1] 1 个大气压（1atm）=101325Pa，全书余同。

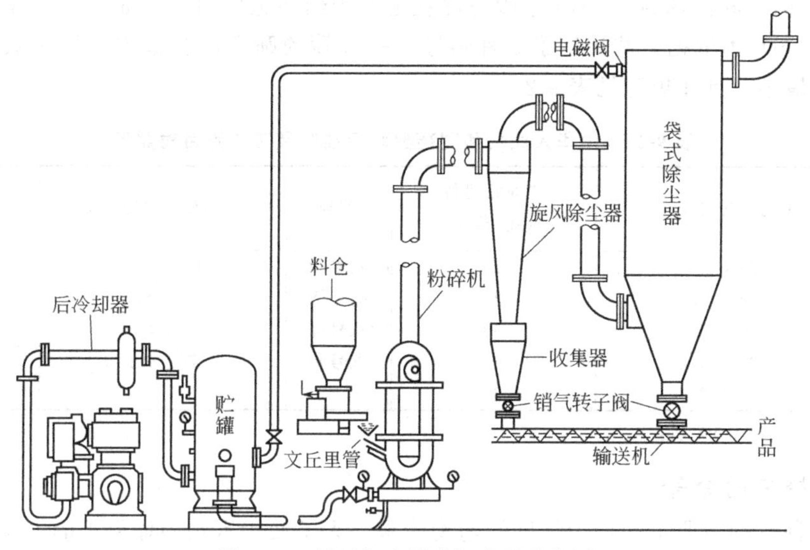

图 9-21　循环气流粉碎机流程示意图

第二节　筛选设备

筛分是用筛网按所要求的颗粒粒径的大小将物料分成各种粒度级别的单元操作。筛，即过筛，指粉碎后的药物粉末通过网孔性的工具，使粗细不同级别的粉末分离的操作；析，即离析，指粉碎后的药物粉末借空气或液体流动或旋转的办法，使粗细轻重不同的粉末分离的操作。颗粒粒径的分级是药品制造和保证药品质量的一项重要操作，选出适宜且较均匀的颗粒，能满足不同物料混合所要求的均匀程度和各种药物制剂制备对颗粒粒度的要求等。

一、筛析的目的

筛析的目的是为了得到均匀粒度的物料，筛析过程可用于直接制备成品，也可作为中间工序。它对药品的质量以及制剂生产的顺利进行都有重要意义。如散剂除另有规定外，一般均应通过 6 号筛。①根据医疗和药剂的制备要求，以分离得到细度适宜的物料；②不但能将粉碎好的颗粒或粉末按粒度大小加以分等，而且也能起混合作用；③筛分出的不合要求的粗粉还可再粉碎。

二、药筛和药粉的分等

（一）药筛的种类

药筛是用于筛选粉末粒度（粗细）或匀化粉末的工具。是指按药典规定，全国统一用于药剂生产的筛，或称标准筛。在实际生产中，也常使用工业用筛。工业筛的选用应与药筛标准相近，且不影响药剂质量。

药筛按制法不同可分为编织筛与冲制筛两种。编织筛的筛网是由铜丝、铁丝（包括镀锌丝）、不锈钢丝、尼龙丝、绢丝、马尾丝及竹丝等编织而成。编织筛在使用时筛线易于移位，故将金属筛线交叉处压扁固定。冲眼筛是在金属板上冲压出圆形或多角形的筛孔制成的，此种筛坚固耐用，孔径不易变形，常用于高速粉碎过筛联动的机械上。细粉一般使用编织筛或空气离析等方法筛选。

《中华人民共和国药典》2010年版一部规定所用药筛选用国家标准R40/3系列，以筛孔内径大小（μm）为依据，共规定了9种筛号，一号筛的筛孔内径最大，依次减小，九号筛的筛孔内径最小，具体规定见表9-2。

表9-2 《中华人民共和国药典》标准筛及工业筛目对照表

筛号	平均筛孔内径/μm	工业筛目数/(孔/英寸)	筛号	平均筛孔内径/μm	工业筛目数/(孔/英寸)
一号筛	2000±70	10	六号筛	150±6.6	100
二号筛	850±29	24	七号筛	125±5.8	120
三号筛	355±13	50	八号筛	90±4.6	150
四号筛	250±9.9	65	九号筛	75±4.1	200
五号筛	180±7.6	80			

注：1英寸（in）=0.0254m。

（二）粉末的分等

由于各种制剂需要不同均匀细度的药物粉末，为了便于区别固体粒子的大小，药典把固体粉末分成六级，具体分级见表9-3。

表9-3 粉末分等标准

等级	分等标准
最粗粉	指能全部通过一号筛，但混有能通过三号筛不超过20%的粉末
粗粉	指能全部通过二号筛，但混有能通过四号筛不超过40%的粉末
中粉	指能全部通过四号筛，但混有能通过五号筛不超过60%的粉末
细粉	指能全部通过五号筛，并含能通过六号筛不少于95%的粉末
最细粉	指能全部通过六号筛，并含能通过七号筛不少于95%的粉末
极细粉	指能全部通过八号筛，并含能通过九号筛不少于95%的粉末

三、筛分设备

筛分设备的种类较多，可以根据粉末的性质、数量及制剂对粉末细度的要求来选择。

（一）摇动筛

摇动筛又称为手摇筛、套筛，由药筛和摇动装置两部分组成。药筛的筛网常用不锈钢丝、铜丝、尼龙丝等编织而成，固定在圆形或长方形的金属边框上。可以根据需要依次套叠，通常自上而下筛号依次增大，底层的最细筛套于接受器上。使用时将适宜号数的药筛套于接受器上，加入药粉，盖好上盖。摇动装置是由摇杆、连杆和偏心轮构成，手摇时偏心轮和连杆使药筛产生往复运动即可进行药物粉末的筛析。见图9-22。

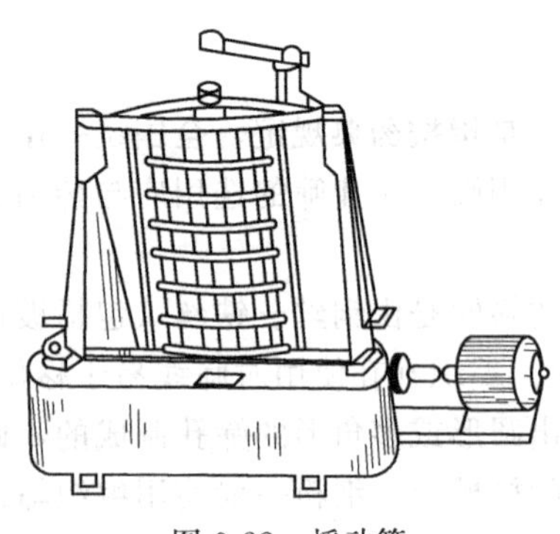

图9-22 摇动筛

摇动筛适用于小批量粉末的筛分，用于毒性、刺激性或质轻药粉的筛分时可避免粉尘飞扬。

（二）振动筛

振动筛是利用机械或电磁作用使筛子产生振动，将物料进行分离的设备，分为机械振动筛和电磁振动筛。

1. 振动筛分机

振动筛分机为目前常用的机械筛粉机，见图9-23，是利用偏心轮对连杆所产生的往复振动而筛选粉末的装置。长方形筛子安装于振动筛粉机的木箱内，将需要过筛的粉末由加料斗加入，落入筛子上，筛子斜置于木箱中可以被移动，而木箱固定在轴上，借电机带动皮带轮，使偏心轮做反复运动，由此木箱中的筛子往复振动产生过筛作用。又因木框碰击两端，振动力又增强了筛析作用，细粉落入细粉接受器中，粗粉落入粗粉接受器中，以备继续粉碎后过筛。振动筛因往复振动的幅度比较大，粉末在筛上滑动，又密封于筛内，主要适用于无黏性的植物药、毒剧药、刺激性及易风化易潮解药物粉末的过筛。值得注意的是过筛完毕，需静置适当时间，使细粉下沉后再开启。

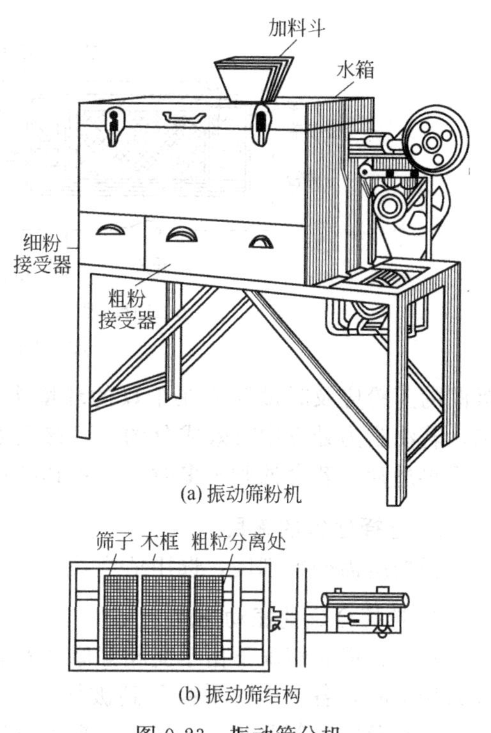

图 9-23　振动筛分机

2. 圆形振动筛粉机

圆形振动筛粉机的结构及工作原理见图 9-24。电机的通轴上装有上下两个不平衡重锤，上部的使筛网发生水平圆周运动，下部的使筛网发生垂直方向运动，由此形成筛网的三维运动。物料加入筛网中心部位，筛分后，网上的粗料由粗料出口排出，筛分后的细料则从细料口排出。

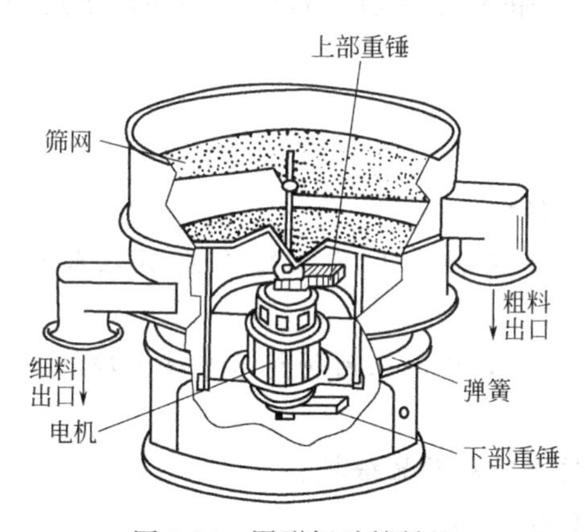

图 9-24　圆形振动筛粉机

圆形振动筛粉机具有分离效率高，能连续进行筛分操作及维修费用低、占地少、重量轻等优点。

3. 电磁振动筛粉机

电磁振动筛粉机是由电磁铁、筛网、弹簧接触器等组成，利用较高的频率（200 次/min 以上）与较小的振幅（小于 3mm）造成振动。筛内的滑轨倾斜安装在支架上，在筛的边框上支撑着电磁振动装置，使筛网沿滑轨往复运动。图 9-25 就是电磁振动筛的工作原理和俯视图，物料从筛的上端加入，粗料由筛网上面的下端口排出，细料则由筛网下面排出。该类型筛粉机振动频率约为 3000～3600 次/min，振幅约 0.5～1mm。故适用于黏性较强的药粉过筛，以及 3～350 目各种粉状物料筛选分级。

四、过筛注意事项

在制剂生产中，如过筛操作正确，就可提高过筛效率。影响过筛效率的因素很多，其中主要包括药粉的要求、药筛的选择、筛法及加药量等问题，简述如下。

1. 粉末应干燥

一般粉末呈干燥疏松状，易于过筛，所以粉末中含水量较高时应充分干燥后再过筛。易

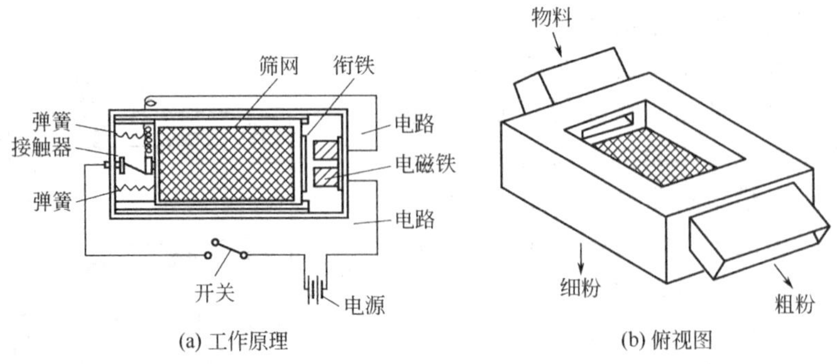

(a) 工作原理　(b) 俯视图

图 9-25　电磁振动筛粉机

吸潮的药粉应及时过筛或在干燥的环境中过筛。含油脂多的药粉易结块成团，很难通过筛网，若油脂为处方中有效成分的，可掺入处方中其他药粉一同过筛；若为无效成分的，可脱脂后再过筛；若含油脂不多时，可将其冷却后再过筛。

2. 选择适宜的筛目

根据所需药粉细度，选用适当筛号的药筛。

3. 选择合适的振动速度

药粉在静止情况下由于受相互摩擦及表面能的影响，易形成块而不易通过筛孔。当施加外力振动时，各种力的平衡受到破坏，小于筛孔的粉末便能通过筛孔。药粉在筛网上以滑动、滚动及跳动等几种方式运动，振动时速度不宜太快，以使粉末有较多机会通过筛孔，但速度也不宜太慢，否则会降低过筛效率。

4. 控制粉层的厚度

药筛内放入的药粉不宜太多太厚，以让药粉有足够的机会在较大范围内移动便于过筛。但粉末也不宜太薄，太薄了影响过筛效率。

知识链接　**过筛设备养护**

1. 机器安装前检查在运输和储藏过程中是否有损坏。

2. 安装完后进行 0.5～4h 试运转，调整筛子振幅，上下振幅误差不应超过 0.5mm，并检查筛子安装是否平稳、有无异常噪声。

3. 筛子给料装置与筛面之间的距离不得大于 0.5m，以防止因物料落差过大冲坏筛面，筛子要求均匀连续给料。

4. 筛子应在无负荷的情况下启动，待筛子运转平稳后开始给料。

5. 停机时先停止给料，待筛面上的物料排除后在停机。

6. 机器应有专人保养、维修，并经常检查筛子的工作情况，连接件是否紧固和轴承的工作条件。

7. 定期向轴承加注润滑油，每月至少加一次。

第三节　混合设备

混合是指两种或两种以上的固体粉末，在混合设备中相互分散达到均一状的操作，是片剂、散剂、颗粒剂、胶囊剂、丸剂等固体制剂生产中的一个基本单元操作。

一、混合机理

固体粒子混合时有三种运动方式，形成了三种不同机理。

1. 对流混合

固体粒子在容器中翻转，或用桨、片、相对旋转螺旋，把相当大量的粉末从一处转移到另一处，即发生了较大的位置转移。

2. 剪切混合

粒子运动产生一些滑动平面，在不同的界面间发生剪切力作用，如剪切力平行于其界面时，可使相似层进一步稀释，垂直于界面的剪切力能加强不相似层稀释，从而达到混合目的。同时具有一定的粉碎作用。

3. 扩散混合

粒子进行无规则运动时，由于相邻粒子间相互交换位置产生的局部混合。扩散混合因发生在不同剪切层界面处，其混合是由剪切混合引起的。

上述三种混合方式在实际操作中不是独立进行的，而是相互联系的。只是表现的程度因混合器的类型、粉体性质、操作条件等不同存在差异而已。例如水平转筒混合器以对流混合为主，搅拌器的混合以强制的对流与剪切为主。一般来说在混合开始阶段以对流与剪切为主，随后扩散作用增加。

二、混合方法与设备

实验室常用的混合方法有搅拌混合、研磨混合、过筛混合。大批量生产中的混合过程多采用使容器旋转或搅拌的方法使物料发生整体和局部的移动而达到混合目的。混合设备是利用各种混合装置的不同结构，使粉体物料之间产生相对运动，不断改变其相对位置，并且不断克服由于物体差异而导致物料分层的趋势。用于固体粉粒料的混合设备种类繁多，主要有容器回转型和容器固定型。

（一）回转型混合机

这类混合机用驱动轴水平地支撑着容器，容器内放入两种以上的粉粒物料，驱动轴带动容器自身回转而完成物料的混合，是间歇操作的混合机械。具有结构简单、混合效果好的优点，因此应用广泛。由旋转容器及驱动转轴、机架、减速传动机构和电动机组成。旋转容器是此类混合机的重要构件，它的形状决定了混合操作的效果。容器的内表面要求光滑平整，以减少器壁对物料的摩擦、黏附作用，旋转容器内部无搅拌工作部件。正常工作时，容器内物料在容器的带动下向上运动，然后在自重下回落，造成上下翻动和侧向运动，从而不断进行扩散，达到混合的目的。为了加强物料的混合，减少混合操作时间，有时在容器内安装几个固定挡板。

1. V 形混合机

如图 9-26 所示，该机由两个长短不一的圆筒按 V 形焊接而成，容器的形状相对于轴而言是非对称的。工作时，V 形桶连续运转，装载于桶内的干物料随着混合筒转动，不停地进行混合和分离运动，在较短的时间内达到混合。

两个圆筒的夹角一般为 80°，装料量为两个圆筒体积的 10％～30％。其转速为 6～25r/min。适用于物料流动性良好、物性差异小的粉体粒的混合，以及混合度要求不高而又要求

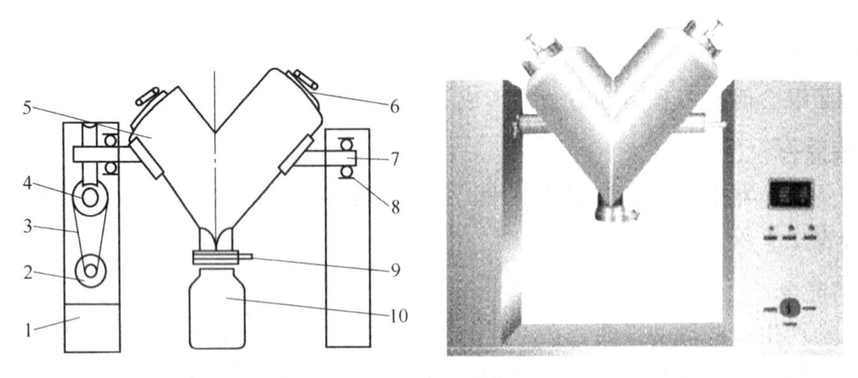

图 9-26 V形混合机

1—机座；2—电机；3—传动皮带；4—涡轮蜗杆；5—容器；6—盖；7—旋转轴；8—轴承；9—出料口；10—盛料器

混合时间短的物料。

2. 双锥形混合机

容器由两个锥底相连的圆锥体构成，如图 9-27 所示，驱动轴固定于锥底部分。一个锥顶为原料的入口，另一个锥顶为已混合物料的出口。由于容器呈圆锥形，所以物料能产生强烈滚动作用，具有易流动和混合较快的优点，同时物料排出彻底。为了混合得彻底，容器内可设有搅拌桨叶。双锥形混合机的转速为 5～20r/min。

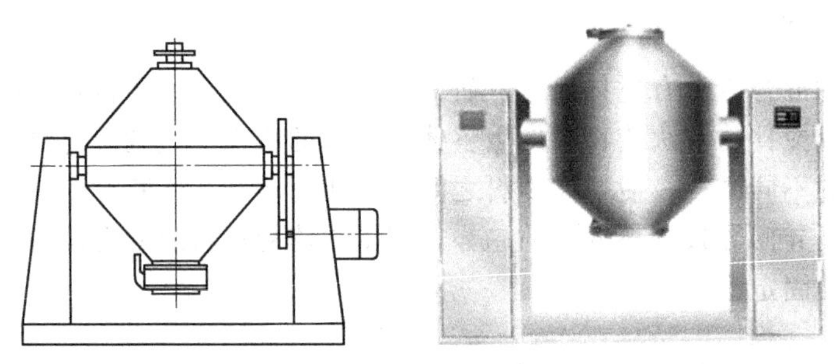

图 9-27 双锥形混合机

3. 三维运动混合机

三维运动混合机（图 9-28）由机座、传动系统、电器控制系统、多向运动机构、锥形圆筒等部件组成。与物料直接接触的混合桶采用优质不锈钢材料制造。工作过程中，装料的筒体在主动轴的带动下，做周而复始的平移、转动和翻滚等复始运动，促使物料沿着筒体做环向、径向和轴向的三向复合运动，被混合物料在频繁、迅速的翻动作用下，进行着物料间的扩散、流动与剪切，使物料各自在无离心力作用下混合，进一步减少了密度偏析，保证混合物在短时间内达到理想的混合要求。

三维运动混合机具有以下特点：①装料系数大（80%左右）；②筒体既自转又公转，做三维运动，混合充分（混合均匀度达 99.9%以上）；③对密度、形状、粒度差异大的物料混合效果好；④进、出料方便，所占空间小，容器与机身可隔离，符合 GMP 要求；⑤物料在密闭状态下进行混合，对工作环境不会产生污染。

（二）容器固定型混合机

这类混合机容器固定，内部设有回转的搅拌桨叶或绞龙螺旋，强制性地分散、切断物

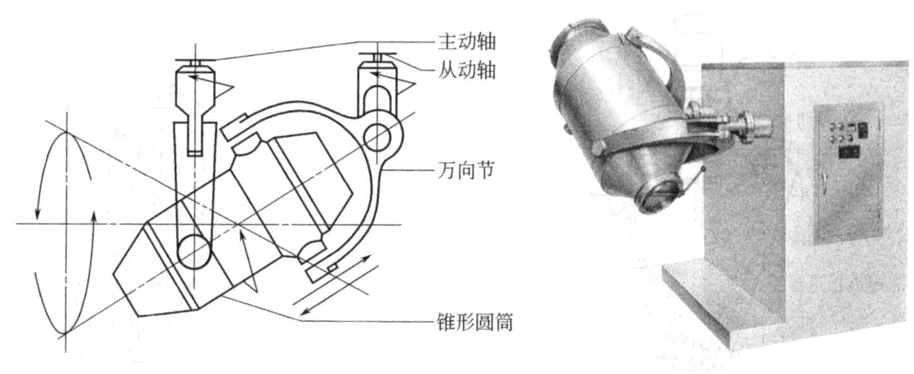

图 9-28　三维运动混合机

料，物料在容器内有确定的流动方向，属于对流混合。适用于物料性质差别较大及混合比较大、混合精度要求高的场合。由于容器固定，物料进出方便，有些类型的固定容器式混合机可以实现连续操作。

1. 槽式混合机

槽式混合机的结构如图 9-29 所示，主要由机座、电机、减速器、混合槽、搅拌桨等组成。其工作原理是主电机带动搅拌桨旋转，利用水平槽内的“S”形螺带所产生的纵向和横向运动，使物料翻动，达到均匀混合的目的，槽可绕水平轴转动，以便卸料。

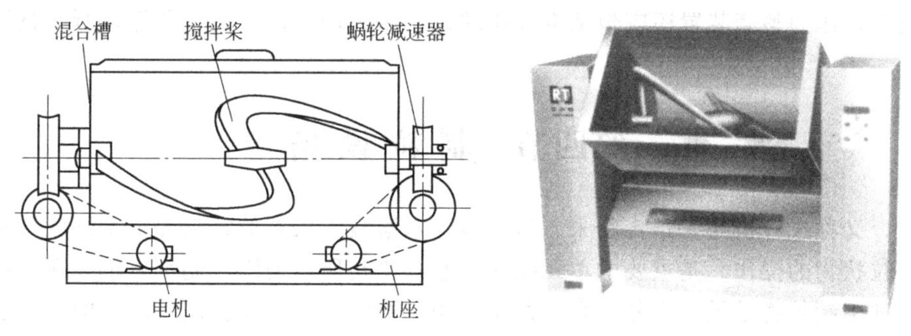

图 9-29　槽式混合机

槽式混合机装料约占混合槽容积的 80%，具有价格低、操作简便、易于维修的优点，对一般产品均匀度要求不高的药物，仍得到广泛使用。缺点是搅拌效率低、混合时间长；搅拌轴两端的密封件容易漏粉；搅拌时粉尘外溢、污染环境、对人体健康不利。

2. 双螺旋锥形混合机

双螺旋锥形混合机主要由锥形筒体、螺旋杆、转臂、传动部分组成，见图 9-30。操作时由锥体上部加料口进料，装到螺旋叶片顶部，启动电源，电机带动双级摆线针轮减速器，经套轴输出公转和自转两种速度。其混合原理是由于双螺旋的快速自转将物料自下而上提升，形成两股对称的沿臂上升的螺旋柱物料流，转臂带动螺旋杆公转，使螺旋柱体外的物料相应地混入螺旋柱物料内，达到混合的目的。

双螺旋锥形混合机具有动力消耗小、混合相差效率高（比卧式搅拌机效率提高 3～5 倍）、容积比高（可达 60%～70%）等优点，适宜混合密度悬殊较大、混配比较大的物料。并且该设备无粉尘、易于清理。

另外还有非对称双螺旋锥形混合机、多角变距锥形混合机，适用于使用双螺旋锥形混合

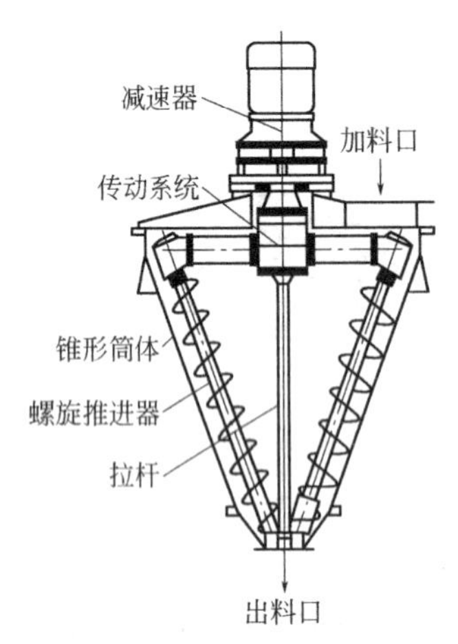

图 9-30 双螺旋锥形混合机

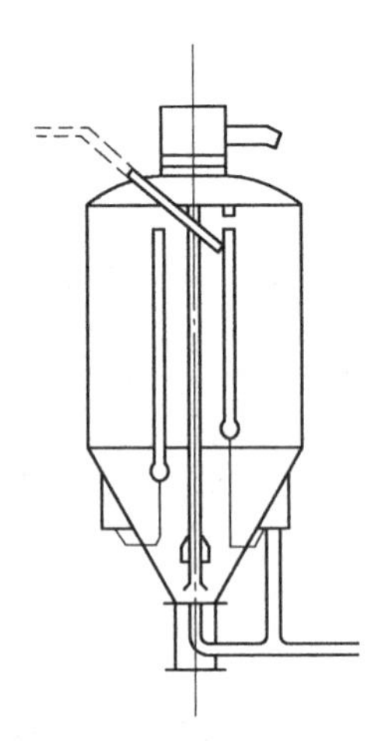
图 9-31 气流搅拌型混合机

机混合时产生分离的物料。

（三）气流式混合机

气流式混合机是利用气流的上升流动或喷射作用，使粉体达到均匀混合的一种设备，见图 9-31。对于流动性好、物性差异小的粉体间混合是很适用的。当间歇操作时，装填率可达 70%左右，混合槽可兼作贮槽。用作连续操作的气流混合机，主要由空气输送槽、空气输送管组成，作为整套装置还应包括空气压缩机、压力调节器、集尘器等，所以整体规模变得很大。

第四节 制粒设备

制粒，又称成粒操作，指将粉末、熔融液、水溶液等状态的物料经加工制成具有一定性状和大小粒状物的操作。是重要的单元操作，它几乎与所有的固体制剂有关。在颗粒剂、胶囊剂、散剂中制粒物是最终产品，在片剂生产中制粒物为中间体。制粒的目的是：①改善流动性。一般颗粒状比粉末状粒径大，每个粒子周围可接触的粒子数目少，因而黏附性、凝集性大为减弱，从而极大改善颗粒的流动性。②防止各成分的离析。混合物各成分的粒度、密度存在差异时容易出现离析现象。混合后制粒，或制粒后混合可有效地防止离析。③防止粉尘飞扬及器壁上的黏附。通过制粒，克服了粉末飞扬及黏附性，防止环境污染与原料的损失，有利于 GMP 管理。④调整堆密度，改善溶解性能。⑤改善片剂生产中压力的均匀传递。⑥便于服用，携带方便，提高商品价值等。

制粒方法不同，即使是同样的处方不仅所得制粒物的形状、大小、强度不同，而且崩解性、溶解性也不同，从而产生不同的药效。因此，应根据所需颗粒的特性选择适宜的制粒方法。在药品生产中常用的制粒方法有四种：湿法制粒、干法制粒、流化制粒和喷雾制粒。

一、湿法制粒

（一）概述

湿法制粒是指在药物粉末中加入黏合剂，借助黏合剂的架桥或黏结作用，使粉末聚集在一起而形成一定性状和大小的颗粒的过程。其机理是，把液体加入到粉末中，使药物粉末表面湿润，使粉末间产生黏着力，因液体加入量的不同，液体在粉末间存在的状态也不同，进而产生的作用力也不同。一般颗粒内以悬摆状存在时，颗粒松散；以毛细管状存在时，颗粒发黏；以索带状存在时得到较好的颗粒。可见液体加入的量对湿法制粒起着决定性作用。

湿法制成的颗粒表面经过湿润，具有表面性质较好、外形美观、耐磨性好、压缩成型强等优点，在医药工业中应用最为广泛。但也存在工序多、时间长、对湿热敏感的药物不宜使用等缺点。目前主要有挤压制粒、转动制粒和高速搅拌制粒等。

（二）制粒设备

1. 挤压制粒

把药物粉末用适当的黏合剂制成软材后，用强制挤压的方式使其通过一定大小筛孔的孔板或筛网而制粒的方法。其关键步骤是制软材。

这类制粒设备有螺旋挤压式（图 9-32）、摇摆挤压式（图 9-33）、旋转挤压式（图 9-34）等。

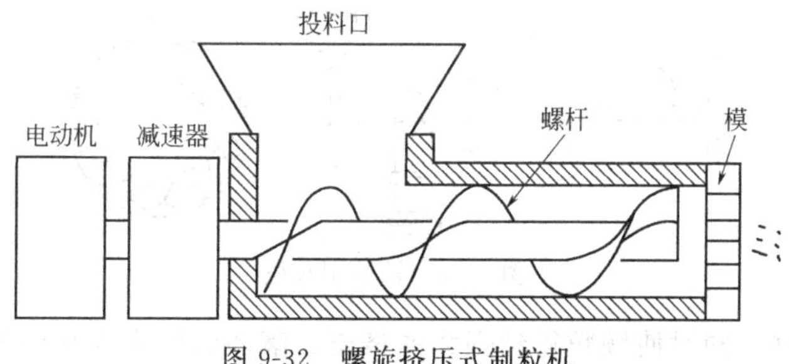

图 9-32 螺旋挤压式制粒机

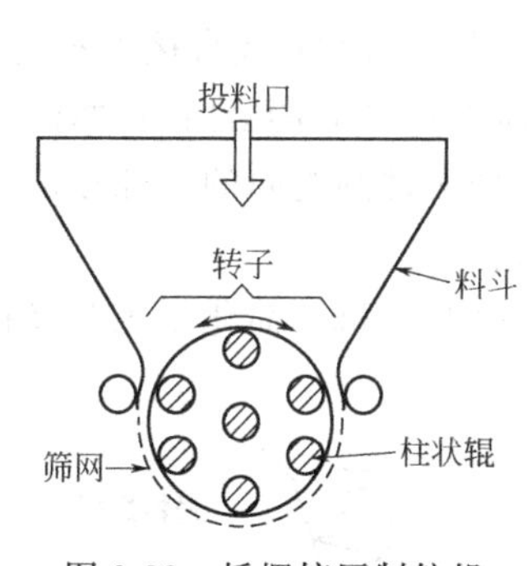

图 9-33 摇摆挤压制粒机

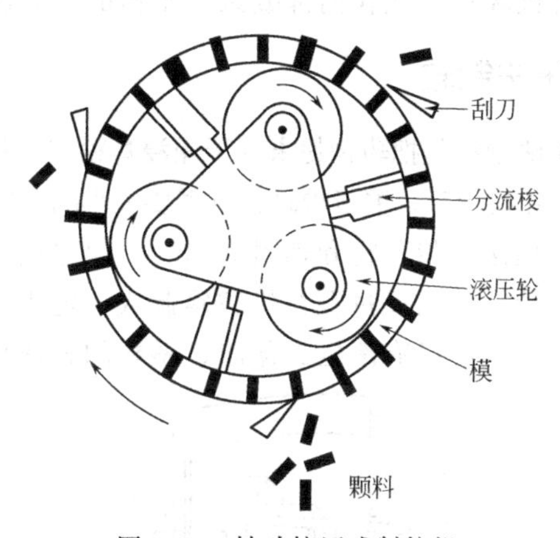

图 9-34 转动挤压式制粒机

2. 转动制粒

在药物粉末中加入一定量的黏合剂，经转动、摇动、搅拌等作用使粉末结聚为颗粒的方法。该类型制粒机生产量比较小，适于含黏性药物较少的粉末。常用的有倾斜转动锅（图 9-35）、圆筒旋转制粒机（图 9-36），近来出现了离心转动制粒机（图 9-37）。这些转动制粒机多用于丸剂的生产，其制粒过程分为母核形成、母核成长和压实三个阶段。

3. 高速搅拌制粒机

是将药物粉末、辅料和黏合剂加入一个容器内，靠高速旋转的搅拌器迅速混合并制成颗粒的方法。虽然高速搅拌制粒机性状多种多样，但其构造主要由容器、搅拌桨及切割刀组成。操作时先把药粉和各种辅料倒入容器，盖好，在搅拌桨作用下使物料混合，切割刀与搅

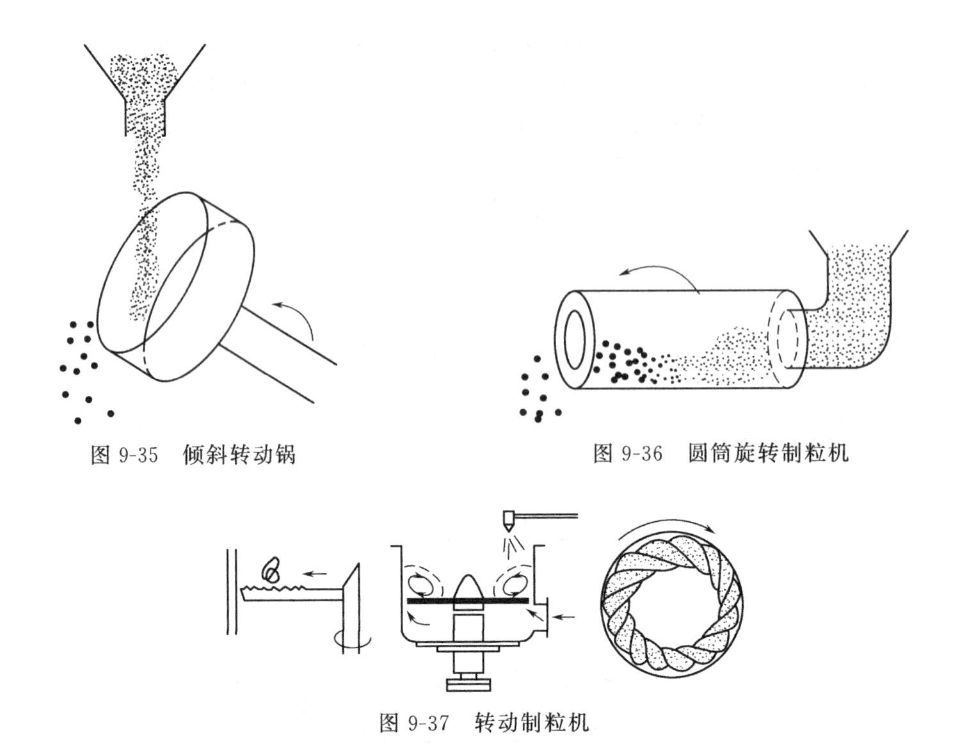

图 9-35 倾斜转动锅

图 9-36 圆筒旋转制粒机

图 9-37 转动制粒机

拌桨相呼应进行切割，同时使颗粒得到强大的挤压、滚动而形成致密均匀的颗粒。粒度大小由外部破坏力与颗粒内部凝聚力平衡的结果决定。见图 9-38。

二、干法制粒

干法制粒是把药物粉末（干燥浸膏粉末）加入适宜的辅料（干黏合剂）或直接压缩成较大的片剂或片状物后，重新粉碎成所需要大小的颗粒的方法。有滚压法制粒和重压法制粒两种。

滚压法是将药物和辅料混匀后，使之通过转速相同的 2 个滚动圆筒间的缝隙压成所需硬度的薄片，然后通过颗粒机破碎制成一定大小的颗粒的方法。

目前国内已有滚压、碾碎、整粒的整体设备，如国产干挤制粒机，简化了工艺又提高了

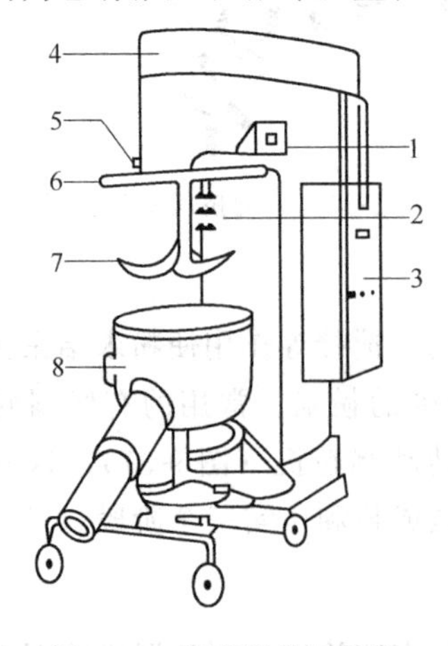

图 9-38 高速搅拌制粒机

1—视孔；2—制粒刀；3—电器箱；4—机身；
5—送料口；6—安全环；7—桨叶；8—盛器

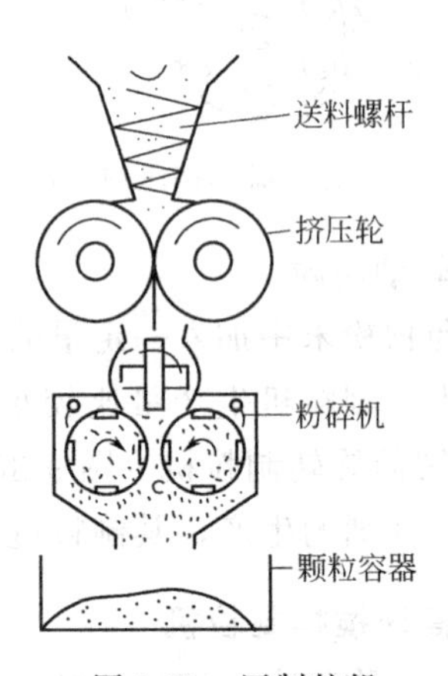

图 9-39 压制粒机

颗粒的质量，如图 9-39 所示。

重压法制粒又称压片法制粒，将药物与辅料混匀后，用较大压力的压片机压成大片（直径为 20～25mm 坯片），然后再破碎成所需大小的颗粒。

干法制粒工艺不受溶剂和温度的影响，特别适于热敏性物料、遇水易分解药物的制粒，方法简单、省工省时，操作过程可全部实现自动化。

三、流化制粒

流化制粒是使粉末在溶液的雾状气态中流化，进而聚集成颗粒并干燥的一种操作过程，称为一步制粒。

如图 9-40 所示，流化床制粒装置的构造主要由容器、气体分布装置（如筛板）、喷嘴（雾化器）、气固分离装置（如袋滤器）、空气送入和排出装置、物料进出装置等组成。工作时，空气由送风机吸入，经过空气过滤器和加热器，从流化床下部通过筛板吹入流化床内，使药物粉末呈沸腾状态，送液装置泵将黏合剂溶液送至喷嘴管由压缩空气将黏合剂均匀喷成雾状，散布在沸腾粉粒表面，使粉粒相互接触凝结成粒。经过反复的喷雾和干燥，当颗粒大小符合要求时停止喷雾，形成的颗粒继续在床层内送热风干燥，出料。集尘装置可以阻止未与雾滴接触的粉末被空气带出。尾气由流化床顶部排除后通过排风机放空。

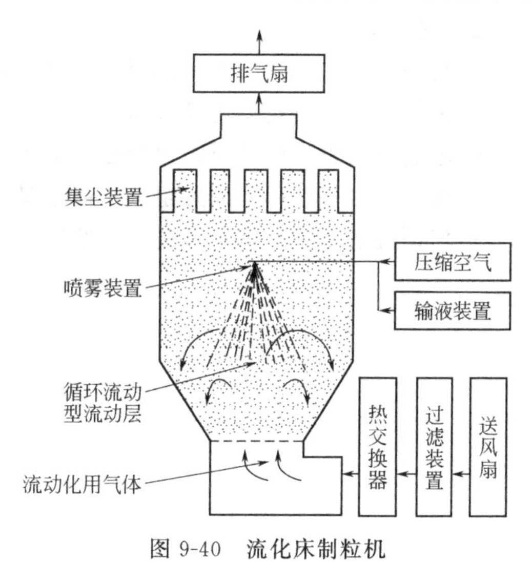

图 9-40　流化床制粒机

流化制粒机制得的颗粒粒度多为 30～80 目，颗粒外形比较规整，压片时的流动性也好，这些优点对提高片剂质量非常有利。由于流化制粒机可完成多种操作，简化了工序和设备，因而生产效率高、生产能力大，也容易实现自动化，适用于含湿或热敏性物料的制粒。缺点是动力消耗大，此外，物料密度不能相差大，否则将难以流化制粒。

四、喷雾制粒

喷雾制粒是将药物溶液、混悬液或浆状液用雾化器喷成液滴，并散布于热气流中，使水分迅速蒸发以直接获得球状干颗粒的方法。该法直接把液态物料在数秒内完成浓缩、干燥和制粒过程，因此又称为喷雾干燥制粒法。如以干燥为目的时，称为喷雾干燥。

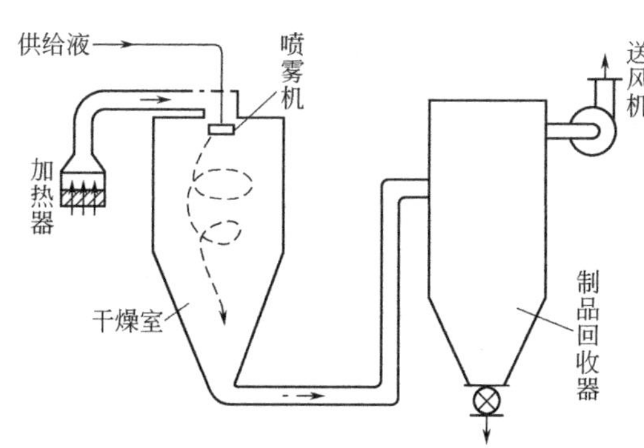

图 9-41　喷雾干燥制粒装置

此法在 20 世纪初源于奶粉的生产，到 20 世纪 20 年代后开始在化工领域推广，近年来在制药工业中得到广泛发展与应用。如抗生素粉针的生产，固体分散体的研究等都利用了喷雾干燥制粒。

喷雾干燥制粒装置见图 9-41，主要由送风机、空气过滤器、加热器、喷雾机、流化室等组成，将药物浓缩液送至喷嘴后与压缩空气混合形成雾滴喷入干燥室中，干燥室的温度一般控制在120℃左右，雾滴很快被干燥成球状粒子进入制品回收器中，收集制品可直接压片或再经滚转制粒。

喷雾干燥制粒的特点：①由液体直接得到粉末状固体颗粒；②热风温度高，但雾滴比表面积大，干燥速度非常快（数秒至数十秒），物料的受热时间极短，干燥物料的温度相对低，适合于热敏性物料的处理；③所得的颗粒多为中空球状粒子，具有良好的溶解性、分散性和流动性。喷雾干燥制粒的缺点是设备费用高、能耗大、操作费用高，黏性较大的料液易粘壁。适用于抗生素粉针的生产、微囊的制备、固体分散体的制备以及中药提取液的干燥等。

目标检测题

一、名词解释

闭路粉碎；筛分；串料；喷雾制粒；药筛；水飞法。

二、简答题

1. 粉碎有哪些方法？粉碎的目的是什么？什么是粉碎比？
2. 常见的粉碎设备分为哪几类？
3. 球磨机粉碎物料的原理是什么？适用于哪些物料？
4. 槽式混合机由哪几部分组成？简述其工作原理。
5. 何谓湿法制粒？常用设备有哪些？

第十章　口服制剂生产设备

第一节　片剂生产设备

片剂是指药物与适宜辅料混合均匀后经制粒或不经制粒压制而成的圆形片状或异形片状制剂。近年来，随着制剂技术和制药机械的不断发展，许多新技术、新工艺、新辅料都在片剂的制备工艺上得到广泛的运用，如沸腾干燥制粒、全粉末直接压片、双层压片、半薄膜包衣、激光打孔、渗透泵技术等。片剂是目前临床上应用最广泛的剂型之一，具有以下优点。

① 剂量准确，片剂内药物含量差异较小，服用、携带、运输等较方便。

② 质量稳定，片剂为干燥固体，且某些易氧化变质及易潮解的药物可借包衣加以保护，光线、空气、水分等对其影响较小。

③ 机械化生产，产量大，成本低，卫生标准容易达到。

④ 通常片剂的溶出度及生物利用度较丸剂好。

⑤ 能适应治疗与预防用药的多种要求，可制成各种类型的片剂，如包衣片、分散片、缓释片、控释片、多层片等，以达到速效、长效、控释、肠溶等目的。

但片剂有以下缺点。

① 片剂中需加入若干赋形剂，并经过压缩成型，故当辅料选用不当、压力不当或贮存不当时，常出现溶出速率较散剂及胶囊剂慢，影响其生物利用度。

② 儿童及昏迷病人不易吞服。

③ 含挥发性成分的片剂，贮存较久时含量会下降。

一、片剂生产工艺流程

片剂一般由原药、填冲剂、吸附剂、黏结剂、润滑剂、崩解剂、矫味剂、调色剂等成分组成，按片剂生产流程，可分为直接压片和制粒后压片，其中制粒压片法又分为湿法制粒压片法和干法制粒压片法，湿法制粒压片法应用最为广泛。下面以湿法制粒压片法为例，片剂生产的工艺流程主要有制粒、压片、包衣和包装 4 个工序，如图 10-1 所示。片剂生产过程中的设备主要包括制粒工序设备、压片设备和包衣设备。

二、制粒工序设备

制粒是将粉状物料加工成颗粒并加以干燥的操作。常作为压片和胶囊填充前的物料处理步骤，以改善粉末的流动性，防止物料分层和粉尘飞扬。包括混合设备和制粒设备，详见第九章相关内容。

三、压片设备

将颗粒或粉状物料置于模孔内由冲头压制成片剂的机器称为压片机，常用压片机按其结

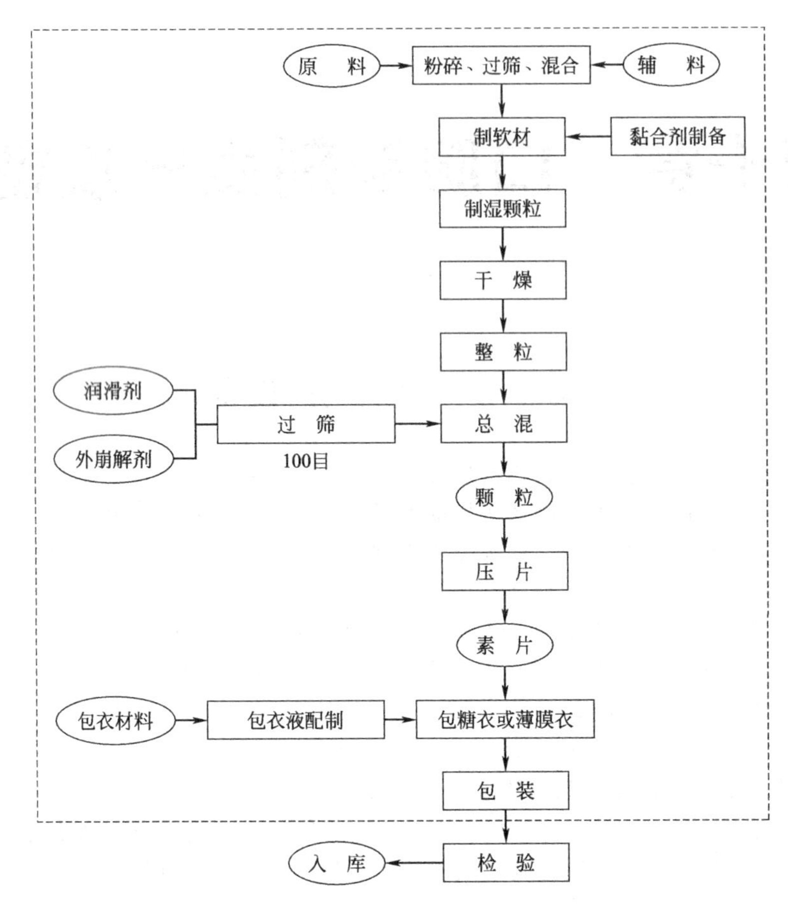

图 10-1 湿法制粒压片法的工艺流程

注：虚线框内代表 30 万级或以上洁净生产区域

构分为单冲压片机和多冲旋转压片机；按压制片形分为圆形压片机和异形压片机；按压缩次数分为一次压制压片机和二次压制压片机；按片层分为双层压片机和有芯压片机等。

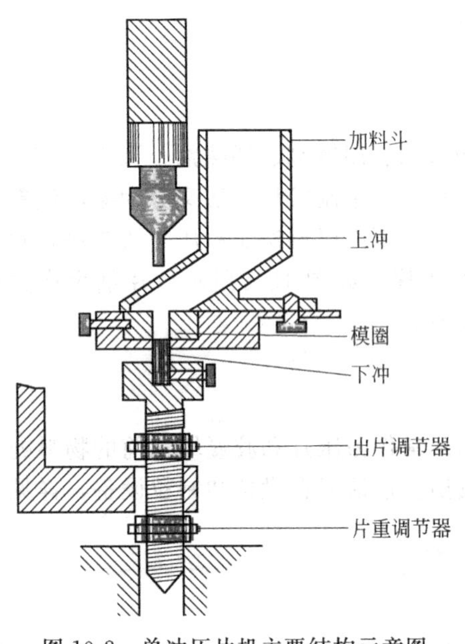

图 10-2 单冲压片机主要结构示意图

（一）单冲压片机

1. 单冲压片机的结构

单冲压片机的结构如图 10-2 所示，主要由加料器、压缩部件、调节装置三部分组成。

（1）加料器　由加料斗和饲粉器构成。

（2）压缩部件　由上冲、模圈和下冲组成，是片剂成型部分，并决定片剂的大小和形状，如图 10-3 所示。

冲模是压片机模具，一副冲模包括上冲、中模、下冲三个零件，上下冲的结构相似，其冲头直径也相等，上、下冲的冲头直径和中模的模孔相配合，可以在中模孔中自由上下滑动，但不会存在可以泄漏药粉的间隙。

图 10-3(b) 是各种形状的冲头和模产品。按冲模结构形状可划分为圆形、异形（包括多边形及曲线形）；冲头端面的形状有平面形、斜边形、浅凹形、深凹形及综合形等，平面形、斜边形冲头用于压制扁平的圆柱体状片剂，浅凹形用于压制双凸面片剂，深凹形主要压制包衣片剂的芯片，综合形主要用于压制异形片剂。为了便于识别及服用药品，在冲模端面上也可以刻制出药品名称、剂量及纵横的线条等标志。压制不同剂量的片剂，应选择大小适宜的冲模。

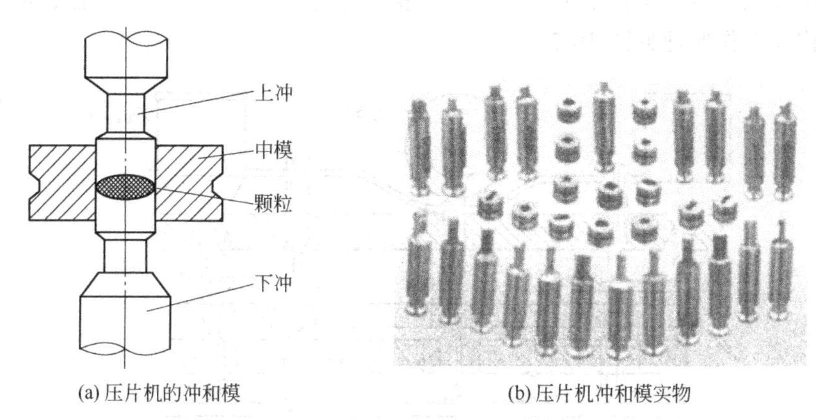

(a) 压片机的冲和模　　(b) 压片机冲和模实物

图 10-3　压片机的冲和模

（3）各种调节器　主要有压力调节器、片重调节器和推片调节器。①压力调节器。连在上冲杆上，用以调节上冲下降的深度，下降越深，上、下冲间距越近，压力越大，反之压力则小。②片重调节器。连在下冲杆上，用以调节下冲下降的深度，从而调节模孔容积而使片重符合要求。③推片调节器。用以调节下冲推片时抬起的高度，使其恰好与模圈的上缘相平，使压出的片剂顺利顶出模孔。

2. 单冲压片机的工作过程（图 10-4）

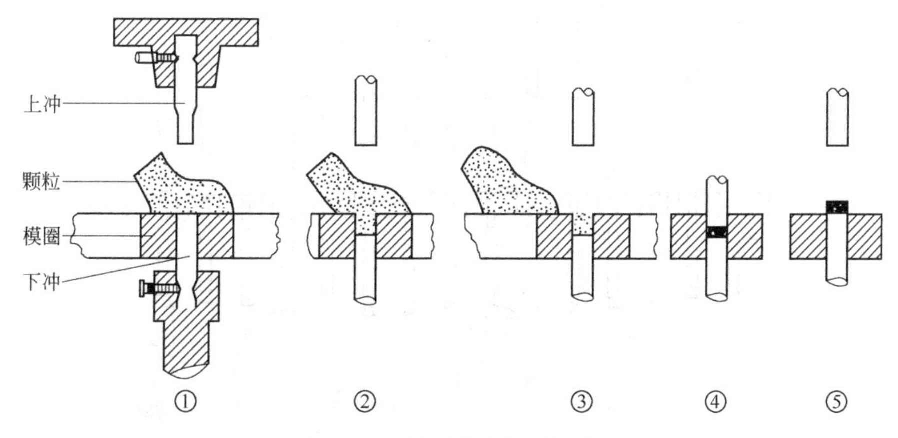

图 10-4　单冲压片机的压片过程

① 上冲升起，饲粉器推进到模孔之上位置；

② 下冲下降至适宜的位置，饲粉器在模孔上移动，颗粒填满模孔；

③ 饲粉器从模孔上移开，加入模孔中的物料颗粒与模孔上缘相齐；

④ 上冲下降将颗粒压缩成片，此时下冲不移动；

⑤ 上冲升起的同时，下冲将已压实的药片顶出模孔，饲粉器再推进到模孔之上，同时

将压成的药片推开并落入接收器，并进行下一次填料，周而复始。

单冲压片机是单侧加压，易出现裂片、松片、片重差异大、震动及噪声大的缺点，产量约 80～100 片/min，多用于新产品试制。

（二）旋转式压片机

1. 旋转式压片机的结构

旋转式压片机的主要工作部分有机台、压轮、片重调节器、压力调节器、加料斗、饲料器等，其结构及工作原理见图 10-5。

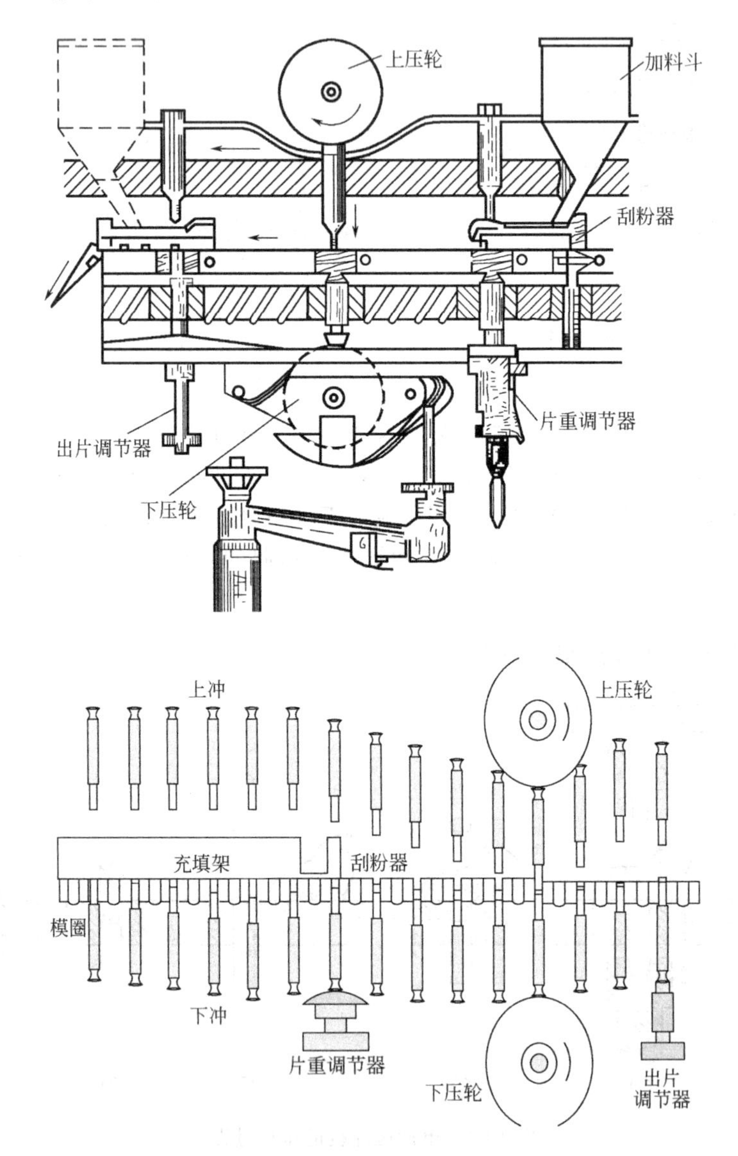

图 10-5　旋转式压片机结构与详细操作原理示意图

机台分三层，上层装有若干上冲，在中层对应的位置上装着模圈，在下层对应的位置上装着下冲。由传动部件带来的动力使转台旋转，在转台旋转的同时，上下冲杆沿着固定的轨道做有规律的上下运动。同时，在上冲上面及下冲下面的适当位置装着上压轮和下压轮，在上冲和下冲转动并经过各自的压轮时，被压轮推动，使上冲向下、下冲向上运动并加压于物料。转台中层台面置有一位置固定不动的刮粉器，饲粉器的出口对准物料经加料器源源不断地流入中模孔中。压力调节手轮用来调节下压轮的高度，下压轮的位置高，则压缩时下冲抬得高，上下冲之间的距离近，压力大，反之压力就小。

2. 旋转式压片机工作过程

旋转式压片机的冲模数不再是一个，而是多个，冲模逐一进入工作区域，其压片过程与单冲压片机相同，分为填料、压片和出片三个步骤。

(1) 填料　下冲转到加料器之下时，下冲的位置趋低，致使物料颗粒流入中模模腔，下冲转到充填轨时，保证了一定的充填量；当下冲继续运行到片重调节器时略有上升，经刮粉器将多余的物料颗粒刮去。

(2) 压片　当上、下冲转到上下两压轮之间，两冲之间的距离为最小，将颗粒压缩成片。

(3) 出片　下冲转到顶出轨时，下冲把中模模腔内的片子逐渐顶出，直至下冲与中模的上缘相平，药片被刮粉器推开。以上工序，旋转式压片机以多个冲模的形式周而复始。

3. 旋转式压片机的类型

旋转式压片机是目前生产中应用较广泛的多冲压片机，通常按转盘上的模孔数分为按冲数分有16冲、19冲、27冲、33冲、55冲、75冲等；按流程分有单流程和双流程两种。单流程仅有一套上、下压轮，旋转一周每模孔仅压出一个药片；双流程指转盘旋转一周时填充、压缩、出片各进行两次，有两套压轮，所以生产效率是单压的两倍。为使机器减少振动及噪声，两套压轮交替加压可使动力的消耗大大减少，因此压片机的充数皆为奇数，故目前药品生产中多应用双压压片机。

旋转式压片机具有饲粉方式合理，片重差异小；由上、下冲同时加压，压力分布均匀；生产效率高等特点，如55冲生产能力可达50万片/h。全自动旋转压片机能将片重差异控制在一定范围，并能自动鉴别和剔除缺角、松裂片等不良片剂。

4. 压片机使用时注意点

(1) 剂量的控制　各种片剂有不同的剂量要求，大的剂量调节是通过选择不同冲头直径的冲模来实现的。在选定冲模尺寸之后，微小的剂量调节是通过调节下冲伸入中模孔的深度，从而改变封底后的中模孔的实际长度，达到调节模孔中药物填充体积的目的。因此，在压片机上应具有调节下冲在模孔中的原始位置的机构，以满足剂量调节要求。

(2) 药片厚度及压实程度控制　药物的剂量是根据处方及药典确定的，不可更改。为了贮运、保存和崩解时限要求，压片时对一定剂量的压力也是有要求的，它也将影响药片的实际厚度和外观，压片时的压力调节大多是通过调节上冲在模孔中的下行量来实现的。

四、包衣设备

将压制合格的素片，在片剂表面包以适宜材料的过程称包衣。包衣的目的：①避光、防潮，以提高药物的稳定性；②遮盖不良气味，增加患者的顺应性；③隔离配伍禁忌成分；④采用不同颜色包衣，增加药物的识别能力，提高用药的安全性；⑤包衣后表面光洁，提高流动性；⑥提高美观度；⑦改变药物释放的位置及速度，如胃溶、肠溶、缓控释等。

根据不同的包衣方法，片剂包衣所用的设备有：滚转包衣法包衣设备、流化包衣法包衣设备、压制包衣法包衣设备，以下介绍目前国内企业常用设备。

（一）滚转包衣法包衣设备

滚转包衣法是目前生产中常用的方法，主要设备为包衣锅，又称为锅包衣法，常用包衣设备如下。

1. 普通包衣机

一般由荸荠形或球形（莲蓬形）包衣锅、动力部分、加热器和鼓风装置等组成，材料大多使用紫铜或不锈钢等金属，如图 10-6 所示。

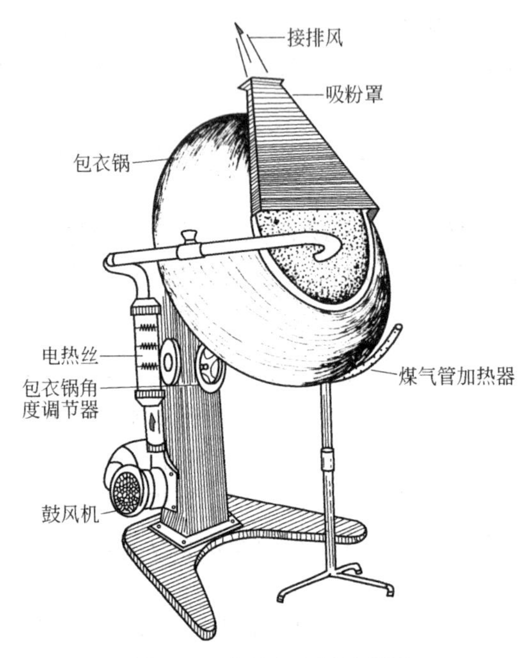

图 10-6 普通包衣锅示意图

包衣锅轴与水平成 30°～45°，转速为 20～40r/min，使药片在包衣锅转动时呈弧线运动，在锅口附近形成旋涡。包衣时，包衣材料直接从锅口喷到片剂上，用可调节温度的加热器对包衣锅加热，并用鼓风装置通入热风或冷风，使包衣液快速挥发，在锅口上方装有排风装置。普通包衣锅具有空气交换效率低、干燥速度慢、气路不封闭、粉尘和有机溶剂污染环境等缺点。

2. 埋管包衣机

埋管包衣机如图 10-7 所示，是为了克服普通包衣机的气路不密封、粉尘和有机溶剂污染环境等不利因素而改良的设备。方法是在普通包衣锅内底部装有可输送包衣材料溶液、压缩空气和热空气的埋管，埋管喷头插入物料层内。工作时，使包衣液的喷雾直接喷在片剂上，同时干热空气从埋管吹出穿透整个片床，干燥速度快。

3. 高效包衣机

高效包衣机是为了克服普通包衣机干燥能力差的缺点而设计开发的新型包衣机，包衣过程处于密闭状态，具有安全、卫生、干燥速度快、效果好等优点。

(1) 网孔式高效包衣机　如图 10-8 所示，其结构特点是包衣锅的锅体上都开有 $\Phi 1.8$～2.5mm 的圆孔。经过滤并加热后的净化空气从锅的右上部通过网孔进入锅内，热空气穿过运

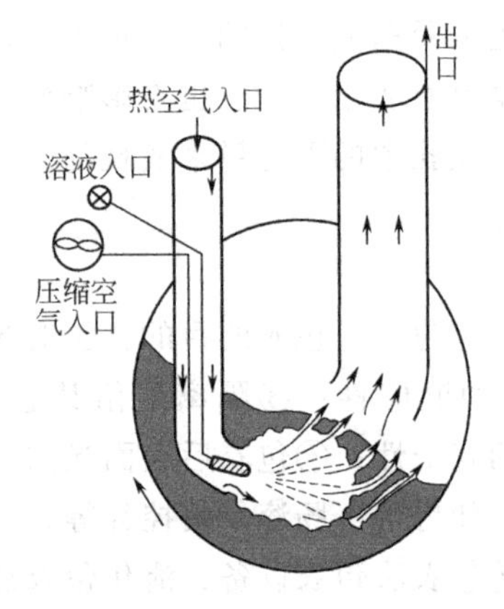

图 10-7 埋管包衣机示意图

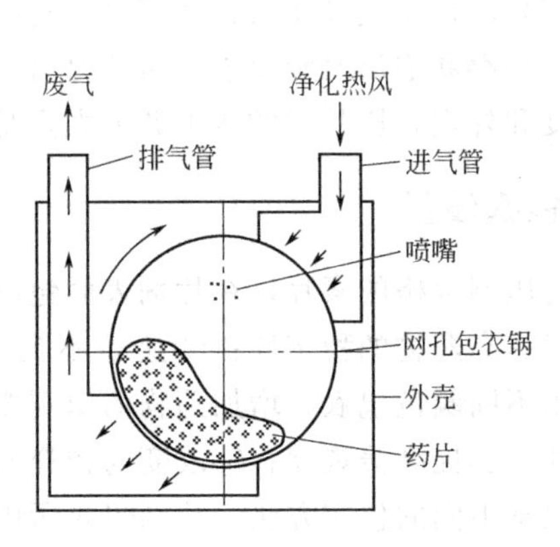

图 10-8 网孔式高效包衣机

动状态的片芯间隙，由锅底下部的网孔穿过再经排风管排出。热空气流动的途径有直流式和反流式。这两种方式使片芯分别处于“紧密”和“疏松”的状态，可根据品种的不同进行选择。

工作时，片芯在包衣机有网孔的旋转滚筒内做复杂的运动。包衣介质由蠕动泵（或糖浆泵）泵至喷枪，从喷枪喷到片芯，在排风和负压作用下，热风穿过片芯、底部筛孔，再从风门排出，使包衣介质在片芯表面快速干燥。

（2）无孔式高效包衣机　无孔式高效包衣机主要由主机、配料喷物供给、净化热风、除尘排风及电气操作等部件组成，锅的圆周没有圆孔，热交换通过以下形式进行：将布满小孔的 2～3 个吸气桨叶浸没在片芯内，使加热空气穿过片芯层，再穿过桨叶小孔进入吸气管路内被排出，进风管引入干净热空气，通过片芯层再穿过桨叶的网孔进入排风管并排出机外，如图 10-9 和图 10-10 所示。

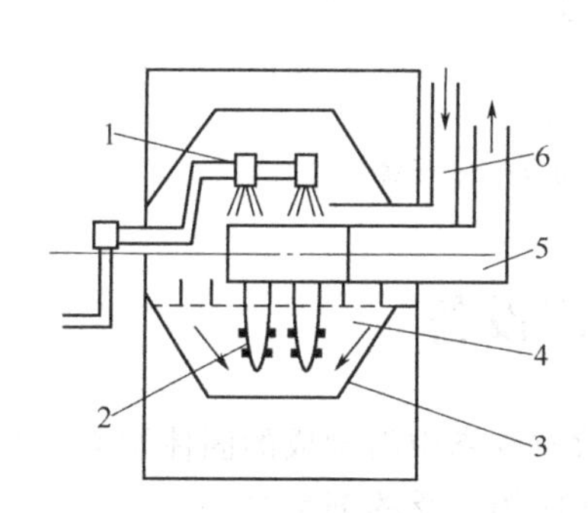

图 10-9　无孔式高效包衣机原理示意图

1—喷枪；2—桨叶；3—锅体；4—片芯层；5—排风管；6—进风管

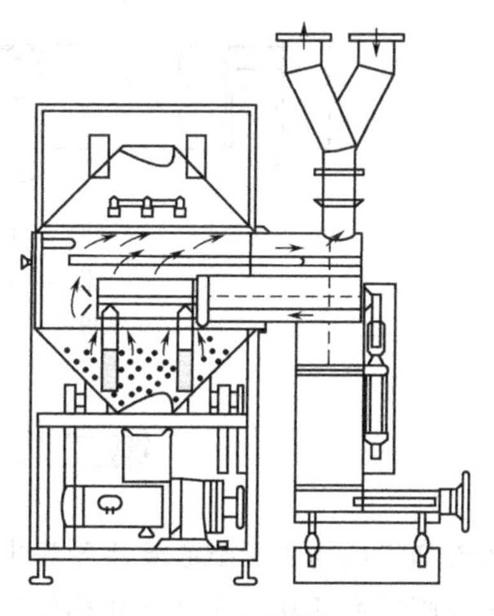

图 10-10　无孔式高效包衣机

工作时，包衣的片芯在包衣筒内不停地做复杂轨迹运动；由喷雾供料系统加压，通过喷枪或滴管自动将包衣介质喷洒在片芯表面；同时，由热风柜提供的洁净空气穿过片芯层，使喷在片芯表面形成的包衣介质迅速干燥，形成坚固、致密、光滑的表面薄膜。无孔式高效包衣机除了能达到与有孔包衣机同样的效果外，由于锅体表面平整、光滑，对运动着的物料没有损伤，在加工时也省却了钻孔这一工序，而且机器除适用于片剂包衣外，也适用于微丸等小型药物的包衣。

（二）流化包衣法包衣设备

流化包衣法的原理与流化喷雾制粒相似，即将片芯置于流化床中，通入气流，借急速上升的气流使片剂悬浮于包衣室的空间上下翻动处于流化状态，将包衣液喷在片剂表面的同时，加热的空气使片剂表面熔剂挥发，至衣膜厚度达到规定要求，流化床包衣机的工作原理如图 10-11 所示。

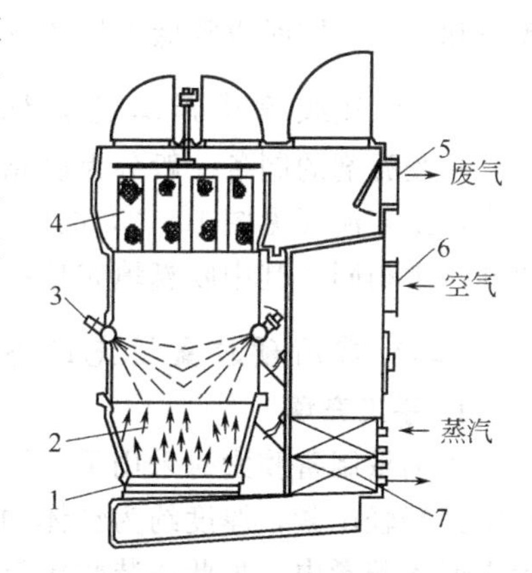

图 10-11　流化床包衣机

1—气体分布器；2—流化室；3—喷嘴；4—袋滤器；5—排气口；6—进气口；7—换热器

流化包衣机工作速度快、时间短、容易实现自动控制。整个生产过程在密闭容器中进行，无粉尘，环境污染小，应用范围广。

（三）压制包衣法包衣设备

压制包衣法又称干法包衣，是用颗粒状包衣材料将片芯包裹后在压片机上直接压制成型，该法适用于对湿热敏感的药物的包衣。压制包衣设备一般是将两台压片机以特制的转动器连接配套使用，一台压片机专门用于压制片芯，然后由转动器将压成的片芯输送至第二台压片机的模孔中（此模孔已填入适量包衣材料作为底层），在片芯上加入适量包衣材料填满模孔，加压制成包衣片，见图10-12。本法优点是生产流程短、自动化程度高，可避免水分、高温对药物的不良影响，但对压片机的精度要求较高。

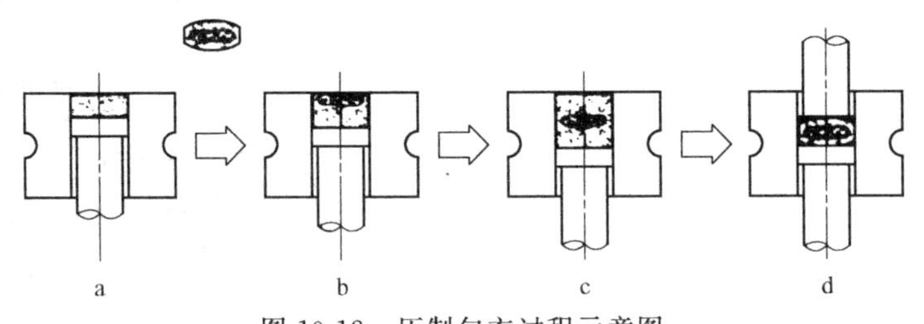

图 10-12 压制包衣过程示意图

a—充填粉末；b—加入核片；c—充填粉末；d—压缩

第二节 胶囊剂生产设备

胶囊剂指药物装于空心硬质胶囊中或密封于弹性软质胶囊中而制成的固体制剂。胶囊剂可分为硬胶囊剂和软胶囊剂（亦称胶丸）两类，是目前应用广泛的剂型之一。

一、硬胶囊生产设备

硬胶囊剂是将一定量的药物加辅料制成均匀的粉末或颗粒，充填于空心胶囊中制成的剂型，具有掩盖药物的不良气味、崩解快、吸收好、剂量准确、稳定性好、质量容易控制等特点。随着制药设备的不断发展，全自动胶囊填充机的广泛使用，大大提高了硬胶囊剂的生产效率和质量，同时也降低了生产成本。

（一）硬胶囊生产工艺流程

硬胶囊剂的制备一般分为填充物料的制备、胶囊填充、胶囊抛光、分装和包装等过程，其生产工艺流程见图10-13，图中，原辅料的处理如粉碎、过筛、混合、制粒等操作方式与片剂基本相同，其中胶囊填充是关键步骤。

（二）常用硬胶囊填充设备

1. 手工充填

小剂量制备胶囊时采用手工填充。将制得的颗粒平铺在适当的平面上，用药刀铺成均一粉层并轻轻压紧，厚度约为囊体的1/3～1/4，然后带指套持囊体，口朝下插进药粉层，使粉末嵌入胶囊内，如此压装数次至胶囊被填满。称重，如重量合适将囊帽套上，图10-14为使用胶囊板手工充填胶囊示意图。

2. 半自动胶囊充填机

半自动胶囊填充机主要由机座和电器控制系统、充填器、播囊器、锁紧器、变频调速器

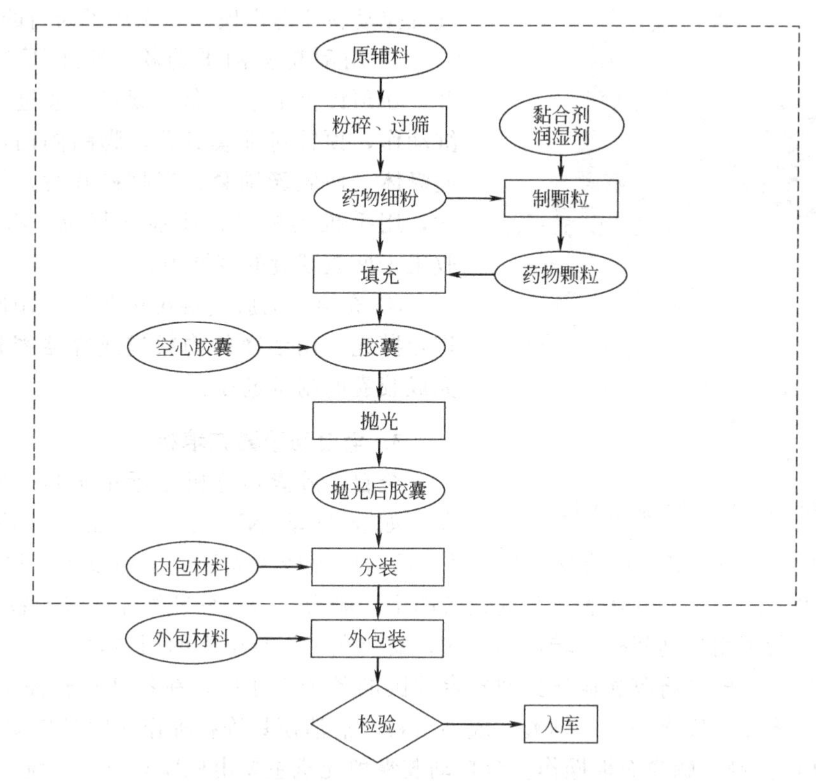

图 10-13 硬胶囊生产工艺流程图

注：虚线框内代表 30 万级或以上洁净生产区域

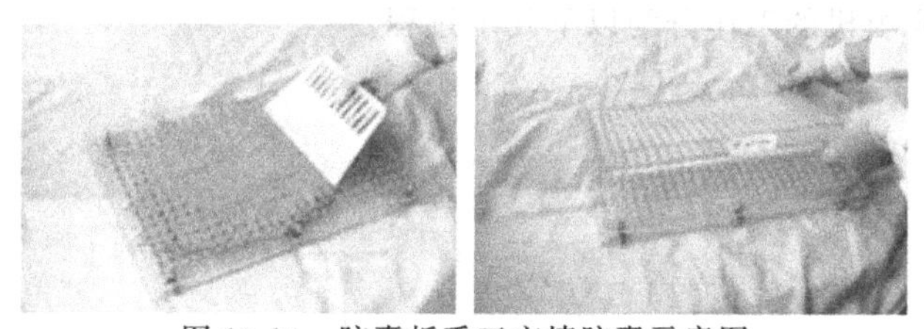

图 10-14 胶囊板手工充填胶囊示意图

等组成，如图 10-15 所示。半自动胶囊填充机是早期投入使用的药品生产设备，主要功能是向空心胶囊内填充药物，配备不同的模具，填充不同型号的胶囊。采用开放式设计，具有经济、适用性强的特点。但由于效率低、粉尘大、容易污染，目前主要用于实验或实训，企业应用较少。半自动胶囊填充机的工作原理如下。

① 装在囊斗的空心胶囊通过播囊器释放一排胶囊，下落在胶囊梳上，受推囊板的作用向前推进至调头位置，空心胶囊受压囊头向下推压并同时调头，囊体朝下，囊帽朝上，并在真空泵的负压气流作用下，进入胶囊模具，囊帽受模孔凸檐阻止留在上模具盘中，囊体受负压气流作用吸至下模具盘中，手动将上下模具盘分离。下模具盘停留转盘中待装药料，这样就完成了空心胶囊的排囊、调头和分离工作。

② 料斗内装有螺旋钻头，在变频调速电机带动下运转，将药料强制压入空胶囊中。同样变频调速电机带动转盘运转，转盘带动模具运转。当按下充填启动键时，料斗由气缸作用推向模具，料斗到位后，转盘电机和料斗电机自动启动，模具在加料嘴下面运转一周，药料通过料斗在螺旋钻头推压下充填入空心胶囊中。当下模具盘旋转一周后自动停止转动，同时

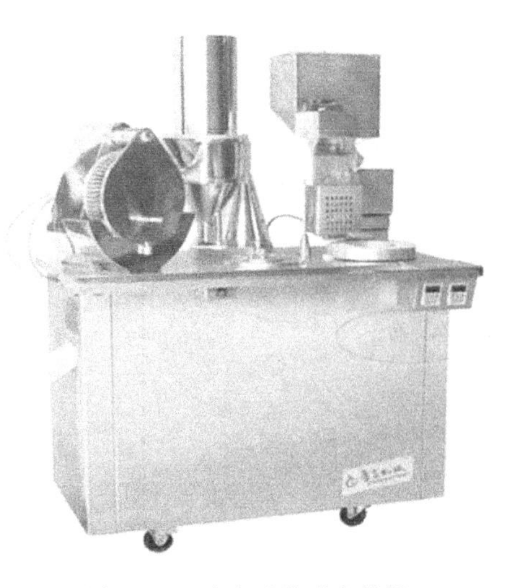

图 10-15 半自动胶囊充填机

气缸拉动料斗退出模具，完成了药料的充填工作。

③ 用刮粉板刮平药粉，将上下模具对准合并，在顶针盘上进行套合锁口，通过脚踏阀使气缸动作，顶针对准模具孔，脚踏阀门，将囊帽推向囊体，使胶囊锁紧，当脚松开时，气缸活塞回缩，用手推动模具，让顶针复位，将胶囊顶出，收集于盛放胶囊的容器中。

④ 充填好的胶囊挑出废品后，用胶囊抛光机进行抛光，用洁净的物料袋或容器密封保存，即完成胶囊的制备过程。

3. 全自动胶囊充填机

全自动胶囊填充机是近年研制开发的新型设备，如全自动 NJP 系列产品，包括 NJP-200、400、600、800、1000 等全自动胶囊充填机，是国内外较为先进的制药设备，符合 GMP 规范。系列中 200、400、600 代表该系列设备的生产能力，即每分钟填充胶囊的粒数。全自动胶囊填充机一般采用自动间歇回转运动形式，安装在工作台中央的回转台，以每分钟 6～14 转的转速旋转，回转台将胶囊输送到回转台周围的各个工作站，在各站短暂停留的时间里，播囊、分离、充填、废囊剔除、锁囊、成品出料、清洁模具等各种作业同时自动进行，电控系统采用 PLC 控制、触摸面板操作。全自动胶囊填充机主要由机座和电控系统、液晶界面、胶囊料斗、播囊装置、旋转工作台、药物料斗、充填装置、胶囊扣合装置、胶囊导出装置等组成（图 10-16）。

全自动硬胶囊充填机的工作分为以下几个过程。

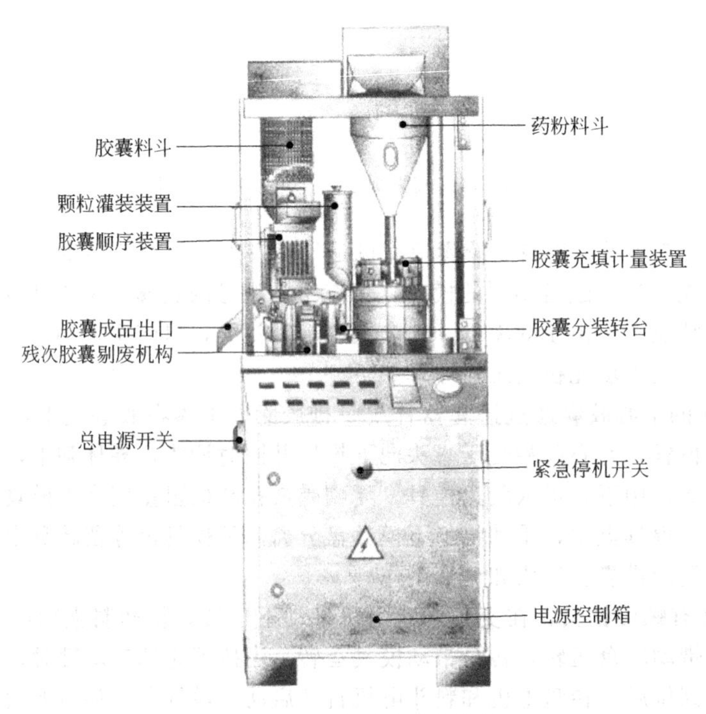

图 10-16 全自动胶囊充填机

(1) 空胶囊的排序与定向 空胶囊的排序：机器运转时，装在料斗里的空心胶囊随着机器的运转，排囊板上、下往复运动，胶囊自动落入到排囊板的滑槽中。当排囊板上行时，卡囊簧片将一个胶囊卡住；当排囊板下行时，紧固在机体上的一个撞块将簧片架旋转一个角度，从而使卡囊簧片松开胶囊，排囊板上下往复滑动一次，每一孔道输出一个胶囊，如图 10-17 所示。

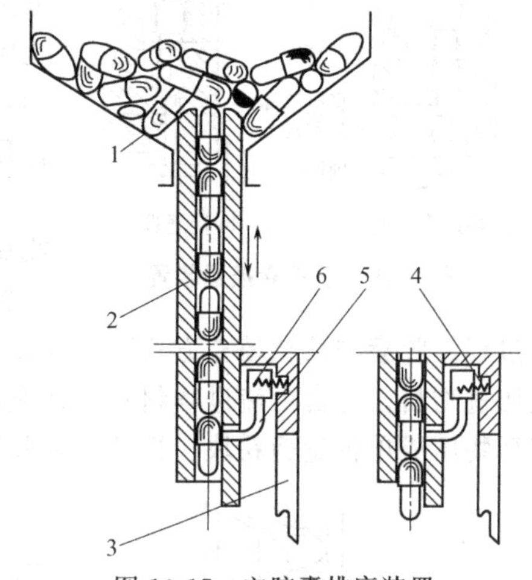

图 10-17 空胶囊排序装置

1—胶囊料斗；2—排囊板；3—压囊爪；4—弹簧；5—卡囊簧片；6—簧片架

空胶囊的定向：从排序装置排出的空胶囊有的帽朝上、有的帽朝下，为便于空胶囊的体、帽分离，需要将空胶囊按照帽在上、体在下的方式进行定向排列，由定向装置完成（图 10-18）。从排囊板输出的胶囊落入定向滑槽中，由于定向滑槽的宽度（垂直纸面方向上）略大于胶囊体直径而略小于胶囊帽的直径，这样就使滑槽对胶囊帽有个夹紧力，但并不与胶囊体接触。当顺向推爪推动胶囊运动时，只能作用于直径较小的胶囊体中部，顺向推爪与定向滑槽对胶囊帽的夹紧点之间形成一个力矩，总是使胶囊体朝前被水平推到定向囊座的边缘，此时垂直运动的压囊爪使胶囊体翻转 90°并垂直地推入囊板孔中。

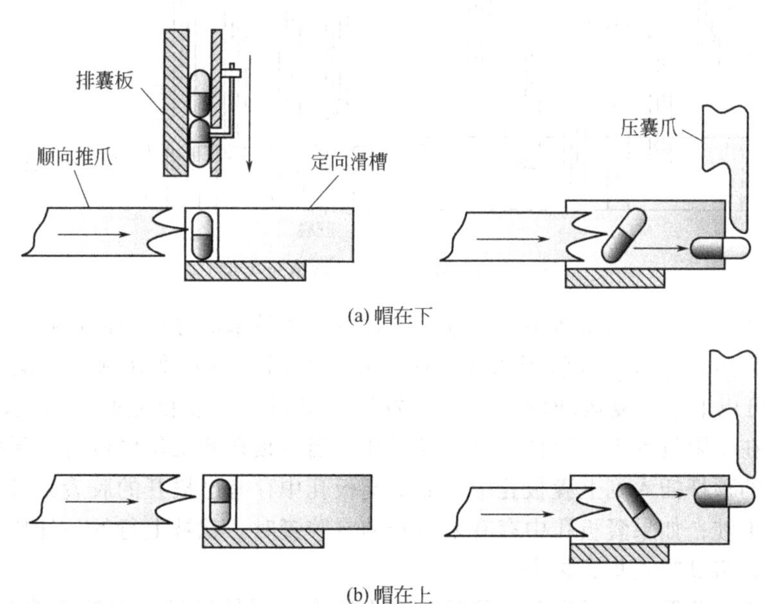

(a) 帽在下

(b) 帽在上

图 10-18 空胶囊定向装置

(2) 空胶囊的体帽分离 空胶囊经定向排序后的下一个工序是体帽分离，即将囊体与囊帽分开，由拔囊装置完成，该装置由上、下囊板和真空系统组成，是利用真空吸力将套合的胶囊拔开，见图 10-19。

当空胶囊被压囊爪推入囊板孔后，气体分配板上升，上表面与下囊板的下表面贴紧，此时接通真空，顶杆随气体分配板同步上升并升入到下囊板的孔中，使顶杆与气孔之间形成环隙，以减少真空空间。上、下囊板孔的直径相同，都为台阶孔，上、下囊板台阶小孔的直径

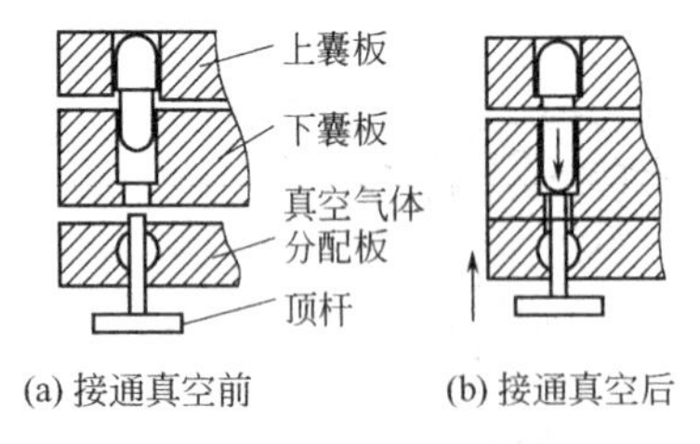

图 10-19 空胶囊拔囊装置

分别小于囊帽和囊体的直径。当囊体被真空吸至下囊板孔中时，上囊板中的台阶可挡住囊帽下行，下囊板孔中的台阶可使囊体下行到一定位置时停止，以免囊体被顶杆顶破，从而达到体帽分离的目的。

（3）药物填充 空胶囊体帽分离后，上囊板孔的轴线靠组合凸轮拖动，与下囊板轴线错开，接着药物填充装置将定量的药物填入下方的胶囊体中，完成药物的充填过程。胶囊剂药物填充方式可归为以下四种类型：①由螺旋钻压进物料；②靠柱塞上下往复压进物料；③自由流进物料；④在充填定量管内，由活塞下降并引起落体运动的滑动，先将药物压成单位量药粉块，再填充入胶囊中，如图 10-20 所示。

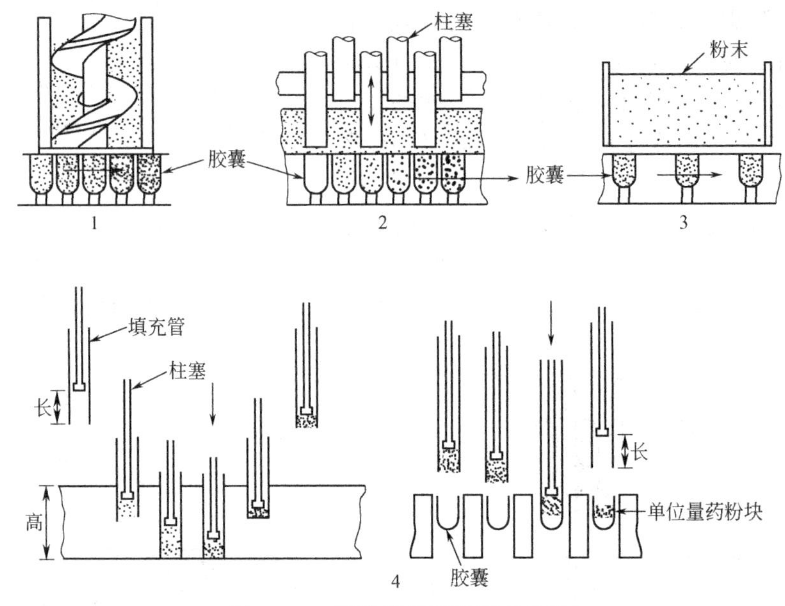

图 10-20 硬胶囊剂药物填充类型

（4）剔除装置 在空胶囊体帽分离过程中，极少胶囊未能分离而滞留在上囊板孔中，不能充填药物，为防止这些空胶囊混入成品中，在胶囊闭合前要将其剔除。剔除装置上（图 10-21），一个可以上下往复运动的顶杆架装置于上囊板和下囊板之间。当上、下囊板转动时，顶杆架停在下限位置上，顶杆脱离开囊板孔。当囊板在此工位停位时，顶杆架上行，安装在顶杆架上的顶杆插入到上囊板孔中，如果囊板孔中存有已拔开的胶囊帽时，上行的顶杆与囊帽不发生干涉；如果囊板孔中存有未拔开的空胶囊时，就被上行的顶杆顶出上囊板，并借助压缩风力，将其吹入集囊袋中。

（5）胶囊闭合装置 经过剔除工位后，胶囊闭合由弹性压板和顶杆等装置完成。当上、下囊板的轴线重合，即胶囊帽、体轴线对中时，弹性压板下行，将胶囊帽压住，下方的顶杆上行自下囊板孔中插入顶住胶囊体底部，随着顶杆的上升，胶囊帽、体被闭合锁紧，见图 10-22。

（6）出囊装置 出囊装置利用出料顶杆自下囊板下端孔内由下而上将胶囊顶出囊板孔。如图 10-23 所示。出料顶杆靠凸轮控制上升，将胶囊顶出囊板孔，一般还在侧向辅助以压缩空气，利用风压将顶出囊板的胶囊吹到出料滑道中，并被输送至包装工序。

（7）清洁装置 上、下囊板经过拔囊、填充药物、出囊等工序后，囊板孔可能会受到污

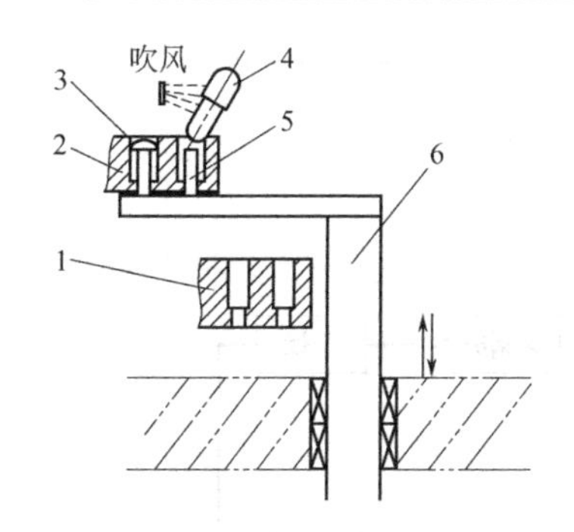

图 10-21　剔除装置结构

1—下囊板；2—上囊板；3—胶囊帽；4—未分离空胶囊；5—顶杆；6—顶杆架

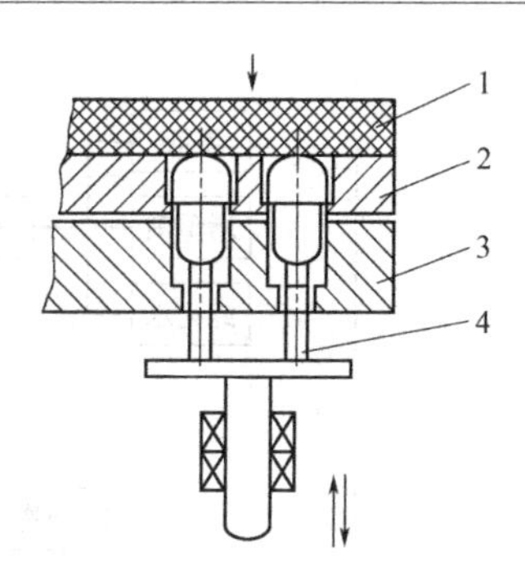

图 10-22　胶囊闭合装置结构

1—弹性压板；2—上囊板；3—下囊板；4—顶杆

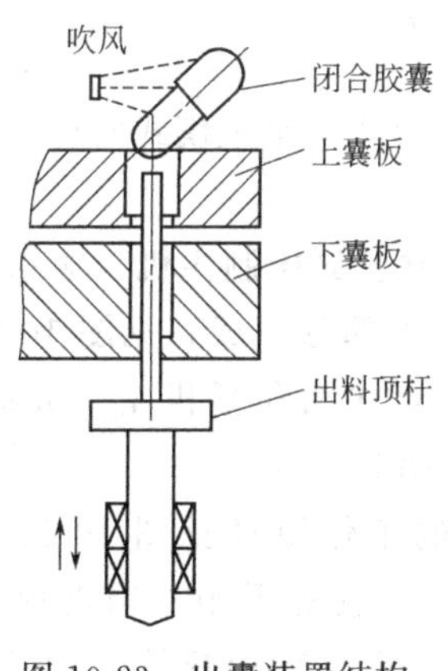

图 10-23　出囊装置结构

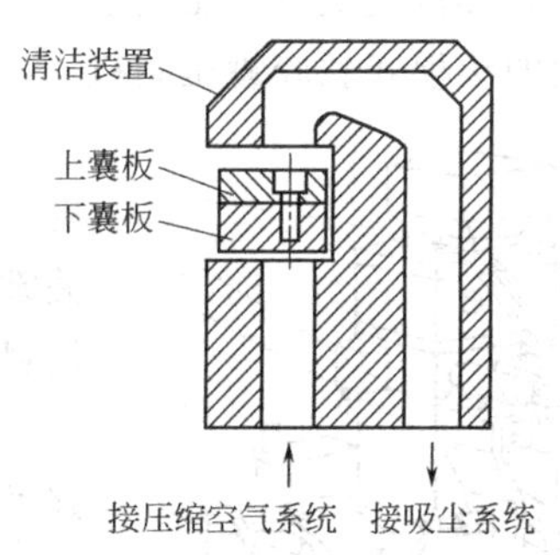

图 10-24　清洁装置结构

染，因此，上、下囊板在进入下一周期的操作循环前，应对囊板孔进行清洁。清洁装置如图 10-24 所示。当囊孔轴线对中的上、下囊板在主工作盘拖动下，停在清洁工位时，正好置于清洁室缺口处，这时压缩空气系统接通，将囊板孔中粉末、碎囊皮等由下而上吹出囊孔。置于囊板孔上方的吸尘系统将其吸入吸尘器中，使囊板孔保持清洁。随后上、下囊板离开清洁室，进行下一周期的循环操作。

二、软胶囊生产设备

软胶囊剂（又称胶丸）是指将一定量的药液（或药材提取物）加适宜的辅料密封于各种形状的软质囊材中制成的剂型，囊材由明胶、甘油、水或和其他适宜的药用材料制成。

软胶囊剂的生产方法有压制法和滴制法两种，其中压制法制成的软胶囊称为有缝软胶囊，可根据模具的形状来确定软胶囊的外形，常见的有橄榄形、椭圆形、球形等；滴制法制成的软胶囊呈球形且无缝，称为无缝软胶囊。

（一）软胶囊剂生产工艺流程

软胶囊剂的制备流程包括明胶液配制、药液配制、软胶囊压（滴）制、洗丸工序、软胶囊干燥、包装等过程，见图 10-25。

（二）压制法生产软胶囊剂设备

软胶囊剂生产设备包括明胶液配制设备、药液配制设备、软胶囊压（滴）制设备、软胶

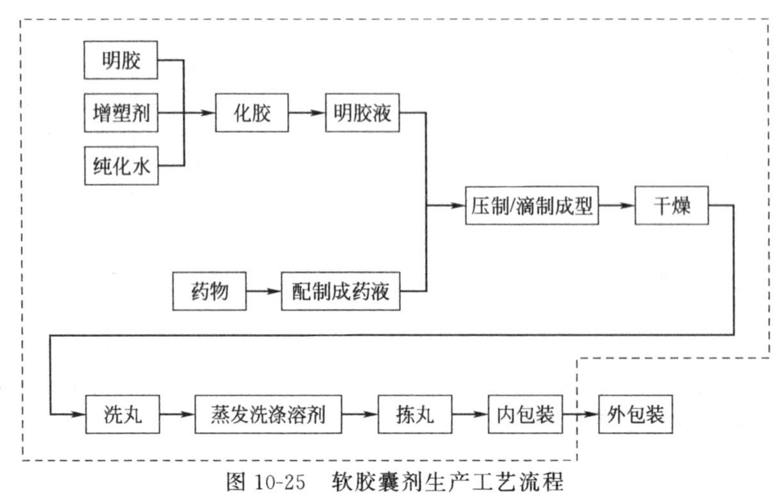

图 10-25　软胶囊剂生产工艺流程

注：虚线框内代表 30 万级或以上的洁净生产区

囊干燥设备和洗丸机等。压制法软胶囊制造设备又可分为滚模式和平板模式两种，下面介绍普遍使用的滚模式软胶囊压制机。

滚模式软胶囊压制机由软胶囊压制主机、输送机、干燥机、电控柜、明胶桶和料桶等部分组成，见图 10-26。其中关键设备是主机，软胶囊压制主机包括机座、机身、机头、供料系统、油滚、下丸器、明胶盒等。

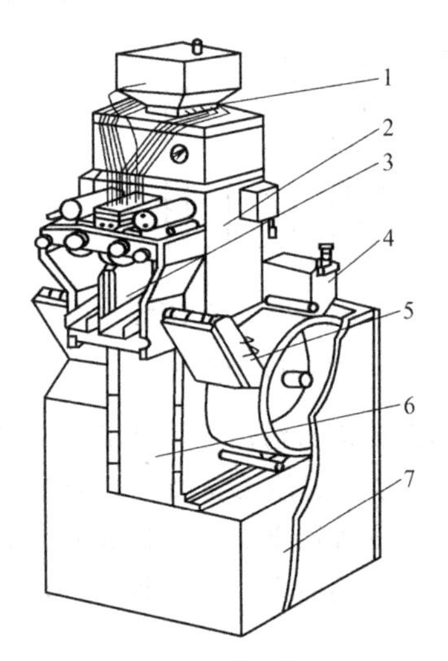

图 10-26　滚模式软胶囊压制机的结构

1—供料斗；2—机头；3—下丸器；4—明胶盒；5—油辊；6—机身；7—机座

滚模式软胶囊压制机的工作原理见图 10-27。将配制好的明胶液置于明胶桶中，明胶桶系用不锈钢焊接而成的三层容器，夹层中盛软化水并装有加热器和温度传感器，外层为保温层。为防止明胶液冷却固化，明胶桶内的温度控制在 60℃ 左右，打开底部球阀，胶液可自动流入明胶盒。

明胶盒的用途是将胶液分别均匀涂敷在两个旋转的胶皮轮上而形成胶皮。明胶液经两根输胶管，分别通过两侧预热的涂胶机箱将胶液涂布在下方两个旋转的鼓轮上，随着鼓轮的转动，并在冷风的冷却下，明胶液在鼓轮上形成一定厚度的明胶带，两边形成的明胶带分别由胶带导杆和送料轴送入两滚模之间。

两个滚模分别装在机头的左右滚模轴上，右滚模轴只能转动，左滚模轴既可转动又可横向水平运动。当滚模间装入胶皮后，可旋紧滚模的侧向加压旋钮，将胶皮均匀地压紧于两滚模之间。

将配制好的药液置于贮液槽。此时，药液从填充泵经导管由楔形注入器注入两胶带之间，注入的药液体积由计量泵的活塞控制。借助供料泵的压力将药液及胶皮压入两滚模的凹槽中，在两滚模的凹槽中形成两个半囊，两滚模旋转产生的压力将两个半囊压制成一个完整的软胶囊，从而将药液封闭其中。随着滚模的继续旋转，软胶囊被切离胶带，依次落入导向斜槽和胶囊输送机被输送出去，进入到干燥、清洗等工序后得到软胶囊成品。

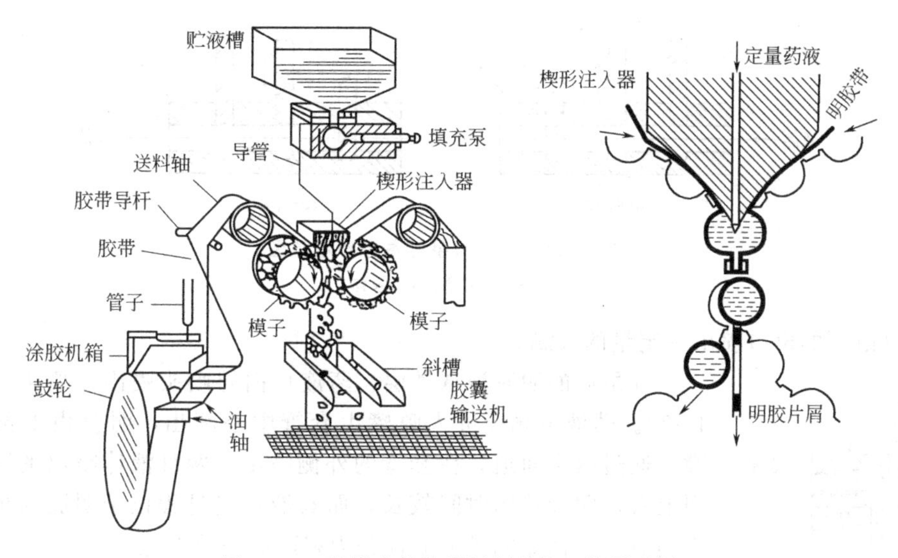

图 10-27　滚模式软胶囊压制机的工作原理图

（三）滴制法生产软胶囊剂设备

软胶囊滴丸机是滴制法生产软胶囊剂的专用设备，主要结构分为动力滴丸系统和冷却系统两部分，动力滴丸系统由贮槽、泵体组成的三柱泵、喷嘴等组成，冷却系统包括冷却箱和液体石蜡贮箱，其结构及工作原理如图 10-28 所示。滴丸机生产软胶囊时，配制好的明胶液和药液分别盛于明胶液贮槽和药液贮槽内，经柱塞泵吸入并计量后，通过喷嘴滴出，使明胶液包裹药液后滴入与胶液不相混溶的液体中（常为液体石蜡），凝成球状无缝软胶囊。

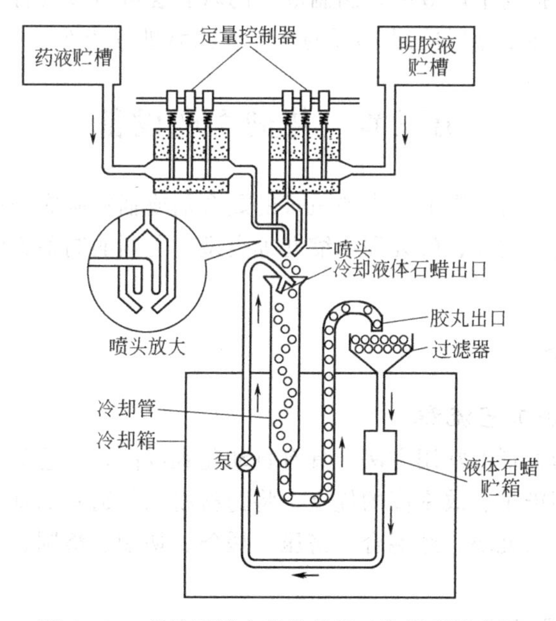

图 10-28　软胶囊滴丸机结构及工作原理示意图

明胶液和药液的计量可采用泵打法，如柱塞泵或三柱塞泵。常用的三柱塞泵的计量原理如图 10-29 所示。泵体中有三个柱塞，主要起吸入与压出作用的为中间柱塞，两边的活塞具有吸入阀和排出阀的作用。通过调节推动柱塞运动的凸轮方位来调节三个柱塞运动的先后顺

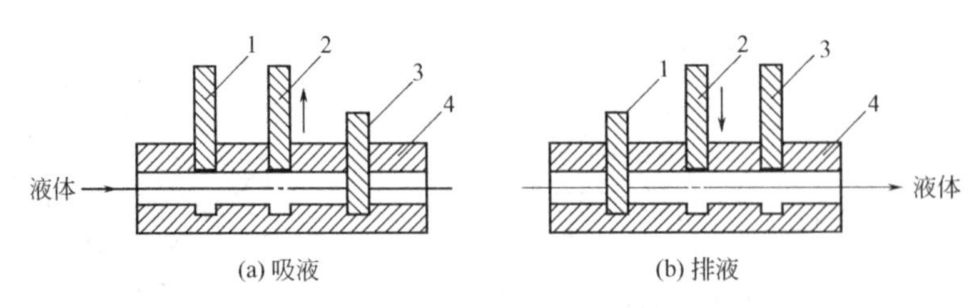

图 10-29 三柱塞泵计量原理示意图

1～3—活塞；4—泵体

序，即可由泵的出口喷出一定量的液滴。

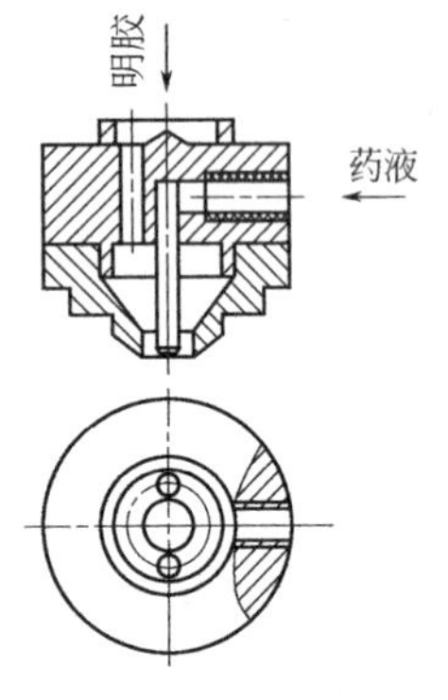

图 10-30 喷头的结构

计量后的明胶液从外层、药液从内层喷头喷出，喷头结构见图10-30。药液由侧面进入喷嘴由套管中心喷出，明胶由上部进入喷嘴，通过两个通道，在套管的外侧喷出。两种液体喷出的顺序从时间上看，明胶喷出时间较长，而药液喷出过程位于明胶喷出过程的中间时段，依靠明胶的表面张力将药滴完整地包裹。

明胶液将药液包裹后滴入冷却柱中，冷却液一般为液体石蜡。外层明胶液被冷却液冷却，并在表面张力的作用下变成球形，逐渐凝固成滴丸。滴丸和石蜡一起流入过滤器，被收集于滤网上。所得滴丸经干燥、清洗等工序得到软胶囊成品。

无论是压制法还是滴制成型的软胶囊，胶皮内含有约40%～50%的水分，未具有定型的效果，所以干燥是不可缺失的过程。软胶囊的干燥条件是温度20～24℃、相对湿度20%左右，压制成型的软胶囊可采用滚筒干燥，动态的干燥形式有利于提高干燥效率；滴制成型的软胶囊可直接放置在托盘上干燥。为除去软胶囊表面的润滑液，在干燥后应用95%的乙醇或乙醚进行清洗。

第三节 丸剂生产设备

丸剂是指药物细粉或药材提取物中加适宜的黏合剂或辅料制成的球形或类球形制剂，分为蜜丸、水蜜丸、水丸、糊丸、蜡丸和浓缩丸等类型。丸剂的制备方法有塑制、泛制和滴制三种。

一、丸剂的塑制设备

（一）丸剂塑制法工艺流程

塑制法是制备中药丸剂的常用方法，具有自动化程度高，工艺简单，丸大小均匀、表面光滑，而且粉尘少、污染少、效率高的优点。将药材粉末与适宜的辅料（主要是润湿剂或黏合剂）混合制成可塑性的丸块，经混合、挤压、搓条、切割、滚圆、干燥等工序制成，其工艺流程如图10-31所示。

（二）丸剂塑制设备

上述过程的各个环节会用到不同的设备，主要包括捏合机、丸条机、制丸机等。

1. 捏合机

按处方将药物及赋型剂进行粉碎，并经过筛后再混合，所用赋型剂多为黏合剂。将混合

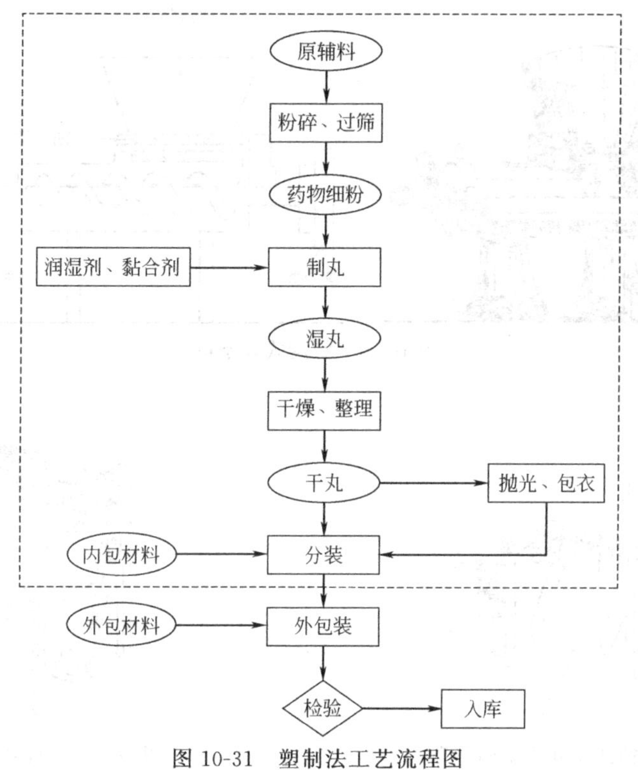

图 10-31　塑制法工艺流程图

注：虚线框内代表 30 万级或以上洁净生产区域

均匀的药粉加适量的黏合剂（如蜂蜜等），充分研和均匀，制成可塑性团块。良好的团块黏度应适中，不易黏附器壁、不粘手、不松散，有一定的弹性，受外力时能变形，通常用乳钵（小量生产）或捏合机。图 10-32 为捏合机示意图，它是由金属槽及两组强力的 S 形桨叶构成，槽底呈半圆形。两组桨叶的转速不同，并沿相对方向旋转，利用桨叶间的挤压、分裂、搓捏及桨与槽壁间的研磨制备丸块。

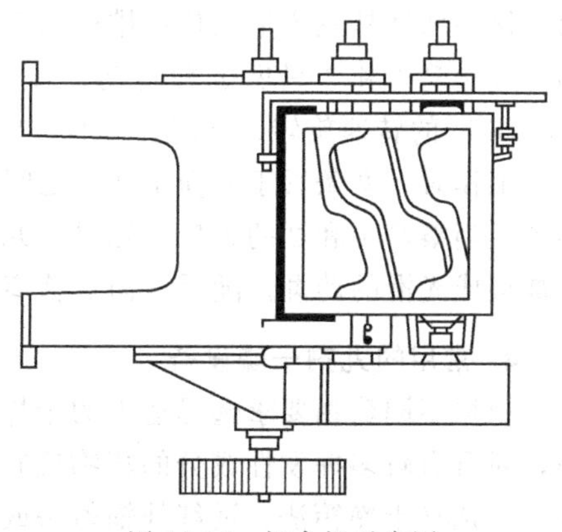

图 10-32　捏合机示意图

2. 丸条机

常用螺旋式出条机（图 10-33）将丸块分段，搓成长条，通过螺旋输送器在出口挤制成具有一定形状的丸条。

3. 滚筒式制丸机

滚筒式制丸机是利用滚筒上的凸起刃口和凹槽将丸条切割滚压成丸剂，分为双滚筒式和三滚筒式两种。

（1）双滚筒式制丸机　其结构如图 10-34 所示，两个铜制滚筒上加工有半圆形的切丸槽，切丸槽的刃口相吻合，滚筒的一端有齿轮。当齿轮转动时，两滚筒按相对方向转动，转速一快一慢（约 90r/min 或 70r/min）。工作时，将丸条置于两滚筒切丸槽的刃口上，滚筒转动时，将丸条切断并搓圆成丸剂。

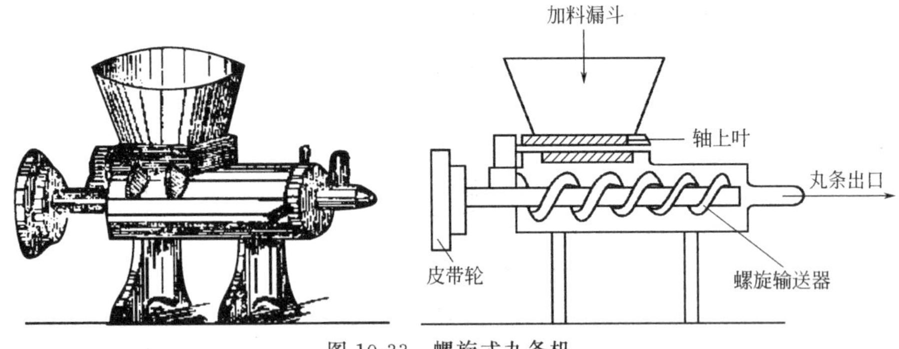

图 10-33 螺旋式丸条机

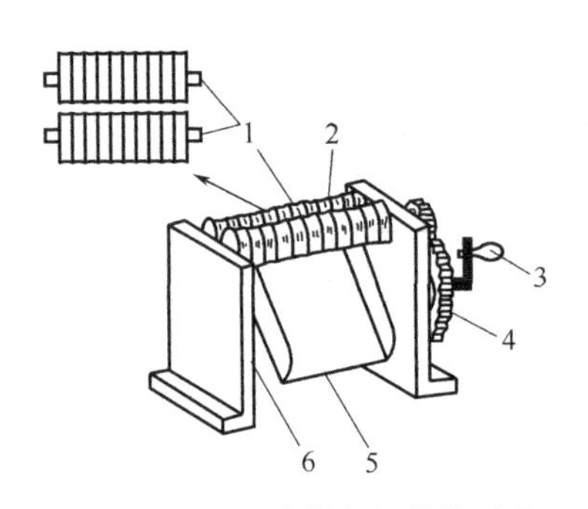

图 10-34 双滚筒式制丸机结构示意

1—滚筒；2—刃口；3—手摇柄；
4—齿轮；5—导向槽；6—机架

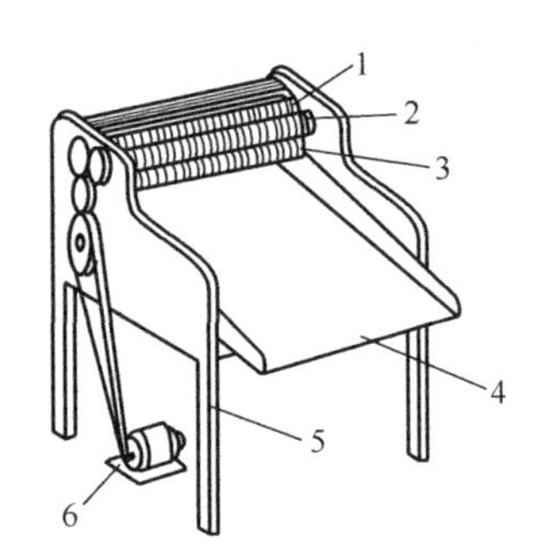

图 10-35 三滚筒式制丸机结构示意

1～3—有槽滚筒；4—导向槽；
5—机架；6—电动机

(2) 三滚筒式制丸机　三滚筒式制丸机是目前较为常用的设备，其结构如图 10-35 所示。核心部件是三个呈三角形排列的有槽金属滚筒。滚筒的式样均相同，但滚筒 3 的直径较小，且滚筒 1 和 3 只做定轴转动，转速分别为 150r/min 和 200r/min。滚筒 2 绕自身轴以 250r/min 的转速旋转，同时在离合器的控制下定时地前后移动。

工作时，丸条置于滚筒 1 和 2 之间，此时三个滚筒均做相对运动，且滚筒 2 还向滚筒 1 移动。当滚筒 1 和 2 的刃口接触时，丸条被切割成若干小段。在三个滚筒的联合作用下，小段被滚成光滑的药丸。随后滚筒 2 移离滚筒 1，药丸落入导向槽。

4. 常用的丸剂干燥设备

根据不同药物要求选择适当的干燥温度将搓圆后的丸剂进行干燥。一般在 80℃以下干燥，对含有较多挥发性成分的药物应在 60℃以下干燥，干燥方法根据干燥与灭菌的不同要求，可选择干燥箱法、远红外辐射法或微波干燥等。

(1) 烘箱　由干燥室和加热装置组成，干燥室内有多层支架和烘盘，加热装置可用电或蒸汽。烘箱的成本低，但烘干不均匀，效率低、效果不理想。

(2) 远红外烘干隧道　由传送带、干燥室、加热装置组成。将物料置传送带上，开动传送带并根据物料性质调整速度。传送带略微倾斜，丸子从进口滚动着移至出口完成干燥过程。隧道式烘箱烘干较均匀，效率高。

(3) 微波烘干隧道　微波干燥机具有干燥时间短、干燥温度低、干燥物体受热均匀等优点，能满足水分和崩解的要求，是丸剂理想的干燥设备。

目前规模性生产则采用联合制丸机，如图 10-36 所示的滚筒式制丸机，可以在同一机器上完成制丸条和分割、搓圆等过程。工作时，相对旋转的带半圆槽的滚筒将料斗中丸块引出并制成丸条。做往复运动（运动方向垂直于出条方向）的搓板 5 将丸条分割并搓圆，并经溜板 7 进入竹筛进行筛选。搓板的往复运动是通过偏心轮及连杆传动实现的，一般单机产量约 500 粒/min 以上。

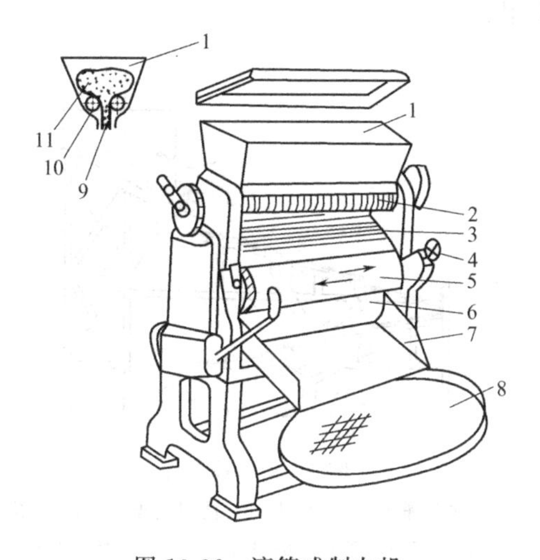

图 10-36　滚筒式制丸机

1—加料斗；2—带槽滚筒；3—牙板；4—调节器；5—搓板；6—大滚筒；7—溜板；8—竹筛；9—丸条；10—光辊；11—丸块

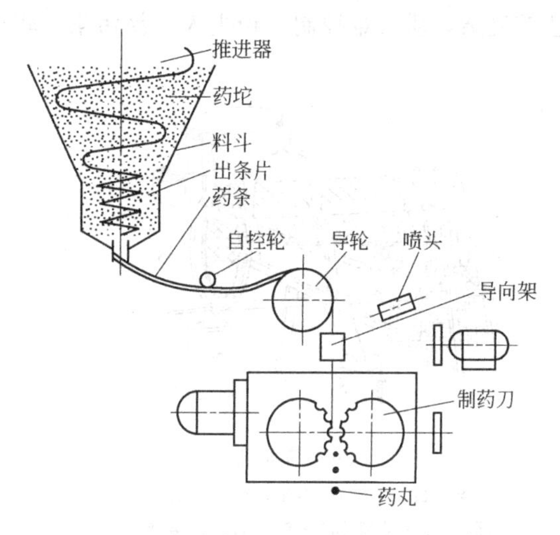

图 10-37　中药自动制丸机结构示意图

在一些中小药厂，广泛应用如图 10-37 所示的中药自动制丸机，主要由捏合、制丸条、轧丸和搓丸等部件构成。其工作原理是：将药粉置于混合机中，加入适量的润湿剂或黏合剂混合均匀制成软材，即丸块，丸块通过制条机制成药条，药条通过顺条器进入有槽滚筒切割、搓圆成丸，图 10-38 为全自动制丸机实物图。该机适于水丸、水蜜丸及蜜丸的生产，其结构简单、占地小，是目前较新型的自动制丸机械。

图 10-38　全自动制丸机实物图

二、丸剂的泛制设备

丸剂的泛制法如同“滚雪球”，是将药物细粉用水或其他液体黏合剂交替润湿，在容器中不断翻滚，逐层增大的一种制丸法。其工艺流程是：药材粉末＋辅料→起模→成型→盖面→干燥→选丸→包衣→质量检查→包装。

泛制法制丸设备主要由糖衣锅、电器控制系统、加热装置组成。将适量的药粉置于糖衣锅中，用喷雾器将润湿剂喷入糖衣锅内的药粉上，转动糖衣锅或人工搓揉使药粉均匀润湿，成为细小颗粒，继续转动成为丸模，再撒入药粉和润湿剂，滚动使丸模逐渐增大成为坚实致密、光滑圆整、大小适合的丸子。

操作中应注意：①水、粉交替加入时，要均匀，量适中。包衣锅转速要适当，以防止打滑和结饼。②在包衣锅旋转中，应不断在锅口处及时搓碎粉块和叠丸，并将药物由里向外翻动，以防止结块和缩小丸料大小差别，增加其均匀性。③泛制时间要适当，时间过长丸粒易大而坚，时间过短易松散，不宜贮存。④一般药物可用铜锅，朱砂、硫磺等含酸药物需用不锈钢包衣锅，以防丸面变色或增加有害成分。

泛制法生产丸剂往往会出现粒度不匀和畸形，所以干燥后须经筛、拣以确保临床使用方便和剂量准确。丸剂筛选可使用筛丸机、检丸器等，见图 10-39 及图 10-40。泛制法制丸工艺较复杂，质量难控制，粉尘大，易污染，较少使用。

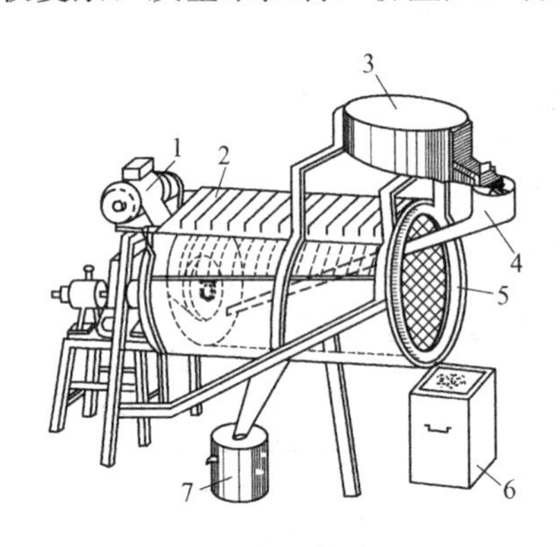

图 10-39 筛丸机

1—电动机；2—活络木架；3—贮丸器；4—漏斗；5—带筛孔的滚筒；6，7—接受器

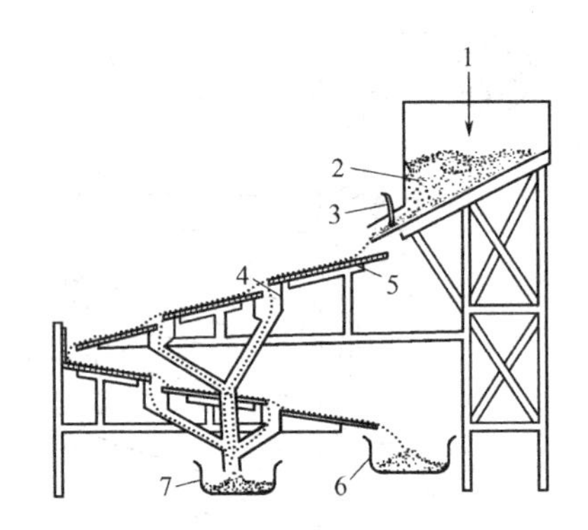

图 10-40 检丸器

1—加丸漏斗；2—闸门；3—防阻塞隔板；4—坏粒漏斗；5—玻璃板；6—成品容器；7—坏粒容器

三、丸剂的滴制设备

滴丸系指固体、液体药物或药材提取物与基质加热熔化混匀后，滴入不相混溶的冷凝液中，液滴收缩冷凝而成的制剂，主要供口服或外用。滴丸剂在我国是一个发展较快的剂型，具有以下优点。

① 设备简单、操作容易、生产工序少、自动化程度高。

② 增加了药物的稳定性。由于基质的使用，使易水解、易氧化分解的药物和易挥发药物包埋后，稳定性增强。

③ 可发挥速效或缓释作用。用固体分散技术制备的滴丸由于药物成高度分散状态，可起到速效作用；而选择脂溶性好的基质制备滴丸，药物在体内缓慢释放，可起到缓释作用。

④ 滴丸可局部用药。滴丸剂型可克服西药滴剂的易流失、易被稀释以及中药散剂的妨碍引流、不易清洗、易被脓肿冲出等缺点，从而可广泛用于耳、鼻、眼、牙科的局部用药。

滴丸剂的不足之处是难制成大丸（一般在 100mg）、载药量低、服用粒数多、可供选用的滴丸基质和冷凝剂品种少等。

（一）滴丸剂生产工艺流程

滴丸剂生产工艺流程见图 10-41。

（二）丸剂的滴制设备

丸剂的滴制是利用分散装置（喷嘴）将熔融液体粒化，再经冷却装置将其固化成球形颗粒的操作。滴丸剂的制备设备常用滴丸机，其装置如图 10-42 所示。

图中物料贮槽和分散装置的周围均设有可控温的电热器及保温层，使得物料在贮槽内保持熔融状态。熔融物料经分散装置形成液滴后进入到冷却柱中冷却固化，所得固体颗粒随冷却液一起进入过滤器，过滤出的固体颗粒经清洗、风干等工序后即为成品软胶囊制剂。滤除固体颗粒后的冷却液进入冷却液贮槽，经冷却后由循环泵输送至冷却柱中循环使用。

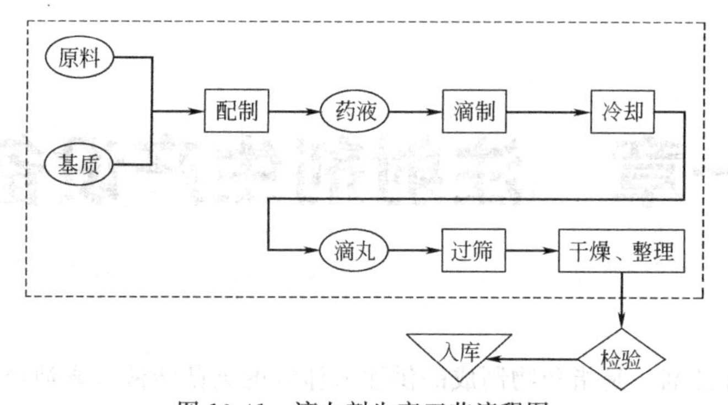

图 10-41　滴丸剂生产工艺流程图

注：虚线框内代表 30 万级或以上洁净生产区域

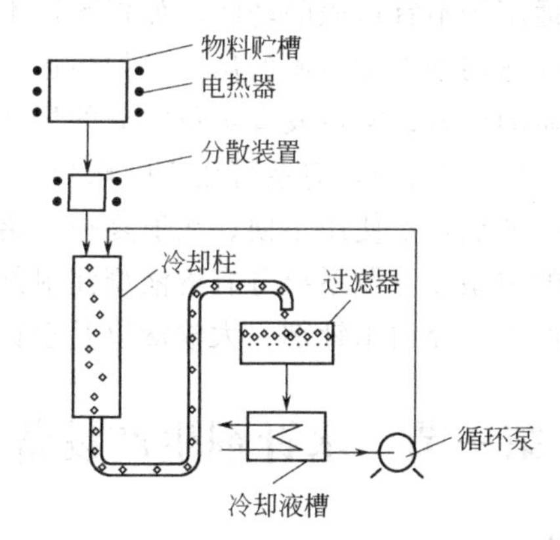

图 10-42　滴制法制备滴丸装置示意图

目标检测题

1. 简述单冲压片机的工作过程。
2. 旋转式压片机的主要结构有哪些？阐明其工作原理。
3. 为什么旋转式压片机（双压）的冲数均为奇数？
4. 什么叫包衣？包衣的作用是什么？
5. 阐述高效包衣锅的工作原理。
6. 简述流化包衣法包衣的工作原理和过程。
7. 说明胶囊剂生产的主要工艺流程，主要有哪些设备？
8. 全自动硬胶囊充填机的工作分为哪几个过程？
9. 软胶囊的制备方法有哪些？
10. 简述滚模式软胶囊压制机的工作原理。
11. 说明滴制法生产软胶囊剂设备的结构和工作过程。
12. 中药自动制丸机由哪些部件组成？说明其工作原理。

第十一章　注射剂生产设备

注射剂，简称针剂，是指药物制成的供注入体内的灭菌溶液、乳浊液、混悬液及供临用前配成溶液或混悬液的无菌粉末。

注射剂是当前应用最广泛的剂型之一，它具有如下优点：①药效迅速，作用可靠，可直接以液体形式进入人体；②适用于不宜口服的药物，如胃肠道不易吸收、易被消化液破坏或对胃肠道有刺激性的药物；③适用于不能口服的病人，如昏迷、抽搐状态或患者消化系统疾病、吞咽功能丧失或者有障碍的患者；④可发挥定位定向的局部作用，通过关节腔、穴位等部位注射给药，有的能延长药效（缓释），有些可用于临床疾病的诊断。

当然，注射剂也存在一些缺点，如使用不便、注射疼痛、给药和制备过程复杂、生产设备成本较高等。注射剂常见的类型按分散系统分有溶液型注射剂、混悬型注射剂、乳剂型注射剂、注射用无菌粉末，下面主要介绍水针剂、大输液以及粉针剂的生产设备。

第一节　水针剂生产设备

一、水针剂制备工艺流程

水溶性注射剂即水针剂是各类注射剂中应用最广泛也是最具代表性的一类注射剂。水针剂使用的玻璃容器称为安瓿，国家标准（GB 2637—1995）规定水针剂使用的安瓿一律为曲颈易折安瓿。规格有1ml、2ml、5ml、10ml、20ml五种。在外观上分为两种，即色环易折安瓿和点刻痕易折安瓿。它们均可平整折断。水针剂的一般生产工艺流程见图11-1。

水针剂生产设备主要有安瓿洗涤、干燥灭菌、溶液配制、灌封等。

二、常用安瓿洗涤、干燥设备

由于在安瓿制造及运输过程中难免会被微生物及尘埃粒子所污染，因此使用前必须进行洗涤，同时要求在最后一次清洗时，必须采用经过滤的注射用水加压冲洗，然后经灭菌干燥后才能用于灌装药液。目前国内使用的方法常用的有：甩水洗涤法、加压气水喷射洗涤法和超声洗涤法。其中超声洗涤法是采用超声洗涤与气水喷射式洗涤相结合的方法，具有清洗洁净度高、速度快等特点。

（一）喷淋式安瓿洗瓶机组

喷淋式安瓿洗瓶机组由冲淋机、甩水机、蒸煮箱、水过滤器及水泵组成。冲淋机主要由传送带、淋水板、水循环过滤系统三部分组成，其结构见图11-2。

喷淋式安瓿洗瓶机组工作时，安瓿全部以开口向上的方式整齐排列于安瓿盘内，在冲淋机传送带的带动下，进入隧道式箱体内接受顶部淋水板中的纯化水喷淋，使安瓿内注满水，再送入安瓿蒸煮箱内热处理约30min，经蒸煮处理后的安瓿趁热用甩水机将安瓿内水甩干，

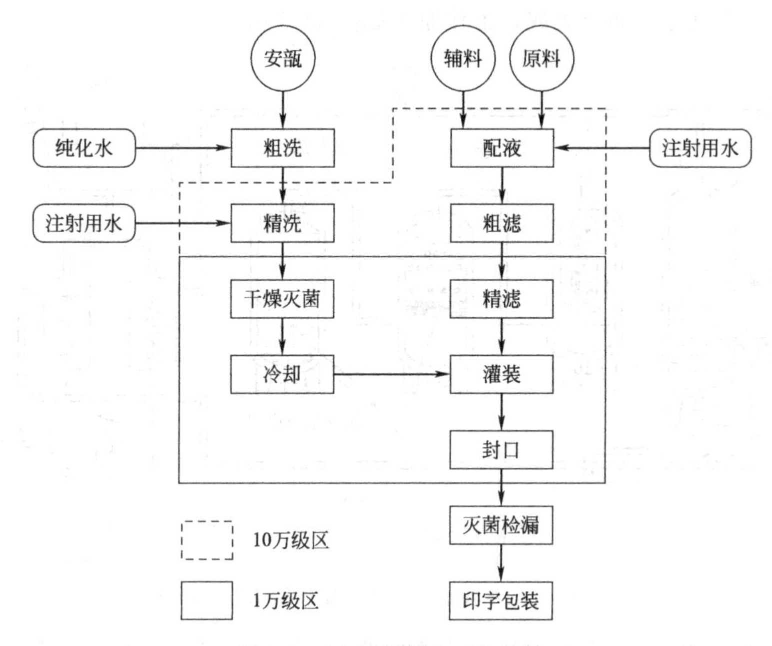

图 11-1　水针剂制备工艺流程

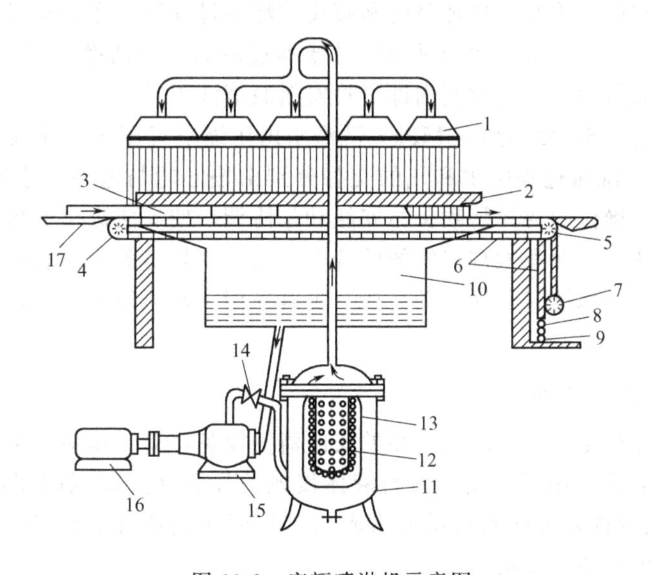

图 11-2　安瓿喷淋机示意图

1—多孔喷头；2—尼龙网；3—盛安瓿的铝盘；4—链轮；5—止逆链轮；6—链条；7—偏心凸轮；8—垂锤；9—弹簧；10—水箱；11—滤过器；12—涤纶滤袋；13—多孔不锈钢胆；14—调节阀；15—离心泵；16—电动机；17—轨道

安瓿甩水机最佳转速应在 400r/min 左右。如此反复操作两次，即可达到清洗要求。

喷淋式安瓿洗瓶机组生产中应定期检查循环水水质，及时对过滤器进行再生，安瓿喷淋水机循环系统的水 80％为循环水，20％为新水，发现水质下降应及时疏通或更换滤芯，控制喷淋水均匀，发现堵塞死角应及时清洗，同时定期对机组进行维修保养。

（二）气水喷射式安瓿清洗机组

气水喷射式安瓿清洗机组是目前生产上采用的有效洗瓶方法，由供水系统、压缩空气及其过滤系统、洗瓶机等三部分组成，工作原理如图 11-3 所示。

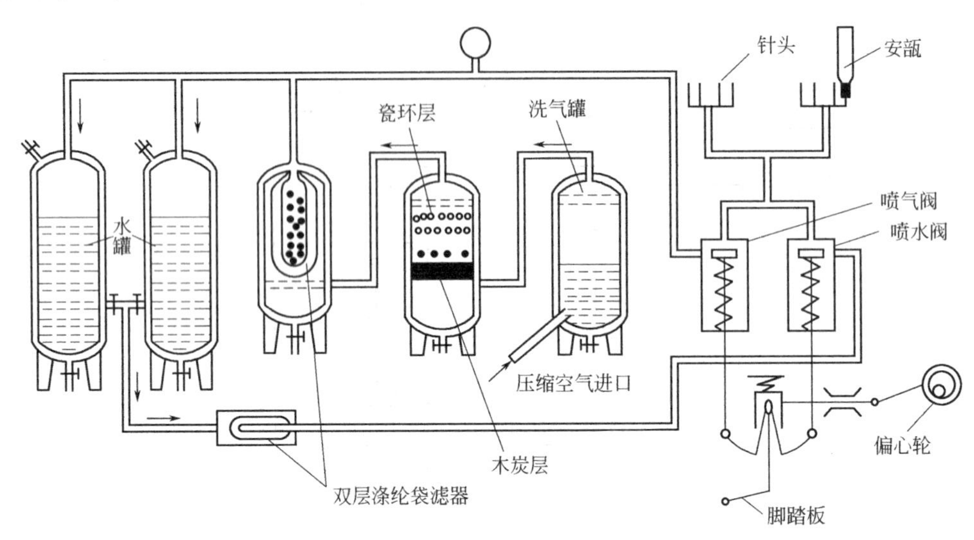

图 11-3 气水喷射式安瓿洗瓶机组工作原理图

洗涤用水和压缩空气预先必须经过过滤处理。空压机将空气压人洗气罐水洗，水洗后的空气经活性炭柱吸收后，再经陶瓷环吸附和布袋过滤器过滤得洁净的空气。将洁净空气通入水罐中对水施加压力，高压水再次经过布袋过滤器过滤后，与洁净空气一道进入洗瓶机中，通过针头喷射进安瓿瓶中，在短时间内即可将安瓿瓶清洗干净。

洗涤时，压缩空气压力约为 0.3MPa，洗涤水由压缩空气压送，并维持一定的压力和流量，水温大于 50℃。洗瓶过程中水和气的交替分别由偏心轮与电磁喷水阀或电磁喷气阀及行程开关自动控制，操作中要保持喷头与安瓿动作协调，使安瓿进出流畅。

该机组适用于曲颈安瓿和大规格安瓿的洗涤。药厂一般将此机安装在灌封工序前，组成洗、灌、封联动机，气水洗涤程序自动完成。也有采用气水喷射洗涤与超声波洗涤相结合的洗涤机。

（三）超声波安瓿洗瓶机

超声波安瓿洗瓶机是工业上广泛应用的安瓿清洗设备，其工作原理是浸没在清洗液中的安瓿在超声波发生器的作用下，使安瓿与液体接触的界面处于剧烈的超声振动状态时产生“空化”作用，将安瓿内外表面的污垢冲击剥落，从而达到清洗的目的。图 11-4 所示为 18 工位连续回转超声波安瓿清洗机。

该机由 18 等分原盘、针盘、上下瞄准器、装瓶斗、推瓶器、出瓶器、水箱等机件构成。在水平卧装的针鼓转盘上设有 18 排针管，每排针管有 18 支针头，共 324 支。在与转鼓相对的固定盘上，于不同工位上设有管路接口，通入水或空气。当针鼓转盘间歇传动时，各排针头座依次与循环水、压缩空气、新鲜蒸馏水等接口相通。

洗涤槽内有超声振荡装置，并充满洗涤水。洗涤槽中的溢流装置能保持所需的液面高度。新鲜蒸馏水（50℃）由泵输送至 0.45μm 微孔膜过滤器，经除菌后送入洗涤槽，还被引至 14 工位的接口用来冲洗安瓿内壁。洗涤槽下部出水口与循环泵相连，利用循环泵将水依次送入 10μm 滤芯粗过滤器和 1μm 滤芯细过滤器，以去除超声清洗下来的脏物和污垢。过滤后的水以一定压力（0.18MPa）分别进入工位 2、10、11 和 12 的接口。

空气由无油压缩机输送至 0.45μm 微孔膜过滤器，除菌后的空气以一定压力（0.15MPa）

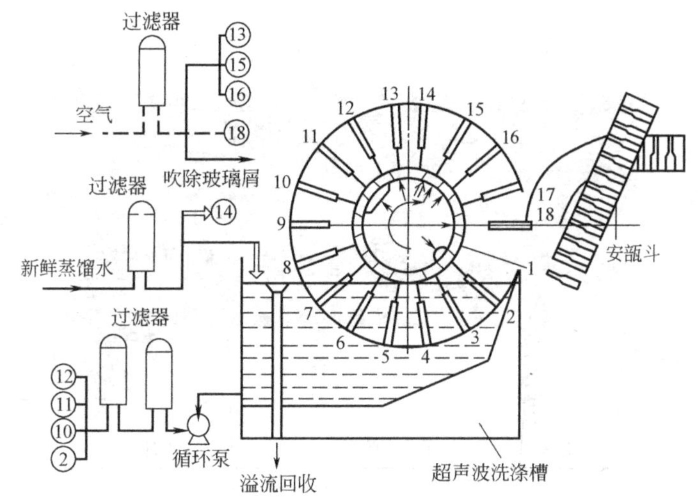

图 11-4　18 工位连续回转超声波洗瓶机工作原理图

1—引瓶；2—注循环水；3～7—超声波空化；8，9—空位；10～12—循环水冲洗；13—吹气排水；14—注新蒸馏水；15，16—吹净化气；17—空位；18—吹气送瓶

分别进入工位 13、15、16 和 18 的接口，用来吹净瓶内残留水和推送安瓿。

工作时，将安瓿置于装瓶斗由输送带送进一排安瓿瓶（18 支），经推瓶器依次推到针鼓转盘第 1 工位，当针鼓转盘转到第 2 工位时，瓶底紧靠转盘底座，同时针管向安瓿瓶内注水。从第 2～7 工位，安瓿瓶受到超声波的作用而产生空化现象，其内外表面上的污垢被冲击剥离达到粗洗效果。第 8、第 9 两个工位为空位。当针鼓转盘转到第 10 工位，针管喷出净化压缩空气，将安瓿内的污水吹净，在第 11、第 12 工位针管注入过滤的纯化水对安瓿再次冲洗，到第 13 工位再吹气。在第 14 工位，注入滤过的新鲜注射用水冲洗安瓿内壁。到第 15、第 16 工位时，针管喷出净化压缩空气使安瓿被彻底洗至洁净，这一阶段称为精洗。第 17 工位为空位，当针鼓转盘转到第 18 工位时，进行最后一次通气并利用气压，将安瓿从针管架上推离出来，由出瓶器送入输送带，完成一次清洗操作。

（四）安瓿的干燥灭菌设备

安瓿洗涤后虽然已经过甩水或压缩空气处理，但仍无法保证其内壁完全干燥，同时安瓿经淋洗只能除去尘埃、杂质粒子及稍大的细菌，还需通过干燥灭菌去除生物粒子的活性。常规工艺是将洗净的安瓿置于 350～450℃之间，保持 6～10min，达到杀灭细菌和热原及安瓿干燥的目的。

目前国内最先进的安瓿烘干设备是连续电热隧道式灭菌烘箱，自动化程度高，符合 GMP 生产要求，能有效地提高产品质量和改善生产环境，主要用于小容量注射剂联动生产线上，即与超声波安瓿洗瓶机和多针拉丝安瓿灌封机配套使用。

连续电热隧道式灭菌烘箱由传送带、加热器、层流箱、隔热机架组成，其结构如图 11-5 所示。

传送带由三条不锈钢丝编织带构成，三者同步移动，用于将安瓿水平运送进出烘箱和防止安瓿走出带外。

加热器是一些电加热丝，在安瓿的四周组成封闭的区域，电加热丝分别安装在镀有黄金反射层的石英玻璃管内，使热量经发射聚集到安瓿上，以此充分利用热能。层流箱由高效过滤器、风机和管路组成。在安瓿进口以 100 级垂直净化层流气保证洁净的安瓿不受外部空气

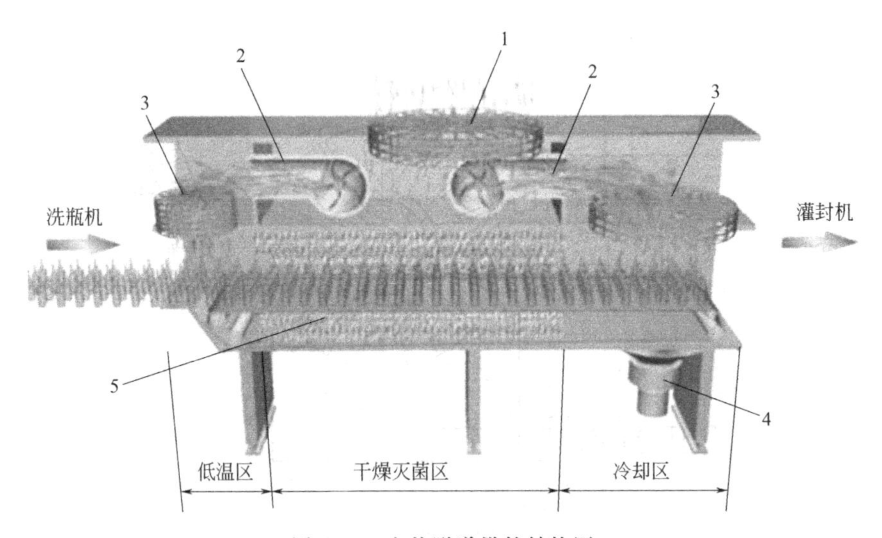

图 11-5 电热隧道烘箱结构图

1—中效过滤器；2—送风机；3—高效过滤器；4—排风机；5—电热管

的污染；在烘箱出口处，同样有 100 级垂直层流气，既起净化作用，又对安瓿进行冷却。

机壳内衬隔热层使电热稳定而不受外界影响，同时也隔绝对环境的热污染，始终维持箱内温度在 350℃左右。

连续电热隧道式灭菌烘箱使用过程中应严格按照操作程序，在机器运行中应密切监视电器控制箱面板上的温度显示，若由于不正常因素而产生过热，应立即断开总电热开关，待箱内温度降至设定温度 50℃后，再重新合上电闸，若仍不正常，则说明控制部分有故障，应停用并及时进行详细检查。

三、水针剂灌封设备

将过滤洁净的药液，定量地灌注到经过清洗、干燥及灭菌处理的安瓿内，并加以封口的过程称为灌封。这是注射剂生产中非常关键的操作，注射剂质量直接由灌封区域环境和灌封设备决定。药品生产企业多采用拉丝灌封机，分为 1～2ml、5～10ml 和 20ml 三种机型。三种机型结构相似，灌封过程相同。安瓿灌封过程一般应包括安瓿的排整、灌注、充氮、封口等工序。

安瓿灌封机按其功能结构分解为三个基本部分：送瓶部分、灌注部分和封口部分。传送部分主要负责进出和输送安瓿；灌注部分主要负责将一定容量的注射液注入空安瓿内；封口部分负责将装有注射液的安瓿瓶颈实施封闭。现分别介绍如下。

1. 安瓿送瓶部分

送瓶部分的工作原理见图 11-6 所示，安瓿斗与水平线成 45°角，底部设有梅花盘。梅花盘由链条带动，每旋转 1/3 周即可将 2 支安瓿推至固定齿板上，固定齿板由上下两条组成，每条齿板的上端均设有三角形槽，安瓿上下端放置在三角形槽中。此时，安瓿仍与水平线成 45°角。移瓶齿板由上、下两条齿形板构成，其齿间距与固定齿板相同，齿形为椭圆形。移瓶齿板通过连杆与偏心轴相连，在偏心轴带动移瓶齿板向上运动的过程中，移瓶齿板先将安瓿从固定齿板上托起，然后超过固定齿板三角形槽的齿顶，接着偏心轴带动移瓶齿板前移 2 格并将安瓿重新放入固定齿板中，然后移瓶齿板空程返回。

因此，偏心轴转动一周，固定齿板上的安瓿将向前移动 2 格。随着偏心轴的转动，安瓿

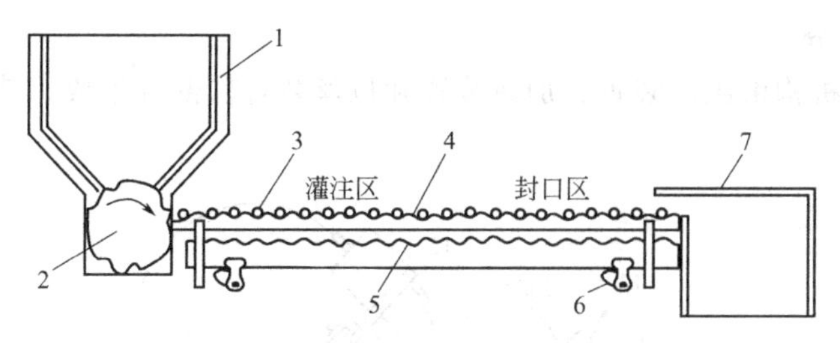

图 11-6　安瓿灌封机送瓶部分工作原理图

1—安瓿斗；2—梅花盘；3—安瓿；4—固定齿板；

5—移瓶齿板；6—偏心轴；7—出瓶斗

将不断前移，并依次通过灌注区和封口区，完成灌封过程。在偏心轴的一个转动周期内，前 1/3 个周期用来使移瓶齿板完成托瓶、移瓶和放瓶动作；在后 2/3 个周期内，安瓿在固定齿板上滞留不动，以便完成灌注、充氮和封口等操作。完成灌封的安瓿在进入出瓶斗前，仍与水平成 45°角，但出瓶斗前设有一块呈低昂角度倾斜的舍板，在移动齿板推动的惯性力作用下，安瓿在舍板处转动 40°，并成竖直状态进入出瓶斗。

2. 安瓿灌注部分

灌装机构主要由凸轮杠杆机构、注射灌液机构和缺瓶止灌机构三个部分组成，其结构及工作原理见图 11-7，各分支机构的功能如下。

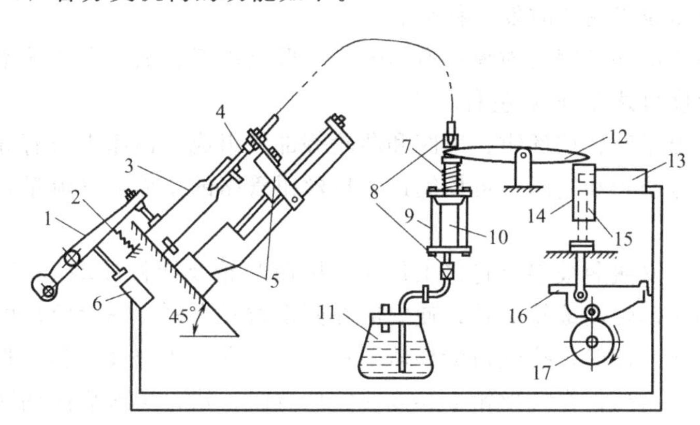

图 11-7　安瓿灌封机灌注部分结构示意图

1—摆杆；2—拉簧；3—安瓿；4—针头；5—针头托架；6—行程开关；7—压簧；

8—单向玻璃阀；9—针筒；10—针筒芯；11—贮液罐；12—压杆；

13—电磁阀；14—顶杠座；15—顶杆；16—扇形板；17—凸轮

(1) 凸轮杠杆机构　主要由压杆、顶杆座、顶杆、扇形板和凸轮等部件组成。它的功能是促使针筒内的针筒芯做上、下往复运动，将药液从贮液罐中吸入针筒内并输向针头进行灌装，由单向玻璃阀来保证药液单向流动。

(2) 注射灌液机构　主要由针头、针头托架、单向玻璃阀、压簧、针筒芯和针筒等部件组成。功能是提供针头进出安瓿灌注药液的动作，一般针剂在药液灌装后需注入惰性气体如氮气，以增加制剂的稳定性。充气针头与灌装药液针头并列安装在同一针头托架上，灌装完药液后立即充入氮气。

(3) 缺瓶止灌机构　主要由摆杆、拉簧、行程开关和电磁阀组成。它的作用是当送瓶机构因某种故障致使在灌液工位出现缺瓶时，能自动停止灌液，以免药液的浪费和污染。

3. 安瓿封口部分

安瓿拉丝封口机构由压瓶装置、加热装置和拉丝装置三部分组成，其结构与工作原理见图 11-8。

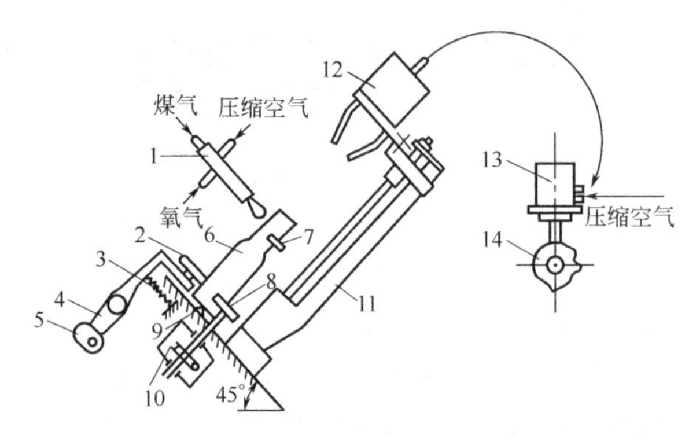

图 11-8 安瓿灌封机封口部分结构示意图

1—燃气喷嘴；2—压瓶滚轮；3—拉簧；4—摆杆；5—压瓶凸轮；6—安瓿；7—固定齿轮；8—滚轮；9—半球形支头；10—涡轮蜗杆箱；11—钳座；12—拉丝钳；13—气阀；14—凸轮

压瓶装置主要由压瓶滚轮、拉簧、摆杆、压瓶凸轮和涡轮蜗杆箱等部件构成。压瓶滚轮的作用是防止拉丝钳拉安瓿颈时发生移动。

加热装置的主要部件是燃气喷嘴，所用燃气一般是煤气、氧气和压缩空气组成的混合气体，燃烧火焰的温度可达 1400℃左右。

拉丝装置主要由钳座、拉丝钳、气阀和凸轮等部件组成。钳座上设有导轨，拉丝钳可沿导轨上下移动。通过凸轮和气阀，可控制进入拉丝钳管路的压缩空气流量，进而可控制钳口的张合。

当灌注了药液的安瓿瓶被移至封口工位时，压瓶凸轮及摆杆连动压瓶滚轮将安瓿压住，由于涡轮蜗杆箱的转动带动滚轮旋转，使安瓿在固定位置自转。喷嘴喷出的高温火焰对其瓶颈均匀加热直至熔融，此时，拉丝钳沿导轨下移，钳住安瓿头部并上移，把熔融了的瓶口玻璃拉成丝头，使安瓿封口。在拉丝钳上移到一定位置时，钳口再次启闭两次，拉断并甩掉玻璃丝头，完成封口操作。

4. 安瓿洗烘灌封联动机组

在实际生产中，为了减少药液暴露在空气中的机会，将安瓿瓶的清洗、干燥灭菌、药液罐封等工序的设备组合在一起，装配成安瓿洗烘灌封联动机，如图 11-9 所示。该种联动机是由安瓿超声波清洗机、隧道式干燥灭菌箱和多针拉丝安瓿灌封机等三个单元组成，除了可以连续操作之外，每台单机还可根据工艺要求进行单独生产操作。

安瓿洗烘灌封联动机结构清晰、明朗、紧凑，节省了车间厂房的投资，而且减少了半成品的中间周转，使药物受污染的可能降低到最小限度，集安瓿的清洗、干燥、灭菌、灌装、封口多道工序为一体，形成密闭生产连动线，符合 GMP 要求，生产效率高，产品质量好，劳动强度低。

四、水针剂灭菌、检漏设备

灌封后的安瓿必须进行高温灭菌，以杀死可能混入药液或附在安瓿内壁的细菌，常用设

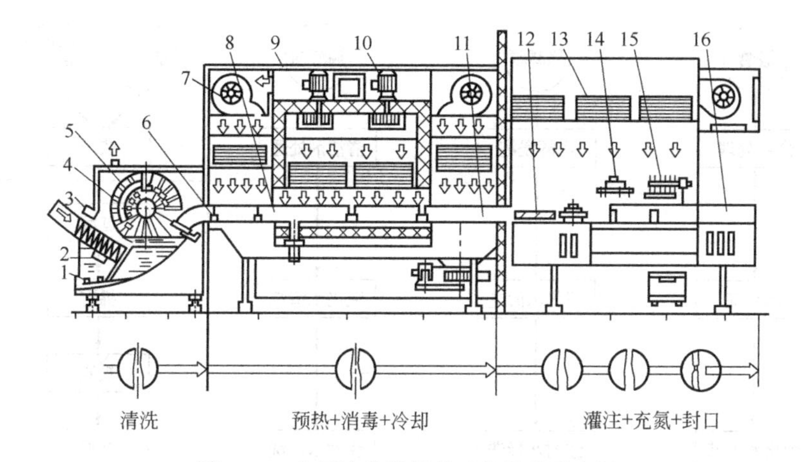

图 11-9　安瓿洗烘灌封联动机结构示意图

1—水加热器；2—超声波换能器；3—喷淋水；4—冲水、气喷嘴；5—转鼓；6—预热器；7，10—风机；8—高温灭菌区；9—高效过滤器；11—冷却区；12—不等距螺杆分离；13—洁净层流罩；14—充气灌药工位；15—拉丝封口工位；16—成品出口

备为高压灭菌器。真空检漏的目的是检查安瓿封口的严密性，以保证安瓿灌装后的密封性。具体方法是将安瓿置于 0.09MPa 的真空度下保持 15min 以上，使封口不严的安瓿内部也处于相应的真空状态，然后向容器中注入有色水（红色或蓝色水），将安瓿置于有色水中即可观察出密封状态，封口不严的安瓿内药液染色，从而与合格的安瓿区别开来。在生产中，常把检漏与灭菌操作结合起来在高压灭菌器中同时完成。

五、灯检设备

注射剂澄明度的检查是保证注射剂质量的关键步骤，通过人工或光电设备照射即可观察到是否存在着破裂、漏气、装量过满或不足等问题，还可剔除空瓶、焦头、泡头或有色点、浑浊、沉淀以及其他异物等不合格的安瓿，利用光电进行灯检的设备比较简单，这里不做深入讨论。

第二节　大输液设备

大输液又称大容量注射液，是指一次给药在 100ml 以上、由静脉滴注输入体内的大剂量注射液，是注射剂的一个分支。输液可按药物在溶剂中的分散状态分为溶液型、混悬型和乳浊型等几类，其中临床应用较广泛的是溶液型输剂。

由于大输液用量大且直接进入人体血液，所以在生产过程中应采取措施防止微粒、微生物、内毒素等污染以确保安全。因大输液的用量和给药方式与小容量注射剂不同，质量要求较高，因此生产工艺也有一定差异。

一、大输液生产工艺

大输液生产不仅需要有合格的厂房或车间，而且需要有必要的设备和经过训练的人员，才能进行生产。根据我国《药品生产质量管理规范》规定，在输液生产线上，一般洗涤、配液灌封室内洁净度为 10000 级，温度 18～28℃，相对湿度 45%～65%，而洗瓶机、传送机、灌装机、盖膜、盖胶塞等关键工序，必须采用局部层流净化措施，洁净度要求 100 级。

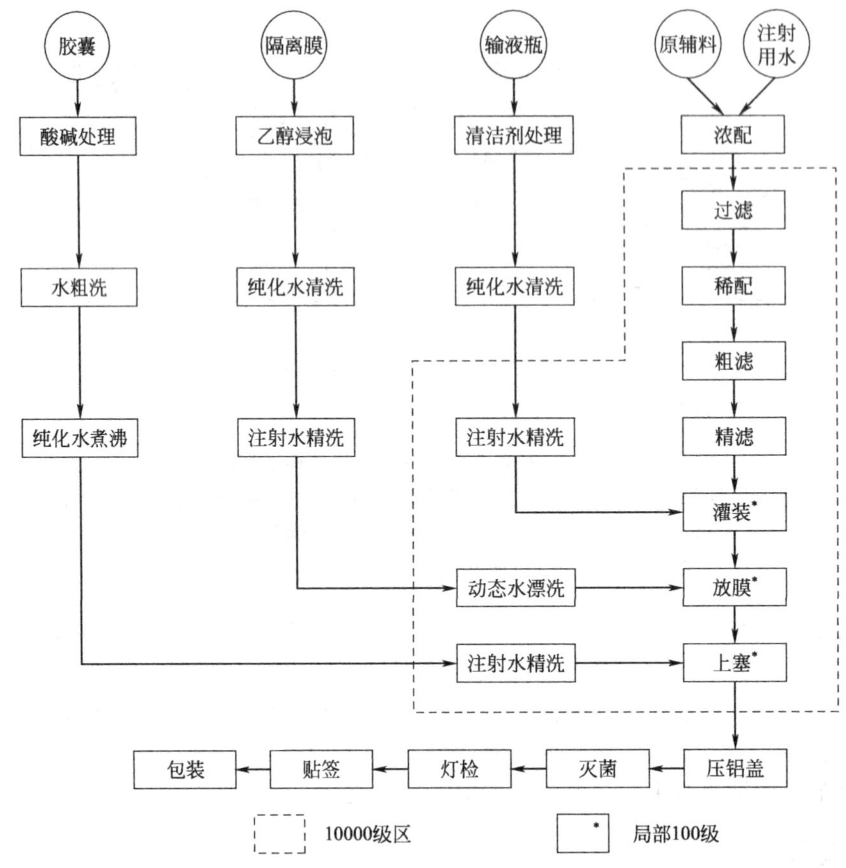

图 11-10 大输液生产工艺流程

大输液生产工艺流程见图 11-10，其生产线包括理瓶机、洗瓶机、灌装设备及封口设备等。玻璃输液瓶由理瓶机理瓶后，送入外洗机，刷洗瓶的外表面，然后由输送带送入玻璃瓶清洗机，洗净的玻璃瓶直接进入灌封机，灌满药液后经过盖膜、塞胶塞机、翻胶塞机、轧盖机等封口设备封口并灭菌，再经灯捡、贴签及包装后为成品。

二、玻瓶装大输液生产设备

国内大输液容器多采用平口玻瓶内衬涤纶薄膜，翻口橡胶塞、铝盖加封的包装形式，为第一代大输液产品。大输液的生产联动线流程为：玻璃大输液瓶由理瓶机理瓶经转盘送入外洗瓶机，刷洗瓶外表面，然后由输送带进入玻璃瓶清洗机，洗净的玻璃瓶直接进入灌装机，灌满药液立即封口（经盖膜、塞胶塞机、翻胶塞机、轧盖机）和灭菌。

（一）理瓶机

需要在使用前对大输液瓶进行认真的清洗，以消除各种可能存在的危害到产品质量及使用安全的因素。由玻璃厂来的瓶子，通常由人工拆除外包装，送入理瓶机，也有真空或压缩空气拎取瓶子送至理瓶机，由洗瓶机完成清洗工作。

理瓶机的作用是将拆包取出的输液瓶按顺序排列起来，并逐个送至洗瓶机。常见的理瓶机为圆盘式理瓶机和等差式理瓶机。图 11-11 所示为圆盘式理瓶机，当低速旋转的圆盘上装置有待洗的大输液瓶时，圆盘中的固定拨杆将运动着的瓶子拨向转盘周边，并沿圆盘壁进入输送带至洗瓶机上，即靠离心力进行理瓶送瓶。

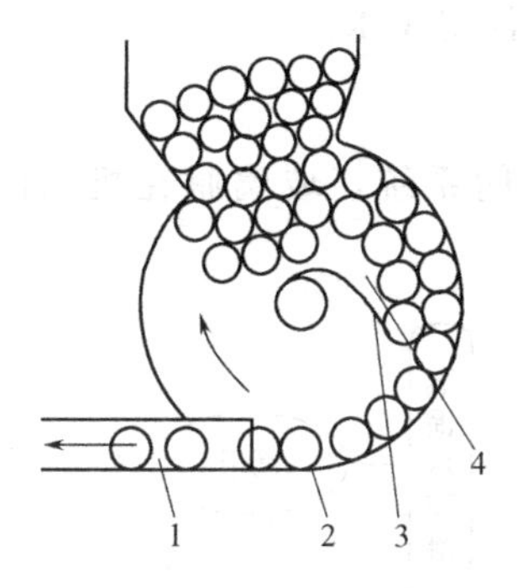

图 11-11　圆盘式理瓶机示意图

1—输送带；2—围沿；

3—拨杆；4—转盘

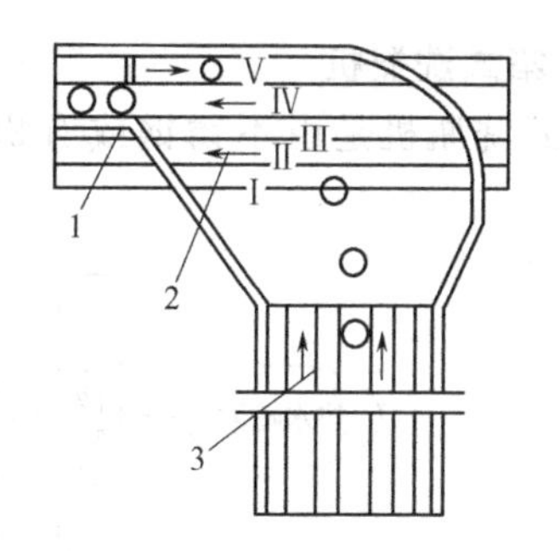

图 11-12　等差式理瓶机示意图

1—玻璃瓶出口；2—差速进瓶机；

3—等速进瓶机

图 11-12 为等差式理瓶机，由等速和差速两台单机组成。其原理为等速机 7 条平行等速传送带由同一动力的链轮带动，传送带将玻璃瓶送至与其相垂直的差速机输送带上。差速机的 5 条输送带是利用不同齿数的链轮变速达到不同速度要求；第Ⅰ、第Ⅱ条以较低等速运行，第Ⅲ条速度加快，第Ⅳ条速度更快，并且玻瓶在各输送带和挡板的作用下，成单列顺序输出；第Ⅴ条速度较慢且方向相反，其目的是将卡在出瓶口的瓶子迅速带走，差速是为了在输液瓶传送时，不形成堆积而保持逐个输送的目的。

（二）洗瓶机

常用的洗瓶设备有滚筒式洗瓶机和箱式洗瓶机。

1. 滚筒式洗瓶机

滚筒式洗瓶机是一种带毛刷刷洗玻璃瓶内腔的清洗机。该机的主要特点是结构简单、操作可靠、维修方便，粗、精洗分别置于不同洁净级别的生产区内，不产生交叉污染。

滚筒式洗瓶机的外形如图 11-13 所示，由一组粗洗滚筒和一组精洗滚筒组成，每组均由前滚筒和后滚筒组成。中间用长 2m 的输送带连接。粗洗组可以设置在非洁净区内，精洗组要设置在洁净区内，这样精洗后的输液瓶就不会被污染。

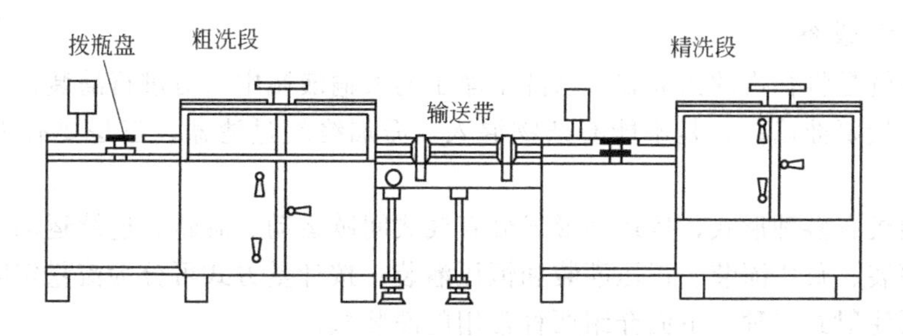

图 11-13　滚筒式洗瓶机外形

其工作过程如下：载有玻璃瓶的滚筒转动到设定的位置时，碱液注入瓶内，当带有碱液的玻璃瓶处于水平位置时，毛刷进入瓶内刷洗瓶内壁约 3s，之后毛刷退出，滚筒转到下两个工位时，喷液管再次对瓶内注入碱液冲洗，当滚筒转到进瓶通道停歇位置时，进瓶拨轮同步送来的待洗空瓶将冲洗后的瓶子推向后滚轮进行常水外淋、内刷、内冲洗。粗洗后的玻璃瓶经输送带送入精洗滚筒进行清洗，精洗滚筒没有毛刷，其他结构与粗洗滚筒基本相同，只是为了保证洗后瓶子的洁净度，所使用的水为去离子水和注射用水。

2. 箱式洗瓶机

箱式洗瓶机是由不锈钢或有机玻璃罩子罩起来的密闭系统，玻璃瓶在机内的工艺流程为：

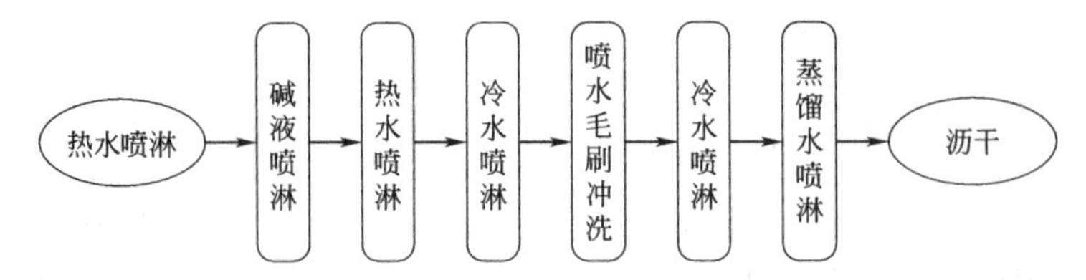

箱式洗瓶机上部装有引风机，将热水蒸气、碱蒸气强制排出，并保证机内空气是由净化段流向箱内，结构见图 11-14。洗瓶机前端设计有输液瓶的翻转轨道，输液瓶在进入传输轨道之前瓶口是朝上的，通过翻转轨道翻转后则改为瓶口朝下，落入传输轨道上的瓶套中。瓶套里的瓶子随传输带向前移动，依次经过下面流程达到清洗要求。

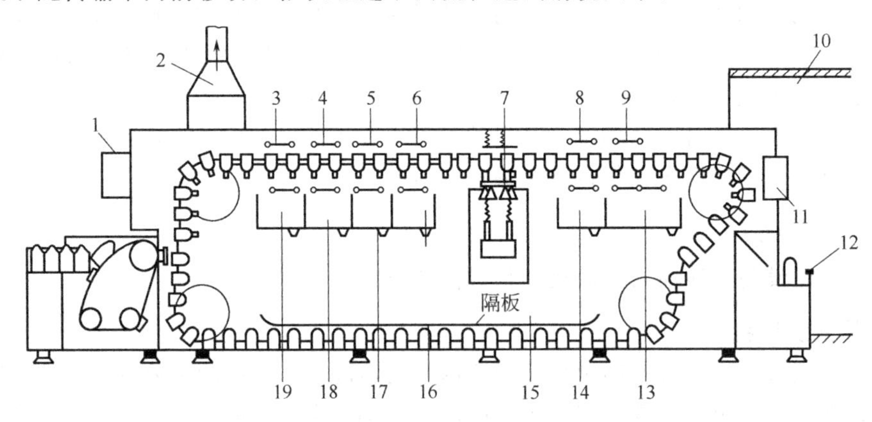

图 11-14　箱式洗瓶机工位

1，11—控制箱；2—排风管；3，5—热水喷淋；4—碱水；6，8—冷水喷淋；7—喷水毛刷清洗；9—蒸馏水喷淋；10—出瓶净化室；12—手动操作杆；13—蒸馏水收集箱；14，16—冷水收集箱；15—残液收集箱；17，19—热水收集箱；18—碱水收集箱

（三）灌装设备

灌装设备就是将合格的药液装入已洗干净了的大输液瓶中，对进行灌装操作的设备的要求为：一是计量要准确；二是不能有杂物混入，需加终端过滤器；三是要有惰性气体充填装置。

输液灌装机有多种形式，按运动形式分直线式间歇运动、旋转式连续运动；按灌装方式可分为常压灌装、负压灌装、正压灌装和恒压灌装；按计量方式可分为流量定时式、量杯容积式、计量泵注射式三种。下面介绍两种常用的灌装机。

1. 量杯式负压灌装机

该机由药液计量杯、托瓶装置及无极变速装置三部分组成，如图 11-15 所示。

盛料桶中有 10 个计量杯，量杯与灌装套用硅橡胶管连接，玻瓶由螺杆式输瓶器经拨瓶星轮送入转盘的托瓶装置，托瓶装置由圆柱凸轮控制升降，灌装头套住瓶肩形成密封空间，通过真空管路抽真空，药液负压流进瓶内。

量杯式计量原理：量杯计量是采用计量杯以容积定量，药液超过量杯缺口，则药液自动从缺口流入盛料桶内，即为计量粗定位；精确的调节是通过计量调节块在计量杯中所占的体积而定，旋动调节螺母使计量块上升或下降，从而达到装量准确的目的。吸液管与真空管路接通，使计量杯的药液负压流入玻瓶中，计量杯下的凹坑使药液吸净。

该机的优点是：量杯计量、负压罐装、药液与其接触的零部件无相对的机械摩擦，没有微粒产生，保证了药液在灌装过程中的澄明度；计量块调节计量，方便简洁。缺点是机器回转速度加快时，量杯药液产生偏斜，可能造成计量误差。

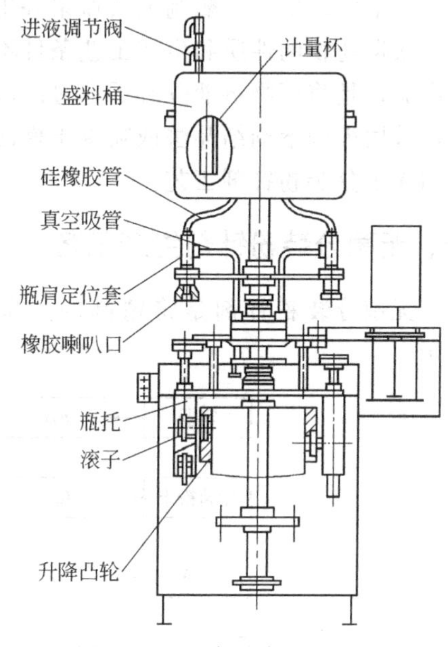

图 11-15　量杯式负压灌装机

2. 计量泵注射式灌装机

该机是通过注射泵对药液进行计量并在活塞的压力下将药液充填于容器中。有 2 头、4 头、6 头、8 头等多种填充头配置，机型有直线式和回转式两种。

（四）封口设备

封口设备与灌装机配套使用，在药液灌装完成后必须迅速封口，以免药品的污染和空气氧化。我国使用的封口形式有翻边形橡胶塞和“T”形橡胶塞，胶塞的外面再覆盖铝盖并扎紧。常用封口机械有塞胶塞机、翻盖机、轧盖机。

三、塑料袋大输液生产设备

随着新型药物包装材料的开发成功，在大输液生产过程中，国内外大多数厂家已经在使用塑料瓶灌装大输液，所采用的设备与玻璃瓶的洗、灌、封设备有共同的工作原理，技术上更加先进，广泛地采用了超声波清洗技术，把塑料瓶子的吹塑过程、清洗过程、灌装过程、封口过程联合起来，设计成体积小、工作效率高、清洗彻底的洗灌封一体机，满足了 GMP 对大输液灌装设备的安全性要求。

塑料袋装大输液有 PVC 软袋装和非 PVC 软袋装两种。PVC 软袋采用高频焊，焊缝牢固可靠、强度高、渗漏少。PVC 膜材透气、透水性强，可保存和输送血液，因此多用于血袋。因为气水透过率高，不宜包装安瓿剂和氧敏感性药品的大输液。

非 PVC 多层共挤膜是由 PP、PE 等原料以物理兼容组合而成。20 世纪 80 年代末、90 年代初得到迅速发展，并形成第三代大输液。世界上知名的大输液厂家（如贝朗、百特、武田等），均有此种包装形式的大输液，多层共挤膜用于大输液已成为 20 世纪末的发展趋势。非 PVC 软袋大输液包装材料柔软、透明、薄膜厚度小，因而软包装可通过自身的收缩，在不引进空气的情况下，完成药液的人体输入，使药液避免了外界空气的污染，保证大输液的安全使用，实现封闭式输液。

第三节　粉针剂设备

粉针剂又称为注射用粉末，是一类在临用前加入注射用水或其他溶剂溶解的粉状灭菌制剂，是一种注射剂的剂型。制剂中的主药大多为在水溶液中易分解失效或对热不稳定的药物，如某些抗生素、酶制剂及血浆等生物制品都需要制成粉针剂。

根据药物的性质和生产工艺条件不同，注射用粉针剂有两种类型：一种是注射用冷冻干燥产品，是将药物溶液分装后通过冷冻干燥法制成固体块状物；另一种是注射用无菌分装产品，采用灭菌溶剂结晶法或喷雾干燥法制得的无菌原料药直接分装密封后的产品。在这里只介绍无菌分装粉针剂工艺。

一、无菌分装粉针剂生产工艺

无菌分装粉针剂是将精制的无菌粉末直接在无菌条件下灌装，工艺流程如图 11-16 所示。

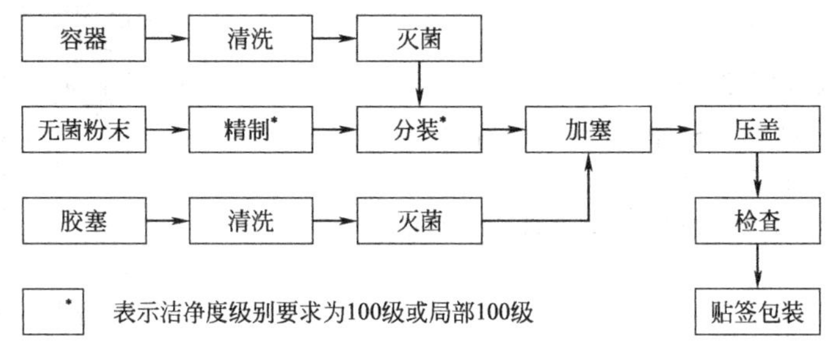

图 11-16 无菌分装粉针剂生产工艺流程图

无菌分装粉针剂生产过程包括粉针剂玻璃瓶的清洗、灭菌和干燥，粉针剂充填，盖胶塞，轧封铝盖，半成品检查，粘贴标签等工序。所使用的容器有西林瓶、安瓿瓶和直管瓶三种，其中用得最多的是西林瓶。

二、西林瓶洗瓶机

西林瓶的洗涤设备有毛刷洗瓶机和超声波洗瓶机两类。

1. 毛刷洗瓶机

毛刷洗瓶机是粉针剂生产中应用较早的洗瓶设备，主要由输瓶转盘、旋转主盘、刷瓶机构、翻瓶轨道、机架、水气系统、机械传动系统以及电气控制系统等组成，其结构和工作原理如图 11-17 所示。

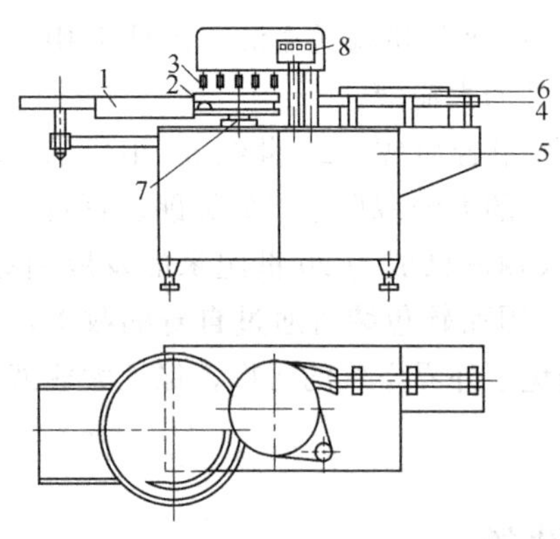

图 11-17 毛刷洗瓶机结构和工作原理

1—输瓶转盘；2—旋转主轴；3—刷瓶机构；4—翻瓶轨道；5—机架；6—水气系统；7—机械传动系统；8—电气控制系统

通过人工或机械把玻璃瓶瓶口朝上成组地送入输瓶转盘中，经过输瓶转盘整理排列成行输送到旋转主盘的齿槽中，经过淋水管时瓶内灌入洗瓶水，圆毛刷在上轨道斜面的作用下伸入瓶内以 450r/min 的转速转动刷洗瓶内壁，此时瓶子在压瓶机构的压力控制下不能转动。随着主盘旋转运动，瓶子脱离压力机构控制后开始自转，经过固定的长毛刷和底部的月牙刷时，瓶子外壁及底部得到刷洗。当旋转主盘继续旋转，毛刷上升脱离旋转主盘，玻璃瓶被旋转主盘推入螺旋翻瓶轨道，在推进过程中瓶口翻转向下，进行离子水和注射用水两次冲洗，再经洁净压缩空气吹干，而后翻瓶轨道将玻璃瓶再翻转使瓶口向上，洗净的西林瓶仍然以整齐的竖立状态出瓶并被送入下道工序。

2. 超声波洗瓶机

超声波洗瓶机由超声波水池、冲瓶传送装置、冲洗部分和空气吹干等部分组成。工作时空瓶先被浸没在超声波洗瓶池里，经过超声处理，然后再直立地被送入多槽式轨道内，经过一个翻瓶机构将瓶子倒转，瓶口向下倒插在冲瓶器的喷嘴上，由于瓶子是间歇式的在冲瓶隧道内向前运动，其间经过多次（一般有 8 次）冲洗步骤，最后再由冲瓶器将瓶翻转到堆瓶台上。

洗净的西林瓶须尽快干燥和灭菌，以防止污染。灭菌设备一般采用隧道式灭菌烘箱。对无菌分装粉针剂，由于不再经过加热灭菌工序，因此对容器的洁净度要求更高。洗净的西林瓶在隧道式灭菌烘箱中干燥与灭菌后即应送入冷却装置，采用经过高效空气过滤的 100 级净化空气冷却后，立即送入灌装工序进行药品灌装。

三、粉针分装设备

无菌粉针剂生产过程中最重要的工序就是分装，将药物定量灌装到西林瓶中。根据计量方式的不同常用两种形式的设备，一种为螺杆分装机，另一种为气流分装机，两种方法都按粉体体积计量灌装，因此药粉的黏度、流动性、比容积、颗粒大小等都会影响到装量的精度，也影响分装机构的选择。

1. 螺杆式分装机

螺杆式分装机的工作原理是利用螺杆间歇旋转，按计量要求将药物定量装入西林瓶。螺杆式分装机由进瓶转盘、定位星轮、饲料器、分装头、胶塞振荡饲料器、盖塞机构和故障自动停车装置所组成，分装头数可以有多种选择，其工作原理如图 11-18 所示。

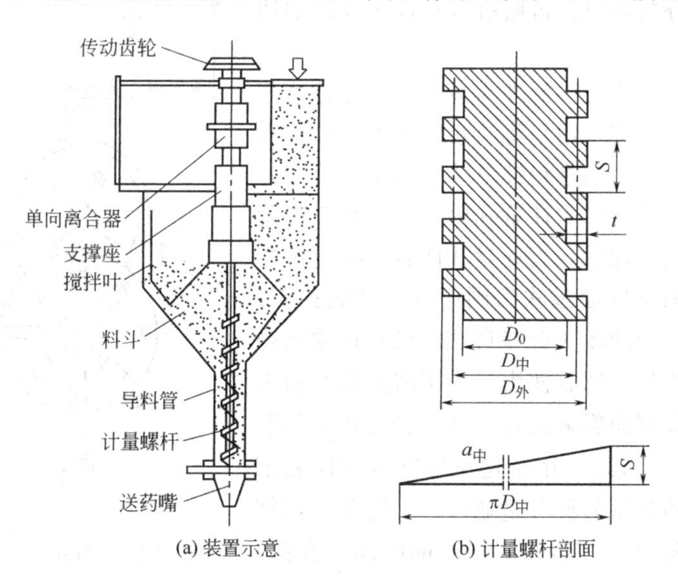

图 11-18　螺杆式分装机工作原理

其工作过程是：粉剂置于料斗中，在粉斗下部有落粉头，在其内部有单向间歇旋转的计量螺杆，每个螺杆具有相同的容积，计量螺杆与导料管的壁间有均匀及适量的间隙（约 0.2mm）。螺杆转动时，药物被沿轴线输送到送药嘴处，并落入位于送药嘴下方的药瓶中，精确地控制螺杆的转角即可控制装填数量，容积计算精度可达到±2%。为使粉剂

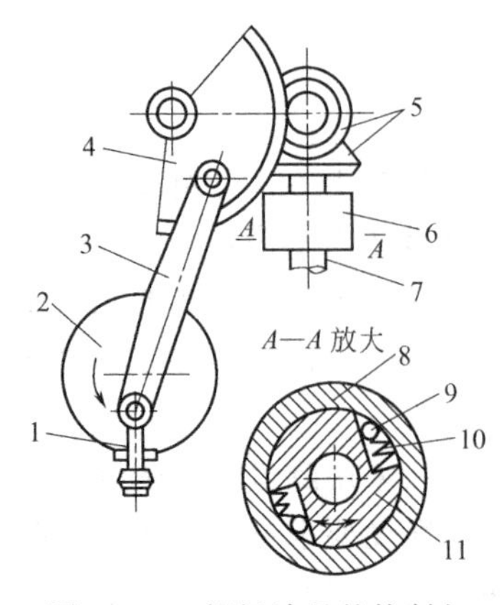

图 11-19　螺杆计量的控制与调节结构示意图

1—调节螺丝；2—偏心轮；3—曲柄；4—扇形齿轮；5—中间齿轮；6—单向离合器；7—螺杆轴；8—离合器套；9—制动滚珠；10—弹簧；11—离合器轴

加料均匀，料斗内还有一搅拌桨，连续反向旋转以疏松药粉。

控制离合器间歇定时“离”或“合”是保证计量准确的关键，图 11-19 所示为螺杆计量的控制与调节机构，扇形齿轮通过中间齿轮带动离合器套，当离合器套顺时针转动时，靠制动滚珠压迫弹簧，离合器也被带动，与离合器轴同轴的搅拌叶和计量螺杆一同回转。当偏心轮带着扇形齿轮反向回转时，弹簧不再受力，滚珠只自转，不拖带离合器轴转动。

利用调节螺丝可改变曲柄在偏心轮上的偏心距，从而改变扇形齿轮的连续摆动角度，达到改变计量螺杆转角，以便达到计量得到微调的目的。当装量要求变化较大时则需要更换具有不同螺距及根径尺寸的螺杆，才能满足计量要求。西林瓶完成装粉以后，胶塞经过振荡器振荡，由轨道滑出，落到一个机械手处而被机械手夹住，盖在瓶上。

2. 气流分装机

气流分装机原理是利用真空吸取定量容积粉剂，再经过净化干燥压缩空气将粉剂吹入西林瓶中，其装量误差小，速度快，机器性能稳定。这是一种较为先进的粉针分装设备，实现了半自动流水线生产，提高了生产能力和产品质量。该设备由真空泵、压缩空气泵、层流罩、空气净化系统、供瓶系统、分装系统、盖瓶机等机件组成，如图 11-20 所示。

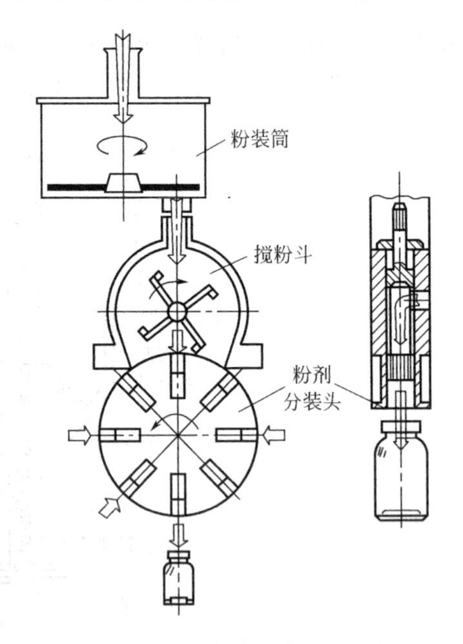

图 11-20　粉针气流分装系统示意图

粉针气流分装系统工作原理为搅拌斗内搅拌桨每吸粉一次旋转一周，其作用是将装粉筒落下的药粉保持疏松，并协助将药粉装进粉针分装头的定量分装孔中。真空接通，药粉被吸入计量孔内，并有粉剂吸附隔离塞阻挡，让空气逸出，当计量孔回转 180°至装粉工位时，净化压缩空气通过吹粉阀门（由凸轮控制）将药粉吹入瓶中。当缺瓶时机器自动停机，计量孔内药粉经废粉回收收集，回收使用。为了防止细小粉末阻塞粉剂吸附隔离塞而影响装量，在装粉孔转至与装粉工位相隔 60°的位置时，用净化压缩空气吹净粉剂吸附隔离塞。装粉计量的调节是通过一个阿基米得螺旋槽调节隔离塞顶部与分装盘圆柱面的距离（孔深）来完成的。8 个计量孔可以同步地一次调节活塞的深度而完成，如图 11-21 所示。

根据药粉的不同特性，分装头可配备不同规格的粉剂吸附隔离塞，粉剂吸附隔离塞有两种形式：一是活塞柱；一是吸粉柱。其头部滤粉部分可用烧结金属或细不锈钢纤维压制的隔离刷，外罩不锈钢丝网。

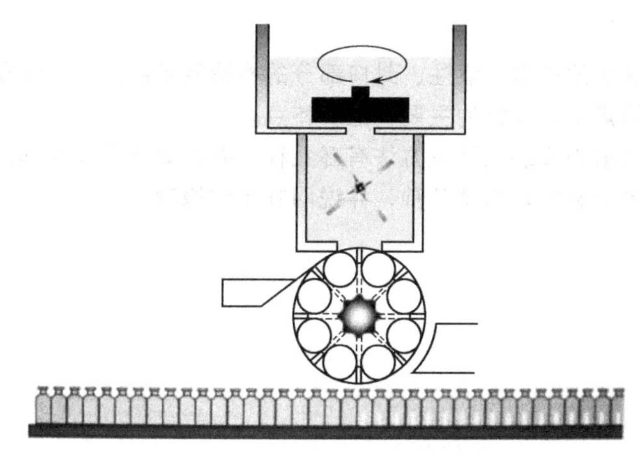

图 11-21　粉针气流分装机工作程序示意图

经处理后的胶塞在胶塞振荡器中，由振荡盘送入轨道内，再由吸塞嘴通过胶塞卡扣在盖塞点，将胶塞塞入瓶口中。

压缩空气系统对动力部门送来的压缩空气进行净化和干燥，并经过除菌处理。处理后的压缩空气通过机内过滤器后分成两路，分别通过压缩空气缓冲缸上下室及通过气量控制阀门，一路通过吹气阀门接入装粉盘吹气口，另一路则直接接入清扫器。

真空系统的真空管由装粉盘清扫接口接入缓冲瓶，再通过真空滤粉器接入真空泵，通过该泵附带的排气过滤器接至无菌室外排空。

四、粉针轧盖设备

粉针剂一般均易吸湿，在有水分的情况下药物稳定性下降，因此粉针在分装后在胶塞处应轧上铝盖，保证瓶内药粉密封不透气，确保药物在贮存期内的质量。粉针轧盖机按工作部件可分为单刀式和多头式。按轧盖方式可分为挤压式和滚压式，国内常用的是单刀式轧盖机。

1. 单刀式轧盖机

单刀式轧盖机主要由进瓶转盘、进瓶星轮、轧盖头、轧盖刀、定位器、铝盖供料振荡器等组成。工作时，盖好胶塞的瓶子由进瓶转盘送入轨道，经过铝盘轨道时铝盖供料振荡器将铝盖放置于瓶口上，由撑牙齿轮控制的一个星轮将瓶子送入轧盖头部分，底座将瓶子顶起，由轧盖头带动做高速旋转，由于轧盖刀压紧铝盖的下边缘，同时瓶子翻转，将铝盖下缘轧紧于瓶颈上。

2. 多头式轧盖机

多头式轧盖机的工作原理与单刀式轧盖机相似，只是轧盖头由一个增加为几个，同时机器由间歇运动变为连续运动。其工作特点是速度快，产量高。有些进口设备安装有电脑控制系统，可预先输入一些参数，如压力范围、合格率、百分比等。但其对瓶子的各种尺寸规格要求特别严，目前国内尚未推广使用。

目标检测题

一、名词解释

注射剂；水针剂；灌封；大输液；粉针剂。

二、简答题

1. 简述安瓿灌封机的传送、灌注、封口部分的构造及各部分工作过程。
2. 简述安瓿洗烘灌封联动机的主要构造及特点。
3. 试述大容量注射剂灌装的计量方法有哪几种，并说明其工作原理。
4. 试述粉针剂的分装方法有哪几种，并说明其工作原理。

模块五
制药过程其他相关设备

第十二章　制药用水设备

第一节　制药用水概述

制药工艺用水主要是指制剂配制、使用时的溶剂、稀释剂及药品容器、制药器具的洗涤清洁用水，是药品生产过程中不可缺少的一种重要原辅材料，它几乎贯穿于药品及相关产品生产的各个环节，制药用水的质量直接影响药品的质量，因此被喻为药品及相关产品生产的“生命线”，与药品生产中所用原辅料一样，必须达到药典规定的质量标准。

一、制药用水分类及质量要求

制药用水因其水质和使用范围不同分为饮用水、纯化水、注射用水和灭菌注射用水。

饮用水：为天然水经净化处理所得的水，可作为药材净制时的漂洗、制药用具的粗洗用水。除另有规定外，也可作为药材的提取溶剂。饮用水水质标准应符合中华人民共和国国家标准《生活饮用水卫生标准》。

纯化水：是指用蒸馏法、离子交换法、反渗透法或其他适宜的方法制得的供药用的水，不含任何附加剂。纯化水可作为中药注射剂、滴眼剂等灭菌制剂所用药材的提取溶剂；口服、外用制剂配制用溶剂或稀释剂；非灭菌制剂用器具的精洗用水；必要时亦用作非灭菌制剂用药材的提取溶剂。纯化水不得用于注射剂的配制与稀释。

纯化水应符合《中国药典》2010 年版所收载的纯化水标准。与 2005 年版药典相比较，2010 年药典对纯化水的检测做了修订，以电导率的测定取代了氯化物、硫酸盐、钙盐和二氧化碳的检测，之前我国各版药典均未收载制药用水电导率测定法，2010 年版正式将其列入。在制水工艺中通常采用在线（inplace，即原位）检测纯化水的电阻率值的大小来反映水中各种离子的浓度。制药行业的纯化水的电阻率通常应≥0.5MΩ·cm/25℃，对于注射剂、滴眼剂容器冲洗用的纯化水电阻率应≥1MΩ·cm/25℃。

注射用水：为纯化水经蒸馏所得的水，一般应在制备后 12h 内使用。注射用水可作为配制注射剂的溶剂或稀释剂及用于注射用容器的精洗，必要时亦可作为滴眼剂配制的溶剂。为保证注射用水的质量，必须随时监控蒸馏法制备注射用水的各生产环节，定期清洗与消毒注射用水制造与输送设备，严防内毒素产生。

注射用水和纯化水相比较，注射用水的质量要求更严格，除一般纯化水的检查项目应符合规定外，还必须检查细菌内毒素，而且微生物限度比纯化水严格。在应用上，纯化水可作为配制普通药物制剂用的溶剂或试验用水，不得用于注射剂的配制，注射用水可作为配制注射剂用的溶剂。

灭菌注射用水：为注射用水按照注射剂生产工艺制备所得。主要用作注射用灭菌粉末的溶剂或注射剂的稀释剂，其质量符合灭菌注射用水项下的规定。

注射用水的检测项目包括性状、pH 值、硝酸盐、亚硝酸盐、氨、电导率、总有机碳、不挥发物、重金属、细菌内毒素、微生物限度，2010 年版药典规定灭菌注射用水还应检测氯化物、硫酸盐与钙盐、二氧化碳等项目。

二、制药用水生产工艺流程

制药用水生产工艺流程如图 12-1 所示。由于原水中往往含有电解质、有机物、悬浮颗粒等杂质，不能满足离子交换树脂或反渗透膜对进水的质量要求，如不经预处理，对设备的使用年限及设备的性能会产生影响，导致出水质量不合格；预处理后的水用离子交换法、反渗透等方法除去水中的阴、阳杂离子称为脱盐；后处理工艺是采用脱气塔、紫外线、臭氧减菌等工艺，除去水中残留的一些气体、离子和微生物，制得的纯化水经蒸馏后得到注射用水。

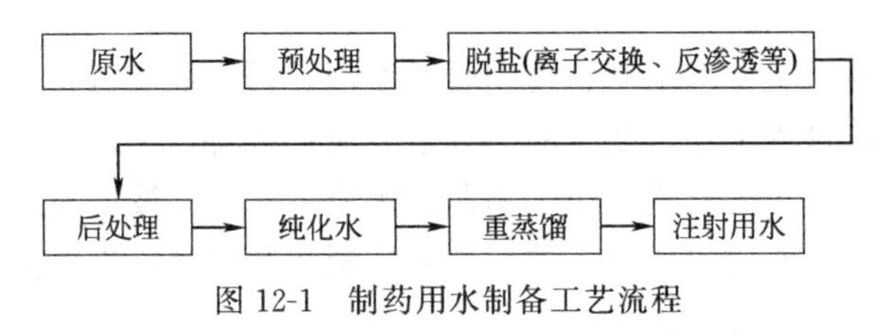

图 12-1 制药用水制备工艺流程

第二节 制药用水生产设备

一、原水预处理设备组合

原水预处理系统由原水箱、石英砂过滤器、锰砂过滤器，活性炭吸附过滤器和软化器、精滤器等构成，设备的外壳体均为优质不锈钢 3042B 材质制成。

1. 原水贮罐

原水贮罐应设置高、低水位电磁感应液位计，动态检测水箱液位。在非低水位时仍具备原水泵、计量泵启动的条件，水箱材料可采用 304B 不锈钢或非金属（如聚乙烯）制成。

2. 原水泵

可采用普通的离心泵，泵应设置高过热保护器、压力控制器，以提高泵的寿命。为防止出现故障，泵还应设有自动报警系统。

3. 药箱、计量泵

若原水水质浊度较高，通常运用精密计量泵进行自动加药。根据原水水质报告，加适宜的絮凝剂，使原水中的藻类、胶体、颗粒及部分有机物等凝聚为较大的颗粒，以便经后面的砂滤去除。加药箱的材质亦多为非金属材料如（PE），计量泵的定量加药应与原水泵运转同步进行。

4. 机械过滤器

机械过滤器有石英砂过滤器与锰砂过滤器，由于原水中氯离子对金属的氧化性，长时间与金属接触会导致金属的表面发生腐蚀，因此机械过滤器罐体可采用玻璃钢内衬 PE 胆的非金属罐体。石英砂过滤器主要用于去除水中的悬浮杂质，内装过滤介质为精制的石英砂，设备还具有气体冲刷功能，能最大限度地清除介质上及床层中的污垢，提高出水水质。石英砂过滤器采用双层滤料，上层为 0.4～0.6mm 粒径的细石英砂，下层为粒径 1.6～3.2mm 的石英砂垫层。锰砂过滤器采用 1.6～3.2mm 粒径的锰砂装填，除具有石英砂过滤器的作用外，对水中含有的铁离子有一定的脱除能力。

知识链接　**石英砂过滤器与锰砂过滤器的操作规程**

（1）滤料清洗　装料后按反洗方式清洗滤料，打开上排水阀，下进水阀，再打开总进水阀进水，进水量为 9～10m^3/h，同时打开进气阀，送入压缩空气，进气量 5L/（s·m^3），气压 0.1MPa 左右，此过程一般需几小时，直至出水澄清。清洗时须密切注意排水中不得有大量正常颗粒的滤料出现，否则应立即关闭进气阀和减少进水量以防止滤料冲出。

（2）正洗和运行　滤料清洗干净后，打开下排水阀、关闭下进水阀和上排水阀，进入正洗状态。正洗时进水量控制在 9～10m^3/h，时间 15～30min 左右，当出水水质达到要求后，打开出水阀，关闭下排水阀进入正常运行，进入下级过滤器。

（3）反冲　过滤器工作一段时间后，由于大量悬浮物的截留使过滤器进出水压差逐渐增大，当压差≥0.08MPa 时，必须对过滤器进行反冲。打开上排水阀，关闭出水阀，再打开下进水阀进水，并可适度通入气体。反冲强度与滤料清洗时相同，时间约为 10min。

5. 活性炭过滤器

为了进一步纯化原水，使之达到反渗透进水指标。在工艺流程中设计了活性炭过滤器，活性炭过滤器主要有两个功能：①吸附水中部分有机物，吸附率在 60%左右；②吸附水中余氯，活性炭吸附器装填有巨大表面积和很强吸附力的活性炭，对水中的游离氯吸附率达 99%以上，活性炭过滤器滤粒为 5mm 的颗粒活性炭。

6. 软化器

除去水中钙、镁离子的过程称为水的软化，水系统中采用的软化器是利用钠型阳离子树脂将水中的 Ca^{2+}、Mg^{2+} 置换，这对防止反渗透膜表面结垢、提高反渗透膜的工作寿命和处理效果意义极大。

7. 精滤器

精滤在水系统中又称为保安过滤，为使反渗透、电渗析等后续设备不因非常原因造成的水质恶化以致破坏其正常运行，特增设“把关”保安过滤器。精滤是原水进入反渗透膜前最后的一道处理工艺，其作用是防止上一道过滤工序可能存在的泄漏。精密过滤器由壳体、上帽盖和数根滤芯组成，壳体和上帽盖由联接螺栓及胶垫连接在一起，滤芯为熔喷成型的孔径为 5μm 的聚丙烯（PP）。精滤器操作规程是首先打开上帽盖上的排气阀，开启进水阀，当上帽盖上排气阀有水排出时，将其关闭，开启出水阀，出水进入下级设备。

知识链接 **活性炭的预处理及更换**

活性炭预处理：颗粒活性炭装进过滤器前应在水中浸泡，冲洗去除污物，用15%HCl和4%NaOH溶液交替动态处理一次，用量约为活性炭体积的3倍左右，处理后淋洗至中性。

活性炭更换：活性炭一般用来吸附余氯、有机物等，当经过一段时间后（一般约为半年），活性炭吸附量达到饱和（可以出水水质判断），此时应更换活性炭，方法是打开上部人孔和下部手孔，将活性炭全部更换。

二、纯化水的制备

纯化水常用的制备技术有离子交换法、电渗析法、反渗透、蒸馏法等，还可以将以上几种制备技术综合应用，以下重点介绍反渗透法（RO）制备纯化水。反渗透法制备纯化水的技术是20世纪60年代以来，随着膜工艺技术的进步而发展起来的一种膜分离技术，《美国药典》已收载此法作为制备注射用水的法定方法之一，图12-2为反渗透纯水设备。

（一）反渗透的基本原理

反渗透的基本原理如图12-3所示。一个容器中间用半透膜隔开，两侧分别加入纯水和盐水，此时纯水会透过半透膜扩散到盐溶液一侧，这种现象为渗透；两侧液柱的高度差表示此盐所具有的渗透压。如果用高于此渗透压的压力作用于盐溶液一侧，则盐溶液中的水将向纯水一侧渗透，使得水从盐溶液中分离出来，此过程与渗透相反，称为反渗透。

图12-2 反渗透纯水设备

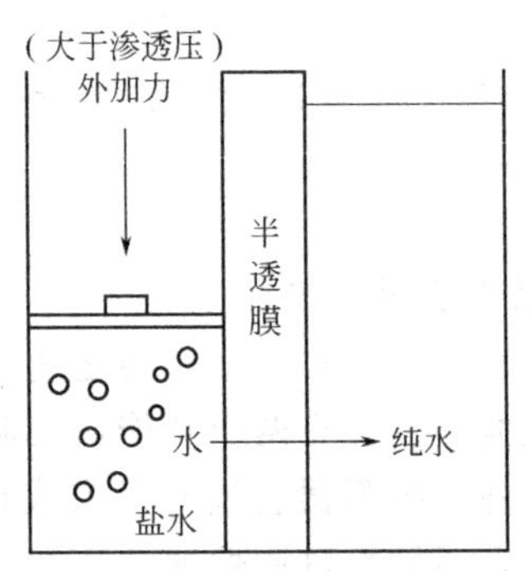

图12-3 反渗透基本原理示意图

（二）反渗透法制备纯水工艺流程

1. 一级反渗透系统

当反渗透系统制得的出水是作为普通的、非注射级的化学原料药的工艺用水，或是用作某些肠道用中药材提取工艺用水，且水源的水质较好时，可采用一级反渗透系统。一级反渗透系统除盐率较二级或多级反渗透装置低，但与传统离子交换的除盐方式相比较，具有无酸碱污染、不需要单独具有防腐蚀和高排污标准的纯化水厂房、占地面积小的优点。典型的一级反渗透系统示例见图12-4。

一般情况下，一级反渗透装置能除去90%～95%的一价离子和98%～99%的二价离子，同时能除去微生物和病毒，但去除氯离子的能力还达不到药典要求，故常在反渗透后面加上

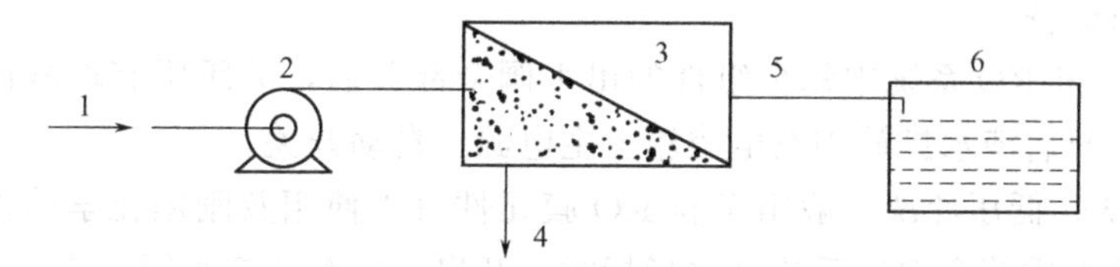

图 12-4　一级反渗透系统示例

1—预处理后水；2—高压泵；3—反渗透装置；4—浓缩水排水；5—反渗透出水；6—中间贮罐

离子交换系统。一级反渗透系统+离子交换系统这种组合特别适合制药用水的综合性使用，水系统既满足工艺用纯化水的供应，又满足注射用水的原水使用要求。

2. 二级反渗透系统

典型的二级反渗透系统示例如图 12-5 所示，以串联方式将第一级反渗透的出水作为第二级反渗透的进水，二级反渗透系统的第二级的排水（浓水）质量远远高于第一级反渗透的进水，可以将其与第一级反渗透的进水混合作为第一级的进水，以提高水的利用率。

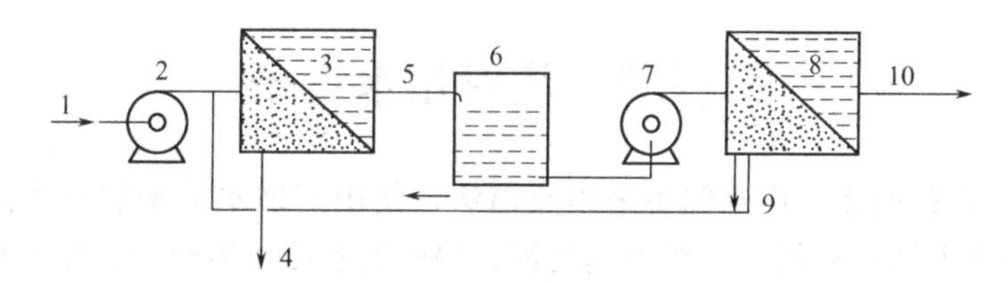

图 12-5　二级反渗透系统示例

1—原水；2—一级高压泵；3—一级反渗透；4—浓缩水排水；5—一级反渗透出水；6—中间贮罐；7—二级高压泵；8—二级反渗透；9—二级浓缩排水（返回至一级入口）；10—纯化水出口

二级反渗透系统通常可作为大多数制药用水的除盐工艺，系统通常使用在原水含盐量较高、对出水水质要求比较高的情况下，获得的水质完全可以满足化学原料药制造所需的工艺用纯化水、固体口服的中药制剂生产用水、化学药品制剂（肠道制剂）生产用水。

3. 主要设备

（1）一、二级高压泵　作为反渗透系统动力源的高压泵，宜配置高、低压保护及过热保护，以防止泵的损坏，泵的材质一般多选用 316L 不锈钢。

（2）反渗透主机　反渗透主机的主要部分是反渗透膜组件，其结构因膜的形式而异，一般有管式、框式、卷式和中空纤维式四种，均可用于纯化水的制取。由于一般反渗透的出水偏酸性，金属的膜壳会逐渐被腐蚀，因此，膜壳的选材应保证主机除盐的作用长期、稳定可靠地达到设计要求。反渗透主机的设计，残余的反渗透基准水温为 25℃，水的利用率应达到 70%～75%，反渗透系统的总脱盐率应大于 97%。

（3）紫外线杀菌器　为了防止管道中的滞留水及容器管道内壁滋生细菌而影响供水质量，在反渗透处理单元进出口的供水管道末端均应设置大功率的紫外线杀菌器，以保护反渗透处理单元免受水系统可能产生的微生物污染，杜绝或延缓管道系统内微生物细胞的滋生。

4. 反渗透系统的操作

反渗透设备使用的适用条件是进水最佳温度为 20～25℃，最高操作温度不要大于 40℃。操作压力应在膜耐受范围内。反渗透系统的操作程序如下。

(1) 运行前准备

① 开机前，将RO系统中每个组件的出水阀全部开启，关闭所有取样阀，关闭淡水阀和清洗进水阀；开启淡水排放阀及电控箱上主电源、自动开关。

② 低压冲洗。低压冲洗一般用于新RO膜元件投入使用及刚刚化学清洗后。当预处理运行正常、出水水质符合RO系统进水指标时，开启RO系统浓水阀、淡水排放阀。调节进水压力在0.3～0.5MPa左右，使RO系统处于低压冲洗状态，浓水、淡水全部排放，一般冲洗时间为2～6h。

(2) 系统运转　上述准备工作完毕后，开启RO前级增压泵，当RO进水压力≥0.05MPa时，RO高压泵自动启动（也可关闭自动开关，手动开启RO高压泵）。然后慢慢调节RO进水阀及浓水阀，使之达到设定的产水量及浓水排放量。当纯水电导率小于进水电导率乘以0.05，即可开启淡水阀，关闭淡水排放阀，设备进入正常运行。通常对于第一次已调好的阀门开度可不再调整。

(3) 停机　停机前，启动清洗泵（一级反渗透装置为中间水箱泵），开启清洗阀，用RO出水冲洗RO膜元件2～5min，浓水排放，冲洗完毕后，关闭泵及清洗阀。

第三节　注射用水设备

《中国药典》收载的注射用水制备采用蒸馏法，使用蒸馏水器来制备注射用水。蒸馏水器形式很多，但基本结构相似，一般由蒸发锅、隔膜器和冷凝器组成。生产中常用的蒸馏水器有多效式蒸馏水器和气压式蒸馏水器。

一、多效蒸馏水器

多效蒸馏水器是近年来国内广泛采用制备注射用水的重要设备，由多个单效蒸馏水器组合而成，根据组装方式不同，可分为垂直串接式和水平串接式多效蒸馏水器。

（一）垂直串接式多效蒸馏水器

在制药工业中，常见的垂直串接式多效蒸馏水器是三效蒸馏水器，它是由三个单效蒸馏

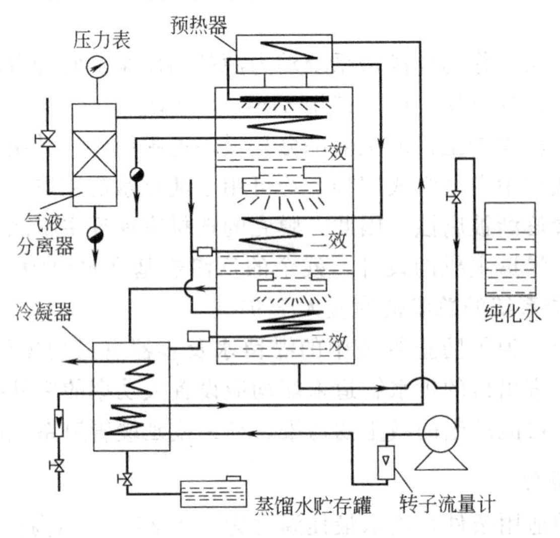

图12-6　垂直串接式三效蒸馏水器工作原理示意图

水器组合而成，其加料方式为三效并流加料，工艺流程如图 12-6 所示。

三效蒸馏水器的工作过程是从纯化水预热开始，纯化水先在蒸馏水蒸汽冷凝器内经热交换预热后，经预热器进一步预热后在第一效被生蒸汽加热至 130℃而沸腾汽化成二次蒸汽，所产生的二次蒸汽进入第二效进行热交换后再次进入第三效进行热交换。第一效中剩余的水流向第二效被加热至 120℃沸腾汽化，所产生的二次蒸汽与第二效来的加热蒸汽一起进入第三效进行热交换，随后进入冷凝器冷凝成蒸馏水。第二效中剩余的水流向第三效被加热至 110℃沸腾汽化，所产生的二次蒸汽直接进入冷凝器冷凝成蒸馏水。第三效蒸馏后所剩余的水含盐浓度高而被弃去，成品蒸馏水被贮存在蒸馏水贮存罐中。

气液分离器主要是用来分离生蒸汽中夹带的液滴，提高生蒸汽的传热效果。

在三效蒸馏流程中，充分地利用了热源，将水蒸气的冷凝和去离子水的预热有机结合起来达到了热量的综合利用目的，节约了能源消耗成本，经济指标较好。

（二）水平串接式多效蒸馏水器

水平串接式多效蒸馏水器是由若干个单效膜式蒸馏水器串接而成。

单效膜式蒸馏水器的内部由列管式蒸发器、管式换热器和螺旋形气液离心分离器等部件构成，见图 12-7。在加热室列管之间有一发夹形管式换热器，其内通入加热蒸汽，主要用于加热列管中的纯化水。进水管口在蒸发器上部，纯化水从进水管口进入，然后经分布器分布后沿列管内壁呈膜状下降，受热沸腾蒸发。生成的二次蒸汽自列管下部引出，再沿螺旋形气液分离器高速向上流动，因受离心力的作用，蒸汽中夹带的液滴被分离，纯蒸汽则从出口排出。

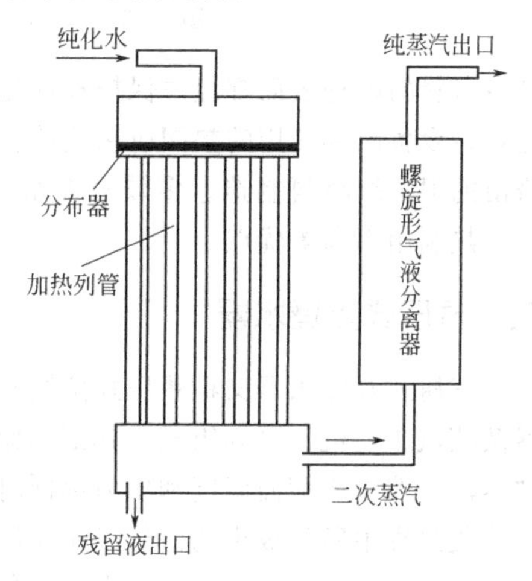

图 12-7　膜式蒸馏水器工作原理示意图

制药工业中常用的是水平串接式四效蒸馏水器，由四个膜式蒸馏水器水平串接而成，其工艺流程如图 12-8 所示。工作时，合格的原料水（一般为纯化水）由多级泵增压后经流量计进入冷凝器进行热交换，再依次进入各效预热器Ⅳ、Ⅲ、Ⅱ及Ⅰ中，最后进入到Ⅰ效蒸发器，由料水分布器喷射在加热管内壁，使料水在加热管内成膜状流动，被外来蒸汽继续加热，产生夹带水滴的二次蒸汽，从加热管下端进入气水分离装置，被分离的纯蒸汽进入到Ⅱ效蒸发器的列管间作为加热热源，而进料水中未汽化部分则进入Ⅱ效蒸发器的列管内，重复上述过程，其余各效原理与第一效相同。

蒸馏过程中，因Ⅰ效蒸发器直接利用外来蒸汽作为热源，因而该效的冷凝水不能作为蒸馏水用，应排回锅炉房或作他用，其余各效的冷凝水是由纯蒸汽冷凝，热原已被去除，成为合格的蒸馏水。末效蒸发器中出来的二次纯蒸汽进入冷凝器，作为新的进料水的加热热源，同时被冷凝成注射用水。末效的蒸剩水夹带了全部料水中的热原、杂质，作为废水弃去。

多效蒸馏水机的所有热交换器均由无缝 316L 不锈钢管制成，直径小，长度很短，从而保证了蒸发的最高效率（薄膜蒸发）。第一个冷凝器、预热器、后冷凝器和最终冷却装置由两条独立的管路组成，以符合 GMP 要求。多效蒸馏水机其设备均为机电一体化结构，无须分拆，节省占地面积。多效蒸馏水机的制造材料，整个设备采用 316L 或 304L 不锈钢制成，

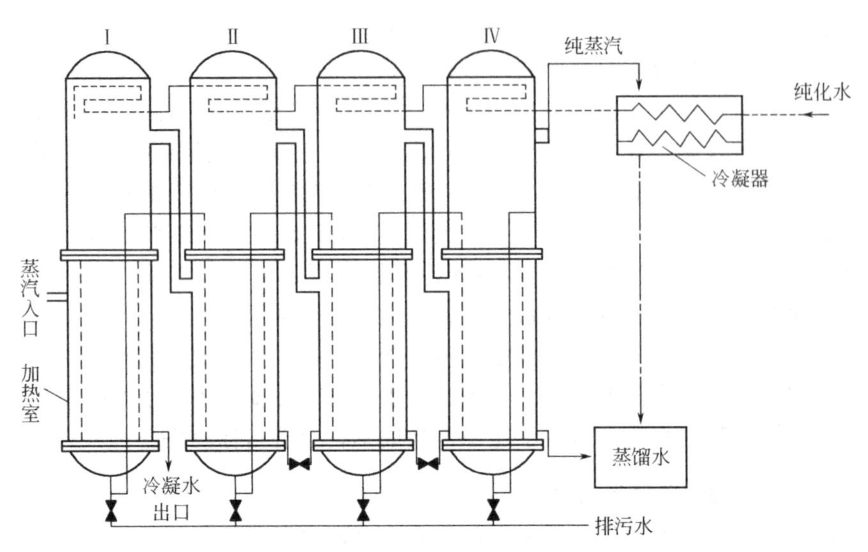

图 12-8 水平串接式四效蒸馏水器工作原理示意图

设备材料的内外表面都经过保护和钝化处理，不锈钢管线和阀门等都经过机械＋电抛光镜面处理。设备内部使用的垫圈应采用符合相应法规要求的，无毒、无析出物、无微生物和杂质滞留的卫生级材料制造。多效蒸馏水器具有冷却水用量少、运行稳定、操作简单、产水量大、热利用率高等优点。

二、气压式蒸馏水器

气压式蒸馏水器又称热压式蒸馏水器，其结构由自动进水器、热交换器、加热室、冷凝器及蒸汽压缩机、泵等组成，其工作原理是将进料纯化水加热至沸腾汽化，产生的二次蒸汽被蒸汽压缩机压缩而温度和压力都同时升高，被压缩的蒸汽经冷凝即得到成品蒸馏水。在蒸汽冷凝过程中所释放出的潜热可用作原水预热热源，如图 12-9 所示。

气压式蒸馏水器操作时，先将纯化水从进水口通入，通过换热器预热后泵入蒸发冷凝器的列管内，用液位调节器调节水位。开启蒸发冷凝器下部的加热盘管和电加热器将水加热至沸腾汽化，产生的二次蒸汽进入蒸发室，蒸发室温度约为 105℃，经除沫器除去其中夹带的液滴、雾沫等杂质后进入压缩机，升温到 120℃后即可进行压缩，将压缩后的高温高压蒸汽送入蒸发冷凝器中放出潜热后即冷凝成蒸馏水。蒸发冷凝器中的水被释放出的潜热加热至沸腾，产生的二次蒸汽再进入蒸发室，如此重复前面过程，则蒸馏过程就能连续不断地进行。产生的蒸馏水经泵送至热交换器，回收余热加热原水，待降温到规定的指标后送入贮存罐中贮存。

用气压式蒸馏水器生产蒸馏水的优点是，不需要冷凝水，通过换热器可回收余热加热原水，从而降低了能耗，节约了能源开支；二次蒸汽经过压缩、净化、冷凝等过程后，在高温下已停留了约 45min，可以保证蒸馏水无菌、无热源，所生产的蒸馏水一次就能达到药品生产质量管理规范的要求；气压式蒸馏水器运转正常后即可实现自动控制，产水量大，能满足各种类型的制药生产的需要。

三、注射用水的质量要求与贮藏

注射用水是制备注射剂最常用的溶剂，其质量要求在药典中有严格规定。除一般纯化水

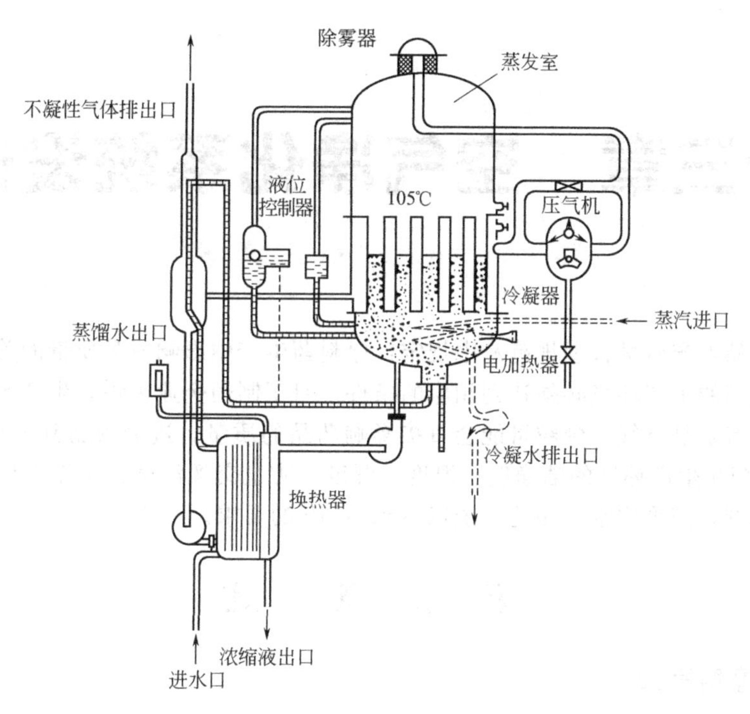

图 12-9　气压式蒸馏水器工作原理示意图

的检查项目应符合规定外，还规定 pH 值应为 5.0～7.0，细菌内毒素检查应符合规定。

由于注射用水纯度极高，性质不稳定，很容易染菌，为了避免水质下降，生产出的蒸馏水不能停滞，规定一般药品生产用注射用水储存时间不超过 12h，生物药品生产用注射用水储存时间不超过 6h，否则需要回流到蒸馏器中重新蒸馏。在贮存罐内的蒸馏水需要保温在 80℃以上（65℃以上保温循环或 4℃以下贮存）才能避免再次染菌。另外，制水生产用的蒸馏水器必须是由惰性无阴阳离子溶出的不锈钢材料制作而成的。

目标检测题

一、名词解释

饮用水；纯化水，注射用水；灭菌注射用水；反渗透。

二、简答题

1. 原水预处理系统由哪些设备组成？有什么作用？
2. 简述二级反渗透法系统制备纯化水的工艺流程，其主要设备有哪些？
3. 说明水平串接式四效蒸馏水器工作原理及过程。
4. 气压式蒸馏水器由哪些设备组成？简述其工作过程。
5. 反渗透系统的操作程序是什么？

第十三章　空气净化系统设备

我国《药品生产质量管理规范》中规定：原料药生产中影响成品质量的关键工序、药物制剂生产全过程的生产环境必须达到相应的条件。对于制药企业来说，生产环境空气净化是否达到要求，特别是空气的微粒可能会直接影响药品的质量，进而威胁到人类的生命健康。我国GMP对药品生产环境的洁净度、温度、湿度、防止交叉污染、操作人员的保护等各个方面提出了标准，需采用空气净化系统以达到GMP的要求。

第一节　概　　述

一、空气洁净度等级

空气洁净度等级指洁净空气环境中空气含悬浮粒子量多少的程度，就是以每立方米空气中的最大允许粒子数来划分洁净室及相关受控环境的空气洁净度等级。为保证质量，药品必须在严格控制的洁净环境中生产，根据我国GMP标准，将药品生产洁净室的空气洁净度划分为四个等级，洁净室的标准见表13-1，并规定除有特殊要求外，室温为18～26℃，相对湿度为45%～65%。

表13-1　洁净室（区）的空气洁净度级别

洁净度级别	尘粒最大允许数/m^3		微生物最大允许数	
	粒径≥0.5μm	粒径≥5μm	浮游菌/m^3	沉降菌/皿
100级	3500	0	5	1
10000级	350000	2000	100	3
100000级	3500000	20000	500	10
300000级	10500000	60000	—	15

注：表中，洁净级别指每立方米空气中含≥0.5μm的粒子数最多不超过的个数。100级是指每立方米空气中含≥0.5μm粒子的个数不超过3500个，换算到每立方英尺中不超过100个，依此类推，菌落数是指将直径为90mm的双碟露置半小时经培养后的菌落数。

通常把100级称为无菌洁净区，10000级称为洁净区，100000级、3000000级称为控制区，并将洁净区置于控制区包围之中。在药品生产过程中，应根据不同工序的要求，采用不同的空气洁净度等级。药品生产环境的空气洁净度等级见表13-2。

二、洁净室

洁净室是指将一定空间范围空气中的微粒子、有害空气、微生物等污染物排除，并将室内温度、洁净度、室内压力、气流速度与气流分布、噪声振动及照明、静电控制在某一需求范围内，而需特别设计的房间。

表 13-2 药品生产环境的空气洁净度要求

药品分类	工序　　净化级别	空气洁净度等级			
		100 级	10000 级	100000 级	300000 级
无菌药品	最终灭菌药品	大容量注射剂（≥50ml）灌封（背景为10000级）	(1)注射液稀配、滤过 (2)小容量注射剂的灌封 (3)直接接触药品的包装材料的最终处理	注射剂浓配或采用密闭系统的稀配	
	非最终灭菌药品	(1)灌封前不需除菌滤过的药液配制 (2)注射剂的灌封、分装和压塞 (3)直接接触药品的包装材料最终处理后的暴露环境（或背景为10000级）	灌封前需除菌滤过的药液配制	(1)压盖 (2)直接接触药品的包装材料最后一次清洗	
	其他无菌药品		供角膜创伤或手术用滴眼剂的配置和灌装		
非无菌药品				(1)非最终灭菌口服液体药品的暴露工作 (2)深部组织创伤外用药物 (3)眼用药品的暴露工序 (4)除直肠用药外的腔道用药的暴露工序 (5)直接接触以上药品的包装材料最终处理的暴露工序	(1)最终灭菌口服液药品的暴露工序 (2)口服固体药品的暴露工序 (3)表皮外用药品暴露工序 (4)直肠用药的暴露工序 (5)直接接触以上药品的包装材料最终处理的暴露工序
原料药	无菌原料药	精制、干燥、包装的暴露环境（背景为10000级）①			
	非无菌原料药				精制、干燥、包装的暴露环境
生物制品	灌装前不经除菌过滤的制品	配制、合并、灌封、冻干、加塞、添加稳定剂、佐剂、灭活剂等①			
	灌装前经除菌过滤的制品	灌封①	配制、合并、精制，添加稳定剂、佐剂、灭活剂，除菌过滤、超滤等		

续表

工序 药品分类 \ 净化级别		空气洁净度等级			
		100级	10000级	100000级	300000级
生物制品	原材料处理				(1)原料血浆合并 (2)非低温提取 (3)分装前巴氏消毒 (4)压盖 (5)最终容器清洗等
	口服制剂			发酵、培养密闭系统(暴露部分需无菌操作)	
	酶联免疫吸附试剂			包装、配液、分装、干燥	
	体外免疫试剂			生产环境	
	深部组织和大面积体表创伤用制品			配制、灌装	

① 该工序的操作室为无菌洁净室。

洁净室的分类，具体如下。

1. 按用途分类

(1) 工业洁净室　以无生命微粒的控制为对象。主要控制空气尘埃微粒对工作对象的污染，内部一般保持正压状态。它适用于精密机械工业、电子工业（半导体、集成电路等）、宇航工业、高纯度化学工业、LCD（液晶玻璃）、电脑硬盘、电脑磁头生产等行业。

(2) 生物洁净室　控制有生命微粒（细菌）对工作对象的污染，又可分为：①一般生物洁净室，主要控制有生命微粒对工作对象的污染，同时其内部材料要能经受各种灭菌剂侵蚀。内部一般保持正压，即按洁净度等级的高低依次相连，并要有相应的压差，以防止低洁净度级别房间的空气逆流至高洁净度级别房间。可用于制药工业、食品工业、医疗设施、实验设施等。②生物学安全洁净室，主要控制工作对象的有生命微粒对外界和人的污染，内部保持负压。用于实验设施（细菌学、生物学洁净实验室）和生物工程（重组基因、疫苗制备）等。

2. 按气流流型分类

药厂中洁净室主要是单向洁净室和乱流洁净室。

(1) 单向流洁净室　洁净室的空气流向呈平行状态，该气流中的尘埃不易相互扩散，能保持室内的洁净度，常用于100级洁净区。层流洁净室的形式很多，常见的有水平层流洁净室和垂直层流洁净室。图13-1是典型的水平层流洁净室，送风墙满布高效过滤器，其对面的回风墙满布粗效过滤器和回风格栅。经高效过滤器净化后的空气由送风墙呈水平状态流过工作区，将工作区散发的尘粒带走，由对边墙壁的回风系统回风。图13-2是垂直层流洁净室，其顶棚满布高效过滤器，地面满布格栅地板和粗效过滤器，经高效过滤后的洁净空气由

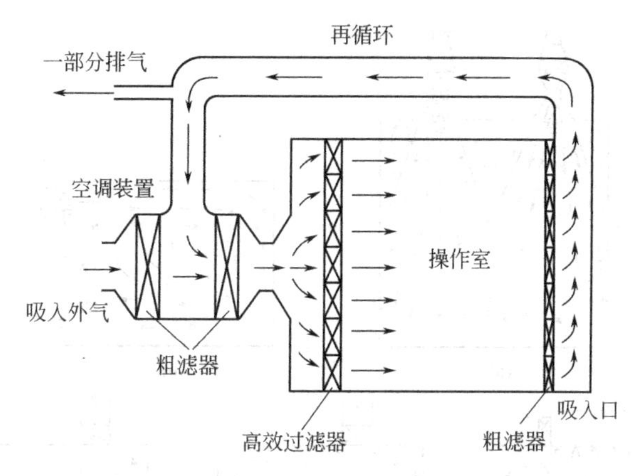

图 13-1　水平层流洁净室

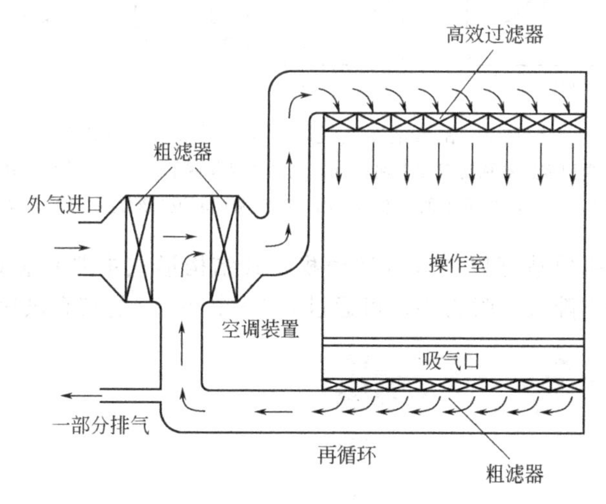

图 13-2　垂直层流洁净室

上而下呈层流状态垂直流过工作区。

当已经净化了的新风进入洁净室后，流通出来的就是回风。为了充分利用已除去了颗粒和大量微生物的车间放空气体，在实际设计中，往往按一定比例经回风输送到新风管路与新风混合，然后经粗滤器和高效过滤器，再次被送入洁净室使用，以节约能源并降低成本。

(2) 乱流洁净室　乱流洁净室的气流以不均匀的速度呈不平行流动，伴有回流或涡流。气流中的尘埃易相互扩散，由于送风口与出风口的安排方式不同，洁净室的洁净度可达到1万级到30万级。常见送风口与出风口的安排方式见图 13-3。

三、空气过滤器简介

空气过滤器是空气净化系统所需的主要设备，分别是初效过滤器、中效过滤器、亚高效过滤器和高效过滤器。

1. 初效过滤器

初效过滤器的作用主要是滤除直径大于 10μm 的大颗粒灰尘和各种异物，起到保护中、高效过滤器的作用，是空气净化处理的第一级过滤。初效过滤器以粗孔径、中孔径的泡沫塑

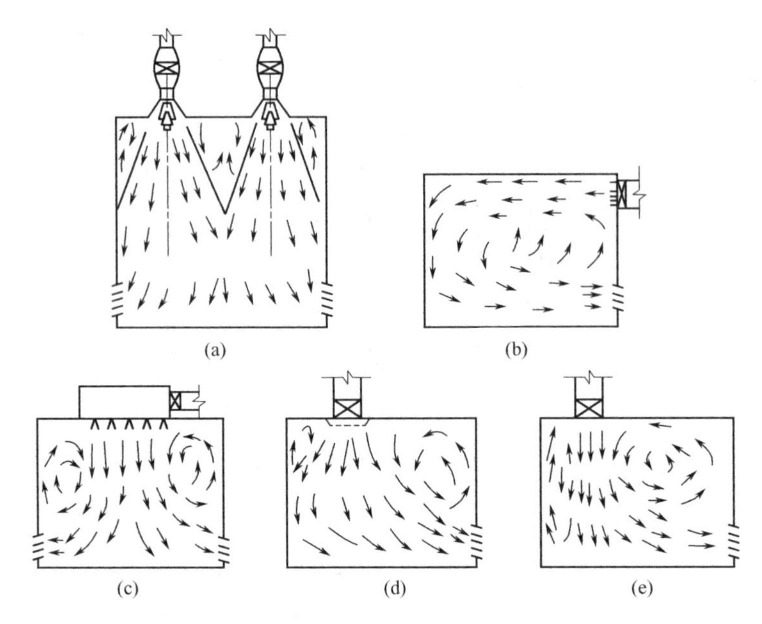

图 13-3 乱流洁净室送风口与出风口安排方式图

(a) 密集流线型散发器顶送双侧下回；(b) 上侧送风同侧下回；(c) 孔板顶送双侧下回；
(d) 带扩散板高效过滤器风口顶送单侧下回；(e) 无扩散板高效过滤器风口顶送单侧下回

料或无纺布为滤料，折叠造型以加大过滤面积，其结构形式主要有袋式和板式，如图 13-4 所示。因初效过滤器空隙大，阻力小，可通过 0.8～1.2m/s 的较高风速。

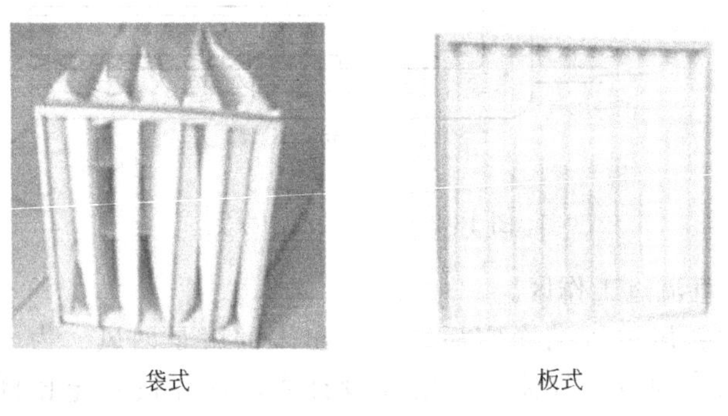

袋式　　板式

图 13-4 过滤器的形式

2. 中效过滤器

中效过滤器的作用主要是滤除直径在 1～10μm 颗粒，常用作空气净化处理的二级过滤器，使用的过滤介质是可清洗的中、细孔径的泡沫塑料、玻璃纤维或合成纤维、涤纶无纺布等，其结构形式主要是袋式和板式。通过滤料的适宜气速为 0.2～0.4m/s。

3. 亚高效过滤器

亚高效过滤器主要用于去除直径小于 5μm 的颗粒，以达到洁净级别等于或小于 10 万级、对环境除尘和灭菌要求较高的场所，其滤布可使用亚高效玻璃纤维滤纸、聚丙烯纤维滤布、过氯乙烯纤维滤布等。通过滤料的气速控制在 0.01～0.03m/s。

4. 高效过滤器

高效过滤器用以滤除粒径小于 1μm 的颗粒，用于空气洁净度高于 1 万级的洁净室，是洁净厂房和局部净化设备的终端过滤器，具有过滤效率高、阻力低、容尘量大等特点。其过滤介质主要采用超细玻璃纤维滤纸或超细过氯乙烯纤维滤布的折叠结构，属于不可再生的滤材，因此在高效过滤器前一定要安装中效或亚高效过滤器进行保护。高效过滤器采用较低的风速，宜控制在0.01～0.03m/s。

第二节　净化空调系统设备

空气处理系统（净化空调系统）必须具备通排风、除尘、调节温度和湿度等功能，主要包括空调净化机组、输送空气的管路系统。空调净化系统除上述功能外，还可以去除药品生产中使用的原辅料、溶剂及生产过程中产生的有害蒸气和气体。

一、空调净化系统的功能

空调净化系统的功能主要如下。

（1）空气过滤功能　主要利用初、中、高效空气过滤器对即将进入洁净室的空气中一定大小的微粒进行滤除，从而保证进入洁净室的空气洁净度。

（2）换气与排污功能　空调净化系统通过在室内造成一定的空气流动状态与分布（称之为气流组织），最大限度地减少涡流，尽量使气流方向与粉尘的重力方向一致，将生产过程中产生的粉尘、废气通过回流排出室外。

（3）压力调节功能　通过控制空调净化系统的送风量和排风量的相关措施，可以对洁净室内的压力进行调节，保持相邻洁净室或一般室之间的静压差，可以有效地避免空气的互相污染从而避免药品的交叉污染。

（4）温湿度的控制功能　空调净化系统可对温度、湿度进行调节，使温湿度符合要求，从而保证产品的质量。

（5）消毒灭菌功能　采用空调净化系统定期向洁净区内输送臭氧的方式可对洁净区进行消毒灭菌，灭菌时应注意在洁净区内无人的情况下进行，灭菌后充分通风换气后人员方可进入。

知识链接　**洁净室空气温湿度的控制**

空气的增湿方法：直接在空气中通入蒸汽；喷水使水以雾状进入不饱和的空气中；使待增湿的空气和高湿含量的空气混合，从而得到未饱和的空气、饱和空气或过饱和空气。

空气的减湿方法：喷淋低于该空气露点温度的冷水；使用热交换器将空气冷却至其露点以下，使原空气中的部分水汽冷凝析出；空气经压缩后冷却至初温，使其中水分部分冷凝析出；用吸收或吸附方法除掉水汽减湿；通入干燥空气。

空气的温度控制：通过常规的制冷、制热即可进行温控。由于空气温度的变化会影响湿度的变化，故温度的控制需与湿度控制相连动。

二、GMP对净化空调系统的要求

我国GMP对企业的空调净化系统有很多的要求，应注意以下几点。

1. 过滤器的联用

空气净化处理系统应采用初效、中效、高效过滤器联用装置。

2. 过滤器的安装

高效、亚高效空气过滤器宜设在净化空气调节系统末端，洁净室的送风口上。

高效过滤器送风口尺寸必须符合设计要求。安装前应清洗干净。需在洁净室内安装和更换高效过滤器的送风口，风口翻边和吊顶板之间的接缝应加密封垫。在技术夹层内安装和更换高效过滤器的风口，安装前应配合土建施工预埋短管，短管和吊顶板之间如有裂缝必须封堵好，风口表面涂层破损的不得安装。风口安装完毕应随即和风管连接好，开口端用塑料薄膜和胶带密封。

高效过滤器安装前，必须对洁净室进行全面清扫、擦净，净化空调系统内部如有积尘，应再次清扫、擦净，达到清洁要求。如在技术夹层或吊顶内安装高效过滤器，则技术夹层或吊顶内也应进行全面清扫、擦净。洁净室及净化空调系统达到清洁要求后，净化空调系统必须试运转。连续运转12h以上，再次清扫、擦净洁净室后立即安装高效过滤器。高效过滤器安装前，必须在安装现场拆开包装进行外观检查，内容包括滤纸、密封胶和框架有无损坏，边长、对角线和厚度尺寸是否符合要求，框架有无毛刺和锈斑（金属框），有无产品合格证，技术性能是否符合设计要求。然后进行检漏。经检查和检漏合格的应立即安装。安装高效过滤器时，外框上箭头应和气流方向一致。当其垂直安装时，滤纸折痕缝应垂直于地面。

3. 过滤器的密封

洁净室内的各种过滤器、送风口、管道、灯具、线路、开关等与连接体的接缝要密封。

4. 压差指示计

有静压差要求的洁净室应设有差压装置，且应与连接体密封，防止透风。

5. 送风量与换气次数

我国《医药洁净厂房设计规范》规定，万级洁净室换气次数 $n \geqslant 25$ 次/h，10万级洁净室换气次数 $n \geqslant 15$ 次/h，30万级洁净室换气次数 $n \geqslant 12$ 次/h。

6. 新风流量的确定

洁净室内应保证供给一定量的新风，乱流洁净室的新风送风量应大于总送风量的10%；平行流洁净室的新风送风量应大于总送风量的2%，且应保证室内每人每小时的新风量不少于40m^3。

7. 有特殊要求的净化空调系统

① 生产青霉素类等高致敏性药品必须使用独立的厂房与独立的空气净化系统，分装室应保持相对负压，排至室外的废气应经净化处理并符合要求，排风口应远离其他空气净化系统的进风口；生产β-内酰胺结构类药品必须使用专用设备和独立的空气净化系统，并与其他药品生产区域严格分开。

② 避孕药品的生产应装有独立的专用的空气净化系统；生产性激素类避孕药品的空气净化系统的气体排放应经净化处理。

③ 生产激素类、抗肿瘤类化学药品应避免与其他药品使用同一空气净化系统；不可避免时，应采用有效的防护、清洁措施和必要的验证。

④ 放射性药品生产区排出的空气不应循环使用，排气中应避免含有放射性微粒，符合国家关于辐射防护的要求与规定。

⑤ 强毒微生物及芽孢菌制品的区域与相邻区域应保持相对负压，并有独立的空气净化系统。

⑥ 有菌（毒）操作区与无菌（毒）操作区应有各自独立的空气净化系统，病原体操作区的空气不得再循环，来自危险度为二类以上病原体的空气应通过除菌过滤器排放，滤器的性能应定期检查。

⑦ 操作放射性碘及其他挥发性放射性元素使用的通风橱的技术指标应符合国家有关规定。

8. 洁净空调系统的噪声控制

《洁净厂房设计规范》规定，洁净室内的噪声级应符合下列要求：动态测试时，室内噪声级不应超过 70dB；静态测试时，乱流洁净室不宜大于 60dB；层流洁净室不应大于 65dB。

三、空调净化系统主要零部件与设备

空调净化系统主要由空调净化机组、输送空气的管路系统组成。

（一）空调净化机组

空调净化机组是空调净化系统中最主要的动力部分，主要具备空气过滤、调节温湿度、消毒除菌、压力调节、换气等功能。由空气过滤器、制冷机、臭氧发生器、加湿器、消声器、电机等组成。

1. 空气过滤器

空气过滤器是空气净化的主要设备，是实现空气净化的主要手段。

2. 制冷机

组合式空调器本身不带制冷压缩机，需另由制冷系统供给冷媒，现多采用溴化锂为制冷剂，由制冷系统提供 7℃的冷却水给组合式空调器，从而达到降温的目的。洁净区的温度一般控制在 18～26℃。

3. 臭氧发生器

为了给洁净室进行灭菌，目前的空调净化系统大多数都具有这一功能，可以有效地对洁净区进行消毒灭菌。

4. 消声器

是空气动力管道中用来降低噪声的一种装置。

5. 加湿器

根据 GMP 要求，无特殊需要时的洁净室（区）相对湿度应控制在 45%～65%。所以对于干燥的季节，就应采取加湿的措施。加湿器可以分为三类，即蒸汽式、喷雾式和汽化式，安置于加湿段。

（二）空气输送管路系统

1. 新风口

即新风入口，是空调系统的最始端。新风口应设置在室外空气含尘浓度较低且变化不大的地方，且要尽量远离或避开污染源，并应在新风口上安装防雨和防虫、防鼠蛇、防飞禽的装置。

2. 排风口

是因生产工艺需要而设置单向排风、排尘的装置。排风口上除应安装防雨和防虫、防鼠蛇、防飞禽的装置外，还应在排风口处安装防止室外空气倒灌的装置，以防止在系统停止运行时，室外空气对空调净化系统造成污染，从而进一步污染洁净室。排风口排放的含尘量大或排放有毒有害的空气时应进行处理后再排放到大气中，以免污染大气。

3. 回风口

回风口应设在洁净室的室内或走廊里，部分空气在洁净室内循环后回到空调净化系统的中效过滤器或粗效过滤器进行过滤再重新回到洁净室内利用，部分空气可借助排风口排放到大气中。回风口应有微调室内静压的装置。

4. 风道

又称为风管，通常采用薄钢板或塑料制成，是输送空气的通路。风管应有良好的密封性，不漏气、不产尘、不易污染，有一定的强度，耐火、耐腐蚀、耐潮湿、内部光滑等。为防止风道散热，风道需保温处理。保温材料应为非燃烧型或阻燃型的材料，燃烧时不产生窒息性气体。常用的保温材料有硬聚氯乙烯塑料板和橡胶板，现在研制出的新型酚醛保温材料具有防火、防潮、保温、绝热、环保、抗压、隔音、体轻等性能。

5. 调压阀和防火阀

空调净化系统中通常还采用压力调节阀，用来调节洁净区内的相对压力，常用的有蝶阀、三通调节阀、多叶阀（平行型和对开型）和插板阀等。另一类功能型阀门叫做防火阀，它是一种常开阀。当发生火灾时，它才自动关闭而切断风管通路。目前，常用的阀门都是利用阀板的本身重力做自动关闭的。当风管内气流温度超过设计规定要求时，易熔片熔断，阀门就自动关闭。防火阀可连接信号报警装置，以便及时报警。防火阀一般安在总管上。

四、典型空气净化流程简介

图 13-5 是典型的空气净化流程图，空气经过过滤、加热、加湿、冷却等一系列净化处理后，与洁净室（区）所要求的洁净等级、湿度、温度相适应。

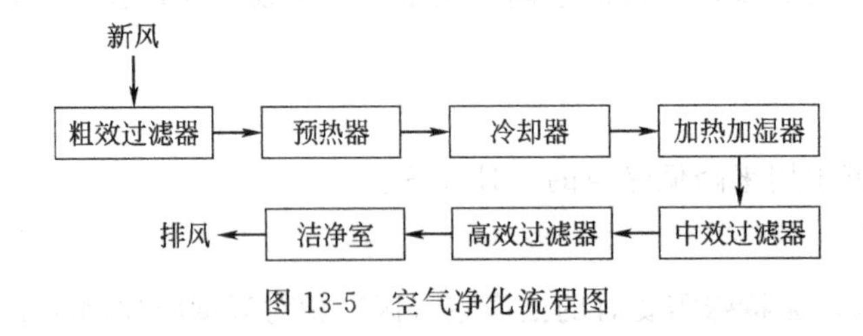

图 13-5　空气净化流程图

新风通过初效过滤器后由风机送经干燥箱、中效过滤器，最后通过高效过滤器进入车间。净化空调系统的粗效和中效过滤器一般集中布置在空调机房，高效过滤器常布置在净化空调系统的末端，如洁净室的顶棚上，以防送入的洁净空气再次受到污染。若洁净室的洁净度低于 1 万级，则可不设高效过滤器。从洁净车间出来的回风回到空调箱中，与新风一起经过净化处理再次进入车间使用，但如果药厂有粉尘、毒性较大的药品生产或车间中有易燃、易爆气体，则净化空调系统不能采用回风。

思考题

1. 什么是洁净室？按用途分为哪几类？
2. 简述空调净化系统的主要功能。
3. 空气输送管路系统由哪些部分组成？分别有什么作用？
4. 述说典型空气净化流程的工作过程。

参 考 文 献

[1] 刘书志，陈利群．制药工程设备．北京：化学工业出版社，2008.
[2] 张健泓．药物制剂技术．北京：人民卫生出版社，2009.
[3] 陈国豪．生物工程设备．北京：化学工业出版社，2006.
[4] 高平，刘书志．生物工程设备．北京：化学工业出版社，2007.
[5] 罗合春，李永峰．生物制药工程原理与设备．北京：化学工业出版社，2007.
[6] 邓才彬，王泽．药物制剂设备．北京：人民卫生出版社，2009.
[7] 蔡宝昌，罗兴洪主编．中药制剂前处理新技术与新设备．北京：中国医药科技出版社，2005.
[8] 刘落宪．中药制药工程原理与设备．北京：中国中医药出版社，2003.
[9] 江丰．制剂技术与设备．北京：人民卫生出版社，2003.
[10] 杨瑞虹．药物制剂技术与设备. 第2版．北京：化学工业出版社，2010.
[11] 周长征．制药工程原理与设备．北京：化学工业出版社，2008.
[12] 俞子行．制药化工过程与设备。第2版．北京：中国医药科技出版社，2002.
[13] 邓修．中药制药工程与技术．上海：华东理工大学出版社，2008.
[14] 陈平．制药工艺学．武汉：湖北科学技术出版社，2008.
[15] 胡文逵．制药化工过程与设备．上海：上海科学普及出版社，1994.
[16] 匡海学．中药化学．北京：中国中医药出版社，2003.
[17] 张珩，杨艺虹．绿色制药技术．北京：化学工业出版社，2006.
[18] 全国医药职业技术教育研究会编写．中药制剂技术．北京：化学工业出版社，2004.
[19] 刘姣娥．药物制剂技术．北京：化学工业出版社，2006.
[20] 吴剑锋，王宁．天然药物化学．北京：人民卫生出版社，2009.